U0226999

“十三五”国家重点出版物出版规划项目·重大出版工程

高超声速出版工程

高超声速流动数值模拟方法及应用

陈坚强　张益荣　郭勇颜　万　钊　著

科学出版社

北　京

内 容 简 介

本书主要以作者及研究团队多年来围绕高超声速流动数值模拟及解决典型关键问题的相关工作为主要内容编写而成的，所选问题大多是当前乃至今后高超声速技术研究中必须关注的热点问题。全书分为三部分，共六章：第一部分为研究背景及计算方法、物理模型等方面的介绍，由第一、二章组成，其中第一章为绪论，主要介绍高超声速流动基本特征、研究进展及存在的技术挑战；第二章主要介绍 CFD 的基本要素，包括控制方程、物理模型、数值计算格式等，以保持书稿的完整性；第二部分是关于 CFD 数据的精度、误差及不确定度分析等内容，由第三章组成，主要讨论 CFD 的验证与确认问题，并结合典型问题给出了 CFD 验证与确认的完整过程；第三部分是典型高超声速问题研究，由第四、五、六章组成，其中第四章介绍 CFD 在喷流干扰及喷流/舵面复合控制研究中的应用；第五章介绍典型飞行器/发动机内外流一体化复杂流动模拟的一些关键技术和典型结果；第六章为高超声速气动力特性天地相关性的研究分析。

本书可供从事高超声速空气动力学的研究人员，高校及研究所流体力学、飞行器设计等相关专业的研究生阅读，也可作为航空航天相关领域工程技术人员的工具书和参考书。

图书在版编目(CIP)数据

高超声速流动数值模拟方法及应用 / 陈坚强等著.
—北京：科学出版社，2019.7
高超声速出版工程　国家出版基金项目　"十三五"
国家重点出版物出版规划项目·重大出版工程
ISBN 978-7-03-061138-3

Ⅰ. ①高…　Ⅱ. ①陈…　Ⅲ. ①高超音速流动—数值模拟—研究　Ⅳ. ①O354.4

中国版本图书馆 CIP 数据核字(2019)第 083612 号

责任编辑：徐杨峰 / 责任校对：谭宏宇
责任印制：黄晓鸣 / 封面设计：殷　靓

科 学 出 版 社 出版
北京东黄城根北街 16 号
邮政编码：100717
http：//www.sciencep.com
南京展望文化发展有限公司排版
广东虎彩云印刷有限公司印刷
科学出版社发行　各地新华书店经销

*

2019 年 7 月第　一　版　开本：B5(720×1000)
2024 年11月第十次印刷　印张：17 3/4　彩插 4
字数：320 000

定价：135.00 元

(如有印装质量问题，我社负责调换)

高超声速出版工程

专家委员会

顾　问

王礼恒　张履谦

主任委员

包为民

副主任委员

杜善义　吕跃广

委　员

（按姓名汉语拼音排序）

艾邦成　包为民　陈连忠　陈伟芳　陈小前
邓小刚　杜善义　李小平　李仲平　吕跃广
孟松鹤　闵昌万　沈　清　谭永华　汤国建
王晓军　尤延铖　张正平　朱广生　朱恒伟

高超声速出版工程·高超声速空气动力学系列

编写委员会

丛书序

飞得更快一直是人类飞行发展的主旋律。

1903 年 12 月 17 日，莱特兄弟发明的飞机腾空而起，虽然飞得摇摇晃晃犹如蹒跚学步的婴儿，但拉开了人类翱翔天空的华丽大幕；1949 年 2 月 24 日，Bumper-WAC 从美国新墨西哥州白沙发射场发射升空，上面级飞行速度超越马赫数 5，实现人类历史上第一次高超声速飞行。从学会飞行，到跨入高超声速，人类用了不到五十年，蹒跚学步的婴儿似乎长成了大人，但实际上，迄今人类还没有实现真正意义的商业高超声速飞行，我们还不得不忍受洲际旅行需要十多个小时甚至更长飞行时间的煎熬。试想一下，如果我们将来可以在两小时内抵达全球任意城市的时候，这个世界将会变成什么样？这并不是遥不可及的梦！

今天，人类进入高超声速领域已经快 70 年了，无数科研人员为之奋斗了终生。从空气动力学、控制、材料、防隔热到动力、测控、系统集成等众多与高超声速飞行相关的学术和工程领域内，一代又一代科研和工程技术人员传承创新，为人类的进步努力奋斗，共同致力于推动人类飞得更快这一目标。量变导致质变，仿佛是天亮前的那一瞬，又好像是蝶即将破茧而出，几代人的奋斗把高超声速推到了嬗变前的临界点上，相信高超声速飞行的商业应用已为期不远！

高超声速飞行的应用和普及必将颠覆人类现在的生活方式，极大地拓展人类文明，并有力地促进人类社会、经济、科技和文化的发展。这一伟大的事业，需要更多的同行者和参与者！

书是人类进步的阶梯。

实现可靠的长时间高超声速飞行堪称人类在求知探索的路上最为艰苦卓绝的一次前行，将披荆斩棘走过的路夯实、巩固成阶梯，以便于后来者跟进、攀登，意义深远。

以一套丛书,将高超声速基础研究和工程技术方面取得阶段性成果和宝贵经验固化下来,建立基础研究与高超声速技术应用的桥梁,为广大研究人员和工程技术人员提供一套科学、系统、全面的高超声速技术参考书,可以起到为人类文明探索、前进构建阶梯的作用。

2016 年,科学出版社就精心策划并着手启动了“高超声速出版工程”这一非常符合时宜的事业。我们围绕“高超声速”这一主题,邀请国内优势高校和主要科研院所,组织国内各领域知名专家,结合基础研究的学术成果和工程研究实践,系统梳理和总结,共同编写了“高超声速出版工程”丛书,丛书突出高超声速特色,体现学科交叉融合,确保了丛书的系统性、前瞻性、原创性、专业性、学术性、实用性和创新性。

丛书记载和传承了我国半个多世纪尤其是近十几年高超声速技术发展的科技成果,凝结了航天航空领域众多专家学者的智慧,既可为相关专业人员提供学习和参考,又可作为工具指导书。期望本套丛书能够为高超声速领域的人才培养、工程研制和基础研究提供有益的指导和帮助,更期望本套丛书能够吸引更多的新生力量关注高超声速技术的发展,并投身于这一领域,为我国高超声速事业的蓬勃发展做出力所能及的贡献。

是为序!

2017 年 10 月

前　言

高超声速技术发展日新月异，各军事强国都在争先恐后地开展研究，建设各自相应的地面试验设施，安排相关的试验研究计划，试图在该领域抢占制高点。在研究计划方面，如 2007 年发起的美国国家高超声速基础研究计划 2010～2030、2012 年提出的高速打击武器演示验证计划和集成高超声速计划，以及 2016 年提出的高超声速飞行试验平台等；在武器研制方面，如 2003 年美国提出的高超声速技术飞行器计划和高超声速巡航飞行器计划，以及最近几年迅速发展的 X－37B 和 X－51A 等。我国也正在开展具有中国特色的高超声速技术研究。

随着飞行马赫数的增加，相比常规航空领域，高超声速流动更为复杂，不仅要考虑高温真实气体效应、黏性干扰效应和稀薄气体效应等特殊效应的影响，同时还要考虑它们相互间的耦合作用及复杂的气动力/热环境及热防护问题。因此，高超声速领域的研究工作十分具有挑战性。

1989 年，从中国科学技术大学近代力学系（该系首任主任正是我国高超声速技术的奠基人钱学森先生）毕业后，我来到中国空气动力研究与发展中心跟随张涵信先生攻读硕士学位。正逢世界范围内吸气式高超声速飞行器研究的又一次复兴，在庄逢甘先生的建议下，我开始了高超声速燃烧数值模拟方面的研究工作，这也是我第一次真正接触高超声速这一领域。当时的研究工作一切都是从零开始，就连最基本的考虑真实气体效应的特征方程分解及特征值的表达式都没有现成的公式，全部需要自己推导，而且可借鉴的资料也少得可怜。1992

年，我硕士毕业后继续跟随张先生攻读博士学位，从事高超声速燃烧流动数值模拟这一领域的研究，直至1996年博士毕业。虽然由于工作调整，后期没有把工作重心放在这一方向上，但这项工作始终是领我进入高超声速研究领域的敲门砖。更荣幸的是，现在许多正在从事高超声速燃烧研究的同志每次碰到我都说，我当时的博士论文是他们开始这一专业研究的最重要的参考资料。

从2000年起我有幸参与了我国绝大部分与高超声速研究相关的试验研究计划，如国家自然科学基金“近空间飞行器的关键基础科学问题”重大研究计划、973项目、863项目、国家重大工程专项、国家重点研发计划等，相继在高超声速流动数值模拟计算方法、高超声速多物理效应及其相互间的耦合、RCS喷流干扰、高超声速飞行器动态特性、气动力天地相关性、飞行器/发动机内外流一体化流动模拟，以及与数据精度相关的CFD验证与确认等方面取得了一些成绩，同时也积累了丰富的工程实际经验。2013年时我就有一个想法（或者说是一种冲动），希望将自己及团队这些年所做的工作、所取得的成功经验或失败的教训写出来，供从事这方面研究的同志参考，但由于种种原因，一直没有静下心来好好整理，虽然写作提纲已在自己的计算机中躺了若干年。从去年开始，我组织团队整理相关素材，通过一年多的努力，才最终形成这个书稿。待我放下手中的键盘，看着行行文字，条条曲线，与团队十多年一起工作的情景历历在目。

本书主要以本人及研究团队多年来围绕高超声速流动数值模拟及解决典型关键问题的相关工作为主要内容组织而成，所选问题大都是当前乃至今后高超声速技术研究中必须关注的热点问题。全书分为三部分。第一部分为研究背景及计算方法、物理模型等方面的介绍，由第一章和第二章组成，其中第一章为绪论，主要介绍高超声速基本特征、研究进展及存在的技术挑战；第二章主要介绍CFD的基本要素，包括控制方程、物理模型、数值计算格式等，以保证整个书稿的完整性。第二部分是关于CFD数据的精度、误差及不确定度分析等内容，由第三章组成，主要讨论CFD的验证与确认问题，并结合典型问题给出了CFD验证与确认的完整过程。第三部分是典型高超声速问题研究，由第四章至第六章组成，其中第四章介绍CFD在喷流干扰及喷流/舵面复合控制研究中的应用；第五章介绍典型飞行器/发动机内外流一体化复杂流动模拟的一些关键技术和典型结果；第六章为高超声速气动力特性天地相关性的研究分析。

本书的出版首先要感谢张涵信院士，是他老人家将我领入了高超声速这一神秘的领域，我和我的研究团队始终秉承他提出的“创新是灵魂，应用是归宿”的宗旨，以解决工程问题为己任，坚持创新发展之路。感谢高树椿研究员，他一直是我学生时代的副导师，也是我工作和生活中的良师，不仅传授我知识，更教我如何为人、如何脚踏实地地做科研。其次也要感谢与我们一起共同工作、战斗过的邓小刚院士，正是在他的领导下，团队开发出了我国第一款具有自主知识产权的高超声速软件平台（CHANT），为我们的后续研究打下了坚实的技术基础，本书中绝大部分工作都是基于该平台完成的。同时也要感谢我的合作伙伴、学生、研究团队的成员们，正是他们的辛勤劳动，才能攻克一个又一个难关，正是他们的无私奉献，才有团队今天的成功。本书的写作过程中，涂国华参与了第一章的写作，郭勇颜、燕振国参与了第二章的写作，张益荣参与了第三章的写作，万钊、陈琦和江定武参与了第四章的写作，郭勇颜参与了第五章的写作，张益荣、万钊参与了第六章的写作。另外，在本书的写作过程中，毛枚良提出了一些有益的建议，并参与了部分章节的校对工作，郭勇颜和施文奎完成了后期的校对和排版工作。本书中文献及图的引用，我们尽可能注明出处，如果仍存在遗漏、疏忽，也请原作者谅解。此外，还要感谢国家自然科学基金、国家重大工程专项、国家重点研发计划（编号：2016YFA0401200）以及其他各类项目的资助，书中很大部分工作、成果都与这些项目有着千丝万缕的联系，感谢他们给我们施展才华的舞台。感谢科学出版社的大力帮助与支持。由于作者水平有限，书中的不足之处在所难免，希望同行专家与广大读者批评指正。

最后，也要感谢我们的家人与各级领导们，正是他们所提供的全方位的支持和保障，激励我们不断攀登新的高峰。

二〇一八年四月二十日于四川绵阳

高超声速出版工程

目 录

第四章　喷流干扰及喷流/舵面复合控制研究

第五章　内外流一体化复杂流动模拟

第六章　高超声速气动力特性天地相关性

彩　图

第一章

绪　　论

高超声速流动通常指当飞行器的速度远远大于周围介质的声速时产生的流动,通常将马赫数超过 5 的流动称为高超声速流动。自从我国科学家钱学森于 1946 年在《论高超声速相似律》[1]一文中使用“高超声速”(hypersonic)术语后,高超声速的概念在学术界和工程界得到了迅速传播。由于高超声速飞行器具有特殊的军事意义、经济及科技价值,所以世界各国纷纷将高超声速飞行器的研制列入重点发展计划。以美国为例,其技术发展水平和人员、资金投入力度等方面都走在世界最前列,先后提出了一系列高超声速发展计划,包括 20 世纪 60 年代的 X-15 验证机、1986 年的国家空天飞机计划(national aerospace plane, NASP)、2001 年提出的航空航天倡议(national aerospace initiative, NAI)、2002 年提出的高超声速飞行演示计划(hypersonic flight demonstration program, HyFly),以及 2003 年提出的高超声速技术飞行器计划(hypersonic technology vehicle, HTV)和高超声速巡航飞行器计划(hypersonic cruise vehicle, HCV),最近几年迅速发展的 X-37B 和 X-51A(图 1.1),2007 年发起的美国国家高超声速基础研究计划(national hypersonic fundamental research plan, NHFRP)2010~2030、2012 年提出的高速打击武器(high speed strike weapon, HSSW)演示验证计划和集成高超声速计划(integrated hypersonics, IH),以及 2016 年提出的高超声速飞行试验平台(HyRAX)等,其在高超声速气动外形设计、吸气式发动机、物理化学建模、热防护以及数据再利用等方面积累了丰富的技术储备和经验,在诸多领域取得了举世瞩目的成就。

高超声速流动数值模拟是计算流体力学(computational fluid dynamics, CFD)的重要分支,是获取高超声速飞行器气动力和气动热数据、开展高超声速流动基础科学问题研究的三大手段之一。与另外两大手段,即风洞试验和飞行试验相比,数值模拟具有成本低、效率高、风险小、获得的流场信息全面等优点。

但是,高超声速流动数值模拟面临多种挑战,其中包括高温真实气体效应、黏性干扰效应、稀薄气体效应、湍流与转捩、高空气动热环境、反作用控制系统(reaction control system, RCS)与流场的相互干扰等问题。由于风洞试验和飞行试验研究高超声速流动的能力有限,高超声速流动模拟虽然极具挑战性,但仍然具有不可替代的作用。通过 30 多年的努力,目前在高精度数值计算方法、真实气体效应、黏性干扰效应、稀薄气体效应、喷流干扰、内外流一体化模拟、CFD 验证与确认等方面都取得了系列研究成果,这些研究成果对促进我国高超声速事业的发展起到了至关重要的作用。

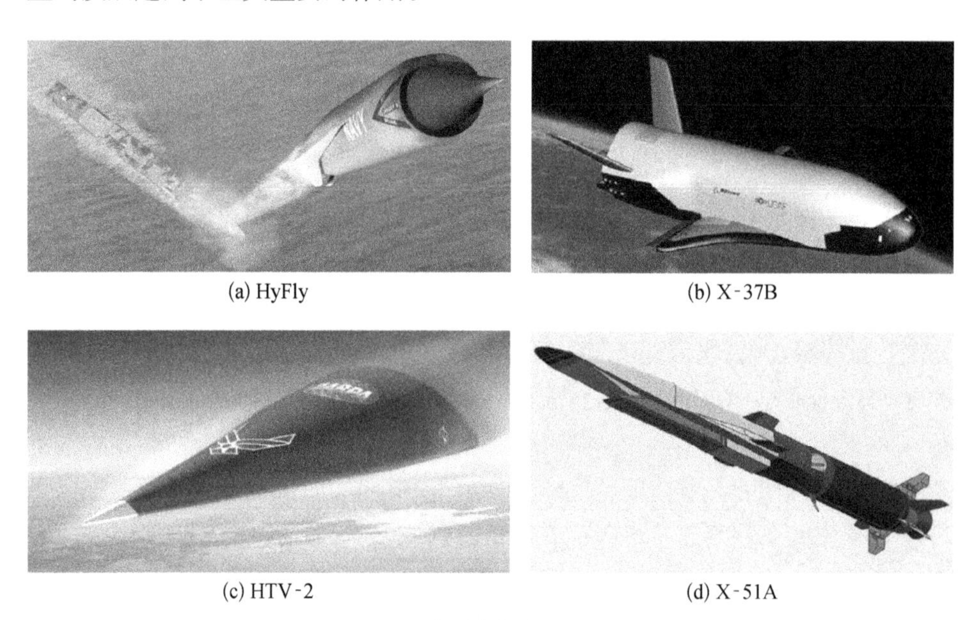

(a) HyFly　(b) X-37B

(c) HTV-2　(d) X-51A

图 1.1　典型高超声速飞行器

1.1　基本概念

1.1.1　高超声速流动的典型特征

高超声速流动包含许多复杂的物理现象,使其呈现出不同于低速流动的特点。Hirschel[2] 给出了四类高超声速飞行器的主要气动力/热问题(图 1.2),这四类飞行器为:① 再入飞行器(RV),如航天飞机和 X-37B;② 巡航和加速飞行器(CAV),如 HTV2;③ 入轨和再入飞行器(ARV),如弹道导弹和返回式卫星等;

④ 气动助推轨道转移飞行器(AOTV)。这四类飞行器面临很多共同问题,如真实气体效应、低密度效应和表面辐射等。为了便于理解,根据高超声速飞行器的气动外形特点分两类来介绍其典型的流动特征。

首先以图 1.3 所示高超声速飞机为例,这类飞行器利用空气提供的升力来实

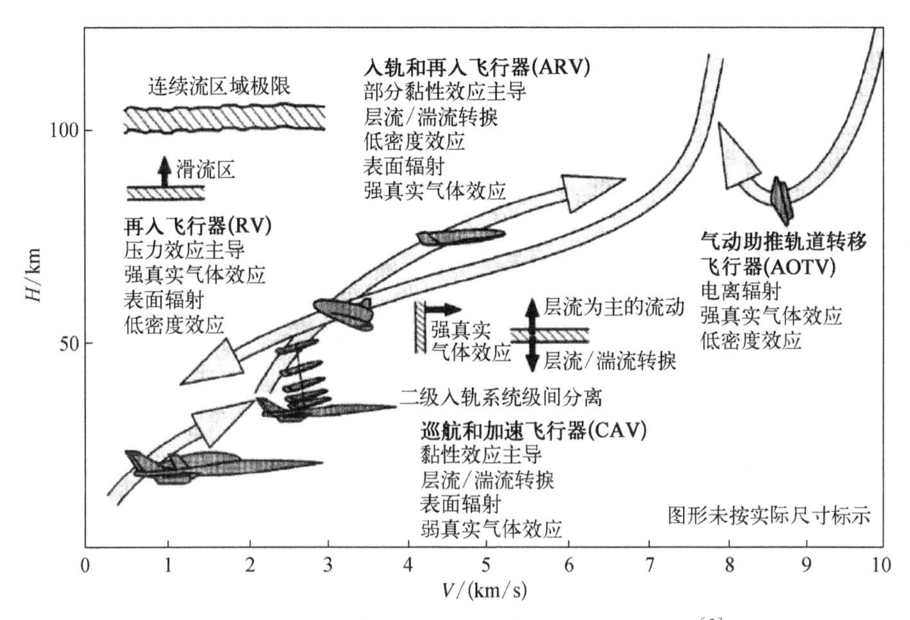

图 1.2　四类高超声速飞行器的主要气动力/热问题[2]

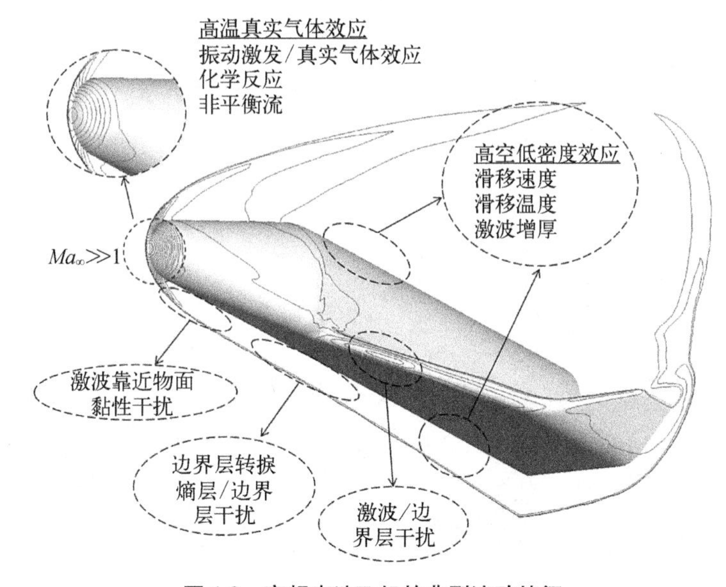

图 1.3　高超声速飞机的典型流动特征

现经济、快速、远程飞行，同时还利用气动舵面来实现飞行姿态控制。典型的飞行器有 X-15、X-37B、HTV-2、X-51 等。在这类飞行器的头部区域和机翼前缘附近将出现高温真实气体效应，包括分子振动被激发、化学反应、电离等。在飞行器的迎风面，激波紧靠物面，且前缘钝度越小、马赫数越高，激波与物面的距离就越小。由于边界层厚度通常与马赫数平方成正比，在高超声速条件下甚至可能出现激波位于边界层内的情况，出现严重的黏性干扰。在高超声速飞行条件下容易出现层流/湍流转捩，飞行器前缘的弓形激波会导致熵层，熵层与边界层干扰还会影响转捩位置。在飞行器的控制舵附近可能出现激波/边界层干扰以及激波/激波干扰等。

然后，以图 1.4 的再入飞行器为例，这类飞行器在返回地面的过程中将经历高超声速飞行，需要利用空气提供的阻力来减速以安全返回。各类太空飞船、返回式卫星以及其他一些大攻角飞行的飞行器都属于这一类。这类飞行器通常具有较大的头部（或前缘）半径，导致出现脱体的弓形激波，在激波后出现高温高压、热化学平衡与非平衡效应，严重时出现电离。飞行器表面流动极易出现湍流转捩、表面热防护材料发生烧蚀或其他复合反应。在飞行器的其他区域，可能出现剪切层以及剪切层失稳并转捩，剪切层可能撞击底部并再附。如果飞行器有控制面，还可能出现激波与控制面相互干扰。如果采用 RCS 喷流控制，需要研

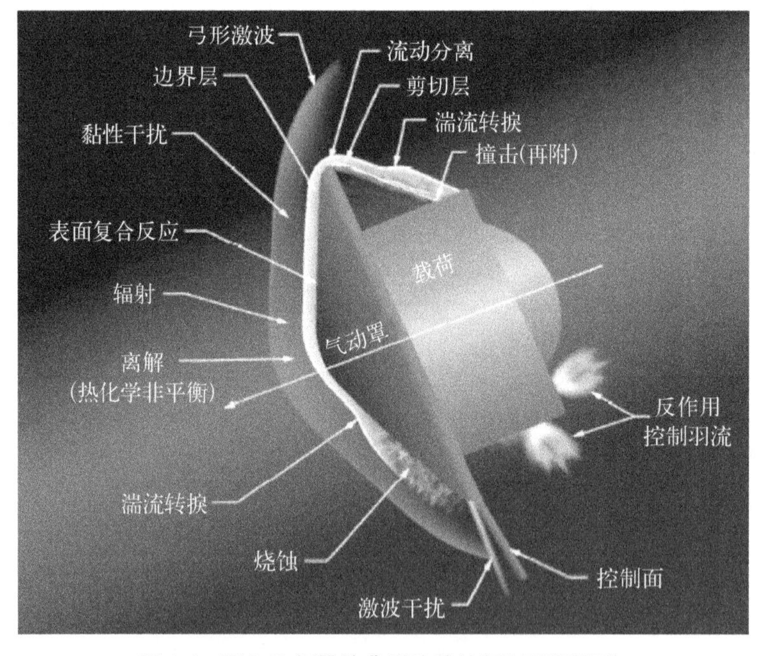

图 1.4　再入飞行器的典型流动特征（后附彩图）

究喷流效果以及喷流与主流之间的相互干扰。

归纳起来,高超声速流动主要有以下特征:

(1) 强激波及激波干扰;

(2) 高温真实气体效应;

(3) 黏性干扰效应;

(4) 稀薄气体效应;

(5) 气动热环境及热防护;

(6) 喷流干扰;

(7) 湍流与转捩。

1.1.2 高超声速流动数值模拟的研究范畴

从前文的典型特征可以看出,高超声速流动涉及的问题非常广泛,除低速流动的湍流、转捩、分离等常见问题外,在高超声速时还将遇到强激波及激波干扰、高温真实气体效应、黏性干扰效应、稀薄气体效应、气动热环境及热防护(包括表面催化和辐射等)、喷流干扰等方面的问题。

1. 强激波及激波干扰

高超声速飞行器常采用钝前缘,钝前缘会导致脱体的弓形激波,激波后压力、密度和温度急剧增加,其中压力增长最为明显,约与马赫数的平方成正比,当马赫数为 10 左右时,波后压力增长超过 100 倍。由流体通过弓形激波后引起的熵增并不是均匀的,所以激波与波前流动的夹角越接近 90°,熵增越大,故在弓形激波后形成熵梯度区域,称为“熵层”。根据 Crocco 定理可知,有熵梯度的流场必为有旋场,熵层对流动转捩将产生影响,这加大了转捩预测难度。

激波干扰主要包括激波/边界层干扰、激波/激波干扰、激波/剪切层干扰、激波/涡干扰等,其中激波/边界层干扰和激波/激波干扰受到最为普遍的重视。激波/边界层干扰问题广泛存在于各类高超声速飞行器的外部和内部流动中,由于该干扰会导致飞行器局部流场出现大尺度非定常流动分离和再附现象、强压力脉动以及局部干扰峰值热流,严重影响飞行器的安全与气动性能,因而备受重视。依据激波产生方式的不同,激波/边界层干扰问题可以大致划分为以下几类[3]:入射激波干扰(图 1.5(a))、二维压缩拐角(图 1.5(b))、双锥(图 1.5(c))、带后掠压缩拐角(图 1.5(d))、单楔(图 1.5(e))、双楔(图 1.5(f))和内流道问题(图 1.5(g))等。一般而言,激波/边界层干扰对飞行器的影响主要体现在以下几个方面:① 在激波/边界层干扰过程中,由于激波的作用,常常导致边界层内

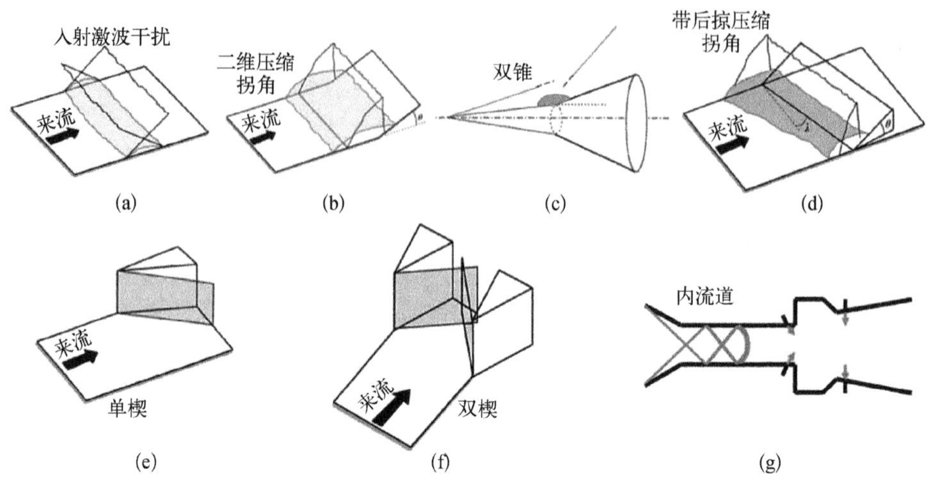

图 1.5　激波与边界层干扰问题的分类[3]

出现较强的逆压梯度,使得边界层厚度增加,容易发生流动分离;② 激波/边界层干扰通常都伴随着激波和分离泡等典型流动结构的非定常运动过程,产生流动的非定常振荡;③ 激波/边界层干扰会造成流动总压降低,从而严重影响发动机效率;④ 激波/边界层干扰中的流动再附会形成局部的高热流区域,在高超声速情况下可能会对飞行器的结构造成破坏,严重影响飞行器的安全。

激波/激波干扰通常发生在不同飞行器部件产生的激波之间,如前体激波(主激波)与机翼激波、前体激波与舵面激波、前体激波与支架激波等干扰。1967 年,美国的 X-15-2 飞行器[4]在高超声速飞行试验中,飞行器前体激波和发动机支架处的激波干扰以及激波与当地壁面边界层的相互干扰产生的高热流烧坏了发动机支架。正是 X-15-2 的飞行事故,使得激波干扰问题备受关注。Edney[5]针对入射激波与弓形激波的干扰问题做了开创性的工作,他采用简化模型模拟高超声速飞行器的关键部件,开展了详细的实验研究,根据激波干扰点的位置和激波的强度将干扰类型分为六类(图 1.6),其中第Ⅳ类激波/激波干扰因产生超声速射流,射流冲击壁面引起局部干扰区域的压力和热流剧增而广受关注。图 1.7 显示了捆绑火箭在−15°攻角飞行时将出现第Ⅳ类激波/激波干扰,在飞行轨道和飞行姿态设计时应极力避免出现这种情况。

2. 高温真实气体效应

当高超声速气流通过激波压缩或黏性阻滞而减速时,部分气体将平均运动的动能转化为分子随机运动的内能,从而使气体达到很高的温度。在这种极高的温度下,非惰性气体分子的振动能和电子能将被激发,甚至气体之间会发生碰

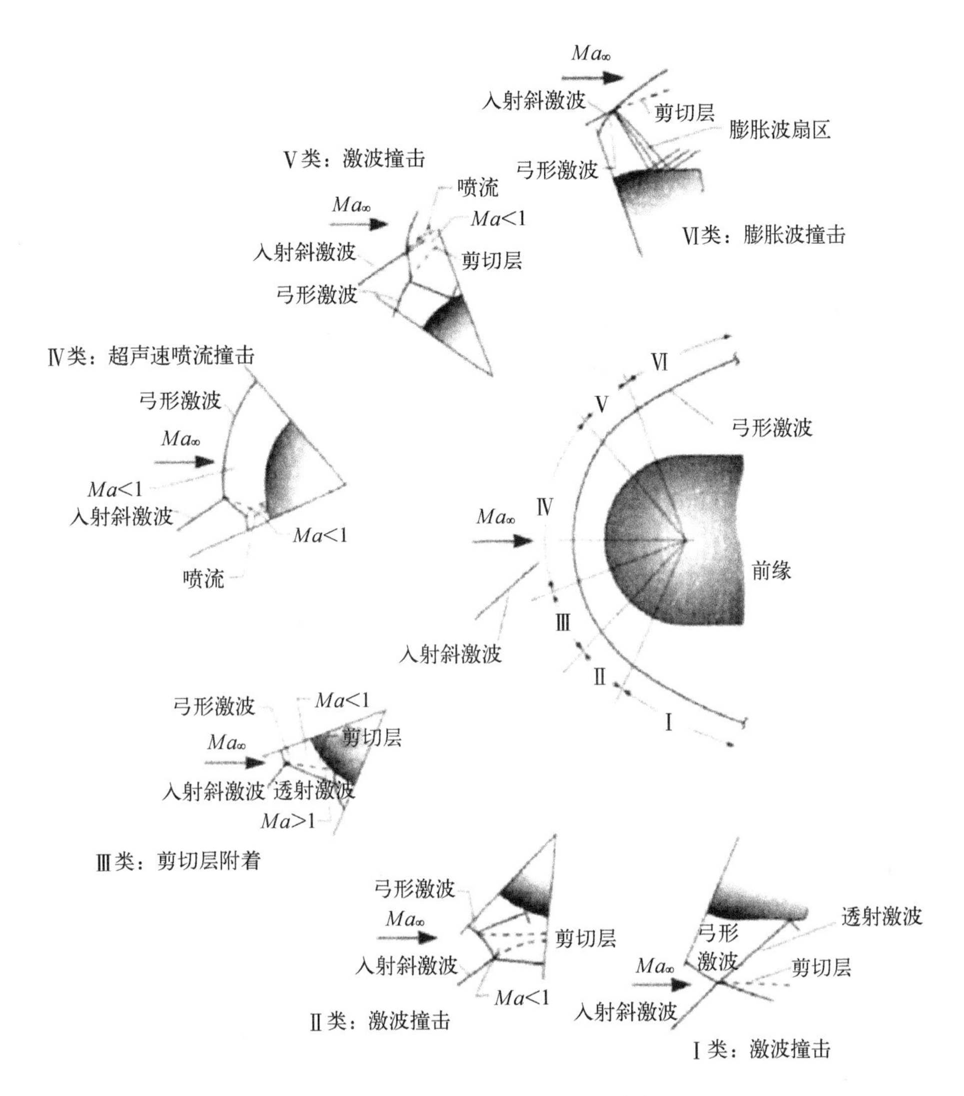

图 1.6　六类激波干扰示意图[5]

撞置换和碰撞电离等物理化学反应，从而影响高超声速飞行器的流场和气动特性。美国航天飞机在第一次飞行中出现“俯仰异常”，即在再入过程中，实际襟翼纵向配平角比地面预测的大了一倍之多，其主要原因是真实气体效应引起额外的抬头力矩。阿波罗号的飞行试验结果表明，在高马赫数下，指挥舱配平攻角比风洞试验（无法完全模拟真实气体效应）预测值大 2°～4°，与数值模拟得出的由真实气体效应所引起的差异相一致，说明了高超声速飞行条件下研究真实气体效应的重要性，同时也说明数值模拟可以作为研究真实气体效应的有力工具。

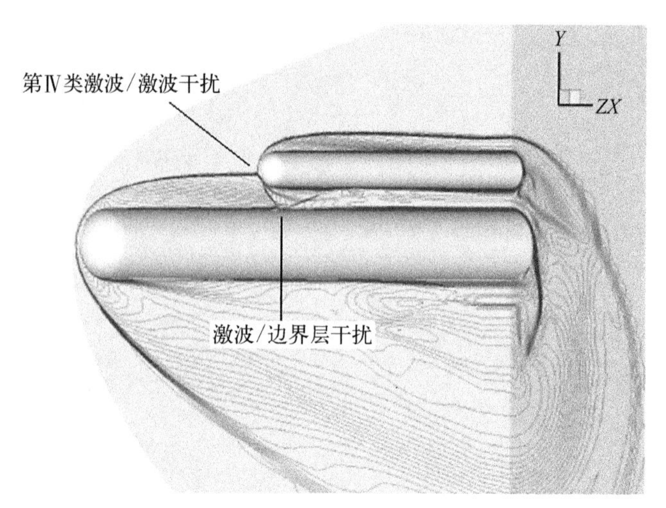

图 1.7 捆绑火箭模型上出现的激波/边界层干扰和第Ⅳ类激波/激波干扰[6]

在经典热力学中通常假定气体的比定压热容 c_p 和比定容热容 c_V 为常数，由此，比热比 $\gamma = c_p/c_V$ 也是常数，满足此假设的气体称为热完全气体。然而，当温度较高时，分子振动能被激发，c_p、c_V 和 γ 变成温度的函数。对于空气而言，当温度大于 800 K 时，这种影响就逐渐变得重要起来。如果气体温度进一步升高，将出现化学反应，c_p、c_V 和 γ 是温度和压力的函数。以空气为例，在一个标准大气压下空气中氧分子在 2 000 K 左右离解，在 4 000 K 左右全部离解；空气中氮分子的振动能和离解温度高于氧分子，空气变成部分电离的等离子体。如果振动激发和化学反应所需的时间与流体微团流经飞行器的特征时间相比非常小，称为振动和化学平衡流动；如果反应所需时间非常大，则称为化学冻结流动；而介于两者之间的情形称为化学非平衡流动。大量 CFD 计算表明，当马赫数超过 10 时，高温真实气体效应逐渐对飞行器的气动特性产生影响，这其中涉及平衡与非平衡气体效应、非平衡气流与壁面相互作用和表面催化效应、高温气体的辐射非平衡流动等重要问题，如何更好地解决这些关键问题正是高超声速飞行器气动特性研究的迫切需要，这也给 CFD 的发展提出了更高的要求。

3. 黏性干扰效应

黏性干扰通常指飞行器的边界层与外部势流之间的干扰，在高超声速情况尤为严重。当飞行器在高空以高超声速飞行时，马赫数很高，雷诺数较低，黏性导致边界层流体的动能转换成内能，温度升高。气体黏性系数随温度的升高而增大，温度升高还导致密度减小，其综合结果导致边界层变厚。在高超声速情况下边界层厚度与马赫数具有如下近似关系：

$$\frac{\delta}{x} \propto \frac{Ma_{\infty}^{2}}{\sqrt{Re_{x}}} \tag{1.1}$$

即边界层厚度与马赫数平方近似成正比。与此相反，马赫数越高，激波与壁面之间的距离越近，甚至有可能出现在边界层内，导致了激波与边界层相互作用，形成强烈的黏性干扰效应。此时，常规的基于马赫数与雷诺数为相似准则的地面风洞试验，由于模拟范围的限制，无法大规模进行黏性干扰效应的模拟。一方面，CFD 可以直接对高空高马赫数的真实飞行条件进行模拟，以弥补风洞试验的不足，填补气动数据库的空缺；另一方面，通过寻求合适的天地换算相似准则，建立起地面试验与真实飞行之间的关联，以更好地利用风洞试验数据[7]。

4. 稀薄气体效应

当飞行器以高超声速飞行时，活动区域可能会跨越连续流区、稀薄过渡流区和自由分子流区。判断这些区域采用的相似参数通常为克努森数（Knudsen number, Kn），定义为分子平均自由程与宏观参考特征长度之比，即 $Kn = \bar{l}/L$。流动分区通常与参考长度相关，一般来说，当 $Kn<0.01$ 时被认为是连续流区，当 $Kn>10$ 时被认为是自由分子流区，当 Kn 为 0.01～10 时被认为是稀薄过渡流区①。严格来说，Navier-Stokes（NS）方程仅适合连续流区，工程应用中可适当扩展 NS 方程的应用范围，在 $Kn<0.2$ 的情况下仍然可以使用该方程。但是，当 $Kn>0.01$ 时，应该计及滑移效应。当前，工程应用领域一般按高度划分流域（对应克努森数），如 60 km 以下连续流假设成立，该区域的数值模拟可基于连续流假设的 NS 方程组进行；而 60～90 km 为滑移流区，可利用添加滑移边界条件的 NS 方程组进行计算；90 km 以上连续流假设不再成立，就需要采用 DSMC 等方法求解[8]。针对飞行器的跨流域飞行，利用不同的数值方法求解不同的区域存在着数据搭界的问题，跨流域统一算法的研究工作正是为解决此类问题而开展的，比较有代表性的是 BGK 方法。目前，BGK 方法正不断发展成熟，逐渐走向工程应用。

在稀薄过渡流区，物面速度为零的无滑移条件变得不再真实，若还采用 NS 方程求解，需要补充速度滑移条件。类似地，物面附近的气体温度也不等于物面

① 这种分区方法通常以边界层厚度为参考长度[1]，若 L 取飞行器特征长度，或密度梯度 $L = \rho/\Delta\rho$，流动分区对应的 Kn 数也将相应调整。

温度,需要补充温度滑移条件。在一些特殊的局部区域(如防热瓦缝隙、局部尺寸较小的部位等)将出现局部稀薄气体效应,其出现的飞行高度可能比上述高度低,在采用 CFD 进行模拟时也需要谨慎。

5. 气动热环境及热防护

对于高超声速飞行器,气动热问题的关键性毋庸置疑。对热环境的准确分析,将在很大程度上影响飞行器防热系统设计、总体方案选择以及弹道设计等。高超声速飞行器热防护系统多采用被动式的,结构简单、技术可靠、易于实现。提高气动热环境的预测精度可以最大限度地减少防热结构的冗余度,从而更好地进行一体化结构设计。气动热环境预测的关键技术包括:真实气体效应及壁面催化效应对气动热的影响、边界层转捩特性与粗糙度对气动热的影响、激波干扰的气动热问题以及缝隙的气动热问题、流场与结构的热耦合问题等。

以往,对于高超声速气动热环境的预测多采用工程方法,利用基于理论研究与实验数据得出的经验公式,如雷诺相似准则,再根据轴对称流线法、等价锥法或实验数据关联法获得飞行器关键部件的气动热环境特性,对于简单构型具有较高预测精度。随着计算机硬件及 CFD 学科的发展,工程方法与 CFD 的结合越来越紧密,利用 CFD 求解飞行器气动热环境已逐渐成为主流。

6. 喷流干扰

高空低密度环境下,飞行器气动舵面的控制效率下降,利用 RCS 改变飞行姿态或轨道具有响应迅速、效率高及质量轻、不受空域和速域限制等优点[9,10]。RCS 已经在姿态调整与机动控制中得到大量应用,如 CAV、HTV 等高动态临近空间飞行器都采用了横向喷流控制技术。采用 RCS 喷流控制时,喷流与外流相互作用,使得喷流干扰现象十分复杂,同时对推力和飞行器的压心位置产生附加影响,因此需要准确预测喷流控制效率,确保飞行的稳定性和控制的准确性。

国内外对喷流干扰流场的研究已进行了近半个世纪,并取得了很大进展,但在认识流场特性以及流动机理方面仍有很多问题需要进行深入的探讨,其中高超声速飞行器常用的横向喷流技术,会涉及包括激波/边界层干扰、激波/激波干扰、分离流、旋涡等复杂喷流干扰流场[9]。喷流模拟,通常在保持几何相似的前提下,还要保证喷流边界、喷流动量比或喷流流量比相似,在地面风洞试验中,要完成上述模拟十分困难;如果再考虑发动机燃烧(即热喷)及由喷流建立的非定常效应的影响,实验难度就会进一步加大。这样,利用 CFD 来对 RCS 喷流干扰进行精细数值模拟就变得非常必要,这就要求 CFD 代码具有精确捕捉各类喷流干扰现象的能力[11]。

7. 湍流与转捩

湍流和转捩问题历经一百多年的研究,在低速流动方面已经有了不少的进展。对高超声速边界层的湍流与转捩问题,近年来的研究虽有一些进展,但仍存在严重的不足。当飞行高度较高时,可以认为没有湍流与转捩问题。但是具体多高才能避免湍流与转捩,目前学术界和工程界都还存在一定争议,有人认为在 30 km 以下才需要考虑湍流与转捩问题,但是也有人认为在 50 km 高度附近就存在湍流与转捩问题。

高超声速情况下,湍流的摩阻和热流通常是层流的数倍,湍流与转捩严重影响飞行器的气动性能和热防护系统,已成为制约高超声速技术突破的基础科学问题之一。采用 DNS 与 LES 研究湍流与转捩的计算量较大,基于雷诺平均 NS 方程(RANS)的方法计算量较小,适合工程计算,因此受到了广泛的研究和应用。RANS 的基本思想是将瞬时的湍流场分解为平均运动和脉动运动,导出包含雷诺应力的湍流时均方程——RANS 方程,对雷诺应力建立模型,通过低阶量来表示未知高阶脉动量的时间平均值,从而实现脉动关联量和平均量之间的作用,最终使 RANS 方程组封闭能够求解。雷诺应力的模化方法有两类:雷诺应力模型和涡黏性模型。雷诺应力模型是对时均过程中形成的两个脉动量乘积的时均值(如雷诺应力)直接建立微分方程,而对三个脉动值乘积的时均值进行模型化,一般称为二阶矩雷诺应力模型。这种模型对于不均匀、各向异性的湍流运动有很好的模拟,但高超声速情况下它需要求解的微分方程最多时有十六个,计算量大,难以用于工程实践。在某些情况下可以对雷诺应力简化使之变成代数方程,即代数应力模型,但这样会限制模拟的范围。涡黏性模型基于 Boussinesq 在 1877 年提出的雷诺应力和平均速度梯度呈线性关系的涡黏性假设,把雷诺应力表示成涡黏性系数(湍流黏性系数)的函数,涡黏性系数是各向同性的,可以通过附加的湍流量来模化,附加的湍流量通过相应的附加微分方程求解。按照附加微分方程的数目,涡黏性模式一般可分为三类:零方程模型、一方程模型和两方程模型。各种模型的具体形式可参考 Wilcox 的专著 *Turbulence Modeling for CFD* 和相关文献。高超声速流动具有强可压缩性,但是大部分湍流模型都是针对低速流动发展起来的,当把这些模型推广到高超声速流动时,通常需要对模型进行可压缩修正。

边界层流动转捩过程强烈依赖于来流条件和壁面条件,且存在着多种物理机理，使得转捩预测极为困难。影响高超声速边界层转捩的因素有多种，目前仅对壁面温度、马赫数和噪声的影响规律和机理比较了解；对头部钝度、熵层和攻角仅知道部分影响规律和原因；对单位雷诺数效应和转捩区域的了解还非常不足。高超声速边界层转捩的物理机理也有多种，目前仅对第一、二模态研究比较充分，对负曲率流动 Görtler 失稳的研究也有不少，但是对感受性、横流失稳、瞬态增长等研究较少[12]。最近十多年来，在湍流模式理论的基础之上，出现了各种各样的转捩模型，比较有代表性的是 Langtry 和 Menter[13] 的 γ- Re_θ 模型以及 Fu 和 Wang[14] 的 k-ω-γ 模型。γ- Re_θ 模型以转捩经验关系式为基础，并不追究转捩的物理机理，最常用的转捩经验关系式是把转捩位置与动量厚度雷诺数 Re_θ 关联起来。k-ω-γ 模型从转捩机理的角度出发，并对转捩机理进行模式化处理，如通过等效涡黏性系数和层流脉动动能来对第一、二模态和横流失稳等转捩机理进行模式化处理。针对高超声速边界层转捩问题，国内也有不少研究人员对这两种转捩预测模型进行了改进[15-18]。

1.1.3　高超声速流动数值模拟的作用

CFD 经过 30 多年的发展，已经从理论研究走向实际工程应用。从简单的高超声速球头到 X-43A 的一体化全流场数值模拟，CFD 技术已经比较成熟。在高超声速 CFD 发展过程中虽然遇到了各种挑战，其中包括高精度强鲁棒的数值计算方法、真实气体效应、黏性干扰效应、稀薄气体效应等，经过相关从业人员的不断努力，数值方法已经得到了巨大的改进，物理化学模型也得到不断完善，CFD 已经能再现许多天空真实的流动情况。

相比航空飞行器，航天飞行器的风洞试验更加困难和昂贵，目前地面设备存在高马赫数、低雷诺数及高焓条件的模拟困难，同时模拟化学反应存在严格的尺度效应。而 CFD 具有能模拟真实飞行状态、可提供详细流动细节，以及成本相对低廉、效率高等优势，可以在高超声速飞行器设计及流动机理研究中发挥更大的作用，且随着高性能计算机的发展，CFD 在飞行器设计和流场分析中所占比重越来越高。迄今，CFD 在以下方面已经发挥了重要作用：

（1）常规气动力计算，包括升力、阻力、力矩等；

（2）表面热流预测和热环境预测；

（3）内/外流单独或一体化模拟；

（4）燃烧、推进模拟；

（5）喷流控制效果预测以及喷流干扰模拟；

（6）非定常动态气动特性模拟；
（7）真实气体效应模拟；
（8）稀薄气体效应模拟；
（9）黏性干扰效应模拟[7]；
（10）支撑天地相关性研究[19]；
（11）飞行器气动布局和优化设计；
（12）空气动力学与相关学科交叉耦合问题研究，如气动声学、气动电磁学等。

1.2　高超声速流动数值模拟技术的发展现状

随着高超声速飞行器的发展，其任务越来越复杂，飞行包线越来越宽，因此对飞行器机动性能、防热等都提出了更高要求。此外，随着高超声速飞行器的执行任务和几何构型越来越复杂，而研究周期越来越短，所以对高超声速流动数值模拟的求解效率提出了更高要求。唐志共等[20]针对高超声速流动模拟中的准度、精度和效率问题，详细介绍了近年来在物理模型、空间离散算法、时间推进方法以及误差和不确定度估计等方面的研究进展，尤其对目前的热点问题，如高超声速边界层转捩预测、高阶格式在复杂流动中的应用，以及 CFD 结果可信度评估等方面进行了详细介绍，并对下一步高超声速流动数值模拟中拟关注的问题进行了讨论。

1.2.1　更准确——物理模型的研究进展

高超声速飞行器在飞行过程中将可能经历高温真实气体效应、稀薄气体效应、黏性干扰效应、边界层转捩和分离以及热辐射等复杂的物理化学现象。CFD 如何真实复现高超声速飞行，这在很大程度上取决于物理模型反映真实情况的程度。

对于 60 km 高度以上的飞行器，通常需要考虑稀薄气体效应，对于滑移流区（高度为 60~90 km），可通过 NS 方程附加滑移边界的形式；当飞行高度更高时，就需要采用 DSMC 等方法求解[8]。近些年稀薄流到连续流统一算法的发展也较为迅速[21]，是富有希望的一种全流域求解策略。对于基于 NS 方程组求解的高超声速流动数值模拟，高温真实气体效应建模涉及多组分化学反应混合气体控制方程[包括总质量守恒、总动量守恒、总能量守恒、各组分守恒，以及不同内部分子模式(转动、振动和电子激发,包括与平动之间的模式间的相互转换)之间的能量守恒以及热状态方程],以及与这些物理现象相对应的边界条件(包括允许速度和温度滑移的气/固界面动量输运,允许组分生成和消耗的气/固界面质量输运等)等。目前,国内外主流高超声速 CFD 软件,如 GASP、LAURA 和 VULCAN 等,在模拟高温真实气体效应时,普遍根据求解问题的特点,不同层次地采用带 5 组分、7 组分或 11 组分空气化学反应生成源项的 NS 控制方程组,考虑平动、转动、振动和电子能量激发模型,以及可能的电离效应等影响。实验和数值模拟的研究表明,高温真实气体效应对激波脱体距离、驻点热流峰值、表面摩擦阻力分布以及飞行器气动力和力矩产生较大影响,但目前普遍采用的高温真实气体效应物理模型框架形成于 20 世纪 90 年代[22],近些年却鲜有突破性进展。图 1.8 给出了真实气体和完全气体计算得到的头部弓形激波脱体距离的差异[23]。图 1.9 是美国航天飞机利用不同物理模型的计算结果和《操作气动数据手册》(*Operational Aerodynamic Data Book*, OADB)数据的比较,由图可知真实气体效应对俯仰力矩系数的影响较大[23]。

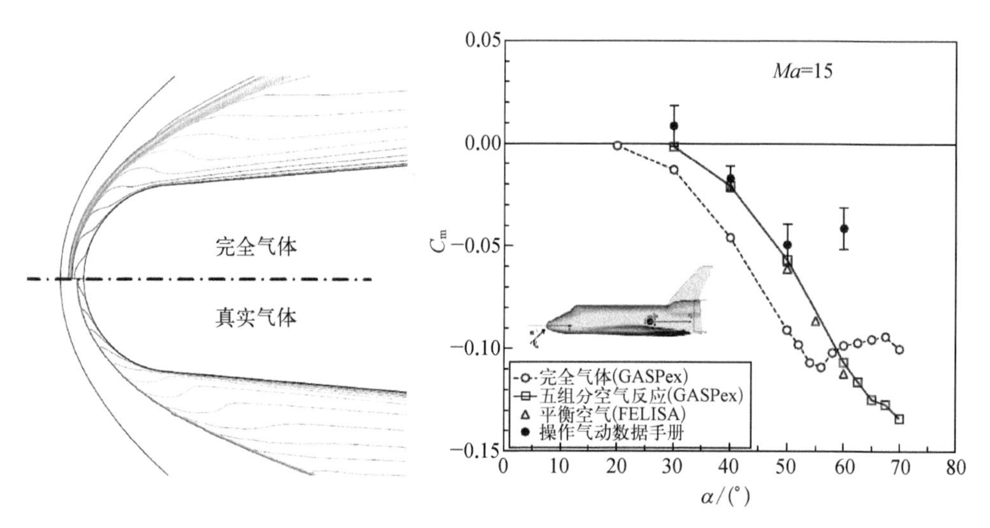

图 1.8 真实气体和完全气体模型计算马赫数等值线比较[23]

图 1.9 俯仰力矩系数计算结果和 OADB 数据比较[23]

高超声速流动领域的另一个难题是湍流,DNS、LES、RANS 以及 RANS/LES 混合方法等是目前数值模拟湍流的主要手段,其中,DNS 和 LES 虽然在理论上较为完备,但极大的计算量难以满足工程应用需求,混合方法虽近些年有所发展,但要广泛应用于复杂外形计算仍有难度,而基于 RANS 的湍流模式理论虽然最初从不可压流动发展而来,但目前仍是解决工程问题最有效最实际的选择。常用的湍流模型包括 BL 代数模型、SA 一方程模型和 SST 两方程模型等,以及各种可压缩性修正方法[24-26]。

在湍流模拟中,高超声速边界层转捩又是其中非常重要但难度很大的问题,是当前最为关注的研究课题之一。航天飞机、高速导弹、临近空间和再入飞行器等因全层流、全湍流和转捩在摩阻和热流上的差异很大,最大峰值会相差数倍,所以高超声速边界层转捩的建模与模拟研究是飞行器发展的迫切需求。但是,相对于湍流模型,转捩模型更加不成熟。美国的 CFD 2030 远景已将转捩预测与建模列为一项重要的内容[27]。

1.2.2 更精确——空间离散算法的研究进展

数值算法作为 CFD 的核心,是影响计算结果精度的重要因素之一,一直以来都是研究的重点,这其中又以 NS 控制方程组中对流项的格式构造为主要研究对象。高超声速流动中的激波强间断和黏性干扰等现象要求格式在精细刻画边界层等黏性流动的同时,又能有效消除间断附近的非物理振荡,迎风格式对抛物型问题天然地具有激波捕捉能力强、计算稳定性好的优点,在高超声速数值模拟领域得到了广泛的认可和推广。

1. 一阶和二阶迎风格式

计算流体力学的发展与计算机硬件水平的发展息息相关,正因如此,直到 19 世纪后期,CFD 才真正具备求解实际问题的能力。对于高超声速数值模拟来说,下面这些工作具有里程碑意义。

1959 年,Godunov[28] 提出一阶迎风格式,开创了基于 Riemann 精确解的 CFD 格式构造方法;1979 年,van Leer[29] 提出 MUSCL 方法,配合合适的限制器,这类格式具有很高的间断捕捉分辨率,几乎是目前高分辨率格式的通用做法。

此后,Steger 和 Warming[30]、van Leer 等[31] 建立了矢通量分裂格式(flux vector splitting, FVS),该格式捕捉强间断(如激波)能力强、可靠性高、格式简单、计算量小,广泛用于高超声速应用领域;Roe[32] 和 Osher[33] 等建立了通量差分分裂格式(flux difference splitting, FDS),该格式对剪切层等类似于接触间断的黏性作用区具有很高的分辨率,但需要引入熵修正消除红玉现象,图 1.10 给出了采用 Roe 格式计算双锥问题的结果,从图中清晰可辨流场中的三叉点、交叉激波和再附点等结构,充分显示了 FDS 格式在接触间断模拟中的高分辨率特性[34];而 AUSM 系列格式[35] 则是结合以上两类格式的优缺点而构造的混合通量分裂格式,包括 $AUSM^+$、AUSMPW、$AUSMPW^+$等,兼有间断分辨率高和计算效率高的优点。图 1.11 是采用 $AUSM^+$-up2 格式计算的火箭外形的流场结果[36]。

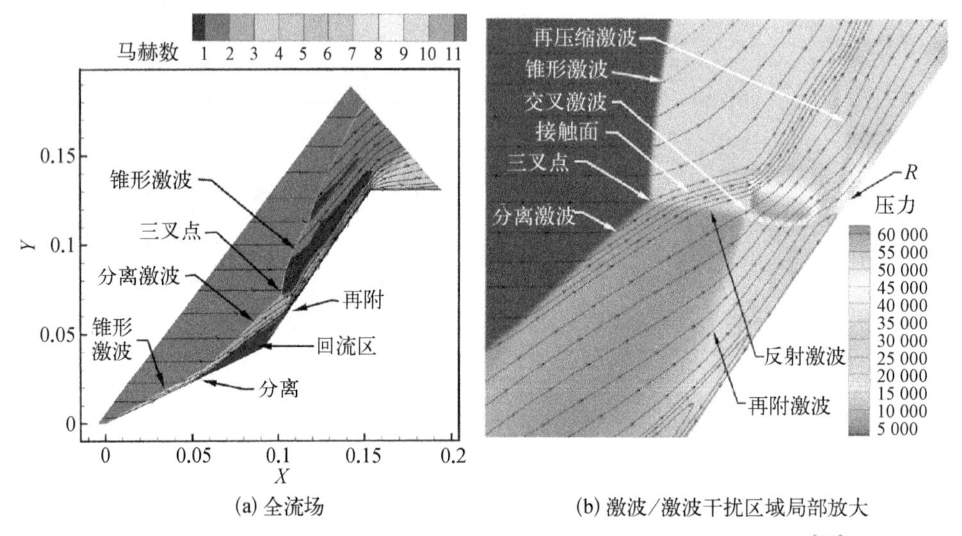

(a) 全流场　　(b) 激波/激波干扰区域局部放大

图 1.10　采用二阶 Roe 格式计算得到的双锥流场结构图(后附彩图)[34]

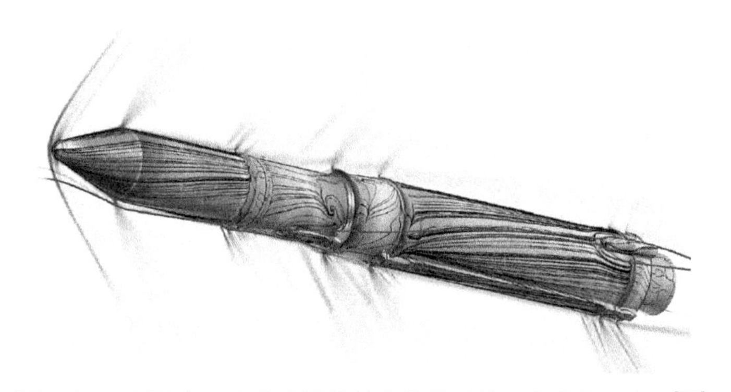

图 1.11　$AUSM^+$-up2 格式计算的火箭外形的压力分布和流线[36]

另外一种重要的格式是 1983 年 Harten[37]提出的总变差减小差分格式(total variation diminishing, TVD),由于其捕捉激波无波动且分辨率高,在高超声速工程应用中取得了很大成功,后来又衍生出一系列的 TVD 格式。

国内对 CFD 格式的研究基本同步于国外先进水平,如李松波[38]的耗散守恒格式,1988 年张涵信[39]提出的无波动、无自由参数的耗散差分格式 NND 等。其中,NND 格式由于其物理意义清晰、构造方便,在高超声速数值模拟领域得到了广泛应用,图 1.12 给出了 Ma = 8.15 双椭球马赫数等值线及壁面极限流线的计算结果,表现了 NND 格式对激波及分离区流动结构的良好分辨率。

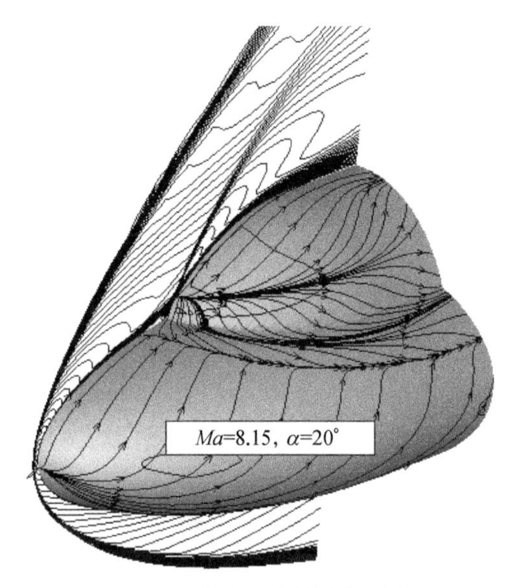

图 1.12 NND 格式计算所得的双椭球流场

2. 高阶精度格式

虽然二阶精度格式在高超声速工程应用领域获得了极大成功,然而湍流、激波/边界层干扰、流动分离和剪切层等问题的精细模拟对格式的精度和分辨率提出了更高要求。高阶精度格式在流场细节刻画方面的魅力驱使着 CFD 研究人员在追求格式更高阶精度的道路上矢志不渝,具有代表性的工作包括以下方面。

1987 年,Harten 和 Osher[40] 提出基本无波动的 ENO 格式,放宽了 TVD 中强调消除波动的限制,并得到不断发展;自 1994 年起,Liu 等[41] 和 Shu[42] 等建立了 WENO 格式,显著减少了流场中虚假波动,并在高超声速流动的精细数值模拟中有大量应用,如湍流、边界层转捩、声波感受性和激波/边界层干扰等问题。

国内,针对高阶格式的研究也从未停止,如邓小刚等采用加权技术构造了系列非线性紧致 WCNS 格式[43] 以及采用耗散插值构造的混合型线性紧致格式 HDCS[44];傅德薰[45] 提出了耗散比拟迎风紧致格式;贺国宏[46] 建立了三阶 ENN 格式;李沁等[47] 建立了四阶加权非线性混合格式;任玉新提出了具有强稳健性的旋转 Riemann 求解器和基于特征分解高阶紧致 WENO 混合格式[48,49],涂国华、郑华盛和赵宁等在高精度 TVD 格式等方面开展的一系列卓有成效的工作[50-52],这些格式都具有良好的分离区精细刻画能力,较高的边界层分辨率以及良好的收敛特性。图 1.13 给出了混合 WCNS(hybrid WCNS, HWCNS)格式对 Ma = 8.15 的双椭球和 Ma = 9.72 的欧洲 ARD(atmospheric reentry demonstrator)飞行器的计算结果,展示了高精度格式在激波/边界层干扰区及分离区等位置精细刻画流场结构方面的卓越能力。图 1.14 是采用五阶精度 WCNS 格式计算的双锥流场,与前文的二阶格式计算结果相比,高阶格式得到了更多的流场细节,便于进行流动机理的分析。

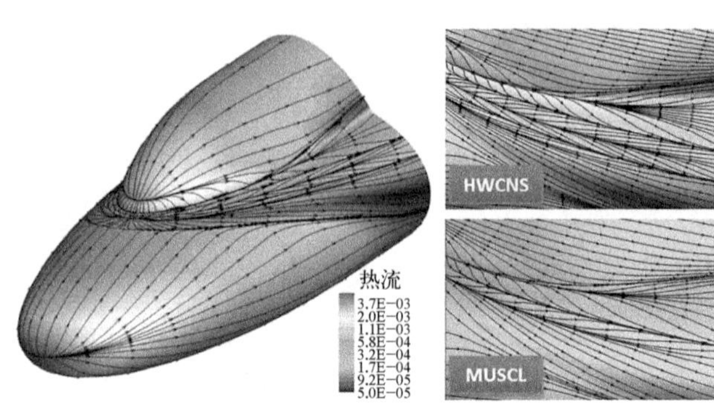

（a）双椭球，$Ma = 8.15$

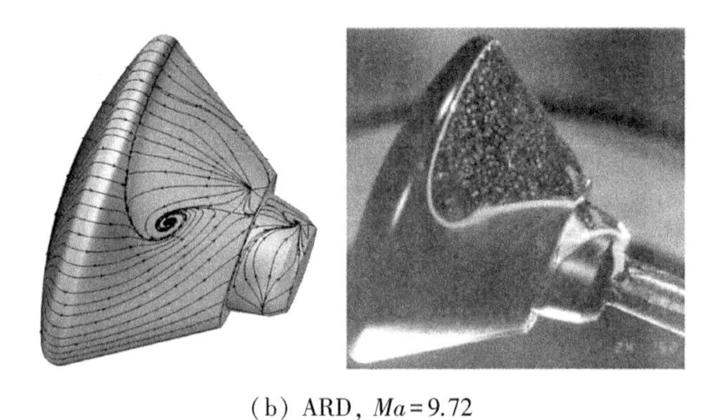

（b）ARD，$Ma = 9.72$

图 1.13　HWCNS 计算所得流场（后附彩图）

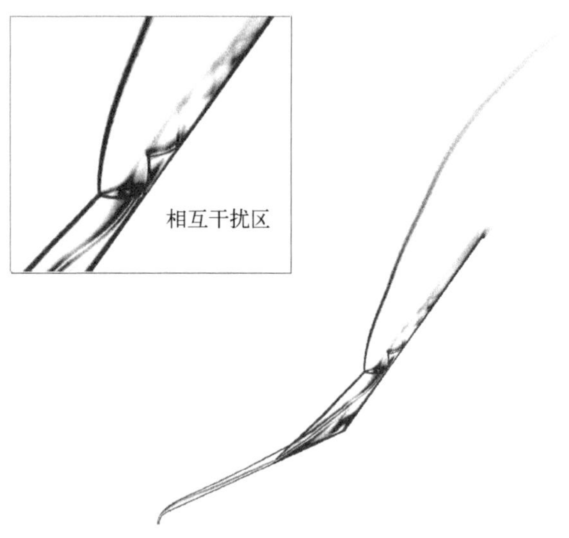

图 1.14　采用五阶精度 WCNS 格式计算得到的双锥流场结构图（密度梯度分布）[53]

1.2.3 更高效——时间推进方法的研究进展

影响 CFD 求解效率的因素很多,如数值算法、软件数据结构以及计算机运行和存储速度等,其中数值算法是提高 CFD 求解效率的基础,时间推进方法又是目前多数高超声速 CFD 软件采用的离散方程迭代求解方法。

隐式时间推进方法不受 CFL 稳定性条件限制,计算效率高,在高超声速数值模拟中有广泛应用。隐式时间离散、离散方程线化和线性方程组求解是隐式时间推进方法重要的三个步骤。其中,隐式时间离散有基于泰勒(Taylor)展开的隐式后差格式和隐式(半隐式)Runge-Kutta(RK)格式,前者格式简单易于实现、存储量小,适用于定常问题求解;后者分辨率高、色散特性好,但存储量较大。在离散方程线化方面,Rizzetta 等[54]发展了交错方向隐式 ADI 方法,Whitfield[55]建立了数值求解雅可比(Jacobian)矩阵方法,相比于近似雅可比矩阵,线化过程引入误差小,具有良好的收敛性和鲁棒性。线性方程组求解是影响隐式时间推进方法整体计算效率的重要方面,在高超声速数值模拟中,常用的有松弛迭代、近似因子分解和 Krylov 方法等。其中,LU-SGS 方法[56]存储量小、计算效率高,在高超声速数值模拟中应用最为广泛,具有较好发展,如 Chen 和 Wang[57]针对有限体积方法建立的 BLU-SGS(block LU-SGS)方法能够显著提高激波问题模拟的收敛速度,Jameson 和 Caughey[58]结合 LU-SGS 和多种加速收敛技术建立了一种高效隐式时间推进方法。

与此同时,将隐式时间推进方法推广到高阶精度空间离散格式的研究也取得了相应成功,代表性的工作有: Rizzetta 等[54]将 ADI 方法推广到高阶紧致格式中,具有较高的计算效率和模拟精度;Pareschi 和 Russo[59]将半隐式 RK 方法应用于 WENO 格式;Gottlieb 和 Mullen[60]将 LU-SGS 和 WENO 格式结合,计算结果与实验数据吻合较好。Ekaterinaris[61]针对线性紧致格式,构造了四阶精度隐式方法;张毅锋[62]将 GMRES 算法用于 WCNS 格式的计算中,显著提高了计算效率,并且作为双时间步方法的子迭代在声波感受性问题的 DNS 模拟中进行了非定常计算。

由此可知,隐式时间推进方法不仅推动了 CFD 本身的发展,同时也推动了 CFD 在复杂流动工程问题中的应用,然而在高阶精度数值模拟方面,仍存在诸多问题需要解决,如收敛性问题、复杂网格影响问题以及多方程耦合求解问题等。

1.2.4 数值模拟准度与精度的正确评价

要求高超声速数值模拟的结果更加准确和精确,意味着计算结果的不确定度(uncertainty)和误差(error)更小。其中最为重要的两个问题是: 搞清楚误差和不确定度的定义和来源,建立误差和不确定度的估计方法。

1. 误差和不确定度的定义和来源

AIAA[63]定义误差是“在建模与模拟的过程中可以被认识到的缺陷或问题，而这种缺陷或问题并非是由认知的不足而导致”，不确定度是“在建模过程中由认识不足而导致的潜在的功能与表现上的不足”。另外，美国机械工程师协会(American Society of Mechanical Engineer, ASME)和美国桑迪亚国家实验室等都对 CFD 的误差和不确定度进行了规范化定义[64]，张涵信院士[65]提出将不确定度解读为计算值或实验值与真值准确到前 n 位有效位数，从而给出不确定度表达式和真值估算的原则。

不考虑计算机舍入、程序编写错误以及几何外形差异所带来的误差，在高超声速数值模拟中，物理建模、时空离散以及来流条件变化是给计算结果带来误差和不确定度的主要来源。其中，物理建模误差来自建立控制方程和边界等时的基本假设、近似和简化。然而，高超声速问题的物理模型非常复杂，传统误差理论难以适用，通常只能以不同物理模型或参数导致的数据散布度给出名义上的不确定度；来流条件变化引入的误差和不确定度主要来自大气环境参数的不确定性和数据库插值过程带来的误差等；时空离散误差包括时间离散、空间离散以及初始/边界条件离散带来的误差。

2. 误差估计方法

CFD 计算通常只收敛到可接受的含有一定迭代误差的结果。Eca 等[66]给出了迭代误差估计的建模方法，假设数值解近似为指数收敛，构造几何级数误差模型形式，利用不同迭代步计算数据确定待定系数，最终获得误差估计模型。

而 CFD 中的空间离散误差与计算网格密不可分，按所需网格数量的不同分为两大类，一类是基于单套网格的方法，如基于离散误差传播方程的方法；第二类是基于多套网格的方法，基本思想是针对不同尺度下的网格解 f_k，利用拟合或外插等手段，获得剔除空间离散误差的“精确解” f_{exact}，并给出空间离散误差的估计值。该方法的关键是“精确解”的求取，包括最小二乘法、多项式方法、幂指数律方法以及三次样条方法等[67]。对于高超声速数值模拟而言，基于 Taylor 多项式展开的 Richardson 外插法最为常用[68]。该方法的基本思想是利用误差行列展开式，结合多套网格计算结果，通过网格收敛性研究，获得网格外插解，并以此为基础研究空间离散误差。该方法要求所有网格解单调收敛且落于收敛域内，且激波等强间断区域可能出现不同阶误差项抵消而影响对精度的判断。但目前来说，在高超声速数值模拟方面，该方法仍是预测数值空间离散误差最鲁棒的方法。为增强计算的鲁棒性和捕捉激波等间断，高超声速流动模拟采用的空间离散格式通常为非线性格式，例如，采用了限制器的 TVD 格式或采用了光滑测试因子的 WCNS 格式，当这些格式与各类光顺程度不同的网格相结合时，实际离散精度通常难以判断。涂国华等[69]给出了一种确定空间离散精度的方法，该方法从 CFD 的计算结果出发，通过多套拓扑结构相同但疏密程度不同的网格进行收敛性测试，推算出空间离散具有多少阶精度。

3. 不确定度估计方法

对于高超声速流动数值模拟，在所有误差和不确定度来源中，只有少部分能进行误差估计，如迭代误差和空间离散误差，而大部分只能进行不确定度估计，研究方法可分为概率方法（考虑模型输入与输出概率结构）和非概率方法。

对于高超声速数值模拟，概率方法在判断模型输入量和参数概率分布类型（常用的有均匀分布、正态分布以及指数分布等）时非常依赖于专业的经验性判断，且或者存在计算代价大（蒙特卡罗方法和矩方法等），或者存在需要推导复杂的修正方程和修改源代码（混沌多项式方法和概率分配方法等）的问题，在实际问题的真正应用非常有限。非概率方法关注的是误差的最大边界，如区间分析和敏感性导数传播方法，其中后者更加适合于高超声速数值模拟的不确定度估计，其基本思想是先求出输出变量对输入参数的敏感性导数，再以平方和开根号的形式给出不确定度估计值。在高超声速流动数值模拟中，影响气动力特性的变量主要有马赫数、雷诺数、姿态参数（如攻角和侧滑角等）以及几何参数（如参考长度和参考面积等）等。敏感性导数的求解是该方法的关键，常用的有有限差分、复变方程、自动微分、敏感性方程以及离散伴随方法等。此外，张涵信院士[65]所提出的不确定度表达式及真值估算方法也具有很好的实际应用价值。

1.3　本书的写作目的与内容

为了便于相关从业人员了解高超声速流动的基本概念、流动特征、数值模拟方法和应用前景，学习和应用 CFD 技术解决高超声速流动问题，作者基于自己和研究团队十多年的工作经验，对高超声速流动数值模拟方法及典型问题应用进行了详细介绍。为了与其他有关高超声速气动热的专著相区别，本书重点关注高超声速气动力及与之相关的流动机理、数值模拟方法等方面的研究工作，同时重点介绍完全气体条件下的相关研究成果，而有关高温真实气体效应、稀薄气体效应等方面的研究内容及成果只是在第六章高超声速气动力特性天地相关性研究工作中作为实际应用有所体现。

本书第二章介绍 CFD 的基本要素，主要包括带化学反应的流体动力学控制方程、输运系数、物理化学反应模型、数值计算格式、初值和边值条件、湍流模型等。第三章讨论 CFD 的验证与确认，着重介绍验证与确认的概念与方法、过程及不确定度的量化方法，并给出简单轴对称体、简单组合体以及复杂流动问题的验证与确认的完整过程。第四章介绍 CFD 在喷流干扰及喷流/舵面复合控制研究中的应用。第五章介绍内外流一体化复杂流动模拟的一些关键技术和典型结果。第六章介绍高超声速气动力特性天地相关性的研究方法和典型成果。本书介绍的计算方法和计算结果都已经在各类工程应用中得到了广泛检验。

参考文献

[1] Tsien H S. Similarity laws of hypersonic flows. Journal of Mathematics and Physicals, 1946, 25(3): 247-251.

[2] Hirschel E H. Viscous effects. Proc. Space Course, 1991: 12-35.

[3] Gaitonde D V. Progress in shock wave/boundary layer interactions. Progress in Aerospace Sciences, 2015, 72: 80-99.

[4] Watts J D. Flight experience with shock impingement and interference heating on the X-15-2 research airplane. NASA TM X-1669, 1968.

[5] Edney B E. Effects of shock impingement on the heat transfer around blunt bodies. AIAA Journal, 1968, 6(1): 15-21.

[6] Tu G H, Deng X G, Liu H Y, et al. Validation of high-order weighted compact nonlinear scheme for heat transfer of complex hypersonic laminar flows. The 4th Asian Symposium on Computational Heat Transfer and Fluid Flow, ASCHT0095-T01-2-A, 2013.

[7] 毛枚良，万钊，陈亮中，等.高超声速流动黏性干扰效应研究.空气动力学学报，2013，31(2): 137-143.

[8] Sarma G S R. Physico-chemical modelling in hypersonic flow simulation. Progress in Aerospace Sciences, 2000, 36(3): 281-349.

[9] 陈坚强，陈琦，谢昱飞，等.侧向喷流与舵面运动相互干扰的数值模拟研究.宇航学报，2014，35(5): 515-520.

[10] 陈坚强，赫新，张毅锋，等.跨大气层飞行器 RCS 干扰数值模拟研究.空气动力学学报，2006，24(2): 182-186.

[11] 陈坚强，张毅锋，江定武，等.侧向多喷口干扰复杂流动数值模拟研究.力学学报，2008，40(6): 000735-743.

[12] 陈坚强，涂国华，张毅锋，等.高超声速边界层转捩研究现状与发展趋势.空气动力学学报，2017，35(3): 311-337.

[13] Langtry R B, Menter F R. Correlation-based transition modeling for unstructured parallelized computational fluid dynamics codes. AIAA Journal, 2009, 47(12): 2894-2906.

[14] Fu S, Wang L. RANS modeling of high-speed aerodynamic flow transition with consideration of stability theory. Progress in Aerospace Sciences, 2013, 58(2): 36-59.
[15] Mao R, Yan P, Qiang X. Application of PSE analysis method with transitional turbulence model on hypersonic flows. 20th AIAA Computational Fluid Dynamics Conference, 2011: 3981.
[16] Tu G H, Deng X G, Mao M L. Validation of a RANS transition model using a high-order weighted compact nonlinear scheme. Science China Physics, Mechanics and Astronomy, 2013, 56(4): 805-811.
[17] 张晓东,高正红.关于补充 Langtry 的转捩模型经验修正式的数值探讨.应用数学和力学,2010,31(5): 544-552.
[18] 张毅锋,何琨,张益荣,等.Menter 转捩模型在高超声速流动模拟中的改进及验证.宇航学报,2016,37(4): 397-402.
[19] 陈坚强,张益荣,张毅锋,等.高超声速气动力数据天地相关性研究综述.空气动力学学报,2014,32(5): 587-599.
[20] 唐志共,张益荣,陈坚强,等.更准确、更精确、更高效——高超声速流动数值模拟研究进展.航空学报,2015,36(1): 120-134.
[21] 李志辉,张涵信.稀薄流到连续流的气体运动论统一数值算法初步研究.空气动力学学报,2003,21(3): 255-263.
[22] Park C, Griffith W. Nonequilibrium hypersonic aerothermodynamics. Physics Today, 1991, 44(2): 98.
[23] Prabhu D K, Papadopoulos P E, Davies C B, et al. Shuttle orbiter contingency abort aerodynamics: real-gas effects and high angles of attack. RTO-EN-AVT-116, 2004.
[24] Tu G H, Deng X G, Mao M L. Assessment of two turbulence models and some compressibility corrections for hypersonic compression corners by high-order difference schemes. Chinese Journal of Aeronautics, 2012, 25(1): 25-32.
[25] Smits A J, Martin M P, Girimaji S. Current status of basic research in hypersonic turbulence. 47th AIAA Aerospace Sciences Meeting Including The New Horizons Forum and Aerospace Exposition, 2009: 151.
[26] 涂国华,燕振国,赵晓慧,等.SA 和 SST 湍流模型对高超声速边界层强制转捩的适应性.航空学报,2015,36(5): 1471-1479.
[27] Slotnick J, Khodadoust A, Alonso J, et al. CFD vision 2030 study: a path to revolutionary computational aerosciences. NASA/CR-2014-218178, 2014.
[28] Godunov S K. A difference method for numerical calculation of discontinuous solutions of the equations of hydrodynamics. Mat. Sb., 1959, 47(89): 271-306.
[29] van Leer B. Towards the ultimate conservative difference scheme V: a second-order sequel to Godunov's method. Journal of computational Physics, 1979, 32(1): 101-136.
[30] Steger J L, Warming R F. Flux vector splitting of the inviscid gasdynamics equations with application to finite difference methods. Journal of Computational Physics, 1981, 40(2): 263-293.
[31] van Leer B. Flux-vector splitting for Euler equations. Eighth International Conference on

Numerical Meth-ods in Fluid Dynamics. Lecture Notes in Phys., 1982: 170.
[32] Roe P L. Approximate Riemann solvers, parameter vectors and difference schemes. Journal of Computational Physics, 1981, 43: 357－372.
[33] Osher S, Solomon F. Upwind difference schemes for hyperbolic conservation laws. Mathematics of Computation, 1982, 158: 339－374.
[34] Knight D, Longo J, Drikakis D, et al. Assessment of CFD capability for prediction of hypersonic shock interactions. Progress in Aerospace Sciences, 2012, 48－49: 8－26.
[35] Liou M S, Steffen C J. A new flux splitting scheme. Journal of Computational Physics, 1993, 107: 23－39.
[36] Kitamura K, Shima E. A new pressure flux for AUSM-family schemes for hypersonic heating computations. 20th AIAA Computational Fluid Dynamics Conference, 2011: 3056.
[37] Harten A. High resolution schemes for hyperbolic conservation laws. Journal of Computational Physics, 1983, 49(3): 357－393.
[38] 李松波.耗散守恒格式理论.北京：高等教育出版社,1997.
[39] 张涵信.无波动、无自由参数的耗散差分格式.空气动力学学报,1988,(2): 3－25.
[40] Harten A, Osher S. Uniformly high-order accurate essentially non-oscillatory schemes. SIAM Journal of Numerical Analysis, 1987, 24: 279－309.
[41] Liu X D, Osher S, Chan T. Weighted essentially non-oscillatory schemes. Journal of Computational Physics, 1994, 115(1): 200－212.
[42] Shu C W. Essentially non-oscillatory and weighted essentially non-oscillatory schemes for hyperbolic conservation laws. NASA/CR-97-206253 ICASE Report No.9765, 1997.
[43] Deng X G, Zhang H X. Developing high-order accurate nonlinear schemes. Journal of Computational Physics, 2000, 165(1): 22－44.
[44] Deng X G, Jiang Y, Mao M L, et al. Developing hybrid cell-edge and cell-node dissipative compact scheme for complex geometry flows. Science China Technological Sciences, 2013, 56(10): 2361－2369.
[45] 傅德薰.流体力学数值模拟.北京：国防工业出版社,1993.
[46] 贺国宏.三阶 ENN 格式及其在高超声速黏性复杂流场求解中的应用.绵阳：中国空气动力研究与发展中心博士学位论文,1994.
[47] 李沁,张涵信,高树椿.关于超声速剪切流动的数值模拟.空气动力学学报,2000,18(s1): 67－77.
[48] Ren Y X. A robust shock-capturing scheme based on rotated Riemann solvers. Computers & Fluids, 2003, 32(10): 1379－1403.
[49] Ren Y X, Liu M, Zhang H X. A characteristic-wise hybrid compact-WENO scheme for solving hyperbolic conservation laws. Journal of Computational Physics, 2003, 192(2): 365－386.
[50] Tu G H, Yuan X J. A characteristic-based shock-capturing scheme for hyperbolic problems. Journal of Computational Physics, 2007, 225(2): 2083－2097.
[51] Tu G H, Yuan X J, Xia Z Q, et al. A class of compact upwind TVD difference schemes. Applied Mathematics and Mechanics, 2006, 27(6): 765－772.

[52] 郑华盛,赵宁.双曲型守恒律的一种高精度 TVD 差分格式.计算物理,2005,22(1):13-18.

[53] Zhao X H, Tu G H, Liu H Y. Applications of WCNS-E-5 in shock-wave/boundary-layer interactions in hypersonic flows. Transactions of Nanjing University of Aeronautics & Astronautics, 2014, 30(S): 81-86.

[54] Rizzetta D P, Visbal M R, Blaisdell G A. A time-implicit high-order compact differencing and filtering scheme for large-eddy simulation. International Journal for Numerical Methods in Fluids, 2003, 42(6): 665-693.

[55] Whitfield D. Discretized newton-relaxation solution of high resolution flux-difference split schemes. 10th Computational Fluid Dynamics Conference, 1991: 1539.

[56] Yoon S, Jameson A. Lower-upper symmetric Gauss-Seidel method for the Euler and Navier-Stokes equations. AIAA Journal, 1988, 26(9): 1025-1026.

[57] Chen R F, Wang Z J. Fast, block lower-upper symmetric Gauss-Seidel scheme for arbitrary grids. AIAA Journal, 2000, 38(12): 2238-2245.

[58] Jameson A, Caughey D A. How many steps are required to solve the Euler equations of steady, compressible flow: in search of a fast solution algorithm. 15th AIAA Computational Fluid Dynamics Conference, 2001: 2673.

[59] Pareschi L, Russo G. Implicit-explicit Runge-Kutta schemes and applications to hyperbolic systems with relaxation. Journal of Scientific Computing, 2005, 25(1): 129-155.

[60] Gottlieb S, Mullen J S. An implicit WENO scheme for steady-state computation of scalar hyperbolic equations. Computational Fluid and Solid Mechanics, 2003: 1946-1950.

[61] Ekaterinaris J A. Implicit, high-resolution, compact schemes for gas dynamics and aeroacoustics. Journal of Computational Physics, 1999, 156(2): 272-299.

[62] 张毅锋.高阶精度格式(WCNS)加速收敛和复杂流动数值模拟的应用研究.中国空气动力研究与发展中心博士学位论文,2007.

[63] AIAA. Guide for the verification and validation of computational fluid dynamics simulations. STD · AIAA G-077-ENGL, 1998.

[64] Oberkampf W L, Roy C J. Verification and Validation in Scientific Computing. New York: Cambridge University Press, 2010.

[65] 张涵信.关于 CFD 计算结果的不确定度问题.空气动力学学报,2008,26(1):47-49.

[66] Eça L, Vaz G, Hoekstra M. Code verification, solution verification and validation in RANS solvers. ASME 2010 29th International Conference on Ocean, Offshore and Arctic Engineering, 2010: 597-605.

[67] Celik I B, Li J. Assessment of numerical uncertainty for the calculations of turbulent flow over a backward-facing step. International Journal for Numerical Methods in Fluids, 2005, 49(9): 1015-1031.

[68] 陈坚强,张益荣.基于 Richardson 插值法的 CFD 验证和确认方法的研究.空气动力学学报,2012,30(2):176-183.

[69] 涂国华,邓小刚,闵耀兵,等.CFD 空间精度分析方法及 4 种典型畸形网格中 WCNS 格式精度测试.空气动力学学报,2014,32(4):425-432.

第二章 高超声速流动数值模拟方法

2.1 引言

高超声速飞行器飞行时,其流场不仅包含边界层、旋涡、激波、膨胀波等基本流动结构,而且还存在复杂的黏性干扰、激波/激波、激波/边界层、激波/旋涡等相互作用。因此开展高超声速复杂流动数值模拟时必须充分考虑这些物理现象和非线性流场特征,要求计算方法既具有很强的强间断捕捉能力,又能够对边界层等物理黏性发挥重要作用的流场区域和流场结构具有良好的分辨率。同时,高超声速流动中的流动介质具有显著的可压缩效应(主要体现在大密度梯度的边界层和剪切层流动以及强激波等间断),从低速发展起来的湍流模型在推广到高超声速湍流流动中时,实际模拟精度和效果比低速湍流模拟差,如预测的超声速混合层厚度过大、强逆压梯度下流体分离区严重过小等。为了更好地模拟存在显著压缩的流动区域,提高预测湍流性质的能力,必须对现有的湍流模型进行一定的修正。

本章将从三维可压缩 NS 方程出发,详细介绍 NS 方程及其空间、时间上的离散格式,考虑不同的通量分裂方法和插值限制器,阐述它们的格式精度和激波捕捉能力以及抑制振荡的作用;同时,给出多种湍流模型,并介绍四种流动可压缩性的修正方法。

2.2 控制方程

2.2.1 三维流动的动力学方程

假设 x、y 和 z 是直角坐标系下的坐标分量,u、v 和 w 分别为三个方向的速度分量，t 为时间，p、ρ、T、μ 分别为气体的压力、密度、温度、动力黏性系数，E 为单位质量气体总内能，e 为单位质量气体热力学内能，a 为声速，Ma 为马赫数。下面的公式中，无上标表示无量纲量，上标“$\wedge$”表示有量纲量，下标“∞”表示无穷远处的来流值。

本书选定特征长度 $\hat{L}_\infty$ (m)、来流速度 $\hat{U}_\infty$ (m/s)、来流温度 $\hat{T}_\infty$ (K)、来流密度 $\hat{\rho}_\infty$ (kg/m^3)和来流动力黏性系数 $\hat{\mu}_\infty$ (N · s/m^2)作为无量纲化的特征量。通过无量纲化可以得到

$$(x, y, z) = \frac{(\hat{x}, \hat{y}, \hat{z})}{\hat{L}_\infty}, \ (u, v, w) = \frac{(\hat{u}, \hat{v}, \hat{w})}{\hat{U}_\infty}, \ T = \frac{\hat{T}}{\hat{T}_\infty}, \ \rho = \frac{\hat{\rho}}{\hat{\rho}_\infty}, \ \mu = \frac{\hat{\mu}}{\hat{\mu}_\infty}$$

$$p = \frac{\hat{p}}{\hat{\rho}_\infty \hat{U}_\infty^2}, \ t = \frac{\hat{t}}{\hat{L}_\infty / \hat{U}_\infty}, \ e = \frac{\hat{e}}{\hat{U}_\infty^2}, \ Re_\infty = \frac{\hat{\rho}_\infty \hat{U}_\infty \hat{L}_\infty}{\hat{\mu}_\infty}, \ Ma_\infty = \frac{\hat{U}_\infty}{\hat{a}_\infty}$$

$$R_g = \frac{\hat{R}_g}{\hat{U}_\infty^2 / \hat{T}_\infty} = \frac{1}{\gamma Ma_\infty^2}, \ k = \frac{\mu c_p}{Pr} = \frac{1}{(\gamma - 1) Ma_\infty^2} \frac{\mu}{Pr}$$

式中，Re_∞ 为基于特征长度和来流参数的雷诺(Reynolds)数；Pr 为普朗特(Prandtl)数；R_g 为一般气体常数；γ 为比热比；k 为热传导系数；c_p 为比定压热容。

经过无量纲化后，得到三维化学非平衡流动控制方程：

$$\frac{\partial \boldsymbol{Q}}{\partial t} + \frac{\partial \boldsymbol{F}}{\partial x} + \frac{\partial \boldsymbol{G}}{\partial y} + \frac{\partial \boldsymbol{H}}{\partial z} = \frac{1}{Re_\infty}\left(\frac{\partial \boldsymbol{F}_\mathrm{v}}{\partial x} + \frac{\partial \boldsymbol{G}_\mathrm{v}}{\partial y} + \frac{\partial \boldsymbol{H}_\mathrm{v}}{\partial z}\right) + \boldsymbol{W} \tag{2.1}$$

其中，

$$\boldsymbol{Q} = \begin{bmatrix} \rho_s \\ \rho \\ \rho u \\ \rho v \\ \rho w \\ \rho E \end{bmatrix}, \quad \boldsymbol{F} = \begin{bmatrix} \rho_s u \\ \rho u \\ \rho u^2 + p \\ \rho uv \\ \rho uw \\ (\rho E + p) u \end{bmatrix}, \quad \boldsymbol{G} = \begin{bmatrix} \rho_s v \\ \rho v \\ \rho uv \\ \rho v^2 + p \\ \rho vw \\ (\rho E + p) v \end{bmatrix}, \quad \boldsymbol{H} = \begin{bmatrix} \rho_s w \\ \rho w \\ \rho uw \\ \rho vw \\ \rho w^2 + p \\ (\rho E + p) w \end{bmatrix} \tag{2.2}$$

$$\boldsymbol{F}_{\mathrm{v}}=\begin{bmatrix}\rho D_s\dfrac{\partial c_s}{\partial x}\\0\\\tau_{xx}\\\tau_{xy}\\\tau_{xz}\\q_x+u_j\tau_{xj}\end{bmatrix},\quad \boldsymbol{G}_{\mathrm{v}}=\begin{bmatrix}\rho D_s\dfrac{\partial c_s}{\partial y}\\0\\\tau_{xy}\\\tau_{yy}\\\tau_{yz}\\q_y+u_j\tau_{yj}\end{bmatrix},\quad \boldsymbol{H}_{\mathrm{v}}=\begin{bmatrix}\rho D_s\dfrac{\partial c_s}{\partial z}\\0\\\tau_{xz}\\\tau_{yz}\\\tau_{zz}\\q_z+u_j\tau_{zj}\end{bmatrix},\quad \boldsymbol{W}=\begin{bmatrix}w_s\\0\\0\\0\\0\\W_e\end{bmatrix}\tag{2.3}$$

$$u_j\tau_{xj}=u\tau_{xx}+v\tau_{xy}+w\tau_{xz},\quad u_j\tau_{yj}=u\tau_{yx}+v\tau_{yy}+w\tau_{yz},\quad u_j\tau_{zj}=u\tau_{zx}+v\tau_{zy}+w\tau_{zz}$$

$$q_x=\frac{1}{(\gamma-1)Ma_\infty^2}\frac{\mu}{Pr}\frac{\partial T}{\partial x},\quad q_y=\frac{1}{(\gamma-1)Ma_\infty^2}\frac{\mu}{Pr}\frac{\partial T}{\partial y},\quad q_z=\frac{1}{(\gamma-1)Ma_\infty^2}\frac{\mu}{Pr}\frac{\partial T}{\partial z}$$

式中，w_s、W_e 为组分和能量的源项；q_j 为热传导项；$s=1, 2, \cdots, N-1$，N 是所考虑的组分方程数目；D_s、c_s、ρ_s 分别为组分的扩散系数、质量分数和密度。剪切应力张量项 τ_{ij} 可由下面的本构关系[1,2]计算得到：

$$\begin{aligned}&\tau_{xx}=\lambda(\nabla\cdot\boldsymbol{V})+2\mu\frac{\partial u}{\partial x}=\mu\left(2\frac{\partial u}{\partial x}-\frac{2}{3}\nabla\cdot\boldsymbol{V}\right),\quad \tau_{xy}=\tau_{yx}=\mu\left(\frac{\partial u}{\partial y}+\frac{\partial v}{\partial x}\right)\\&\tau_{yy}=\lambda(\nabla\cdot\boldsymbol{V})+2\mu\frac{\partial v}{\partial y}=\mu\left(2\frac{\partial v}{\partial y}-\frac{2}{3}\nabla\cdot\boldsymbol{V}\right),\quad \tau_{xz}=\tau_{zx}=\mu\left(\frac{\partial u}{\partial z}+\frac{\partial w}{\partial x}\right)\\&\tau_{zz}=\lambda(\nabla\cdot\boldsymbol{V})+2\mu\frac{\partial w}{\partial z}=\mu\left(2\frac{\partial w}{\partial z}-\frac{2}{3}\nabla\cdot\boldsymbol{V}\right),\quad \tau_{yz}=\tau_{zy}=\mu\left(\frac{\partial v}{\partial z}+\frac{\partial w}{\partial y}\right)\end{aligned}\tag{2.4}$$

式中，λ 为体黏性系数（又叫第二黏性系数）。根据 Stokes 假设，有 $\lambda=-2\mu/3$。速度散度等相关公式定义如下：

$$\nabla\cdot\boldsymbol{V}=\frac{\partial u}{\partial x}+\frac{\partial v}{\partial y}+\frac{\partial w}{\partial z}\tag{2.5}$$

$$E=e+\frac{1}{2}(u^2+v^2+w^2)\tag{2.6}$$

$$e=\frac{p}{(\gamma-1)\rho}\tag{2.7}$$

对于层流，黏性系数 μ 只依赖于温度，可由 Sutherland 公式等计算得到；对

于湍流，仅需将原方程组中的 μ 和 μ/Pr 替换为

$$\mu = \mu_{\mathrm{L}} + \mu_{\mathrm{T}} \tag{2.8}$$

$$\frac{\mu}{Pr} = \frac{\mu_{\mathrm{L}}}{Pr_{\mathrm{L}}} + \frac{\mu_{\mathrm{T}}}{Pr_{\mathrm{T}}} \tag{2.9}$$

式中，μ_{L} 和 Pr_{L} 分别为层流的黏性系数和普朗特数；μ_{T} 和 Pr_{T} 分别为湍流的黏性系数和普朗特数。对于空气，$Pr_{\mathrm{L}} = 0.72$，$Pr_{\mathrm{T}} = 0.90$。湍流黏性系数由湍流模型确定。

若令湍流黏性系数为零，可得到黏性层流流动控制方程，去掉组分方程中的源项，就得到冻结气体流动控制方程，去掉黏性项，就得到无黏流动控制方程。

2.2.2　坐标变换

在实际的数值模拟计算中，由于一般几何外形都很复杂，故需要将物理空间的直角坐标一一映射到计算空间的贴体曲线坐标，引入单值、唯一的坐标变换：

$$\tau = t, \quad \xi = \xi(x, y, z, t), \quad \eta = \eta(x, y, z, t), \quad \zeta = \zeta(x, y, z, t) \tag{2.10}$$

方程(2.1)可变换成

$$\frac{\partial \bar{\boldsymbol{Q}}}{\partial \tau} + \frac{\partial \bar{\boldsymbol{F}}}{\partial \xi} + \frac{\partial \bar{\boldsymbol{G}}}{\partial \eta} + \frac{\partial \bar{\boldsymbol{H}}}{\partial \zeta} = \frac{1}{Re_\infty}\left(\frac{\partial \bar{\boldsymbol{F}}_{\mathrm{v}}}{\partial \xi} + \frac{\partial \bar{\boldsymbol{G}}_{\mathrm{v}}}{\partial \eta} + \frac{\partial \bar{\boldsymbol{H}}_{\mathrm{v}}}{\partial \zeta}\right) + \bar{\boldsymbol{W}} \tag{2.11}$$

其中，

$$\begin{aligned}
&\bar{\boldsymbol{Q}} = \boldsymbol{Q}/J, \quad \bar{\boldsymbol{W}} = \boldsymbol{W}/J \\
&\bar{\boldsymbol{F}} = (\xi_t \boldsymbol{Q} + \xi_x \boldsymbol{F} + \xi_y \boldsymbol{G} + \xi_z \boldsymbol{H})/J, \quad \bar{\boldsymbol{F}}_{\mathrm{v}} = (\xi_x \boldsymbol{F}_{\mathrm{v}} + \xi_y \boldsymbol{G}_{\mathrm{v}} + \xi_z \boldsymbol{H}_{\mathrm{v}})/J \\
&\bar{\boldsymbol{G}} = (\eta_t \boldsymbol{Q} + \eta_x \boldsymbol{F} + \eta_y \boldsymbol{G} + \eta_z \boldsymbol{H})/J, \quad \bar{\boldsymbol{G}}_{\mathrm{v}} = (\eta_x \boldsymbol{F}_{\mathrm{v}} + \eta_y \boldsymbol{G}_{\mathrm{v}} + \eta_z \boldsymbol{H}_{\mathrm{v}})/J \\
&\bar{\boldsymbol{H}} = (\zeta_t \boldsymbol{Q} + \zeta_x \boldsymbol{F} + \zeta_y \boldsymbol{G} + \zeta_z \boldsymbol{H})/J, \quad \bar{\boldsymbol{H}}_{\mathrm{v}} = (\zeta_x \boldsymbol{F}_{\mathrm{v}} + \zeta_y \boldsymbol{G}_{\mathrm{v}} + \zeta_z \boldsymbol{H}_{\mathrm{v}})/J
\end{aligned} \tag{2.12}$$

$\boldsymbol{J}$ 为两个坐标系之间的体积变化系数，即坐标变换的雅可比矩阵行列式：

$$\boldsymbol{J} = \left|\frac{\partial(\xi, \eta, \zeta)}{\partial(x, y, z)}\right| = \left|\frac{\partial(x, y, z)}{\partial(\xi, \eta, \zeta)}\right|^{-1} = \begin{vmatrix} x_\xi & x_\eta & x_\zeta \\ y_\xi & y_\eta & y_\zeta \\ z_\xi & z_\eta & z_\zeta \end{vmatrix}^{-1} \tag{2.13}$$

对应的坐标变换度量，即网格导数为

$$
\begin{aligned}
&\xi_x = \boldsymbol{J}(y_\eta z_\zeta - y_\zeta z_\eta), \quad \zeta_x = \boldsymbol{J}(y_\xi z_\eta - y_\eta z_\xi) \\
&\xi_y = \boldsymbol{J}(z_\eta x_\zeta - z_\zeta x_\eta), \quad \zeta_y = \boldsymbol{J}(z_\xi x_\eta - z_\eta x_\xi) \\
&\xi_z = \boldsymbol{J}(x_\eta y_\zeta - x_\zeta y_\eta), \quad \zeta_z = \boldsymbol{J}(x_\xi y_\eta - x_\eta y_\xi) \\
&\eta_x = \boldsymbol{J}(y_\zeta z_\xi - y_\xi z_\zeta), \quad \xi_t = -(x_\tau \xi_x + y_\tau \xi_y + z_\tau \xi_z) \\
&\eta_y = \boldsymbol{J}(z_\zeta x_\xi - z_\xi x_\zeta), \quad \eta_t = -(x_\tau \eta_x + y_\tau \eta_y + z_\tau \eta_z) \\
&\eta_z = \boldsymbol{J}(x_\zeta y_\xi - x_\xi y_\zeta), \quad \zeta_t = -(x_\tau \zeta_x + y_\tau \zeta_y + z_\tau \zeta_z) \\
&\tau_x = \tau_y = \tau_z = 0
\end{aligned}
\tag{2.14}
$$

一般将曲线坐标系下守恒型 NS 方程组(2.11)写作下面形式：

$$
\boldsymbol{J}^{-1}\frac{\partial \boldsymbol{Q}}{\partial \tau} = -\boldsymbol{R}(\boldsymbol{Q}) - \boldsymbol{Q}\frac{\partial(\boldsymbol{J}^{-1})}{\partial \tau} \tag{2.15}
$$

$$
\boldsymbol{R}(\boldsymbol{Q}) = \left[\left(\frac{\partial \bar{\boldsymbol{F}}}{\partial \xi} + \frac{\partial \bar{\boldsymbol{G}}}{\partial \eta} + \frac{\partial \bar{\boldsymbol{H}}}{\partial \zeta}\right) - \frac{1}{Re_\infty}\left(\frac{\partial \bar{\boldsymbol{F}}_{\mathrm{v}}}{\partial \xi} + \frac{\partial \bar{\boldsymbol{G}}_{\mathrm{v}}}{\partial \eta} + \frac{\partial \bar{\boldsymbol{H}}_{\mathrm{v}}}{\partial \zeta}\right) - \bar{\boldsymbol{W}}\right] \tag{2.16}
$$

其中，式(2.15)的右端第二项满足几何守恒律：

$$
\frac{\partial \boldsymbol{J}^{-1}}{\partial \tau} + \frac{\partial}{\partial \xi}\left(\frac{\xi_t}{\boldsymbol{J}}\right) + \frac{\partial}{\partial \eta}\left(\frac{\eta_t}{\boldsymbol{J}}\right) + \frac{\partial}{\partial \zeta}\left(\frac{\zeta_t}{\boldsymbol{J}}\right) = 0 \tag{2.17}
$$

对于静止网格，ξ_t、η_t 和 ζ_t 等于零，故对流场的模拟计算可以看作是对方程右端残差项 $\boldsymbol{R}(\boldsymbol{Q})$ 在空间上的离散迭代和方程时间上的推进，相关的数值方法将在下面的章节中进行详细介绍。

2.2.3 热力学方程

1. 完全气体

$$
p = \frac{\rho T}{\gamma Ma_\infty^2}, \quad \rho e = \frac{p}{\gamma - 1} \tag{2.18}
$$

式中，γ 为气体比热比，通常给定为某常数，对于空气取值为 1.4。

2. 平衡气体

$$
p = \frac{\rho T}{\tilde{\gamma} Ma_\infty^2}, \quad \rho e = \frac{p}{\tilde{\gamma} - 1} \tag{2.19}
$$

式中，$\tilde{\gamma}$ 为气体等效比热比。本书采用 CHEMKIN[3] 给出的多项式拟合系数来计算各反应组分在给定温度下的比定压热容 $c_{p,s}$，通过积分可以得到相应的焓、熵等热力学参数：

$$\frac{c_{p,s}}{R_{g,s}} = a_1 + a_2 T + a_3 T^2 + a_4 T^3 + a_5 T^4 \tag{2.20}$$

$$\frac{h_s}{R_{g,s}} = a_1 T + \frac{1}{2}a_2 T^2 + \frac{1}{3}a_3 T^3 + \frac{1}{4}a_4 T^4 + \frac{1}{5}a_5 T^5 + a_6 \tag{2.21}$$

$$\frac{s_s}{R_{g,s}} = a_1 \ln T + a_2 T + \frac{1}{2}a_3 T^2 + \frac{1}{3}a_4 T^3 + \frac{1}{4}a_5 T^4 + a_7 \tag{2.22}$$

3. 冻结气体和非平衡气体

$$p = \sum_{s=1}^{N_s} \rho_s R_{g,s} T, \quad e = \sum_{s=1}^{N_s} c_s h_s - p/\rho, \quad \hat{h}_s = \sum_{n=1}^{6} \hat{a}_{n,s} \hat{T}^{n-1} \tag{2.23}$$

式中，h_s 为组分单位质量的焓；$\hat{a}_{n,s}$ 为多项式拟合系数，它与具体气体组分相关。

2.2.4　输运系数

1. 黏性系数

组分分子的黏性系数可采用下面两种曲线拟合公式和 Sutherland 公式计算得到。

(1) Blottner 公式[4,5]：

$$\mu_s = 0.10\exp[A_s (\ln T)^4 + B_s (\ln T)^3 + C_s (\ln T)^2 + D_s(\ln T) + E_s] \tag{2.24}$$

式中，系数 A_s、B_s、C_s、D_s 和 E_s 为组分 s 通过实验数据拟合得到的系数。

(2) 简化碰撞模型公式[6]：

$$\begin{aligned} \mu_s &= 2.669\,3 \times 10^{-6} \frac{\sqrt{M_s T}}{\sigma_s^2 \Omega_v} \\ \Omega_v &\approx 1.147 \left(\frac{T}{T_{\varepsilon s}}\right)^{-0.145} + \left(\frac{T}{T_{\varepsilon s}} + 0.5\right)^{-2} \end{aligned} \tag{2.25}$$

式中，M_s、σ_s 和 $T/T_{\varepsilon s}$ 分别为组分 s 的相对分子量、低速碰撞直径和约化温度；

Ω_v 为简化碰撞积分,它是约化温度的函数。

(3) Sutherland 公式[2]:

$$\mu_s = \frac{T_{0s} + T_{cs}}{T + T_{cs}} \left(\frac{T}{T_{0s}} \right)^{1.5} \mu_{0s} \tag{2.26}$$

式中,T_{0s}、T_{cs} 为组分 s 的 Sutherland 常数;μ_{0s} 为组分 s 在一个大气压条件下温度为 T_{cs} 时的分子黏性系数。

知道了每个组分 s 的黏性系数后,就可以通过 Wilke 的半经验公式[7]求得混合气体的黏性系数,即

$$\begin{aligned} \mu_{\mathrm{L}} &= \sum_{s=1}^{N_s} \frac{X_s}{\phi_s} \mu_s \\ \phi_s &= \sum_{j=1}^{N_s} X_j \left[1 + \left(\frac{\mu_s}{\mu_j} \right)^{0.5} \left(\frac{M_s}{M_j} \right)^{0.25} \right] \Bigg/ \sqrt{8 \left(1 + \frac{M_s}{M_j} \right)} \end{aligned} \tag{2.27}$$

式中,X_s 和 M_s 及 μ_s 分别为组分 s 的摩尔分数、摩尔质量和分子黏性系数。

2. 组分扩散系数[2]

$$\rho D_s = \left(\frac{\mu_{\mathrm{L}}}{S_{c\mathrm{L}}} + \frac{\mu_{\mathrm{T}}}{S_{c\mathrm{T}}} \right) \frac{1 - c_s}{1 - X_s} \tag{2.28}$$

式中,$S_{c\mathrm{L}}$ 和 $S_{c\mathrm{T}}$ 分别为层流和湍流的 Schmidt 数,取 $S_{c\mathrm{L}} = S_{c\mathrm{T}} = 0.5$。

2.2.5 化学反应模型及生成源项

针对空气反应,根据飞行环境的不同(如飞行马赫数、高度、飞行器特征长度等),分别采用了 5 组分、7 组分和 11 组分的化学反应模型,本章附表中的表 2.1~表 2.12 分别给出了典型的反应模型及相对应的空气物理化学数据及反应动力学常数,具体描述也可参见文献[8]~[10]。化学反应速率采用以下方法计算:

设某反应气体包含 N_s 种组分,考虑了 N_r 个反应,对于如下的第 i 个化学反应:

$$\sum_{j=1}^{N_s} \gamma_{ij} A_j \Leftrightarrow \sum_{j=1}^{N_s} \gamma_{ij}^{*} A_j \tag{2.29}$$

式中,A_j 为第 j 个化学反应组分的分子式;γ_{ij}、γ_{ij}^{*} 分别为第 j 个组分在反应式两

边的化学计量系数，$i=1, 2, \cdots, N_r$；$j=1, 2, \cdots, N_s$。

第 j 组分的化学反应的生成源项可以写为

$$W_j = M_j \sum_{i=1}^{N_r} (\gamma_{ij}^* - \gamma_{ij}) Q_i \tag{2.30}$$

式中，M_j 为第 j 个组分的摩尔质量；Q_i 为第 i 个化学反应的反应速率，由下面的公式给出：

$$Q_i = k_{fi} \prod_{j=1}^{N_s} \left(\frac{\rho_j}{M_j}\right)^{\gamma_{ij}} - k_{bi} \prod_{j=1}^{N_s} \left(\frac{\rho_j}{M_j}\right)^{\gamma_{ij}^*} \tag{2.31}$$

式中，k_{fi}、k_{bi} 分别为第 i 个化学反应的正反应和逆反应的速率常数。

在 Dunn-Kang 模型中，通常采用 Arrhenius 定律的修正形式得到

$$k_{fi} = A_{fi} T^{B_{fi}} \exp(-C_{fi}/T) \tag{2.32}$$

$$k_{bi} = A_{bi} T^{B_{bi}} \exp(-C_{bi}/T) \tag{2.33}$$

在 Park 模型中，正反应速率 k_{fi} 采用式(2.32)得到，而逆反应速率 k_{bi} 由下面的公式计算：

$$k_{bi} = \frac{k_{fi}}{K_{eq}} \tag{2.34}$$

式中，K_{eq} 为平衡常数，采用温度曲线拟合[11]或通过 Gibbs 自由能得到。

2.3　数值方法

一般的流动控制方程都是非线性偏微分方程，基本上无法得到精确解(极个别特例除外)，CFD 就是通过各种计算方法得到这些偏微分方程的数值解，或称近似解。目前，CFD 主要采用的方法有：有限差分法(finite difference method, FDM)、有限体积法(finite volume method, FVM)、有限元法(finite element method)和谱方法(spectral method)。这四种方法各有其优缺点，前两种方法在 CFD 中使用尤其广泛，后两种相对少一些。以下主要讨论前两种方法。

FDM 是数值计算方法中最经典、历史最悠久、理论最成熟的数值方法。FDM 基于微分的思想，将空间区域离散化，划分为差分网格，用有限个网格节点

(即离散点)代替连续的计算区域,将偏微分方程中的所有微分项用相应的差商代替,从而将偏微分方程转化为代数形式的差分方程,得到含有离散点上有限个未知数的差分方程组,其计算物理量一般定义在网格点上。求解该方程组,得到的解即作为偏微分方程组所描述的物理定解问题的数值近似解。它是一种直接将偏微分问题变成代数问题的近似数值方法。FDM 直接离散偏导数,比较容易推广到高阶精度,对于多维问题也是如此。然而当几何区域不规则时,该方法也难以获得应有的精度;针对复杂区域,其适应性较差,难以保证离散的守恒性[12,13]。

FVM 可以看成积分形式的 FDM,它直接对积分形式的方程进行离散。与 FDM 不同的是,FVM 将计算区域离散成有限个控制单元,在控制单元上应用高斯定理和积分近似关系对积分型守恒方程进行离散,最后求解得到代数方程组。当网格尺度有限时,FVM 比 FDM 能够更好地保证对质量守恒、动量守恒和能量守恒定律的满足;可直接应用于复杂区域和含有任意多面体的无结构网格中;在复杂区域容易实施。但对于多维问题而言,FVM 的高维插值构造和实施比较复杂,即使对于较均匀的网格,FVM 也很难获得二阶以上的高精度[13-16]。

FVM 可以分为[17]:格心有限体积法(cell-centered finite volume)、格点有限体积法(cell-vertex finite volume)和网格平均有限体积法(cell-averaged finite volume)三类。格心有限体积法指的是依赖变量的值在网格单元的中心,并把该网格单元作为控制体积应用有限体积法;格点有限体积法则是把依赖变量放在网格单元的顶点,控制体积由顶点周围的网格单元整体地或按照一定规则各取一部分合并而成;网格平均有限体积法最简单,认为依赖变量的值即为网格单元的平均值。与格点有限体积法相比,格心有限体积法平均变量时涉及更少的网格单元,计算量要少得多;其计算边界与网格单元的实际边界重合,符合物理边界条件的要求,更加容易理解,因此格心有限体积法模拟可压缩流动效果更好[18]。

本书使用的计算方法为基于结构网格的格心有限体积法。

2.3.1 控制方程的离散

将守恒型 NS 方程组对任意有限体积为 V 的网格单元进行积分,可得到下面积分形式的守恒方程:

$$\int_V \frac{\partial \boldsymbol{Q}}{\partial t} \mathrm{d}V + \int_V \nabla \cdot (\boldsymbol{Y} - \boldsymbol{Y}_{\mathrm{v}}) \, \mathrm{d}V = \int \boldsymbol{W} \mathrm{d}V \tag{2.35}$$

式中，$\boldsymbol{Y} = (\boldsymbol{F}, \boldsymbol{G}, \boldsymbol{H})$；$\boldsymbol{Y}_v = (\boldsymbol{F}_v, \boldsymbol{G}_v, \boldsymbol{H}_v)/Re_\infty$。

由高斯定理和积分近似关系可以得

$$V\frac{\partial\bar{\boldsymbol{Q}}}{\partial t} + \oint_S (\boldsymbol{Y} - \boldsymbol{Y}_v) \cdot \boldsymbol{n}\mathrm{d}S = \boldsymbol{W}(\bar{\boldsymbol{Q}}) \cdot V \tag{2.36}$$

$$V\frac{\partial\bar{\boldsymbol{Q}}}{\partial t} = -\sum_{l=1}^{N} [(\boldsymbol{Y} - \boldsymbol{Y}_v) \cdot \boldsymbol{S}]_l + \boldsymbol{W}(\bar{\boldsymbol{Q}}) \cdot V \tag{2.37}$$

式中，$\bar{\boldsymbol{Q}} = \int_V \boldsymbol{Q}\mathrm{d}V/V$ 为网格单元平均值；$\boldsymbol{n}$ 为网格单元表面的单位法向矢量；$\boldsymbol{S}$ 为网格单元的面积矢量；N 为网格单元表面个数。

对于结构网格的六面体，定义 $\tilde{\boldsymbol{Y}} = \boldsymbol{Y} \cdot \boldsymbol{S}$ 为该控制体某个面的通量矢量。对于格心有限体积法，网格单元中心的变量值是网格单元平均值的二阶近似，可以使用格心值 $\boldsymbol{Q}_{i,j,k}$ 来代替平均值 $\bar{\boldsymbol{Q}}_{i,j,k}$，最终可以得到针对任意网格单元的离散方程：

$$V_{i,j,k}\frac{\partial\boldsymbol{Q}_{i,j,k}}{\partial t} = -\boldsymbol{R} \tag{2.38}$$

$$\begin{aligned}\boldsymbol{R} = &(\tilde{\boldsymbol{Y}} - \tilde{\boldsymbol{Y}}_v)_{i+1/2,j,k} - (\tilde{\boldsymbol{Y}} - \tilde{\boldsymbol{Y}}_v)_{i-1/2,j,k} \\ &+ (\tilde{\boldsymbol{Y}} - \tilde{\boldsymbol{Y}}_v)_{i,j+1/2,k} - (\tilde{\boldsymbol{Y}} - \tilde{\boldsymbol{Y}}_v)_{i,j-1/2,k} \\ &+ (\tilde{\boldsymbol{Y}} - \tilde{\boldsymbol{Y}}_v)_{i,j,k+1/2} - (\tilde{\boldsymbol{Y}} - \tilde{\boldsymbol{Y}}_v)_{i,j,k-1/2} - \boldsymbol{W}_{i,j,k} \cdot V_{i,j,k}\end{aligned} \tag{2.39}$$

在结构网格下的控制方程的有限体积离散形式为

$$\begin{aligned}&\frac{\delta\bar{\boldsymbol{Q}}_{i,j,k}^{n+1}}{\Delta t} + \frac{\boldsymbol{F}_{i+1/2,j,k}^{n+1} - \boldsymbol{F}_{i-1/2,j,k}^{n+1}}{\Delta\xi} + \frac{\boldsymbol{G}_{i,j+1/2,k}^{n+1} - \boldsymbol{G}_{i,j-1/2,k}^{n+1}}{\Delta\eta} + \frac{\boldsymbol{H}_{i,j,k+1/2}^{n+1} - \boldsymbol{H}_{i,j,k-1/2}^{n+1}}{\Delta\zeta} \\ &= \frac{1}{Re_\infty}\left(\frac{\boldsymbol{F}_{i+1/2,j,k}^{v,n+1} - \boldsymbol{F}_{i-1/2,j,k}^{v,n+1}}{\Delta\xi} + \frac{\boldsymbol{G}_{i,j+1/2,k}^{v,n+1} - \boldsymbol{G}_{i,j-1/2,k}^{v,n+1}}{\Delta\eta} + \frac{\boldsymbol{H}_{i,j,k+1/2}^{v,n+1} - \boldsymbol{H}_{i,j,k-1/2}^{v,n+1}}{\Delta\zeta}\right) + \boldsymbol{W}_{i,j,k}\end{aligned} \tag{2.40}$$

2.3.2　时间离散

针对离散方程(2.38)，根据 Janus[19] 和 Darapuram[20] 的方法，可以将时间离散格式写成下面统一的形式：

$$V\frac{(1+\psi)\Delta\boldsymbol{Q}^n-\psi\Delta\boldsymbol{Q}^{n-1}}{\Delta\tau}=-\left[(1-\theta)\boldsymbol{R}^n+\theta\boldsymbol{R}^{n+1}\right],\quad \Delta\boldsymbol{Q}^n=\boldsymbol{Q}^{n+1}-\boldsymbol{Q}^n \tag{2.41}$$

式中，n 为时间层；ψ 和 θ 为时间离散的控制参数。控制参数不同，式(2.41)代表的时间离散格式也不同。当 $\theta=0$，$\psi=0$ 时，代表 Euler 向前显式格式；当 $\theta=1$，$\psi=1/2$ 时，代表二阶三点向后格式；当 $\theta=1$，$\psi=0$ 时，代表 Euler 向后隐式格式；当 $\theta=1/2$，$\psi=0$ 时，代表 Crank-Nicholson(CN)格式。

以一阶 Euler 隐式格式($\theta=1$，$\psi=0$)为例：

$$V\frac{\Delta\boldsymbol{Q}^n}{\Delta\tau}=-\boldsymbol{R}^{n+1} \tag{2.42}$$

将右端项对时间进行 Taylor 展开，即对非线性项进行线性化处理得到

$$\begin{aligned}\boldsymbol{R}^{n+1}&=\boldsymbol{R}^n+\left(\frac{\partial\boldsymbol{R}}{\partial t}\right)^n\Delta\tau+O(\Delta\tau^2)=\boldsymbol{R}^n+\left(\frac{\partial\boldsymbol{R}}{\partial\boldsymbol{Q}}\right)^n\left(\frac{\partial\boldsymbol{Q}}{\partial\tau}\right)^n\Delta\tau+O(\Delta\tau^2)\\&=\boldsymbol{R}^n+\left(\frac{\partial\boldsymbol{R}}{\partial\boldsymbol{Q}}\right)^n\Delta\boldsymbol{Q}^n+O(\Delta\tau^2)\end{aligned} \tag{2.43}$$

式中，$\partial\boldsymbol{R}/\partial\boldsymbol{Q}=\boldsymbol{M}(\boldsymbol{Q})$ 为残差向量的雅可比矩阵。

由式(2.42)和式(2.43)联立可得到线性方程组：

$$\left[\frac{V}{\Delta\tau}\boldsymbol{I}+\boldsymbol{M}(\boldsymbol{Q}^n)\right]\Delta\boldsymbol{Q}^n=-\boldsymbol{R}^n \tag{2.44}$$

1. 显式时间格式

显式时间离散一般采用多步 Runge-Kutta 方法，针对半离散形式的方程：

$$V\frac{\mathrm{d}\boldsymbol{Q}}{\mathrm{d}\tau}=-\boldsymbol{R}(\boldsymbol{Q}) \tag{2.45}$$

从时间步 n 到时间步 $n+1$ 的积分可以用 m 步 Runge-Kutta 法表示为

$$\boldsymbol{Q}^{n+\frac{k}{m}}=\boldsymbol{Q}^n-\frac{\Delta\tau}{V}\theta_k\boldsymbol{R}(\boldsymbol{Q}^{n+\frac{k-1}{m}}),\quad \theta_k=\frac{1}{m-k+1},\quad k=1,\cdots,m \tag{2.46}$$

式中，系数 θ_k 决定格式精度。例如，四步 Runge-Kutta 方法的系数为

$$m=4,\quad \theta_1=\frac{1}{4},\quad \theta_2=\frac{1}{3},\quad \theta_3=\frac{1}{2},\quad \theta_4=1$$

2. 隐式时间格式

对于定常问题,常用的方法是时间项采用一阶后差,即式(2.42),对流项采用隐式格式离散,扩散项和源项根据流动的特点采用显式或隐式格式。

求解线性方程组(2.44)的方法主要包括直接法和迭代法两类。本书主要采用 Yoon 和 Jameson 在 1988 年提出的 LU-SGS(lower-upper symmetric Gauss Seidel)[21] 隐式迭代方法求解 NS 方程。LU-SGS 方法采用标量追赶法,避免了块矩阵的求逆,每个时间步和网格点的计算量和显式格式相当,是一种适用于定常流计算的简单、高效、稳定的迭代方法。为方便起见,下面讨论略去黏性项部分,只给出无黏部分的隐式处理。

采用隐式解法求解式(2.11),得到非线性方程组,即

$$\frac{V\partial \boldsymbol{Q}}{\partial \tau}+\omega\left(\frac{\partial \bar{\boldsymbol{F}}}{\partial \xi}+\frac{\partial \bar{\boldsymbol{G}}}{\partial \eta}+\frac{\partial \bar{\boldsymbol{H}}}{\partial \zeta}\right)_{i,j,k}^{n+1}+(1-\omega)\left(\frac{\partial \bar{\boldsymbol{F}}}{\partial \xi}+\frac{\partial \bar{\boldsymbol{G}}}{\partial \eta}+\frac{\partial \bar{\boldsymbol{H}}}{\partial \zeta}\right)_{i,j,k}^{n}$$

$$=\frac{\mathrm{NVIS}}{Re_{\infty}}\left(\frac{\partial \bar{\boldsymbol{F}}_{\mathrm{v}}}{\partial \xi}+\frac{\partial \bar{\boldsymbol{G}}_{\mathrm{v}}}{\partial \eta}+\frac{\partial \bar{\boldsymbol{H}}_{\mathrm{v}}}{\partial \zeta}\right)_{i,j,k}^{n}+\bar{\boldsymbol{W}}_{i,j,k}^{n+1} \tag{2.47}$$

式中,$V=1/\boldsymbol{J}$ 为单位体积;NVIS = 0, 1 为 Euler/NS 方程开关。将上式沿时间方向展开,舍去高阶项,并令 $\Delta Q^{n}=Q^{n+1}-Q^{n}$,得

$$\frac{V\Delta \boldsymbol{Q}^{n}}{\Delta \tau}+\omega\left[\frac{\partial}{\partial \xi}(\boldsymbol{A}\Delta \boldsymbol{Q}^{n})+\frac{\partial}{\partial \eta}(\boldsymbol{B}\Delta \boldsymbol{Q}^{n})+\frac{\partial}{\partial \zeta}(\boldsymbol{C}\Delta \boldsymbol{Q}^{n})\right]-\boldsymbol{S}\Delta \boldsymbol{Q}^{n}=-\mathbf{RHS} \tag{2.48}$$

$$\mathbf{RHS}=\left(\frac{\partial \bar{\boldsymbol{F}}}{\partial \xi}+\frac{\partial \bar{\boldsymbol{G}}}{\partial \eta}+\frac{\partial \bar{\boldsymbol{H}}}{\partial \zeta}\right)^{n}-\frac{\mathrm{NVIS}}{Re_{\infty}}\left(\frac{\partial \bar{\boldsymbol{F}}_{\mathrm{v}}}{\partial \xi}+\frac{\partial \bar{\boldsymbol{G}}_{\mathrm{v}}}{\partial \eta}+\frac{\partial \bar{\boldsymbol{H}}_{\mathrm{v}}}{\partial \zeta}\right)^{n}-\bar{\boldsymbol{W}}^{n}$$

式中,$\boldsymbol{A}$、$\boldsymbol{B}$、$\boldsymbol{C}$ 分别为三个方向的对流通量对 $\boldsymbol{Q}$ 的雅可比矩阵;$\boldsymbol{S}$ 为源项对 $\boldsymbol{Q}$ 的雅可比矩阵,主要是为了克服因化学反应引起的方程组求解的刚性问题。

令 $\boldsymbol{A}^{\pm}=(\boldsymbol{A}\pm\beta\gamma_{A}\boldsymbol{I})/2$,其中 $\gamma_{A}=\max[|\lambda(\boldsymbol{A})|]$,$\lambda(\boldsymbol{A})$ 为矩阵 $\boldsymbol{A}$ 的特征值,$\boldsymbol{B}^{\pm}$ 和 $\boldsymbol{C}^{\pm}$ 采用同样的定义方式,其中 β 为大于或等于 1 的常数,用来调节计算的稳定性。

对式(2.48)左端采用一阶逆风差分,整个过程如下:

$$\boldsymbol{A}^{+}-\boldsymbol{A}^{-}=\beta\gamma_{A}\boldsymbol{I},\quad \boldsymbol{B}^{+}-\boldsymbol{B}^{-}=\beta\gamma_{B}\boldsymbol{I},\quad \boldsymbol{C}^{+}-\boldsymbol{C}^{-}=\beta\gamma_{C}\boldsymbol{I} \tag{2.49}$$

$$\frac{V\Delta \boldsymbol{Q}^n}{\Delta \tau} + \omega \begin{bmatrix} \dfrac{\partial}{\partial \xi}((\boldsymbol{A}^+ + \boldsymbol{A}^-)\Delta \boldsymbol{Q}^n) + \dfrac{\partial}{\partial \eta}((\boldsymbol{B}^+ + \boldsymbol{B}^-)\Delta \boldsymbol{Q}^n) \\ + \dfrac{\partial}{\partial \zeta}((\boldsymbol{C}^+ + \boldsymbol{C}^-)\Delta \boldsymbol{Q}^n) \end{bmatrix} - \boldsymbol{S}\Delta \boldsymbol{Q}^n = -\mathbf{RHS} \tag{2.50}$$

为方便起见，下面推导过程中变量的上下标有部分省略，如无特别说明，省略的上标默认为 n，下标为 i、j 或 k。

$$\begin{aligned} &\frac{V\Delta \boldsymbol{Q}}{\omega \Delta \tau} + \boldsymbol{A}_{i+1}^- \Delta \boldsymbol{Q}_{i+1} - \boldsymbol{A}_i^- \Delta \boldsymbol{Q}_i + \boldsymbol{A}_i^+ \Delta \boldsymbol{Q}_i - \boldsymbol{A}_{i-1}^+ \Delta \boldsymbol{Q}_{i-1} \\ &+ \boldsymbol{B}_{j+1}^- \Delta \boldsymbol{Q}_{j+1} - \boldsymbol{B}_j^- \Delta \boldsymbol{Q}_j + \boldsymbol{B}_j^+ \Delta \boldsymbol{Q}_j - \boldsymbol{B}_{j-1}^+ \Delta \boldsymbol{Q}_{j-1} \\ &+ \boldsymbol{C}_{k+1}^- \Delta \boldsymbol{Q}_{k+1} - \boldsymbol{C}_k^- \Delta \boldsymbol{Q}_k + \boldsymbol{C}_k^+ \Delta \boldsymbol{Q}_k - \boldsymbol{C}_{k-1}^+ \Delta \boldsymbol{Q}_{k-1} - \frac{\boldsymbol{S}}{\omega}\Delta \boldsymbol{Q} = -\frac{1}{\omega}\mathbf{RHS} \end{aligned} \tag{2.51}$$

$$\begin{aligned} &\frac{V\Delta \boldsymbol{Q}}{\omega \Delta \tau} + \boldsymbol{A}_{i+1}^- \Delta \boldsymbol{Q}_{i+1} - \boldsymbol{A}_{i-1}^+ \Delta \boldsymbol{Q}_{i-1} + \boldsymbol{B}_{j+1}^- \Delta \boldsymbol{Q}_{j+1} - \boldsymbol{B}_{j-1}^+ \Delta \boldsymbol{Q}_{j-1} + \boldsymbol{C}_{k+1}^- \Delta \boldsymbol{Q}_{k+1} \\ &- \boldsymbol{C}_{k-1}^+ \Delta \boldsymbol{Q}_{k-1} + \beta \gamma_A \Delta \boldsymbol{Q}_i + \beta \gamma_B \Delta \boldsymbol{Q}_j + \beta \gamma_C \Delta \boldsymbol{Q}_k - \frac{\boldsymbol{S}}{\omega}\Delta \boldsymbol{Q} = -\frac{1}{\omega}\mathbf{RHS} \end{aligned} \tag{2.52}$$

进行近似因式分解得

$$\boldsymbol{D}_- \Delta \boldsymbol{Q}_- + \boldsymbol{D}\Delta \boldsymbol{Q} + \boldsymbol{D}_+ \Delta \boldsymbol{Q}_+ = -\frac{1}{\omega}\mathbf{RHS} \tag{2.53}$$

$$\begin{cases} \boldsymbol{D} = \left[\dfrac{V}{\omega \Delta \tau} + \beta(\gamma_A + \gamma_B + \gamma_C)\right]\boldsymbol{I} - \dfrac{\boldsymbol{S}}{\omega} \\ \boldsymbol{D}_- \Delta \boldsymbol{Q}_- = -(\boldsymbol{A}_{i-1}^+ \Delta \boldsymbol{Q}_{i-1} + \boldsymbol{B}_{j-1}^+ \Delta \boldsymbol{Q}_{j-1} + \boldsymbol{C}_{k-1}^+ \Delta \boldsymbol{Q}_{k-1}) \\ \boldsymbol{D}_+ \Delta \boldsymbol{Q}_+ = (\boldsymbol{A}_{i+1}^- \Delta \boldsymbol{Q}_{i+1} + \boldsymbol{B}_{j+1}^- \Delta \boldsymbol{Q}_{j+1} + \boldsymbol{C}_{k+1}^- \Delta \boldsymbol{Q}_{k+1}) \end{cases} \tag{2.54}$$

$$\begin{cases} (\boldsymbol{L}\boldsymbol{D}^{-1}\boldsymbol{U})\Delta \boldsymbol{Q} = -\dfrac{1}{\omega}\mathbf{RHS} \\ \boldsymbol{L} = \boldsymbol{D} + \boldsymbol{D}_- \\ \boldsymbol{U} = \boldsymbol{D} + \boldsymbol{D}_+ \end{cases} \tag{2.55}$$

计算实践表明，左端项的 LU 处理不仅对 Euler 方程具有快速、稳定、收敛的特征，对 NS 方程亦可得到同样的效果。由于采用了对角化处理及减少了大量的矩阵运算，所以计算效率大大提高。

2.3.3 无黏项离散

对流通量在 CFD 中占有很重要的地位，近 30 年来发展的许多格式都是针对对流通量而提出的。其中，van Leer[22] 在 1979 年提出的通过变量插值得到二阶迎风格式的 MUSCL(monotone upstream-centred scheme for conservation law) 近似和 Harten[23] 在 1983 年提出的 TVD(total variation diminishing) 概念最具有代表性。

为了捕捉流场中存在的激波和接触间断，对流项一般采用二阶非线性格式进行计算，此类格式包含：网格模板(基本上由五点组成)、插值限制器和通量分裂方法三个基本要素，其具体形式和构造原理内容十分丰富[24,25]，由张涵信院士等[26] 提出的 NND 格式就属于这种类型。每个方向的对流项离散形式的统一表达式可以写成

$$\frac{\partial \bar{\boldsymbol{E}}}{\partial \xi}=\frac{1}{\Delta \xi}(\bar{\boldsymbol{E}}_{i+1/2}-\bar{\boldsymbol{E}}_{i-1/2}) \tag{2.56}$$

上式右端表示计算单元左右界面上的数值通量之差。

对流项通量计算主要有两种基本方案[27]，一是由单元中心变量值重构界面上的变量值，而后采用通量公式获得界面上的通量；二是首先获得单元中心截面的通量，对这些通量进行重构获得截面上的通量，本书采用第一种方法。

通过单元中心变量值重构界面上的变量值的一般形式如下：

$$\begin{aligned}\boldsymbol{Q}_{i+1/2}^{L}&=\boldsymbol{Q}_{i}+\mathrm{Limiter}(\Delta\boldsymbol{Q}_{i-1/2},\ \Delta\boldsymbol{Q}_{i+1/2})\\ \boldsymbol{Q}_{i+1/2}^{R}&=\boldsymbol{Q}_{i+1}-\mathrm{Limiter}(\Delta\boldsymbol{Q}_{i+1/2},\ \Delta\boldsymbol{Q}_{i+3/2})\end{aligned} \tag{2.57}$$

式中，$\Delta\boldsymbol{Q}_{i+1/2}=\boldsymbol{Q}_{i+1}-\boldsymbol{Q}_{i}$；Limiter 为限制器。

得到界面变量后，界面数值通量按通量矢量分裂方法和通量差分分裂方法可分别表达为下述形式。

(1) 通量矢量分裂(FVS)：

$$\bar{\boldsymbol{E}}_{i+1/2}=\bar{\boldsymbol{E}}^{+}(\boldsymbol{Q}_{i+1/2}^{\mathrm{L}})+\bar{\boldsymbol{E}}^{-}(\boldsymbol{Q}_{i+1/2}^{\mathrm{R}}) \tag{2.58}$$

(2) 通量差分分裂(FDS)：

$$\begin{aligned}\bar{\boldsymbol{E}}_{i+1/2}=\frac{1}{2}[&(\bar{\boldsymbol{E}}_{i}+\bar{\boldsymbol{E}}_{i+1})-(\boldsymbol{A}_{i+1/2}^{+}-\boldsymbol{A}_{i+1/2}^{-})\Delta\boldsymbol{Q}_{i+1/2}\\ &+\boldsymbol{A}_{i+1/2}^{+}(\boldsymbol{Q}_{i+1/2}^{\mathrm{L}}-\boldsymbol{Q}_{i})+\boldsymbol{A}_{i+1/2}^{-}(\boldsymbol{Q}_{i+1/2}^{\mathrm{R}}-\boldsymbol{Q}_{i+1})]\end{aligned} \tag{2.59}$$

1. 界面变量重构

在 CFD 数值计算中,限制器技术[28-32]是影响计算精度、计算稳定性和收敛性的重要因素。Zingg 等在文献[33]中提到: 无黏通量项的离散一般包含三个部分: ① 应用到标量通量函数的通量导数的离散近似,包括一个非耗散斜对称分量和一个耗散对称分量;② 能够将耗散分量的近似扩展到双曲型方程组的分裂技术,包括本身内含耗散的基于通量矢量分裂或通量差分分裂的迎风格式和添加耗散的中心格式;③ 一种通过适当利用激波或其他未知高梯度区域附近的一阶离散来保持单调性或正则性的限制技术时,也就是说在其他区域可以采用其他精度的离散格式,在激波或其他不连续区域附近适当采用一阶格式来保持解元素的单调性或正则性。所以限制器的构造对 CFD 的意义很大。

本书主要使用的限制器有:

(1) minmod 限制器。在高超声速流动中,广泛采用数值耗散大的 minmod 限制器来抑制激波附近的振荡,其表达式如下:

$$\mathrm{minmod}(x,\ y)=\begin{cases}0, & \mathrm{sign}(x)=-\mathrm{sign}(y)\\ \mathrm{sign}(x)\cdot\min(|x|,|y|), & \mathrm{sign}(x)=\mathrm{sign}(y)\end{cases} \tag{2.60}$$

minmod 限制器的数值耗散性大,能较好地捕捉激波,但是在边界层的数值模拟中,却要求更大的网格密度,否则无法精确模拟边界层内的流动。

(2) van Leer 限制器。与 minmod 限制器相比,van Leer 限制器的数值耗散要小得多,对激波附近的振荡难以抑制,捕捉强激波的能力要差。其表达式如下:

$$\mathrm{van\ Leer}(x,\ y)=\begin{cases}0, & \mathrm{sign}(x)=-\mathrm{sign}(y)\\ \dfrac{xy}{|x|+|y|+\varepsilon}, & \mathrm{sign}(x)=\mathrm{sign}(y)\end{cases} \tag{2.61}$$

式中, ε 为小正数,避免分母为零。

将上述 minmod 限制器和 van Leer 限制器代入式(2.57)中,就能得到采用不同限制器的网格单元边界面重构后的插值表达式。

(3) min_3u 限制器。可以采用加权的方式,使得插值限制器对流场有一定的自适应能力,在强间断区域逼近数值耗散大的限制器,在流动光滑区域逼近数值耗散小的限制器,使得离散格式能捕捉强激波的同时,对边界层的流动也具有良好的数值模拟能力。

在边界层中,流动变量及其导数的分布比较光滑,可以应用线性格式或非线性较弱的格式求解。而三阶格式如下:

$$\begin{aligned}\left.\frac{\partial u^{+}}{\partial \xi}\right|_{j} &= f(u_{j-1},\ u_{j},\ u_{j+1},\ u_{j+2}) = -\frac{1}{3}u_{j-1} - \frac{1}{2}u_{j} + u_{j+1} - \frac{1}{6}u_{j+2} \\ &= \left[u_{j} + \frac{2\Delta u_{j+1/2} + \Delta u_{j-1/2}}{6}\right] - \left[u_{j-1} + \frac{2\Delta u_{j-1/2} + \Delta u_{j-3/2}}{6}\right] \\ \left.\frac{\partial u^{-}}{\partial \xi}\right|_{j} &= f(u_{j-2},\ u_{j-1},\ u_{j},\ u_{j+1}) = \frac{1}{6}u_{j-2} - u_{j-1} + \frac{1}{2}u_{j} + \frac{1}{3}u_{j+1} \\ &= \left[u_{j+1} - \frac{2\Delta u_{j+1/2} + \Delta u_{j+3/2}}{6}\right] - \left[u_{j} - \frac{2\Delta u_{j-1/2} + \Delta u_{j+1/2}}{6}\right]\end{aligned} \tag{2.62}$$

其网格模板同二阶非线性格式相同,在模拟流动光滑区的精度比二阶非线性格式高,因此将三阶偏置格式与二阶非线性格式混合,且应用 minmod 限制器,则得到 min_3u 限制器。该限制器在包含激波等流场强间断处,格式逼近 NND 格式,而在流场光滑区,逼近三阶迎风偏置格式,可以减少格式在流场光滑区(特别是边界层附近)的耗散。它的两个自变量没有对称性,因此,为明确起见,采用界面左右的变量来表示:

$$\begin{aligned}\boldsymbol{Q}_{j+1/2}^{\mathrm{L}} &= \boldsymbol{Q}_{j} + \frac{1 - f(\Delta\boldsymbol{Q}_{j-1/2},\ \Delta\boldsymbol{Q}_{j+1/2})}{2}\mathrm{minmod}(\Delta\boldsymbol{Q}_{j-1/2},\ \Delta\boldsymbol{Q}_{j+1/2}) \\ &\quad + \frac{f(\Delta\boldsymbol{Q}_{j-1/2},\ \Delta\boldsymbol{Q}_{j+1/2})}{2}\,\frac{2\Delta\boldsymbol{Q}_{j+1/2} + \Delta\boldsymbol{Q}_{j-1/2}}{3} \\ \boldsymbol{Q}_{j+1/2}^{\mathrm{R}} &= \boldsymbol{Q}_{j+1} - \frac{1 - f(\Delta\boldsymbol{Q}_{j+1/2},\ \Delta\boldsymbol{Q}_{j+3/2})}{2}\mathrm{minmod}(\Delta\boldsymbol{Q}_{j+1/2},\ \Delta\boldsymbol{Q}_{j+3/2}) \\ &\quad - \frac{f(\Delta\boldsymbol{Q}_{j+1/2},\ \Delta\boldsymbol{Q}_{j+3/2})}{2}\,\frac{2\Delta\boldsymbol{Q}_{j+1/2} + \Delta\boldsymbol{Q}_{j+3/2}}{3}\end{aligned} \tag{2.63}$$

其中,f 为加权函数,即

$$f(x,\ y) = \begin{cases} 0, & \mathrm{sign}(x) = -\mathrm{sign}(y) \\ \dfrac{2x^{2}y^{2}}{x^{4} + y^{4} + \varepsilon}, & \mathrm{sign}(x) = \mathrm{sign}(y) \end{cases} \tag{2.64}$$

2. 通量分裂方法

保持格式的迎风特性,对高超声速流动的计算十分有益,通量分裂方法可以理解为在方程组条件下实现格式迎风特性的一种手段。不同的通量分裂方法，对格式的鲁棒性和计算精度具有十分重要的影响。基于网格界面处变量的通量计算有如下几种常用格式。

1）Roe 通量差分分裂

Roe 格式[34]是一种通量差分分裂格式，它的基本思想是利用左右状态（$\boldsymbol{Q}_{\mathrm{L}}$，$\boldsymbol{Q}_{\mathrm{R}}$）构造合理的雅可比替换矩阵，将复杂的非线性问题转化为线性问题。Roe 格式数值通量可表示为

$$\boldsymbol{E}_{j+1/2}=\frac{1}{2}\left[\boldsymbol{E}(\boldsymbol{Q}_{j+1/2}^{\mathrm{L}})+\boldsymbol{E}(\boldsymbol{Q}_{j+1/2}^{\mathrm{R}})-|\tilde{\tilde{\boldsymbol{A}}}|_{j+1/2}(\boldsymbol{Q}_{j+1/2}^{\mathrm{R}}-\boldsymbol{Q}_{j+1/2}^{\mathrm{L}})\right] \tag{2.65}$$

式中前两项可直接求出，而修正通量 $|\tilde{\tilde{\boldsymbol{A}}}|_{j+1/2}(\boldsymbol{Q}_{j+1/2}^{\mathrm{R}}-\boldsymbol{Q}_{j+1/2}^{\mathrm{L}})$ 的过程比较复杂，“ ≈ ”表示 Roe 平均，$|\tilde{\tilde{\boldsymbol{A}}}|$ 为 Roe 平均矩阵。

$$|\tilde{\tilde{\boldsymbol{A}}}|=|\tilde{\tilde{\boldsymbol{A}}}(\tilde{\tilde{\boldsymbol{U}}})|,\quad \tilde{\tilde{\boldsymbol{U}}}=\tilde{\tilde{\boldsymbol{U}}}(\boldsymbol{Q}_{\mathrm{L}},\boldsymbol{Q}_{\mathrm{R}}) \tag{2.66}$$

$\tilde{\tilde{\boldsymbol{U}}}$ 通过 Roe 平均得到，考虑三维情况：

$$\begin{aligned}
&\tilde{\tilde{\rho}}=\sqrt{\rho_{\mathrm{L}}\rho_{\mathrm{R}}}\\
&\tilde{\tilde{\phi}}=\frac{\sqrt{\rho_{\mathrm{R}}}\phi_{\mathrm{R}}+\sqrt{\rho_{\mathrm{L}}}\phi_{\mathrm{L}}}{\sqrt{\rho_{\mathrm{R}}}+\sqrt{\rho_{\mathrm{L}}}}\quad(\phi=u,v,w,H)
\end{aligned} \tag{2.67}$$

下面直接给出修正通量：

$$|\tilde{\tilde{\boldsymbol{A}}}|(\boldsymbol{Q}_{\mathrm{R}}-\boldsymbol{Q}_{\mathrm{L}})=|\tilde{\tilde{\boldsymbol{A}}}|\Delta\boldsymbol{Q}=\begin{pmatrix}
\alpha_4\\
\tilde{\tilde{u}}\alpha_4+\bar{k}_x\alpha_5+\alpha_6\\
\tilde{\tilde{v}}\alpha_4+\bar{k}_y\alpha_5+\alpha_7\\
\tilde{\tilde{w}}\alpha_4+\bar{k}_z\alpha_5+\alpha_8\\
\tilde{\tilde{H}}\alpha_4+(\bar{\tilde{U}}-\bar{k}_t)\alpha_5+\tilde{\tilde{u}}\alpha_6+\tilde{\tilde{v}}\alpha_7+\tilde{\tilde{w}}\alpha_8-\dfrac{\tilde{\tilde{a}}^2\alpha_1}{\gamma-1}
\end{pmatrix} \tag{2.68}$$

其中，

$$\alpha_1=\boldsymbol{J}^{-1}|\lambda_1|\left(\Delta\rho-\frac{\Delta p}{\tilde{\tilde{a}}^2}\right)$$

$$\alpha_2=\frac{1}{2\tilde{\tilde{a}}^2}\boldsymbol{J}^{-1}|\lambda_2|(\Delta p+\tilde{\tilde{\rho}}\,\tilde{\tilde{a}}\Delta\bar{U})$$

$$\alpha_3 = \frac{1}{2\tilde{\tilde{a}}^2} \boldsymbol{J}^{-1} |\lambda_3| (\Delta p - \tilde{\tilde{\rho}} \tilde{\tilde{a}} \Delta \bar{U})$$

$$\alpha_4 = \alpha_1 + \alpha_2 + \alpha_3$$

$$\alpha_5 = \tilde{\tilde{a}} (\alpha_2 - \alpha_3)$$

$$\alpha_6 = \boldsymbol{J}^{-1} |\lambda_1| (\tilde{\tilde{\rho}} \Delta u - \bar{k}_x \tilde{\tilde{\rho}} \Delta \bar{U})$$

$$\alpha_7 = \boldsymbol{J}^{-1} |\lambda_1| (\tilde{\tilde{\rho}} \Delta v - \bar{k}_y \tilde{\tilde{\rho}} \Delta \bar{U})$$

$$\alpha_8 = \boldsymbol{J}^{-1} |\lambda_1| (\tilde{\tilde{\rho}} \Delta w - \bar{k}_z \tilde{\tilde{\rho}} \Delta \bar{U})$$

式中，λ_1、λ_2 和 λ_3 为特征值，它们与其他参数的表达式如下：

$$\begin{aligned} \lambda_1 &= \sigma \tilde{\tilde{U}} \\ \lambda_2 &= \sigma (\tilde{\tilde{U}} + \tilde{\tilde{a}}) \\ \lambda_3 &= \sigma (\tilde{\tilde{U}} - \tilde{\tilde{a}}) \end{aligned} \tag{2.69}$$

$$\tilde{\tilde{a}}^2 = (\gamma - 1) \tilde{\tilde{H}} - \frac{\tilde{\tilde{u}}^2 + \tilde{\tilde{v}}^2 + \tilde{\tilde{w}}^2}{2}$$

$$\tilde{\tilde{U}} = \bar{k}_t + \bar{k}_x \tilde{\tilde{u}} + \bar{k}_y \tilde{\tilde{v}} + \bar{k}_z \tilde{\tilde{w}}$$

$$\bar{U} = \bar{k}_t + \bar{k}_x u + \bar{k}_y v + \bar{k}_z w$$

$$\sigma = \sqrt{k_x^2 + k_y^2 + k_z^2}$$

$$(\Delta\rho, \Delta p, \Delta u, \Delta v, \Delta w, \Delta\bar{U}) = (\rho, p, u, v, w, \bar{U})_{\mathrm{R}} - (\rho, p, u, v, w, \bar{U})_{\mathrm{L}}$$

当特征值很小时，Roe 格式会违反熵条件，产生如膨胀激波、捕捉正激波时容易出现的 Carbucle（红玉）现象等非物理解的情况，故需要对 Roe 平均矩阵的特征值引入熵修正。下面给出三种熵修正方法的具体形式。

（1）最常用的熵修正：

$$|\hat{\lambda}| = (\hat{\lambda}^2 + \delta^2)^{\frac{1}{2}}, \quad \delta = \varepsilon |\nabla \hat{k}|, \quad |\nabla \hat{k}| = \sqrt{\hat{k}_x^2 + \hat{k}_y^2 + \hat{k}_z^2} \tag{2.70}$$

式中，$\varepsilon \in [0.01, 0.1]$；$k$ 可分别取 ξ、η、ζ。为了减小熵修正在边界层内引入过大的数值耗散，沿着法向可作修正：$\delta = \varepsilon |\hat{\lambda}_1|$。

（2）Harten 熵修正：

$$|\hat{\lambda}| = \begin{cases} |\hat{\lambda}|, & |\hat{\lambda}| \geqslant \delta \\ \dfrac{|\hat{\lambda}|^2 + \delta^2}{2\delta}, & |\hat{\lambda}| \leqslant \delta \end{cases} \tag{2.71}$$

式中，$\delta \in [0.05, 0.25]$，δ 选择不同的取值形成了各种具体的修正方法。

（3）Harten-Yee 熵修正：

$$|\hat{\lambda}| = \begin{cases} |\hat{\lambda}|, & |\hat{\lambda}| \geqslant \delta \\ \dfrac{|\hat{\lambda}|^2 + \delta^2}{2\delta}, & |\hat{\lambda}| \leqslant \delta \end{cases} \tag{2.72}$$

$$\delta = \delta^* \left[|\boldsymbol{V} \cdot \nabla\hat{\xi}| + |\boldsymbol{V} \cdot \nabla\hat{\eta}| + |\boldsymbol{V} \cdot \nabla\hat{\zeta}| + \frac{a}{3}(|\nabla\hat{\xi}| + |\nabla\hat{\eta}| + |\nabla\hat{\zeta}|) \right]$$

式中，$\delta^* \in [0.05, 0.25]$。

2）Steger-Warming 格式[35]

Steger-Warming 通量矢量分裂方法和通量差分分裂都是基于特征值分裂，它对激波等强间断的捕捉十分鲁棒，是一种特别健壮的格式，缺点是数值耗散大，强膨胀区计算效果不理想。

在贴体坐标系下三维流体动力学方程对流项雅可比矩阵的相异特征值为

$$\begin{aligned} \lambda_1 &= n_x u + n_y v + n_z w \\ \lambda_2 &= \lambda_1 + a\sqrt{n_x^2 + n_y^2 + n_z^2} \\ \lambda_3 &= \lambda_1 - a\sqrt{n_x^2 + n_y^2 + n_z^2} \end{aligned} \tag{2.73}$$

$$a^2 = (1 + \alpha_e)\frac{p}{\rho}, \quad \alpha_e = \left(\frac{\partial p}{\partial \rho E}\right)_Q = \frac{1}{\bar{C}_v} \tag{2.74}$$

式中，n_x、n_y 和 n_z 为坐标变换的拉梅系数；a 为声速；λ_1 为三重值，当考虑化学反应而引入组分守恒方程时，每增加一个组分，λ_1 的重数便增加 1。

定义正负特征值、雅可比矩阵和通量如下：

$$\lambda_i^{\pm} = \frac{1}{2}(\lambda_i \pm |\lambda_i|), \quad i = 1, 2, 3 \tag{2.75}$$

$$\boldsymbol{A}^{\pm} = \boldsymbol{R}\boldsymbol{\Lambda}^{\pm}\boldsymbol{L}, \quad \boldsymbol{E}^{\pm} = \boldsymbol{A}^{\pm}\boldsymbol{Q}, \quad \Delta\boldsymbol{E}^{\pm} = \boldsymbol{A}^{\pm}\Delta\boldsymbol{Q} \tag{2.76}$$

$$\boldsymbol{\Lambda}_{ij}^{\pm} = \begin{cases} \lambda_i^{\pm}, & i = j \\ 0, & i \neq j \end{cases} \tag{2.77}$$

R 和 **L** 为雅可比矩阵 **A** 的右特征向量矩阵和左特征向量矩阵，因此采用 Steger-Warming 通量矢量分裂方法得到正负通量的表达式为

$$
\boldsymbol{E}^{\pm}=\boldsymbol{J}^{-1}\rho\begin{bmatrix} c_i bb^{\pm} \\ bb^{\pm} \\ ubb^{\pm}+\bar{n}_x cc^{\pm} \\ vbb^{\pm}+\bar{n}_y cc^{\pm} \\ wbb^{\pm}+\bar{n}_z cc^{\pm} \\ Ebb^{\pm}+\dfrac{p}{\rho}dd^{\pm}+\bar{\theta}cc^{\pm} \end{bmatrix} \tag{2.78}
$$

其中,

$$
\bar{n}_{x,y,z}=n_{x,y,z}/\sqrt{n_x^2+n_y^2+n_z^2}
$$

$$
\bar{\theta}=u\bar{n}_x+v\bar{n}_y+w\bar{n}_z
$$

$$
bb^{\pm}=\lambda_1^{\pm}+dd^{\pm}
$$

$$
cc^{\pm}=\frac{a}{2(\alpha_e+1)}(\lambda_2^{\pm}-\lambda_3^{\pm})
$$

$$
dd^{\pm}=\frac{1}{2(\alpha_e+1)}(\lambda_2^{\pm}+\lambda_3^{\pm}-2\lambda_1^{\pm})
$$

通量差分裂的表达式为

$$
\begin{aligned}
\Delta E_i^{\pm}&=\lambda_1^{\pm}\delta\rho_i+J_1^{\pm}(H_1-H_3)c_i+J_2^{\pm}H_2c_i\\
\Delta E_\rho^{\pm}&=\lambda_1^{\pm}\Delta\rho+J_1^{\pm}(H_1-H_3)+J_2^{\pm}H_2\\
\Delta E_{\rho u}^{\pm}&=\lambda_1^{\pm}\Delta\rho u+J_1^{\pm}[u(H_1-H_3)-\bar{n}_xa^2H_2]+J_2^{\pm}[uH_2-\bar{n}_x(H_1-H_3)]\\
\Delta E_{\rho v}^{\pm}&=\lambda_1^{\pm}\Delta\rho v+J_1^{\pm}[v(H_1-H_3)-\bar{n}_ya^2H_2]+J_2^{\pm}[vH_2-\bar{n}_y(H_1-H_3)]\\
\Delta E_{\rho w}^{\pm}&=\lambda_1^{\pm}\Delta\rho u+J_1^{\pm}[w(H_1-H_3)-\bar{n}_za^2H_2]+J_2^{\pm}[wH_2-\bar{n}_z(H_1-H_3)]\\
\Delta E_{\rho E}^{\pm}&=\lambda_1^{\pm}\Delta\rho E+J_1^{\pm}[H(H_1-H_3)-\bar{\theta}a^2H_2]+J_2^{\pm}[HH_2-\bar{\theta}(H_1-H_3)]
\end{aligned} \tag{2.79}
$$

其中,

$$
J_1^{\pm}=\frac{2\lambda_1^{\pm}-(\lambda_2^{\pm}+\lambda_3^{\pm})}{2a^2}
$$

$$
J_2^{\pm}=\frac{\lambda_2^{\pm}-\lambda_3^{\pm}}{2a}
$$

$$
H_1=\alpha_e(u\Delta\rho u+v\Delta\rho v+w\Delta\rho w-\Delta\rho E)-\alpha\Delta\rho
$$

$$
H_2=\bar{n}_x\Delta\rho u+\bar{n}_y\Delta\rho v+\bar{n}_z\Delta\rho w-\bar{\theta}\Delta\rho
$$

$$H_3 = \sum_{i=1}^{ns} \alpha_i \delta U_i$$

$$\alpha_s = \left(\frac{\partial p}{\partial \rho_s}\right)_Q, \quad \alpha = \left(\frac{\partial p}{\partial \rho}\right)_Q, \quad H = \rho E + p$$

3）van Leer 通量矢量分裂[36]

Steger-Warming 的通量分裂是以通量的特征值分解成正负两部分为基础的，其缺点是特征值为零处的通量分裂不连续可微。van Leer 提出一种分裂方法，将通量表示为局部一维马赫数的函数，然后按其所在方向的马赫数的变化范围分解成正负通量项，使通量分裂在声速点和驻点处满足连续可微性。van Leer 分裂具有很好地捕捉激波的能力，它的缺点是在边界层、剪切层计算中格式耗散过大。具体的分裂形式如下。

定义逆变马赫数：

$$Ma_n = \frac{\bar{\theta}}{a} \tag{2.80}$$

对于超声速流动（ $Ma_n \geqslant 1$）：

$$\begin{cases} \boldsymbol{E}_j^+ = \boldsymbol{E}_j,\ \boldsymbol{E}_j^- = 0, & Ma_n \geqslant 1 \\ \boldsymbol{E}_j^+ = 0,\ \boldsymbol{E}_j^- = \boldsymbol{E}_j, & Ma_n \leqslant -1 \end{cases} \tag{2.81}$$

对于亚声速流动（$Ma_n \leqslant 1$）：

$$\begin{aligned} f_1^\pm &= \boldsymbol{J}^{-1} f_{\text{mass}}^\pm \sqrt{k_x^2 + k_y^2 + k_z^2} \\ f_2^\pm &= f_1^\pm [\bar{k}_x(-\bar{\theta} \pm 2a)/\gamma + u] \\ f_3^\pm &= f_1^\pm [\bar{k}_y(-\bar{\theta} \pm 2a)/\gamma + v] \\ f_4^\pm &= f_1^\pm [\bar{k}_z(-\bar{\theta} \pm 2a)/\gamma + w] \\ f_5^\pm &= f_{\text{energy}}^\pm \end{aligned} \tag{2.82}$$

其中，

$$f_{\text{mass}}^\pm = \pm \rho a\,(Ma_n \pm 1)^2/4$$

$$f_{\text{energy}}^\pm = f_1^\pm \left[\frac{(1-\gamma)\bar{\theta}^2 \pm 2(\gamma-1)\bar{\theta}a + 2a^2}{\gamma^2 - 1} + \frac{u^2 + v^2 + w^2}{2} - \frac{\bar{k}_t}{\gamma}(-\bar{\theta} \pm 2a)\right]$$

$$\bar{k}_t = \frac{k_t}{\sqrt{k_x^2 + k_y^2 + k_z^2}}$$

4）AUSMPW+[37]

为了降低数值耗散，改善边界层流动的分辨率，近年来，AUSM（advection upstream splitting method）系列[38]的通量分裂方法受到了人们的重视，它的基本思想是：认为对流波（与特征速度 u 有关，线性）与声波（与特征速度 $u+a$ 和 $u-a$ 有关，非线性）是物理上的不同过程，因此将无黏通量分裂为对流通量项及压力通量项进行分别处理。从格式构造来讲，AUSM 格式是 van Leer 格式的一种发展改进。通过构造界面马赫数获取“迎风”特性，进而精确捕捉激波。从其耗散项分析，这是一种 FVS 与 FDS 的复合格式。AUSM 格式数值耗散小，既有 Roe 格式捕捉强间断的能力，又有 van Leer 格式的计算效率，还具有标量的正值保持性。

这里仅给出 AUSMPW+ 方法，其具体表达式为

$$\boldsymbol{F}_{i+1/2} = Sa_{1/2}\left[\overline{Ma}_{\mathrm{L}}^{+}\begin{pmatrix}\rho\\ \rho u\\ \rho v\\ \rho w\\ \rho H\\ \rho_s\end{pmatrix}_{\mathrm{L}} + \overline{Ma}_{\mathrm{R}}^{-}\begin{pmatrix}\rho\\ \rho u\\ \rho v\\ \rho w\\ \rho H\\ \rho_s\end{pmatrix}_{\mathrm{R}}\right] + (p_{\mathrm{L}}^{+}p_{\mathrm{L}} + p_{\mathrm{R}}^{-}p_{\mathrm{R}})\begin{pmatrix}0\\ n_x\\ n_y\\ n_z\\ 0\\ 0\end{pmatrix} \tag{2.83}$$

网格界面声速和界面左右的马赫数可表示为

$$a_{1/2} = \frac{a_{1/2}^{\mathrm{L}} + a_{1/2}^{\mathrm{R}}}{2} \tag{2.84}$$

$$Ma_{\mathrm{L,\,R}} = \frac{\boldsymbol{V}_{\mathrm{L,\,R}}\cdot\boldsymbol{n}}{a_{1/2}} \tag{2.85}$$

$$Ma_{\mathrm{L,\,R}}^{\pm} = \begin{cases}\pm\dfrac{1}{4}(Ma_{\mathrm{L,\,R}} \pm 1)^2, & |Ma_{\mathrm{L,\,R}}| \leqslant 1\\ \dfrac{1}{2}(Ma_{\mathrm{L,\,R}} \pm |Ma_{\mathrm{L,\,R}}|), & |Ma_{\mathrm{L,\,R}}| > 1\end{cases} \tag{2.86}$$

$$p_{\mathrm{L,\,R}}^{\pm} = \begin{cases}\dfrac{1}{4}(Ma_{\mathrm{L,\,R}} \pm 1)^2(2 \mp Ma_{\mathrm{L,\,R}}), & |Ma_{\mathrm{L,\,R}}| \leqslant 1\\ \dfrac{1}{2}[1 \pm \mathrm{sign}(Ma_{\mathrm{L,\,R}})], & |Ma_{\mathrm{L,\,R}}| > 1\end{cases} \tag{2.87}$$

给出下面的定义：

$$Ma_{1/2} = Ma_{\mathrm{L}}^{+} + Ma_{\mathrm{R}}^{-}, \quad p_s = p_{\mathrm{L}}^{+} p_{\mathrm{L}} + p_{\mathrm{R}}^{-} p_{\mathrm{R}} \tag{2.88}$$

则有

$$\begin{aligned} \overline{Ma_{\mathrm{L}}^{+}} &= \begin{cases} Ma_{\mathrm{L}}^{+} + Ma_{\mathrm{R}}^{-}[(1-f_w)(1+f_{\mathrm{R}}) - f_{\mathrm{L}}], & Ma_{1/2} \geqslant 0 \\ Ma_{\mathrm{L}}^{+} f_w (1+f_{\mathrm{L}}), & Ma_{1/2} < 0 \end{cases} \\ \overline{Ma_{\mathrm{R}}^{-}} &= \begin{cases} Ma_{\mathrm{R}}^{-} f_w (1+f_{\mathrm{R}}), & Ma_{1/2} \geqslant 0 \\ Ma_{\mathrm{R}}^{-} + Ma_{\mathrm{L}}^{+}[(1-f_w)(1+f_{\mathrm{L}}) - f_{\mathrm{R}}], & Ma_{1/2} < 0 \end{cases} \end{aligned} \tag{2.89}$$

式中，f 为基于压力的权函数。

$$f_w(p_{\mathrm{L}}, p_{\mathrm{R}}) = 1 - \min\left(\frac{p_{\mathrm{L}}}{p_{\mathrm{R}}}, \frac{p_{\mathrm{R}}}{p_{\mathrm{L}}}\right)^3 \tag{2.90}$$

$$f_{\mathrm{L,R}} = \begin{cases} \dfrac{p_{\mathrm{L,R}}}{p_s} - 1, & |M_{\mathrm{L,R}}| < 1, p_s \neq 0 \\ 0, & \text{其他} \end{cases} \tag{2.91}$$

2.3.4 黏性项离散

在笛卡儿坐标系下，单元面（矢量面积 $\boldsymbol{s} = \boldsymbol{i}s_x + \boldsymbol{j}s_y + \boldsymbol{k}s_z$）上的黏性力为

$$\begin{aligned} \boldsymbol{F}_{\mathrm{v}} &= \mu(s_x \mathrm{grad}u + s_y \mathrm{grad}v + s_z \mathrm{grad}w) - \frac{2}{3}\mu(\nabla \cdot \boldsymbol{V})\boldsymbol{s} \\ &\quad + \mu[\boldsymbol{i}(\boldsymbol{s} \cdot \mathrm{grad}u) + \boldsymbol{j}(\boldsymbol{s} \cdot \mathrm{grad}u) + \boldsymbol{k}(\boldsymbol{s} \cdot \mathrm{grad}w)] \\ &= \boldsymbol{i}F_{x\mathrm{v}} + \boldsymbol{j}F_{y\mathrm{v}} + \boldsymbol{k}F_{z\mathrm{v}} \end{aligned} \tag{2.92}$$

黏性力对单元中流体所做的功为

$$N = F_{x\mathrm{v}}u + F_{y\mathrm{v}}v + F_{z\mathrm{v}}w \tag{2.93}$$

显然，为了求得黏性力及其所做的功，就必须计算三个速度分量的梯度和速度的散度。一个计算单元有六个面，对于内部单元与其临近的六个计算单元有公共面。以内单元 (i, j, k) 为例，它与 $(i+1, j, k)$、$(i, j+1, k)$、$(i, j, k+1)$、$(i-1, j, k)$、$(i, j-1, k)$、$(i, j, k-1)$ 六个计算单元有公共面，采用算术平均得到单元 (i, j, k) 与 $(i+1, j, k)$ 的公共面上的速度和温度的值：

$$
\begin{aligned}
u &= \frac{1}{2}(u_{i,j,k} + u_{i+1,j,k}), \quad v = \frac{1}{2}(v_{i,j,k} + v_{i+1,j,k}) \\
w &= \frac{1}{2}(w_{i,j,k} + w_{i+1,j,k}), \quad T = \frac{1}{2}(T_{i,j,k} + T_{i+1,j,k})
\end{aligned} \tag{2.94}
$$

于是有

$$
\begin{aligned}
\mathrm{grad}u &= \frac{1}{2}(\mathrm{grad}u\,|_{i,j,k} + \mathrm{grad}u\,|_{i+1,j,k}) \\
\mathrm{grad}v &= \frac{1}{2}(\mathrm{grad}v\,|_{i,j,k} + \mathrm{grad}v\,|_{i+1,j,k}) \\
\mathrm{grad}w &= \frac{1}{2}(\mathrm{grad}w\,|_{i,j,k} + \mathrm{grad}w\,|_{i+1,j,k}) \\
\mathrm{grad}T &= \frac{1}{2}(\mathrm{grad}T\,|_{i,j,k} + \mathrm{grad}T\,|_{i+1,j,k})
\end{aligned} \tag{2.95}
$$

类似可以得到其他面上的梯度。由此可知,只要得到了变量在单元中心的梯度,就可以得到单元面上的梯度。

根据梯度的定义,将计算单元近似为小体积元,函数 f 的梯度可以写成

$$
\mathrm{grad}f \approx \frac{1}{V}\sum_{i=1}^{6} f_i \boldsymbol{s}_i \tag{2.96}
$$

式中, V 为单元体积; $\boldsymbol{s}_i$ 为各个面上的面积矢量; f_i 为面上的函数值。将 u、v、w 和 T 代替 f, 就得到了 $\mathrm{grad}u$、$\mathrm{grad}v$、$\mathrm{grad}w$ 和 $\mathrm{grad}T$ 的计算式:

$$
\begin{aligned}
\mathrm{grad}u &= \frac{1}{V}\sum_{l=1}^{6}(\boldsymbol{i}u_l s_{lx} + \boldsymbol{j}u_l s_{ly} + \boldsymbol{k}u_l s_{lz}) \\
&= g_{u1}\boldsymbol{i} + g_{u2}\boldsymbol{j} + g_{u3}\boldsymbol{k} \\
\mathrm{grad}v &= \frac{1}{V}\sum_{l=1}^{6}(\boldsymbol{i}v_l s_{lx} + \boldsymbol{j}v_l s_{ly} + \boldsymbol{k}v_l s_{lz}) \\
&= g_{v1}\boldsymbol{i} + g_{v2}\boldsymbol{j} + g_{v3}\boldsymbol{k} \\
\mathrm{grad}w &= \frac{1}{V}\sum_{l=1}^{6}(\boldsymbol{i}w_l s_{lx} + \boldsymbol{j}w_l s_{ly} + \boldsymbol{k}w_l s_{lz}) \\
&= g_{w1}\boldsymbol{i} + g_{w2}\boldsymbol{j} + g_{w3}\boldsymbol{k} \\
\mathrm{grad}T &= \frac{1}{V}\sum_{l=1}^{6}(\boldsymbol{i}T_l s_{lx} + \boldsymbol{j}T_l s_{ly} + \boldsymbol{k}T_l s_{lz}) \\
&= g_{T1}\boldsymbol{i} + g_{T2}\boldsymbol{j} + g_{T3}\boldsymbol{k}
\end{aligned} \tag{2.97}
$$

根据散度的计算公式,可以类似得到散度为

$$\nabla \cdot \boldsymbol{V} = \frac{1}{V}\sum_{l=1}^{6}(u_l s_{lx} + v_l s_{ly} + w_l s_{lz}) \tag{2.98}$$

采用上述方法,得到速度的散度、速度和温度的梯度后,就可以计算出积分形式的流体方程中的黏性项。

对于边界面,采用内点外插的方法得到边界上的速度和温度梯度及速度的散度,从而得到边界面上的黏性通量。

2.4 边界条件

边界条件对于计算有重要的作用。一个不适定的边界条件只会导致错误的结果,甚至计算中断。边界条件可以分为物理边界条件和数值边界条件。物理边界条件是保证控制方程的初边值适定所需要的边界条件,当物理边界条件的个数小于控制方程独立变量的数目时,就需要补充数值边界条件。有限体积法大部分使用虚拟网格处理边界,本书采用两层虚拟网格以保证二阶精度。

(1) 对接边界条件:不是真实的物理边界,只在多块对接网格条件下存在,对接边界处单元通过利用相邻网格单元的流场信息,按内点方式处理。

(2) 对称面边界:设对称面的法向单元矢量为 $\boldsymbol{N}$,对称面一侧的速度为 $\boldsymbol{V}$,其余流动变量为 $\boldsymbol{q}$,对称面另一侧对应点的速度为 $\boldsymbol{V}_s$,其余流动变量为 $\boldsymbol{q}_s$,则有

$$\boldsymbol{V}_s = \boldsymbol{V} - 2(\boldsymbol{V}\cdot\boldsymbol{N})\boldsymbol{N}, \quad \boldsymbol{q}_s = \boldsymbol{q} \tag{2.99}$$

在对称面上,有

$$\boldsymbol{V}\cdot\boldsymbol{N} = 0, \quad \frac{\partial[\boldsymbol{V} - (\boldsymbol{V}\cdot\boldsymbol{N})\boldsymbol{N}]}{\partial n} = 0, \quad (\nabla q)\cdot\boldsymbol{N} = 0 \tag{2.100}$$

(3) 周期边界条件:在计算空间中,周期条件是成对出现的。从计算的角度来看,设某方向网格单元,左端点序号为 N_1,右端点序号为 N_2,第 N 点的流场变量为 $\boldsymbol{q}(N)$,则 $\boldsymbol{q}(N_1 \pm i) = \boldsymbol{q}(N_2 \pm i)$,$i$ 为正整数。

(4) 远场条件:采用法线方向的黎曼不变量来建立无反射边界条件,黎曼不变量可以由自由来流参数得到其中一个:

$$R_{\infty} = q_{n\infty} - \frac{2a_{\infty}}{\gamma - 1} \tag{2.101}$$

另一个黎曼不变量的计算,分两种情况,如果 $q_{n\infty} \geqslant a_{\infty}$,则由自由来流参数得到

$$R_{c} = q_{n\infty} + \frac{2a_{\infty}}{\gamma - 1} \tag{2.102}$$

否则从计算域内部流场外插得到

$$R_{c} = q_{ni} + \frac{2a_{i}}{\gamma - 1} \tag{2.103}$$

它们分别对应着流入与流出波。如果让这些波通过远场边界点而无反射,则有

$$\begin{aligned} q_{n} - \frac{2a}{\gamma - 1} &= q_{n\infty} - \frac{2a_{\infty}}{\gamma - 1} \\ q_{n} + \frac{2a}{\gamma - 1} &= q_{nc} + \frac{2a_{c}}{\gamma - 1} \end{aligned} \tag{2.104}$$

由上两式可以确定边界点上的法向速度 q_n 和声速 a 为

$$q_{n} = \frac{1}{2}(R_{c} + R_{\infty}), \quad a = \frac{\gamma - 1}{4}(R_{c} - R_{\infty}) \tag{2.105}$$

在入流边界上($q_n > 0$),边界点的切向速度和熵取自自由来流值;在出流边界上($q_n < 0$),切向速度与熵由计算域内部外插而得。

(5) 超声速入流边界条件:流场变量与自由来流值相等。

(6) 超声速出流边界条件:流场变量由上游计算单元的流场变量插值得到。

(7) 奇性面边界条件:在计算空间的一个网格面,对应物理空间的一条网格线,该面上的流动通量为零。

(8) 奇性轴:在计算空间的一个网格面,对应物理空间的一条网格线,该面上的流动通量为零。

(9) 壁面条件:

① 无黏壁面,采用无渗透条件 $\boldsymbol{V}_{\mathrm{w}} \cdot \boldsymbol{N} = 0$。

② 黏性壁面,速度无滑移,温度无突跃。主要包括黏性绝热壁,$\boldsymbol{V}_{\mathrm{w}} = 0$,$(\partial T/\partial n)_{\mathrm{w}} = 0$;黏性等(恒)温壁,$\boldsymbol{V}_{\mathrm{w}} = 0$,$T_{\mathrm{w}} = f$。如果 f 为一常数,即是等温壁,如果为与壁面点位置有关的分布函数,就是恒温壁。

③ 完全催化壁面，边界处气体组分浓度为来流值。

④ 完全非催化壁面，边界处气体组分浓度的法向梯度为0。

⑤ 完全给定边界，流场参数根据实验等方式给定。如超声速来流边界条件、超声速喷流的喷口条件等，流动变量可以不随边界点位置而变化，也可以是边界点位置的函数。

2.5　湍流模型

高超声速复杂流动中存在湍流的可压缩效应、激波与湍流的相互作用、激波诱导的流动分离与再附等现象。就工程应用领域而言，目前对湍流流动的模拟主要以RANS方法为主。RANS方法的思路是，首先将满足动力学方程的湍流瞬时运动分解为平均运动和脉动运动两部分，然后把脉动运动部分对平均运动的贡献通过雷诺应力项来模化，也就是通过湍流模型来封闭RANS方程，使之可以求解。故进行雷诺平均模拟时，关键在于如何封闭RANS方程中所有的未知关联矩。为了封闭模型，常见的有两种方法，一是根据Boussinesq各向同性湍流黏性假设，二是建立雷诺应力的输运方程。

本书采用由前一种方法得到的Spalart-Allmaras一方程湍流模型[39-41]和Menter SST(shear-stress transport)两方程湍流模型[39,41-44]。相对于零方程模型，它们在一定程度上考虑了对流和扩散输运对湍流特性的影响，具有更广泛的适用性，且更适合于对复杂流动的模拟。

2.5.1　SA湍流模型

Spalart和Allmarars发展了考虑近壁影响的一方程涡黏性模型，该模型从经验和量纲分析出发，先针对简单流动然后再逐渐补充发展成适用于带有层流流动的固壁湍流流动的一方程模型，模型中选用的应变量是与黏性系数μ_T相关的量$\tilde{\mu}_T$，除在黏性次层外，$\tilde{\mu}_T$与μ_T是相等的。SA模型不像零方程模型那样需要分为内层模式、外层模式，同时亦不需要沿着法向网格寻找最大值，因此易于用到非结构网格中去。但由于在每个时间步长内，需要对整个流场求解一组偏微分方程，故更费机时。

SA模型的守恒形式如下：

$$\frac{\partial \tilde{\mu}_{\mathrm{T}}}{\partial t} + \frac{\partial}{\partial x_j}\left(u_j \tilde{\mu}_{\mathrm{T}} - \frac{\mu_{\mathrm{eff}}}{Re_{\infty}} \frac{\partial \tilde{\nu}_{\mathrm{T}}}{\partial x_j}\right) = \overline{D} + S_{\mathrm{P}} - S_{\mathrm{D}} + S_{\mathrm{t}} \tag{2.106}$$

其中,方程从左到右依次为扩散项、生成项、破坏项和转捩项,具体表达式为

$$\overline{D} = \frac{c_{b2}\rho}{Re\sigma} \frac{\partial \tilde{\nu}_{\mathrm{T}}}{\partial x_j} \frac{\partial \tilde{\nu}_{\mathrm{T}}}{\partial x_j}, \quad S_{\mathrm{P}} = c_{b1}(1 - f_{t2}) \tilde{S}^* \tilde{\mu}_{\mathrm{T}}$$

$$S_{\mathrm{D}} = \frac{1}{Re}\left(c_{w1} f_w - \frac{c_{b1}}{\kappa^2} f_{t2}\right) \rho \left(\frac{\tilde{\nu}_{\mathrm{T}}}{d}\right)^2, \quad S_{\mathrm{t}} = f_{t1} \rho \left(\Delta \tilde{\mu}_{\mathrm{T}}\right)^2 \tag{2.107}$$

其中,

$$\tilde{\mu}_{\mathrm{T}} = \frac{\mu_{\mathrm{T}}}{f_{\nu 1}}, \quad \tilde{\mu}_{\mathrm{T}} = \rho \tilde{\nu}_{\mathrm{T}}, \quad \tilde{\mu}_{\mathrm{eff}} = \frac{\tilde{\mu}_{\mathrm{T}} + \mu_{\mathrm{L}}}{\sigma}, \quad \chi = \frac{\tilde{\nu}_{\mathrm{T}}}{\nu_{\mathrm{L}}} = \frac{\tilde{\mu}_{\mathrm{T}}}{\mu_{\mathrm{L}}}, \quad f_{v1} = [1 + (c_{v1}/\chi)^3]^{-1}$$

$$f_w(r) = g\left(\frac{1 + c_{w3}^6}{g^6 + c_{w3}^6}\right), \quad g = r + c_{w2}(r^6 - r), \quad r = \frac{\tilde{\nu}}{Re_{\infty} \tilde{S}^* \kappa^2 d^2}$$

$$\tilde{S}^* = \tilde{S} + \frac{\tilde{\nu}}{Re_{\infty} k^2 d^2} f_{v2}, \quad f_{v2} = 1 - \frac{\chi}{1 + \chi f_{v1}}, \quad \tilde{S} = \sqrt{2 \tilde{S}_{ij} \tilde{S}_{ij}}$$

$$\tilde{S}_{ij} = \frac{1}{2}\left(\frac{\partial u_i}{\partial x_j} + \frac{\partial u_j}{\partial x_i}\right), \quad c_{w1} = \frac{c_{b1}}{\kappa^2} + \frac{1 + c_{b2}}{\sigma}, \quad f_{t2} = c_{t3} \exp(-c_{t4} \chi^2)$$

$$c_{v1} = 7.1, \quad c_{t3} = 1.2, \quad c_{t4} = 0.5, \quad c_{b1} = 0.135\,5, \quad c_{b2} = 0.622$$

$$\sigma = 2/3, \quad c_{w2} = 0.3, \quad c_{w3} = 2.0, \quad \kappa = 0.41$$

式中, d 为网格点到壁面的距离。该模型的好处是不依赖 y^+, 这给编程和使用带来了极大的方便。

实际上,该模型控制层流到湍流的流动转捩包含 $f_{t2}\tilde{S}\tilde{\mu}_{\mathrm{T}}$、$\rho(c_{b1}/\kappa^2) f_{t2} (\tilde{\nu}_{\mathrm{T}}/d)^2$ 和 S_{t} 三部分。如果让 $f_{t1} = 0$ 和 $f_{t2} = 0$, 通常会使计算的流场全为湍流;如果让 $f_{t1} = 0$ 和 $f_{t2} \geqslant 1.0$ 或 $c_{b1} = 0$, 通常计算得到的全为层流流动。

另外一种比较好的控制转捩的方法是: $f_{t1} = 0$ 和 $f_{t2} = 0$, 通过修改 c_{b1} 来控制。设 x_s 和 x_e 分别为流动转捩的起止位置,则定义:

$$c_{b1} = \begin{cases} 0, & x \leqslant x_s \\ 0.135\,5\lambda^p, & x_s \leqslant x \leqslant x_e, \quad \lambda = \dfrac{x - x_s}{x_e - x_s} \\ 0.135\,5, & x_e \leqslant x \end{cases} \tag{2.108}$$

边界条件：壁面，$\mu_T = 0$；自由来流，$\mu_T = 1.746 \times 10^{-4}\mu_L$。

2.5.2 Menter SST 模型

k-ω SST 两方程湍流模型是 Menter 的 BSL 模型的改进版本，是由 k-ω 和 k-ε 模型混合得到的，该模型在近壁处采用 Wilcox 的 k-ω 模型，在边界层边缘(boundary layer edge)和自由剪切层(free-shear layer)采用 k-ε 模型(k-ω 形式)，其间通过一个混合函数来过渡，属于积分到壁面的不可压缩/可压缩湍流的两方程涡黏性模型。SST 模型主要是考虑湍流剪应力的输运，能够使在快速变形流动中的涡黏性受到限制，较好地预测强逆压梯度和分离流动。其湍动能输运方程和湍流比耗散率方程的具体形式为

$$\frac{\partial \rho k}{\partial t} + \frac{\partial \rho u_j k}{\partial x_j} = \frac{P_k}{Re_\infty} - \beta^* \rho k \omega + \frac{1}{Re_\infty}\frac{\partial}{\partial x_j}\left[(\mu_L + \sigma_k \mu_T)\frac{\partial k}{\partial x_j}\right]$$

$$\frac{\partial \rho \omega}{\partial t} + \frac{\partial \rho u_j \omega}{\partial x_j} = \frac{\gamma \rho}{Re \mu_T} P_\omega - \beta \rho \omega^2 + \frac{1}{Re_\infty}\frac{\partial}{\partial x_j}\left[(\mu_L + \sigma_\omega \mu_T)\frac{\partial \omega}{\partial x_j}\right] \tag{2.109}$$

$$+ 2\rho \frac{(1 - F_1)\sigma_{\omega 2}}{Re_\infty \omega}\frac{\partial k}{\partial x_j}\frac{\partial \omega}{\partial x_j}$$

其中，湍动能生成项 P_k 采用 Boussinesq 近似来模拟，它和湍流比耗散率生成项 P_ω 的表达式如下：

$$P_k = \tau_{Tij} S_{ij} = -\rho \overline{u_i' u_j'}\frac{\partial u_i}{\partial x_j}$$

$$= \mu_T\left(\frac{\partial u_i}{\partial x_j} + \frac{\partial u_j}{\partial x_i}\right)\frac{\partial u_i}{\partial x_j} - \frac{2}{3}\mu_T\left(\frac{\partial u_k}{\partial x_k}\right)^2 - \frac{2}{3}\rho k \frac{\partial u_k}{\partial x_k} \tag{2.110}$$

$$P_\omega = 2\gamma\rho\left(S_{ij} - \frac{\omega S_{nn}\delta_{ij}}{3}\right)S_{ij} \approx \gamma\rho\Omega^2$$

模型中 F_1 表示为

$$F_1 = \tanh(\Gamma_1^2)$$

$$\Gamma_1 = \min\left(\max\left(\frac{\sqrt{k}}{\beta^* \omega d}, \frac{500v}{\omega d^2 Re_\infty}\right), \frac{4\rho\sigma_{\omega 2} k}{CD_{k\omega} d^2}\right) c \tag{2.111}$$

式中，$CD_{k\omega} = \max[(2\rho\sigma_{\omega 2}/\omega)(\partial k/\partial x_j)(\partial \omega/\partial x_j), CD_{k\min}]$ 代表了 k-ω 模型中的交叉扩散，通常取 $CD_{k\min} = 10^{-20}$；d 为计算点到壁面的法向距离。

湍流黏性系数 μ_T 定义为

$$\mu_T = \frac{a_1 \rho k}{\max(a_1 \omega, \mid \Omega_{ij} \mid F_2)} Re_\infty \tag{2.112}$$

式中，F_2 为混合函数，它与参数表示如下：

$$a_1 = 0.31, \quad |\Omega_{ij}| = \sqrt{\Omega_{ij}\Omega_{ij}}, \quad \Omega_{ij} = \left(\frac{\partial u_i}{\partial x_j} - \frac{\partial u_j}{\partial x_i}\right) \tag{2.113}$$

$$\begin{aligned} F_2 &= \tanh(\Gamma_2^2) \\ \Gamma_2 &= \max\left(\frac{2\sqrt{k}}{\beta^* \omega d}, \frac{500\nu}{\omega d^2 Re_\infty}\right) \end{aligned} \tag{2.114}$$

方程(2.109)中的模型常数 β、γ、σ_k 和 σ_ω 用 $\boldsymbol{\phi}$ 来表示，并用 $\boldsymbol{\phi}_1$ 和 $\boldsymbol{\phi}_2$ 分别表示原始 k-ω 模型系数和转化后的 k-ε 模型系数，它们之间的关系是

$$\boldsymbol{\phi} = F_1\boldsymbol{\phi}_1 + (1 - F_1)\boldsymbol{\phi}_2, \quad \boldsymbol{\phi} = (\sigma_k \quad \sigma_\omega \quad \beta \quad \gamma)^{\mathrm{T}} \tag{2.115}$$

式中，下标“1”表示 Wilcox 的 k-ω 模型常数；下标“2”表示变换为 k-ω 形式的 $k-\varepsilon$ 模型常数。

这里内层模型系数为

$$\begin{aligned} &\sigma_{k1} = 0.85, \quad \sigma_{\omega 1} = 0.5, \quad \beta_1 = 0.075 \\ &\gamma_1 = \beta_1/\beta^* - \frac{\sigma_{\omega 1}\kappa^2}{\sqrt{\beta^*}} \approx 0.553 \end{aligned} \tag{2.116}$$

外层模型系数为

$$\begin{aligned} &\sigma_{k2} = 1.0, \quad \sigma_{\omega 2} = 0.856, \quad \beta_2 = 0.0828 \\ &\gamma_2 = \beta_2/\beta^* - \frac{\sigma_{\omega 2}\kappa^2}{\sqrt{\beta^*}} \approx 0.440 \end{aligned} \tag{2.117}$$

SST 模型中的参数为

$$\beta^* = 0.09, \quad \kappa = 0.41 \tag{2.118}$$

初始条件：$k = 0$，$\omega = 0$；

来流条件：$\omega_\infty = C_2$，$\mu_{T\infty} = C_3$，$k_\infty = C_2C_3$，其中，C_2、C_3 为常数，一般取 $C_2 = 10$，$C_3 = 0.001$；

远场边界条件：$k = k_\infty$，$\omega = \omega_\infty$；

出口边界条件：由流场区域外插得到；

壁面边界条件：湍动能 $k_w=0$，$\mu_{Tw}=0$；壁面附近 ω 满足下列关系：$\omega\to 6\nu/(\beta_1 y^2)$，$y\to 0$。因此一般为了简单和方便起见，$\omega$ 的壁面条件可采用下列关系近似：

$$\omega_w = 10\frac{6\nu}{\beta_1(\Delta y)^2},\quad y=0 \tag{2.119}$$

式中，Δy 为离壁面的第一个计算点到壁面的距离。

2.5.3 可压缩性修正方法

湍流问题是到目前为止尚未解决的物理难题，而高超声速湍流由于流动脉动量引起的显著可压缩性，使得问题更加复杂。湍流模型的可压缩性修正是围绕高超声速湍流效应模拟的主要工作之一。这里给出了四种可压缩性修正方法，包括：胀项修正（the dilatation term correction）、冯卡门长度修正（von Karman length correction）、在扩散项中考虑密度梯度的修正（the added density gradients correction）、激波快速压缩修正（the rapid compressibility correction）。

1. 考虑胀项的可压缩修正[45]（简记为 MT 修正）

具体形式为

$$\begin{aligned}
\frac{D}{Dt}(\rho k) &= \tau_{ij}\frac{\partial u_i}{\partial x_j} + (1-F_1)\langle p''d''\rangle + \frac{1}{Re_\infty}\frac{\partial}{\partial x_j}\left[(\mu_L+\sigma_k\mu_T)\frac{\partial k}{\partial x_j}\right] \\
&\quad - \beta^*\rho\omega k[1+\alpha_1 Ma_T^2(1-F_1)] \\
\frac{D}{Dt}(\rho\omega) &= \frac{\gamma\rho}{\mu_T}\tau_{ij}\frac{\partial u_i}{\partial x_j} + \frac{1}{Re_\infty}\frac{\partial}{\partial x_j}\left[(\mu_L+\sigma_\omega\mu_T)\frac{\partial\omega}{\partial x_j}\right] - \beta\rho\omega^2 \\
&\quad + (1-F_1)\left(\beta^*\alpha_1 Ma_T^2\rho\omega^2 + \frac{2\rho}{\omega}\sigma_{\omega 2}\frac{\partial k}{\partial x_j}\frac{\partial\omega}{\partial x_j} - \frac{\langle p''d''\rangle}{\nu_T}\right)
\end{aligned} \tag{2.120}$$

其中，胀项为

$$\langle p''d''\rangle = \left(-\alpha_2\tau_{ij}\frac{\partial u_i}{\partial x_j} + \alpha_3\rho\varepsilon\right)Ma_T^2,\quad Ma_T^2 = \frac{2k}{a^2} \tag{2.121}$$

可压缩修正的封闭系数为：$\alpha_1=1.0$，$\alpha_2=0.4$，$\alpha_3=0.2$。

2. 冯卡门长度修正方法（简记为 LS 修正）

大多数两方程模型在边界层分离的再附区都给出过高的预测热流。这是因

为在再附区 ω 比真实值偏低，在湍流长度尺度上导致一个强烈的增长，因此 Vuong 和 Coakley[46] 提出了一种可压缩性修正，对冯卡门长度尺度利用壁面距离进行限制，即

$$
\begin{aligned}
l &= \min(2.5\beta^* y,\ \sqrt{k}/\omega) \\
\omega &= \sqrt{k}/l
\end{aligned}
\tag{2.122}
$$

在被限制的区域，这一校正将两方程模型转换为一方程模型。

3. 快速压缩修正方法（简记为 RC 方法）

在高超声速流动中，使用两方程模型的另一个困难是不能正确预测分离区的大小。同样，湍流长度尺度在该现象中发挥了重要作用，压缩区长度尺度增大，在膨胀区收缩。Coakley 和 Huang[4]、Nance 和 Hassan[48] 等引入了快速压缩校正，调整分离区长度，ω 生成项为

$$
P_\omega = \frac{\omega}{k}\left[\alpha\mu_{\mathrm{T}}\left(\frac{\partial\tilde{u}_i}{\partial x_j}+\frac{\partial\tilde{u}_j}{\partial x_i}-\frac{2}{3}\frac{\partial\tilde{u}_k}{\partial x_k}\right)-\alpha_\omega\bar{\rho}k\delta_{ij}\right]\frac{\partial\tilde{u}_i}{\partial x_j} \tag{2.123}
$$

$$
\alpha_\omega = \frac{1}{3}+\frac{1}{n} \tag{2.124}
$$

式中，$n = 1$、2、3 分别代表线、圆柱和球激波。

4. 在扩散项中考虑密度梯度的方法[49-52]（简记为 C1 方法）

在扩散项中考虑密度梯度的影响，得到可压缩性修正的形式为

$$
\begin{aligned}
\frac{\mathrm{D}}{\mathrm{D}t}(\rho k) &= \tau_{ij}\frac{\partial u_i}{\partial x_j}+\frac{1}{Re_\infty}\frac{\partial}{\partial x_j}\left(\frac{\mu_{\mathrm{L}}+\sigma_k\mu_{\mathrm{T}}}{\rho}\frac{\partial\rho k}{\partial x_j}\right)-\beta^*\rho\omega k \\
\frac{\mathrm{D}}{\mathrm{D}t}(\rho\omega) &= \frac{\gamma\rho\tau_{ij}}{\mu_{\mathrm{T}}}\frac{\partial u_i}{\partial x_j}+\frac{1}{Re_\infty}\frac{\partial}{\partial x_j}\left(\frac{\mu_{\mathrm{L}}+\sigma_\omega\mu_{\mathrm{T}}}{\sqrt{\rho}}\frac{\partial\sqrt{\rho}\,\omega}{\partial x_j}\right)-\beta\rho\omega^2 \\
&\quad +(1-F_1)\frac{2\sigma_{\omega 2}}{\sqrt{\rho}\,\omega}\frac{\partial\rho k}{\partial x_j}\frac{\partial\sqrt{\rho}\,\omega}{\partial x_j}
\end{aligned}
\tag{2.125}
$$

2.5.4　湍流模型方程的统一形式

直角坐标系下方程的统一形式为

$$
\frac{\partial\boldsymbol{\Phi}}{\partial t}+\frac{\partial(\boldsymbol{E}-\boldsymbol{E}_{\mathrm{v}})}{\partial x}+\frac{\partial(\boldsymbol{F}-\boldsymbol{F}_{\mathrm{v}})}{\partial y}+\frac{\partial(\boldsymbol{G}-\boldsymbol{G}_{\mathrm{v}})}{\partial z}=\boldsymbol{D}+\boldsymbol{S}_{\mathrm{p}}-\boldsymbol{S}_{\mathrm{D}} \tag{2.126}
$$

式中，$\boldsymbol{E}$、$\boldsymbol{F}$ 和 $\boldsymbol{G}$ 为对流通量；$\boldsymbol{E}_{\mathrm{v}}$、$\boldsymbol{F}_{\mathrm{v}}$ 和 $\boldsymbol{G}_{\mathrm{v}}$ 为黏性通量，$\boldsymbol{D}$、$\boldsymbol{S}_{\mathrm{p}}$ 和 $\boldsymbol{S}_{\mathrm{D}}$ 为交叉导数项、生成项和破坏项。式中各变量的形式由具体的湍流模型进行确定。

曲线坐标系下方程的统一形式为

$$\frac{\partial \overline{\boldsymbol{\Phi}}}{\partial t}+\frac{\partial(\overline{\boldsymbol{E}}-\overline{\boldsymbol{E}}_{\mathrm{v}})}{\partial \xi}+\frac{\partial(\overline{\boldsymbol{F}}-\overline{\boldsymbol{F}}_{\mathrm{v}})}{\partial \eta}+\frac{\partial(\overline{\boldsymbol{G}}-\overline{\boldsymbol{G}}_{\mathrm{v}})}{\partial \zeta}=\boldsymbol{D}+\boldsymbol{S}_{\mathrm{p}}-\boldsymbol{S}_{\mathrm{D}} \tag{2.127}$$

其中，

$$\begin{aligned}
&\overline{\boldsymbol{\Phi}}=\boldsymbol{J}^{-1}\boldsymbol{\Phi}\\
&\overline{\boldsymbol{E}}=\xi_t\boldsymbol{U}+\xi_x\boldsymbol{E}+\xi_y\boldsymbol{F}+\xi_z\boldsymbol{G},\quad \overline{\boldsymbol{E}}_{\mathrm{v}}=\xi_x\boldsymbol{E}_{\mathrm{v}}+\xi_y\boldsymbol{F}_{\mathrm{v}}+\xi_z\boldsymbol{G}_{\mathrm{v}}\\
&\overline{\boldsymbol{F}}=\eta_t\boldsymbol{U}+\eta_x\boldsymbol{E}+\eta_y\boldsymbol{F}+\eta_z\boldsymbol{G},\quad \overline{\boldsymbol{F}}_{\mathrm{v}}=\eta_x\boldsymbol{E}_{\mathrm{v}}+\eta_y\boldsymbol{F}_{\mathrm{v}}+\eta_z\boldsymbol{G}_{\mathrm{v}}\\
&\overline{\boldsymbol{G}}=\zeta_t\boldsymbol{U}+\zeta_x\boldsymbol{E}+\zeta_y\boldsymbol{F}+\zeta_z\boldsymbol{G},\quad \overline{\boldsymbol{G}}_{\mathrm{v}}=\zeta_x\boldsymbol{E}_{\mathrm{v}}+\zeta_y\boldsymbol{F}_{\mathrm{v}}+\zeta_z\boldsymbol{G}_{\mathrm{v}}
\end{aligned} \tag{2.128}$$

2.5.5 湍流模型方程的离散

以一阶迎风格式的 ξ 方向为例，对模型方程中的对流项进行离散：

$$\frac{\partial \overline{\boldsymbol{E}}}{\partial \xi}=\overline{\boldsymbol{U}}^{+}(\boldsymbol{\Phi}_i-\boldsymbol{\Phi}_{i-1})+\overline{\boldsymbol{U}}^{-}(\boldsymbol{\Phi}_{i+1}-\boldsymbol{\Phi}_i) \tag{2.129}$$

$$\begin{aligned}
&\overline{\boldsymbol{U}}^{\pm}=\frac{1}{2}(\overline{\boldsymbol{U}}\pm|\overline{\boldsymbol{U}}|)\\
&\overline{\boldsymbol{U}}=\xi_t+u\xi_x+v\xi_y+w\xi_z
\end{aligned} \tag{2.130}$$

2.5.6 湍流模型的边界条件

来流边界条件定义为

$$\begin{aligned}
&\tilde{\nu}_{\infty}=0.1\\
&\omega_{\infty}=10,\quad \mu_{\mathrm{T}\infty}=0.001,\quad k_{\infty}=\mu_{\mathrm{T}\infty}\omega_{\infty}/Re_{\infty}
\end{aligned} \tag{2.131}$$

物面边界条件定义为

$$\begin{aligned}
&\tilde{\nu}_{\mathrm{w}}=0.0\\
&k_{\mathrm{w}}=0.0,\quad \omega_{\mathrm{w}}=60\mu_{\mathrm{T}}/Re_{\infty}\rho\beta_1 d^2
\end{aligned} \tag{2.132}$$

其他边界条件同 2.4 节。

2.5.7　湍流模型离散方程的求解

经过空间离散后,式(2.127)可写成下面的半离散形式:

$$\frac{\partial \boldsymbol{J}^{-1}\boldsymbol{\Phi}}{\partial t} + \boldsymbol{R}(\boldsymbol{\Phi},\ \boldsymbol{Q}) = \boldsymbol{D} + \boldsymbol{S}_{\mathrm{p}} - \boldsymbol{S}_{\mathrm{D}} \tag{2.133}$$

对方程(2.133)中的时间导数项采用一阶 Euler 隐式离散,得

$$\boldsymbol{J}^{-1}\frac{\boldsymbol{\Phi}^{n+1} - \boldsymbol{\Phi}^{n}}{\Delta t} = -\bar{\boldsymbol{R}}(\boldsymbol{Q}^{n+1},\ \boldsymbol{\Phi}^{n+1}) + (\boldsymbol{D} + \boldsymbol{S}_{\mathrm{p}} - \boldsymbol{S}_{\mathrm{D}})^{n+1} \tag{2.134}$$

对上式右端的非线性项进行线化处理,得

$$\begin{aligned} &\bar{\boldsymbol{R}}(\boldsymbol{Q}^{n+1},\ \boldsymbol{\Phi}^{n+1}) \approx \bar{\boldsymbol{R}}(\boldsymbol{Q}^{n},\ \boldsymbol{\Phi}^{n}) + \bar{\boldsymbol{M}}(\boldsymbol{Q}^{n},\ \boldsymbol{\Phi}^{n})\Delta\boldsymbol{\Phi}^{n} \\ &(\boldsymbol{D} + \boldsymbol{S}_{\mathrm{p}} - \boldsymbol{S}_{\mathrm{D}})^{n+1} \approx (\boldsymbol{D} + \boldsymbol{S}_{\mathrm{p}} - \boldsymbol{S}_{\mathrm{D}})^{n} + \bar{\boldsymbol{N}}(\boldsymbol{Q}^{n},\ \boldsymbol{\Phi}^{n})\Delta\boldsymbol{\Phi}^{n} \end{aligned} \tag{2.135}$$

上式中矩阵 $\bar{\boldsymbol{M}} = \partial\bar{\boldsymbol{R}}/\partial\boldsymbol{\Phi}$, $\bar{\boldsymbol{N}} = \partial(\boldsymbol{D} + \boldsymbol{S}_{\mathrm{p}} - \boldsymbol{S}_{\mathrm{D}})/\partial\boldsymbol{\Phi}$。将式(2.135)代入式(2.134),得

$$\left(\frac{\boldsymbol{J}^{-1}}{\Delta t}\boldsymbol{I} + \bar{\boldsymbol{M}} - \bar{\boldsymbol{N}}\right]\Delta\boldsymbol{\Phi}^{n} = -\bar{\boldsymbol{R}}(\boldsymbol{Q}^{n},\ \boldsymbol{\Phi}^{n}) + (\boldsymbol{D} + \boldsymbol{S}_{\mathrm{p}} - \boldsymbol{S}_{\mathrm{D}})^{n} \tag{2.136}$$

式中, $\Delta\boldsymbol{\Phi}^{n} = \boldsymbol{\Phi}^{n+1} - \boldsymbol{\Phi}^{n}$。为了增强计算的稳定性,本书引入限制 $\bar{\boldsymbol{N}} = \min(\bar{\boldsymbol{N}},\ \boldsymbol{0})$。式(2.136)采用 LU-SGS 方法进行求解,具体计算过程和 2.3.2 节第二部分所述过程一致。在迭代过程中,式(2.136)和式(2.44)之间的计算是解耦的。

2.6　静态气动力计算公式

图 2.1 为飞行器体轴系($Ox^{\mathrm{b}}y^{\mathrm{b}}z^{\mathrm{b}}$)和风轴系($Ox^{\mathrm{w}}y^{\mathrm{w}}z^{\mathrm{w}}$)示意图。

在攻角为 α 和侧滑角为 β 的姿态下,体轴系($Ox^{\mathrm{b}}y^{\mathrm{b}}z^{\mathrm{b}}$)下三个坐标轴方向的速度可以表示为

$$\begin{aligned} u_{\infty} &= |\boldsymbol{V}_{\infty}|\cos\alpha\cos\beta \\ v_{\infty} &= |\boldsymbol{V}_{\infty}|\sin\alpha\cos\beta \\ w_{\infty} &= |\boldsymbol{V}_{\infty}|\sin\beta \end{aligned} \tag{2.137}$$

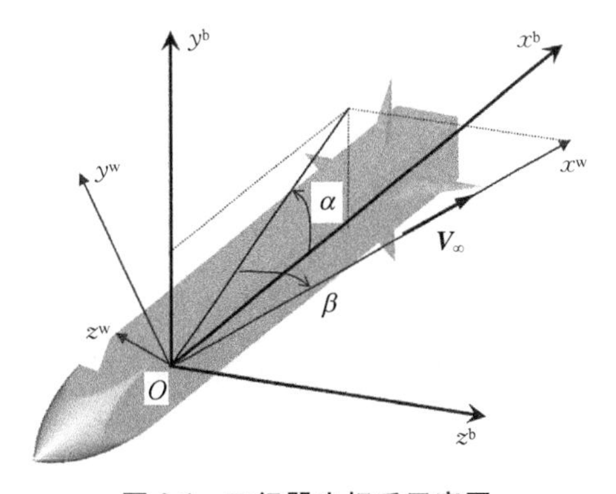

图 2.1　飞行器坐标系示意图

体轴系下六分量气动力系数由表面气动压力和摩擦应力构成。根据 2.2 节中对控制方程的无量纲方法，由表面压力产生的飞行器六分量气动力系数为

$$
\begin{aligned}
C_{A,p} &= -\frac{1}{S_{\text{ref}}}\iint C_p n_x \mathrm{d}s \\
C_{N,p} &= -\frac{1}{S_{\text{ref}}}\iint C_p n_y \mathrm{d}s \\
C_{Z,p} &= -\frac{1}{S_{\text{ref}}}\iint C_p n_z \mathrm{d}s \\
C_{l,p} &= -\frac{1}{L_{\text{ref}}S_{\text{ref}}}\iint C_p [(y-y_c)n_z-(z-z_c)n_y]\mathrm{d}s \\
C_{n,p} &= -\frac{1}{L_{\text{ref}}S_{\text{ref}}}\iint C_p [(z-z_c)n_x-(x-x_c)n_z]\mathrm{d}s \\
C_{m,p} &= -\frac{1}{L_{\text{ref}}S_{\text{ref}}}\iint C_p [(x-x_c)n_y-(y-y_c)n_x]\mathrm{d}s
\end{aligned}
\tag{2.138}
$$

由壁面黏性应力产生的气动力为

$$
\begin{aligned}
C_{A,\tau} &= -\frac{1}{S_{\text{ref}}}\iint \mathrm{d}F_{\tau x} = -\frac{1}{S_{\text{ref}}}\iint (n_x\tau_{xx}+n_y\tau_{xy}+n_z\tau_{xz})\mathrm{d}s \\
C_{N,\tau} &= -\frac{1}{S_{\text{ref}}}\iint \mathrm{d}F_{\tau y} = -\frac{1}{S_{\text{ref}}}\iint (n_x\tau_{xy}+n_y\tau_{yy}+n_z\tau_{yz})\mathrm{d}s \\
C_{Z,\tau} &= -\frac{1}{S_{\text{ref}}}\iint \mathrm{d}F_{\tau z} = -\frac{1}{S_{\text{ref}}}\iint (n_x\tau_{xz}+n_y\tau_{yz}+n_z\tau_{zz})\mathrm{d}s \\
C_{l,\tau} &= \frac{1}{S_{\text{ref}}L_{\text{ref}}}\iint [(y-y_c)\mathrm{d}F_{\tau z}-(z-z_c)\mathrm{d}F_{\tau y}] \\
C_{n,\tau} &= \frac{1}{S_{\text{ref}}L_{\text{ref}}}\iint [(z-z_c)\mathrm{d}F_{\tau x}-(x-x_c)\mathrm{d}F_{\tau z}] \\
C_{m,\tau} &= \frac{1}{S_{\text{ref}}L_{\text{ref}}}\iint [(x-x_c)\mathrm{d}F_{\tau y}-(y-y_c)\mathrm{d}F_{\tau x}]
\end{aligned}
\tag{2.139}
$$

两项相加得到总气动力系数的六个分量 C_A（轴向力系数）、C_N（法向力系数）、C_Z（横向力系数）、C_l（滚转力矩系数）、C_n（偏航力矩系数）和 C_m（俯仰力矩系数），式中，C_p 为壁面压力系数；(x_c, y_c, z_c) 为力矩参考点坐标；(n_x, n_y, n_z)

为壁面点 (x, y, z) 处微元面积的单位外法向；L_{ref} 为力矩无量纲参考长度；S_{ref} 为气动力无量纲参考面积。

附　　表

表 2.1　5 组分模型空气组分物理化学数据

序号	组分	M_i	θ_{vi}	g_{0i}	g_{1i}	θ_{ei}	Δh_i^0
1	O_2	32	2 239	3	2	11 390	0.0
2	N_2	28	3 353	1	3	72 225	0.0
3	NO	30	2 699	4	8	55 874	8.98×10^4
4	O	16		9	5	22 890	2.49×10^5
5	N	14		9	10	27 670	4.73×10^5

注：$[M_i]$ = g/mol，$[\theta_{vi}] = [\theta_{ei}]$ = K，$[\Delta h_i^0]$ = J/mol。

表 2.2a　5 组分 Park 空气化学反应模型反应式和控制温度

序号	反　　应	T_f	T_b
1	$O_2+M_1 \Longleftrightarrow O+O+M_1$	T_c	T
2	$O_2+M_2 \Longleftrightarrow O+O+M_2$	T_c	T
3	$N_2+M_1 \Longleftrightarrow N+N+M_1$	T_c	T
4	$N_2+M_2 \Longleftrightarrow N+N+M_2$	T_c	T
5	$NO+M_3 \Longleftrightarrow N+O+M_3$	T_c	T
6	$NO+M_4 \Longleftrightarrow N+O+M_4$	T_c	T
7	$O+NO \Longleftrightarrow N+O_2$	T	T
8	$O+N_2 \Longleftrightarrow NO+N$	T	T

注：M_1=N，O；M_2=N_2，O_2，NO；M_3=O，N，NO；M_4=O_2，N_2；$T_c=\sqrt{TT_V}$。

表 2.2b　5 组分 Park 空气化学反应模型反应式、正反应速率常数和平衡常数

序号	反　　应	$A_{f,r}$	$B_{f,r}$	$C_{f,r}$	D_1^r	D_2^r	D_3^r	D_4^r	D_5^r
1	$O_2+M_1 \Longleftrightarrow O+O+M_1$	1.00×10^{16}	−1.50	59 360	2.855	0.988	−6.181	−0.023	−0.001
2	$O_2+M_2 \Longleftrightarrow O+O+M_2$	2.00×10^{15}	−1.50	59 360	2.855	0.988	−6.181	−0.023	−0.001
3	$N_2+M_1 \Longleftrightarrow N+N+M_1$	3.00×10^{16}	−1.60	113 200	1.858	−1.325	−9.856	−0.174	0.008
4	$N_2+M_2 \Longleftrightarrow N+N+M_2$	7.00×10^{15}	−1.60	113 200	1.858	−1.325	−9.856	−0.174	0.008
5	$NO+M_3 \Longleftrightarrow N+O+M_3$	1.10×10^{11}	0.00	75 500	0.792	−0.492	−6.761	−0.091	0.004
6	$NO+M_4 \Longleftrightarrow N+O+M_4$	5.00×10^{9}	0.00	75 500	0.792	−0.492	−6.761	−0.091	0.004

（续表）

序号	反　应	$A_{f,r}$	$B_{f,r}$	$C_{f,r}$	D_1^r	D_2^r	D_3^r	D_4^r	D_5^r
7	$O+NO \Longleftrightarrow N+O_2$	8.40×10^6	0.00	19 400	−2.063	−1.480	−0.580	−0.114	0.005
8	$O+N_2 \Longleftrightarrow NO+N$	5.70×10^6	0.42	42 938	1.066	−0.833	−3.095	−0.084	0.004

注：M_1=N，O；M_2=N_2，O_2，NO；M_3=O，N，NO；M_4=O_2，N_2；
$[k_{f,r}]=m^3/(mol\cdot s)$，$[k_{b,r}]=m^3/(mol\cdot s)$或$m^6/(mol^2\cdot s)$，$k_{b,r}=k_{f,r}(T_b)/K_{c,r}(T_b)$；
$K_{c,r}=\exp(D_1^r+D_2^r\ln Z+D_3^rZ+D_4^rZ^2+D_5^rZ^3)$，$Z=10\,000/T$，$[K_{c,r}]=cm^{-3}\cdot mol$或0。

表 2.2c　5 组分 Park 空气化学反应模型反应式和正逆反应速率常数

序号	反　应	$A_{f,r}$	$B_{f,r}$	$C_{f,r}$	$A_{b,r}$	$B_{b,r}$	$C_{b,r}$
1	$O_2+M_1 \Longleftrightarrow O+O+M_1$	1.00×10^{16}	−1.50	59 360	8.30×10^6	−1.00	0
2	$O_2+M_2 \Longleftrightarrow O+O+M_2$	2.00×10^{15}	−1.50	59 360	1.66×10^6	−1.00	0
3	$N_2+M_1 \Longleftrightarrow N+N+M_1$	3.00×10^{16}	−1.60	113 200	1.73×10^9	−1.60	0
4	$N_2+M_2 \Longleftrightarrow N+N+M_2$	7.00×10^{15}	−1.60	113 200	4.04×10^8	−1.60	0
5	$NO+M_3 \Longleftrightarrow N+O+M_3$	1.10×10^{11}	0.00	75 500	2.82×10^4	0.00	0
6	$NO+M_4 \Longleftrightarrow N+O+M_4$	5.00×10^9	0.00	75 500	1.28×10^3	0.00	0
7	$O+NO \Longleftrightarrow N+O_2$	8.40×10^6	0.00	19 400	3.41×10^7	0.00	3 300
8	$O+N_2 \Longleftrightarrow NO+N$	5.70×10^6	0.42	42 938	1.27×10^6	0.42	4 938

注：M_1=N，O；M_2=N_2，O_2，NO；M_3=O，N，NO；M_4=O_2，N_2；
$[k_{f,r}]=m^3/(mol\cdot s)$，$[k_{b,r}]=m^3/(mol\cdot s)$或$m^6/(mol^2\cdot s)$（根据 Dunn-Kang 空气化学反应模型得到）。

表 2.3　5 组分 Dunn-Kang 空气化学反应模型

序号	反　应	$A_{f,r}$	$B_{f,r}$	$C_{f,r}$	$A_{b,r}$	$B_{b,r}$	$C_{b,r}$
1	$O_2+M_1 \Longleftrightarrow O+O+M_1$	3.60×10^{12}	−1.00	5.95×10^4	3.00×10^3	−0.50	0.0
2	$O_2+O \Longleftrightarrow O+O+O$	9.00×10^{13}	−1.00	5.95×10^4	7.50×10^4	−0.50	0.0
3	$O_2+O_2 \Longleftrightarrow O+O+O_2$	3.24×10^{13}	−1.00	5.95×10^4	2.70×10^4	−0.50	0.0
4	$O_2+N_2 \Longleftrightarrow O+O+N_2$	7.20×10^{12}	−1.00	5.95×10^4	6.00×10^3	−0.50	0.0
5	$N_2+M_2 \Longleftrightarrow N+N+M_2$	1.90×10^{11}	−0.50	1.13×10^5	1.10×10^4	−0.50	0.0
6	$N_2+N \Longleftrightarrow N+N+N$	4.09×10^{16}	−1.50	1.13×10^5	2.27×10^9	−1.50	0.0
7	$N_2+N_2 \Longleftrightarrow N+N+N_2$	4.70×10^{11}	−0.50	1.13×10^5	2.72×10^4	−0.50	0.0
8	$NO+M_3 \Longleftrightarrow N+O+M_3$	3.90×10^{14}	−1.50	7.55×10^4	1.00×10^8	−1.50	0.0
9	$NO+M_4 \Longleftrightarrow N+O+M_4$	7.80×10^{14}	−1.50	7.55×10^4	2.00×10^8	−1.50	0.0
10	$O+NO \Longleftrightarrow N+O_2$	3.20×10^3	1.00	1.97×10^4	1.30×10^4	1.00	3 580
11	$O+N_2 \Longleftrightarrow NO+N$	7.00×10^7	0.00	3.80×10^4	1.56×10^7	0.00	0.0

注：M_1=N，NO；M_2=O，O_2，NO；M_3=O_2，N_2；M_4=O，N，NO；
$[k_{f,r}]=m^3/(mol\cdot s)$，$[k_{b,r}]=m^3/(mol\cdot s)$或$m^6/(mol^2\cdot s)$。

表 2.4　5 组分 Gupta 空气化学反应模型

序号	反　应	$A_{f,r}$	$B_{f,r}$	$C_{f,r}$	$A_{b,r}$	$B_{b,r}$	$C_{b,r}$
1	$O_2+M_1 \Longleftrightarrow O+O+M_1$	3.61×10^{12}	−1.00	5.94×10^{4}	3.01×10^{4}	−0.50	0.0
2	$N_2+M_2 \Longleftrightarrow N+N+M_2$	1.92×10^{11}	−0.50	1.13×10^{5}	1.10×10^{4}	−0.50	0.0
3	$N_2+N \Longleftrightarrow N+N+N$	4.15×10^{16}	−1.50	1.13×10^{5}	2.32×10^{9}	−1.50	0.0
4	$NO+M_3 \Longleftrightarrow N+O+M_3$	3.97×10^{14}	−1.50	7.56×10^{4}	1.01×10^{8}	−1.50	0.0
5	$O+NO \Longleftrightarrow N+O_2$	3.18×10^{3}	1.00	1.97×10^{4}	9.63×10^{5}	0.50	3 600
6	$O+N_2 \Longleftrightarrow NO+N$	6.75×10^{7}	0.00	3.75×10^{4}	1.50×10^{7}	0.00	0.0

注：M_1=O，N，O_2，N_2，NO；M_2=O，O_2，N_2，NO；M_3=O，N，O_2，N_2，NO；M_4=O_2，N_2；
$[k_{f,r}]=m^3/(mol\cdot s)$，$[k_{b,r}]=m^3/(mol\cdot s)$或$m^6/(mol^2\cdot s)$。

表 2.5　7 组分模型空气组分物理化学数据

序号	组分	M_i	θ_{vi}	g_{0i}	g_{1i}	θ_{ei}	Δh_i^0
1	O_2	32	2 239	3	2	11 390	0.0
2	N_2	28	3 353	1	3	72 225	0.0
3	NO	30	2 699	4	8	55 874	8.98×10^{4}
4	O	16		9	5	22 890	2.49×10^{5}
5	N	14		9	10	27 670	4.73×10^{5}
6	NO^+	30	3 373	1	3	75 140	9.93×10^{5}
7	e	5.5×10^{-4}					

注：$[M_i]$=g/mol，$[\theta_{vi}]=[\theta_{ei}]$=K，$[\Delta h_i^0]$=J/mol。

表 2.6a　7 组分 Park 空气化学反应模型反应式和控制温度

序号	反　应	T_f	T_b
1	$O_2+M_1 \Longleftrightarrow O+O+M_1$	T_c	T
2	$O_2+M_2 \Longleftrightarrow O+O+M_2$	T_c	T
3	$N_2+M_1 \Longleftrightarrow N+N+M_1$	T_c	T
4	$N_2+M_2 \Longleftrightarrow N+N+M_2$	T_c	T
5	$NO+M_3 \Longleftrightarrow N+O+M_3$	T_c	T
6	$NO+M_4 \Longleftrightarrow N+O+M_4$	T_c	T
7	$NO+M_5 \Longleftrightarrow N+O+M_5$	T_c	T
8	$O+NO \Longleftrightarrow N+O_2$	T	T
9	$O+N_2 \Longleftrightarrow NO+N$	T	T
10	$O+N \Longleftrightarrow NO^++e^-$	T	T_e

注：M_1=N，O；M_2=N_2，O_2，NO，ions；M_3=O，N，NO；M_4=O_2，N_2；M_5=ions；$T_c=\sqrt{TT_V}$。

表 2.6b 7 组分 Park 空气化学反应模型反应式、正反应速率常数和平衡常数

序号	反应	$A_{f,r}$	$B_{f,r}$	$C_{f,r}$	D_1^r	D_2^r	D_3^r	D_4^r	D_5^r
1	$O_2+M_1 \Longleftrightarrow O+O+M_1$	1.00×10^{16}	−1.50	59 360	2.855	0.988	−6.181	−0.023	−0.001
2	$O_2+M_2 \Longleftrightarrow O+O+M_2$	2.00×10^{15}	−1.50	59 360	2.855	0.988	−6.181	−0.023	−0.001
3	$N_2+M_1 \Longleftrightarrow N+N+M_1$	3.00×10^{16}	−1.60	113 200	1.858	−1.325	−9.856	−0.174	0.008
4	$N_2+M_2 \Longleftrightarrow N+N+M_2$	7.00×10^{15}	−1.60	113 200	1.858	−1.325	−9.856	−0.174	0.008
5	$NO+M_3 \Longleftrightarrow N+O+M_3$	1.10×10^{11}	0.00	75 500	0.792	−0.492	−6.761	−0.091	0.004
6	$NO+M_4 \Longleftrightarrow N+O+M_4$	5.00×10^{9}	0.00	75 500	0.792	−0.492	−6.761	−0.091	0.004
7	$NO+M_5 \Longleftrightarrow N+O+M_5$	7.95×10^{17}	−2.00	75 500	0.792	−0.492	−6.761	−0.091	0.004
8	$O+NO \Longleftrightarrow N+O_2$	8.40×10^{6}	0.00	19 400	−2.063	−1.480	−0.580	−0.114	0.005
9	$O+N_2 \Longleftrightarrow NO+N$	5.70×10^{6}	0.42	42 938	1.066	−0.833	−3.095	−0.084	0.004
10	$O+N \Longleftrightarrow NO^++e^-$	5.30×10^{6}	0.00	31 900	−7.053	−0.532	−4.429	0.150	−0.007

注：M_1=N，O；M_2=N_2，O_2，NO，ions；M_3=O，N，NO；M_4=O_2，N_2；M_5=ions；
$[k_{f,r}]=m^3/(mol\cdot s)$，$[k_{b,r}]=m^3/(mol\cdot s)$或$m^6/(mol^2\cdot s)$，$k_{b,r}=k_{f,r}(T_b)/K_{c,r}(T_b)$，
$K_{c,r}=\exp(D_1^r+D_2^r\ln Z+D_3^rZ+D_4^rZ^2+D_5^rZ^3)$，$Z=10\,000/T$，$[K_{c,r}]=cm^{-3}\cdot mol$ 或 0。

表 2.6c 7 组分 Park 空气化学反应模型反应式和正逆反应速率常数

序号	反应	$A_{f,r}$	$B_{f,r}$	$C_{f,r}$	$A_{b,r}$	$B_{b,r}$	$C_{b,r}$
1	$O_2+M_1 \Longleftrightarrow O+O+M_1$	1.00×10^{16}	−1.50	59 360	8.30×10^{6}	−1.00	0
2	$O_2+M_2 \Longleftrightarrow O+O+M_2$	2.00×10^{15}	−1.50	59 360	1.66×10^{6}	−1.00	0
3	$N_2+M_1 \Longleftrightarrow N+N+M_1$	3.00×10^{16}	−1.60	113 200	1.73×10^{9}	−1.60	0
4	$N_2+M_2 \Longleftrightarrow N+N+M_2$	7.00×10^{15}	−1.60	113 200	4.04×10^{8}	−1.60	0
5	$NO+M_3 \Longleftrightarrow N+O+M_3$	1.10×10^{11}	0.00	75 500	2.82×10^{4}	0.00	0
6	$NO+M_4 \Longleftrightarrow N+O+M_4$	5.00×10^{9}	0.00	75 500	1.28×10^{3}	0.00	0
7	$NO+M_5 \Longleftrightarrow N+O+M_5$	7.95×10^{17}	−2.00	75 500	2.04×10^{9}	−2.00	0
8	$O+NO \Longleftrightarrow N+O_2$	8.40×10^{6}	0.00	19 400	3.41×10^{7}	0.00	3 300
9	$O+N_2 \Longleftrightarrow NO+N$	5.70×10^{6}	0.42	42 938	1.27×10^{6}	0.42	4 938
10	$O+N \Longleftrightarrow NO^++e^-$	5.30×10^{6}	0.00	31 900	2.54×10^{22}	−3.00	0

注：M_1=N，O；M_2=N_2，O_2，NO，ions；M_3=O，N，NO；M_4=O_2，N_2；M_5=ions；
$[k_{f,r}]=m^3/(mol\cdot s)$，$[k_{b,r}]=m^3/(mol\cdot s)$或$m^6/(mol^2\cdot s)$（根据 Dunn-Kang 空气化学反应模型得到）。

表 2.7　7 组分 Dunn-Kang 空气化学反应模型

序号	反　应	$A_{f,r}$	$B_{f,r}$	$C_{f,r}$	$A_{b,r}$	$B_{b,r}$	$C_{b,r}$
1	$O_2+M_1 \Longleftrightarrow O+O+M_1$	3.60×10^{12}	−1.00	5.95×10^{4}	3.00×10^{3}	−0.50	0.0
2	$O_2+O \Longleftrightarrow O+O+O$	9.00×10^{13}	−1.00	5.95×10^{4}	7.50×10^{4}	−0.50	0.0
3	$O_2+O_2 \Longleftrightarrow O+O+O_2$	3.24×10^{13}	−1.00	5.95×10^{4}	2.70×10^{4}	−0.50	0.0
4	$O_2+N_2 \Longleftrightarrow O+O+N_2$	7.20×10^{12}	−1.00	5.95×10^{4}	6.00×10^{3}	−0.50	0.0
5	$N_2+M_2 \Longleftrightarrow N+N+M_2$	1.90×10^{11}	−0.50	1.13×10^{5}	1.10×10^{4}	−0.50	0.0
6	$N_2+N \Longleftrightarrow N+N+N$	4.09×10^{16}	−1.50	1.13×10^{5}	2.27×10^{9}	−1.50	0.0
7	$N_2+N_2 \Longleftrightarrow N+N+N_2$	4.70×10^{11}	−0.50	1.13×10^{5}	2.72×10^{4}	−0.50	0.0
8	$NO+M_3 \Longleftrightarrow N+O+M_3$	3.90×10^{14}	−1.50	7.55×10^{4}	1.00×10^{8}	−1.50	0.0
9	$NO+M_4 \Longleftrightarrow N+O+M_4$	7.80×10^{14}	−1.50	7.55×10^{4}	2.00×10^{8}	−1.50	0.0
10	$O+NO \Longleftrightarrow N+O_2$	3.20×10^{3}	1.00	1.97×10^{4}	1.30×10^{4}	1.00	3 580
11	$O+N_2 \Longleftrightarrow NO+N$	7.00×10^{7}	0.00	3.80×10^{4}	1.56×10^{7}	0.00	0.0
12	$O+N \Longleftrightarrow NO^++e^-$	1.40	1.50	3.19×10^{4}	6.70×10^{15}	−1.50	0.0
13	$O_2+N_2 \Longleftrightarrow NO+NO^++e$	1.38×10^{14}	−1.84	1.41×10^{5}	1.00×10^{12}	−2.50	0.0
14	$NO+N_2 \Longleftrightarrow N_2+NO^++e$	2.20×10^{9}	−0.35	1.08×10^{5}	2.20×10^{14}	−2.50	0.0
15	$NO+O_2 \Longleftrightarrow O_2+NO^++e$	8.80×10^{9}	−0.35	1.08×10^{5}	8.80×10^{14}	−2.50	0.0

注：M_1=N, NO; M_2=O, O_2, NO; M_3=O_2, N_2; M_4=O, N, NO;
$[k_{f,r}]=m^3/(mol\cdot s)$, $[k_{b,r}]=m^3/(mol\cdot s)$或$m^6/(mol^2\cdot s)$。

表 2.8　7 组分 Gupta 空气化学反应模型

序号	反　应	$A_{f,r}$	$B_{f,r}$	$C_{f,r}$	$A_{b,r}$	$B_{b,r}$	$C_{b,r}$
1	$O_2+M_1 \Longleftrightarrow O+O+M_1$	3.61×10^{12}	−1.00	5.94×10^{4}	3.01×10^{4}	−0.50	0.0
2	$N_2+M_2 \Longleftrightarrow N+N+M_2$	1.92×10^{11}	−0.50	1.13×10^{5}	1.10×10^{4}	−0.50	0.0
3	$N_2+N \Longleftrightarrow N+N+N$	4.15×10^{16}	−1.50	1.13×10^{5}	2.32×10^{9}	−1.50	0.0
4	$NO+M_3 \Longleftrightarrow N+O+M_3$	3.97×10^{14}	−1.50	7.56×10^{4}	1.01×10^{8}	−1.50	0.0
5	$O+NO \Longleftrightarrow N+O_2$	3.18×10^{3}	1.00	1.97×10^{4}	9.63×10^{5}	0.50	3 600
6	$O+N_2 \Longleftrightarrow NO+N$	6.75×10^{7}	0.00	3.75×10^{4}	1.50×10^{7}	0.00	0.0
7	$O+N \Longleftrightarrow NO^++e^-$	9.03×10^{3}	0.50	3.24×10^{4}	1.80×10^{13}	−1.00	0.0
8	$O_2+N_2 \Longleftrightarrow NO+NO^++e$	1.38×10^{14}	−1.84	1.41×10^{5}	1.00×10^{12}	−2.50	0.0
9	$NO+M_4 \Longleftrightarrow M_4+NO^++e$	2.20×10^{9}	−0.35	1.08×10^{5}	2.20×10^{14}	−2.50	0.0

注：M_1=O, N, O_2, N_2, NO; M_2=O, O_2, N_2, NO; M_3=O, N, O_2, N_2, NO; M_4=O_2, N_2;
$[k_{f,r}]=m^3/(mol\cdot s)$, $[k_{b,r}]=m^3/(mol\cdot s)$或$m^6/(mol^2\cdot s)$。

表 2.9　11 组分模型空气组分物理化学数据

序号	组分	M_i	θ_{vi}	g_{0i}	g_{1i}	θ_{ei}	Δh_i^0
1	O_2	32	2 239	3	2	11 390	0.0
2	N_2	28	3 353	1	3	72 225	0.0
3	NO	30	26 99	4	8	55 874	8.98×10^4
4	O	16		9	5	22 890	2.49×10^5
5	N	14		9	10	27 670	4.73×10^5
6	NO^+	30	3 373	1	3	75 140	9.93×10^5
7	e	5.5×10^{-4}					
8	O_2^+	32	2 652	4	10	47 460	1.17×10^6
9	N_2^+	28	3 129	2	4	13 200	1.53×10^6
10	O^+	16		4	10	38 610	1.57×10^6
11	N^+	14		9	5	22 052	1.88×10^6

注：$[M_i]$=g/mol，$[\theta_{vi}]=[\theta_{ei}]$=K，$[\Delta h_i^0]$=J/mol。

表 2.10a　11 组分 Park 空气化学反应模型反应式和控制温度

序号	反　应	T_f	T_b
1	$O_2+M_1 \Longleftrightarrow O+O+M_1$	T_c	T
2	$O_2+M_2 \Longleftrightarrow O+O+M_2$	T_c	T
3	$N_2+M_1 \Longleftrightarrow N+N+M_1$	T_c	T
4	$N_2+M_2 \Longleftrightarrow N+N+M_2$	T_c	T
5	$NO+M_3 \Longleftrightarrow N+O+M_3$	T_c	T
6	$NO+M_4 \Longleftrightarrow N+O+M_4$	T_c	T
7	$NO+M_5 \Longleftrightarrow N+O+M_5$	T_c	T
8	$O+NO \Longleftrightarrow N+O_2$	T	T
9	$O+N_2 \Longleftrightarrow NO+N$	T	T
10	$O+N \Longleftrightarrow NO^++e^-$	T	T_e
11	$N+N \Longleftrightarrow N_2^++e^-$	T	T_e
12	$O+O \Longleftrightarrow O_2^++e^-$	T	T_e
13	$O+O_2^+ \Longleftrightarrow O_2+O^+$	T	T
14	$N_2+N^+ \Longleftrightarrow N+N_2^+$	T	T
15	$O+NO^+ \Longleftrightarrow NO+O^+$	T	T
16	$N_2+O^+ \Longleftrightarrow O+N_2^+$	T	T

（续表）

序号	反　应	T_f	T_b
17	$O_2+NO^+ \Longleftrightarrow NO+O_2^+$	T	T
18	$N+NO^+ \Longleftrightarrow O+N_2^+$	T	T
19	$O+e \Longleftrightarrow O^++e+e$	T_e	T_e
20	$N+e \Longleftrightarrow N^++e+e$	T_e	T_e

注：M_1=N，O；M_2=N_2，O_2，NO，ions；M_3=O，N，NO；M_4=O_2，N_2；M_5=ions；$T_c = \sqrt{TT_V}$。

表 2.10b　11 组分 Park 空气化学反应模型反应式、正反应速率常数和平衡常数

序号	反　应	$A_{f,r}$	$B_{f,r}$	$C_{f,r}$	D_1^r	D_2^r	D_3^r	D_4^r	D_5^r
1	$O_2+M_1 \Longleftrightarrow O+O+M_1$	1.00×10^{16}	−1.50	59 360	2.855	0.988	−6.181	−0.023	−0.001
2	$O_2+M_2 \Longleftrightarrow O+O+M_2$	2.00×10^{15}	−1.50	59 360	2.855	0.988	−6.181	−0.023	−0.001
3	$N_2+M_1 \Longleftrightarrow N+N+M_1$	3.00×10^{16}	−1.60	113 200	1.858	−1.325	−9.856	−0.174	0.008
4	$N_2+M_2 \Longleftrightarrow N+N+M_2$	7.00×10^{15}	−1.60	113 200	1.858	−1.325	−9.856	−0.174	0.008
5	$NO+M_3 \Longleftrightarrow N+O+M_3$	1.10×10^{11}	0.00	75 500	0.792	−0.492	−6.761	−0.091	0.004
6	$NO+M_4 \Longleftrightarrow N+O+M_4$	5.00×10^{9}	0.00	75 500	0.792	−0.492	−6.761	−0.091	0.004
7	$NO+M_5 \Longleftrightarrow N+O+M_5$	7.95×10^{17}	−2.00	75 500	0.792	−0.492	−6.761	−0.091	0.004
8	$O+NO \Longleftrightarrow N+O_2$	8.40×10^{6}	0.00	19 400	−2.063	−1.480	−0.580	−0.114	0.005
9	$O+N_2 \Longleftrightarrow NO+N$	5.70×10^{6}	0.42	42 938	1.066	−0.833	−3.095	−0.084	0.004
10	$O+N \Longleftrightarrow NO^++e^-$	5.30×10^{6}	0.00	31 900	−7.053	−0.532	−4.429	0.150	−0.007
11	$N+N \Longleftrightarrow N_2^++e^-$	4.40×10^{1}	1.50	67 500	−4.992	−0.328	−8.693	0.269	−0.013
12	$O+O \Longleftrightarrow O_2^++e^-$	1.10×10^{7}	0.00	80 600	−8.692	−3.110	−6.950	−0.151	0.007
13	$O+O_2^+ \Longleftrightarrow O_2+O^+$	4.00×10^{6}	−0.09	18 000	−0.276	0.888	−2.180	0.055	−0.003
14	$N_2+N^+ \Longleftrightarrow N+N_2^+$	9.85×10^{6}	−0.18	12 100	0.307	−1.076	−0.878	−0.004	−0.001
15	$O+NO^+ \Longleftrightarrow NO+O^+$	2.75×10^{7}	0.01	51 000	0.148	−1.011	−4.121	−0.132	0.006
16	$N_2+O^+ \Longleftrightarrow O+N_2^+$	9.00×10^{5}	0.36	22 800	2.979	0.382	−3.237	0.168	−0.009
17	$O_2+NO^+ \Longleftrightarrow NO+O_2^+$	2.40×10^{6}	0.41	32 600	0.424	−1.098	−1.941	−0.187	0.009
18	$N+NO^+ \Longleftrightarrow O+N_2^+$	7.20×10^{7}	0.00	35 500	2.061	0.204	−4.263	0.119	−0.006
19	$O+e \Longleftrightarrow O^++e+e$	3.90×10^{27}	−3.78	158 500	−6.113	−2.035	−15.311	−0.073	0.004
20	$N+e \Longleftrightarrow N^++e+e$	2.50×10^{27}	−3.82	168 200	−3.441	−0.577	−17.671	0.099	−0.005

注：M_1=N，O；M_2=N_2，O_2，NO，ions；M_3=O，N，NO；M_4=O_2，N_2；M_5=ions；
$[k_{f,r}]=m^3/(mol\cdot s)$，$[k_{b,r}]=m^3/(mol\cdot s)$或$m^6/(mol^2\cdot s)$，$k_{b,r} = k_{f,r}(T_b)/K_{c,r}(T_b)$，
$K_{c,r} = \exp(D_1^r + D_2^r\ln Z + D_3^r Z + D_4^r Z^2 + D_5^r Z^3)$，$Z = 10\,000/T$，$[K_{c,r}] = cm^{-3}\cdot mol$或0。

表 2.10c　11 组分 Park 空气化学反应模型反应式和正逆反应速率常数

序号	反　应	$A_{f,r}$	$B_{f,r}$	$C_{f,r}$	$A_{b,r}$	$B_{b,r}$	$C_{b,r}$
1	$O_2+M_1 \Longleftrightarrow O+O+M_1$	1.00×10^{16}	−1.50	59 360	8.30×10^{6}	−1.00	0
2	$O_2+M_2 \Longleftrightarrow O+O+M_2$	2.00×10^{15}	−1.50	59 360	1.66×10^{6}	−1.00	0
3	$N_2+M_1 \Longleftrightarrow N+N+M_1$	3.00×10^{16}	−1.60	113 200	1.73×10^{9}	−1.60	0
4	$N_2+M_2 \Longleftrightarrow N+N+M_2$	7.00×10^{15}	−1.60	113 200	4.04×10^{8}	−1.60	0
5	$NO+M_3 \Longleftrightarrow N+O+M_3$	1.10×10^{11}	0.00	75 500	2.82×10^{4}	0.00	0
6	$NO+M_4 \Longleftrightarrow N+O+M_4$	5.00×10^{9}	0.00	75 500	1.28×10^{3}	0.00	0
7	$NO+M_5 \Longleftrightarrow N+O+M_5$	7.95×10^{17}	−2.00	75 500	2.04×10^{9}	−2.00	0
8	$O+NO \Longleftrightarrow N+O_2$	8.40×10^{6}	0.00	19 400	3.41×10^{7}	0.00	3 300
9	$O+N_2 \Longleftrightarrow NO+N$	5.70×10^{6}	0.42	42 938	1.27×10^{6}	0.42	4 938
10	$O+N \Longleftrightarrow NO^++e^-$	5.30×10^{6}	0.00	31 900	2.54×10^{22}	−3.00	0
11	$N+N \Longleftrightarrow N_2^++e^-$	4.40×10^{1}	1.50	67 500	4.71×10^{10}	0.00	0
12	$O+O \Longleftrightarrow O_2^++e^-$	1.10×10^{7}	0.00	80 600	5.50×10^{11}	−0.52	0
13	$O+O_2^+ \Longleftrightarrow O_2+O^+$	4.00×10^{6}	−0.09	18 000	1.07	1.52	−10 000
14	$N_2+N^+ \Longleftrightarrow N+N_2^+$	9.85×10^{6}	−0.18	12 100	3.80×10^{7}	−0.49	−900
15	$O+NO^+ \Longleftrightarrow NO+O^+$	2.75×10^{7}	0.01	51 000	1.14×10^{5}	0.61	0
16	$N_2+O^+ \Longleftrightarrow O+N_2^+$	9.00×10^{5}	0.36	22 800	6.57×10^{5}	0.16	0
17	$O_2+NO^+ \Longleftrightarrow NO+O_2^+$	2.40×10^{6}	0.41	32 600	2.40×10^{4}	0.74	0
18	$N+NO^+ \Longleftrightarrow O+N_2^+$	7.20×10^{7}	0.00	35 500	6.05×10^{4}	0.62	0
19	$O+e \Longleftrightarrow O^++e+e$	3.90×10^{27}	−3.78	158 500	2.38×10^{30}	−5.37	0
20	$N+e \Longleftrightarrow N^++e+e$	2.50×10^{27}	−3.82	168 200	5.00×10^{29}	−5.18	0

注：M_1 = N，O；M_2 = N_2，O_2，NO，ions；M_3 = O，N，NO；M_4 = O_2，N_2；M_5 = ions；
$[k_{f,r}] = m^3/(mol \cdot s)$，$[k_{b,r}] = m^3/(mol \cdot s)$ 或 $m^6/(mol^2 \cdot s)$（根据 Dunn-Kang 空气化学反应模型得到）。

表 2.11　11 组分 Dunn-Kang 空气化学反应模型

序号	反　应	$A_{f,r}$	$B_{f,r}$	$C_{f,r}$	$A_{b,r}$	$B_{b,r}$	$C_{b,r}$
1	$O_2+M_1 \Longleftrightarrow O+O+M_1$	3.60×10^{12}	−1.00	5.95×10^{4}	3.00×10^{3}	−0.50	0.0
2	$O_2+O \Longleftrightarrow O+O+O$	9.00×10^{13}	−1.00	5.95×10^{4}	7.50×10^{4}	−0.50	0.0
3	$O_2+O_2 \Longleftrightarrow O+O+O_2$	3.24×10^{13}	−1.00	5.95×10^{4}	2.70×10^{4}	−0.50	0.0
4	$O_2+N_2 \Longleftrightarrow O+O+N_2$	7.20×10^{12}	−1.00	5.95×10^{4}	6.00×10^{3}	−0.50	0.0
5	$N_2+M_2 \Longleftrightarrow N+N+M_2$	1.90×10^{11}	−0.50	1.13×10^{5}	1.10×10^{4}	−0.50	0.0
6	$N_2+N \Longleftrightarrow N+N+N$	4.09×10^{16}	−1.50	1.13×10^{5}	2.27×10^{9}	−1.50	0.0

（续表）

序号	反　应	$A_{f,r}$	$B_{f,r}$	$C_{f,r}$	$A_{b,r}$	$B_{b,r}$	$C_{b,r}$
7	$N_2+N_2 \Longleftrightarrow N+N+N_2$	4.70×10^{11}	−0.50	1.13×10^5	2.72×10^4	−0.50	0.0
8	$NO+M_3 \Longleftrightarrow N+O+M_3$	3.90×10^{14}	−1.50	7.55×10^4	1.00×10^8	−1.50	0.0
9	$NO+M_4 \Longleftrightarrow N+O+M_4$	7.80×10^{14}	−1.50	7.55×10^4	2.00×10^8	−1.50	0.0
10	$O+NO \Longleftrightarrow N+O_2$	3.20×10^3	1.00	1.97×10^4	1.30×10^4	1.00	3 580
11	$O+N_2 \Longleftrightarrow NO+N$	7.00×10^7	0.00	3.80×10^4	1.56×10^7	0.00	0.0
12	$O+N \Longleftrightarrow NO^++e^-$	1.40	1.50	3.19×10^4	6.70×10^{15}	−1.50	0.0
13	$O_2+N_2 \Longleftrightarrow NO+NO^++e$	1.38×10^{14}	−1.84	1.41×10^5	1.00×10^{12}	−2.50	0.0
14	$NO+N_2 \Longleftrightarrow N_2+NO^++e$	2.20×10^9	−0.35	1.08×10^5	2.20×10^{14}	−2.50	0.0
15	$NO+O_2 \Longleftrightarrow O_2+NO^++e$	8.80×10^9	−0.35	1.08×10^5	8.80×10^{14}	−2.50	0.0
16	$O+e \Longleftrightarrow O^++e+e$	3.60×10^{25}	−2.91	1.58×10^5	$2.20\times10^{28(8)}$	−4.50	0.0
17	$N+e \Longleftrightarrow N^++e+e$	1.10×10^{26}	−3.14	1.69×10^5	$2.20\times10^{28(8)}$	−4.50	0.0
18	$N+NO^+ \Longleftrightarrow NO+N^+$	1.00×10^{13}	−0.93	6.10×10^4	4.80×10^8	0.00	0.0
19	$O+NO^+ \Longleftrightarrow O_2+N^+$	1.34×10^7	0.31	7.73×10^4	$1.00\times10^{8(7)}$	0.00	0.0
20	$O+NO^+ \Longleftrightarrow NO+O^+$	3.63×10^9	−0.60	5.08×10^4	$1.50\times10^{7(17)}$	0.00	0.0
21	$N_2+O^+ \Longleftrightarrow O+N_2^+$	3.40×10^{13}	−2.00	2.30×10^4	2.48×10^{13}	−2.20	0.0
22	$N_2+N^+ \Longleftrightarrow N+N_2^+$	2.02×10^5	0.81	1.30×10^4	7.80×10^5	0.50	0.0
23	$N+N \Longleftrightarrow N_2^++e^-$	1.40×10^7	0.00	6.78×10^4	1.50×10^{16}	−1.50	0.0
24	$O+O \Longleftrightarrow O_2^++e^-$	1.60×10^{11}	−0.98	8.08×10^4	8.00×10^{15}	−1.50	0.0
25	$O_2+NO^+ \Longleftrightarrow NO+O_2^+$	1.80×10^9	0.17	3.30×10^4	$(2.8)1.80\times10^7$	0.50	0.0
26	$O+O_2^+ \Longleftrightarrow O_2+O^+$	2.92×10^{12}	−1.11	2.80×10^4	7.80×10^5	0.50	0.0

注：M_1=N, NO；M_2=O, O_2, NO；M_3=O_2, N_2；M_4=O, N, NO；
$[k_{f,r}]=m^3/(mol\cdot s)$，$[k_{b,r}]=m^3/(mol\cdot s)$ 或 $m^6/(mol^2\cdot s)$。

表 2.12　11 组分 Gupta 空气化学反应模型

序号	反　应	$A_{f,r}$	$B_{f,r}$	$C_{f,r}$	$A_{b,r}$	$B_{b,r}$	$C_{b,r}$
1	$O_2+M_1 \Longleftrightarrow O+O+M_1$	3.61×10^{12}	−1.00	5.94×10^4	3.01×10^4	−0.50	0.0
2	$N_2+M_2 \Longleftrightarrow N+N+M_2$	1.92×10^{11}	−0.50	1.13×10^5	1.10×10^4	−0.50	0.0
3	$N_2+N \Longleftrightarrow N+N+N$	4.15×10^{16}	−1.50	1.13×10^5	2.32×10^9	−1.50	0.0
4	$NO+M_3 \Longleftrightarrow N+O+M_3$	3.97×10^{14}	−1.50	7.56×10^4	1.01×10^8	−1.50	0.0
5	$O+NO \Longleftrightarrow N+O_2$	3.18×10^3	1.00	1.97×10^4	9.63×10^5	0.50	3 600
6	$O+N_2 \Longleftrightarrow NO+N$	6.75×10^7	0.00	3.75×10^4	1.50×10^7	0.00	0.0
7	$O+N \Longleftrightarrow NO^++e^-$	9.03×10^3	0.50	3.24×10^4	1.80×10^{13}	−1.00	0.0

(续表)

序号	反　应	$A_{f,r}$	$B_{f,r}$	$C_{f,r}$	$A_{b,r}$	$B_{b,r}$	$C_{b,r}$
8	$O_2+N_2 \Longleftrightarrow NO+NO^++e$	1.38×10^{14}	−1.84	1.41×10^5	1.00×10^{12}	−2.50	0.0
9	$NO+M_4 \Longleftrightarrow M_4+NO^++e$	2.20×10^9	−0.35	1.08×10^5	2.20×10^{14}	−2.50	0.0
10	$O+e \Longleftrightarrow O^++e+e$	3.60×10^{25}	−2.91	1.58×10^5	2.20×10^8	−4.50	0.0
11	$N+e \Longleftrightarrow N^++e+e$	1.10×10^{26}	−3.14	1.69×10^5	2.20×10^8	−4.50	0.0
12	$N+NO^+ \Longleftrightarrow NO+N^+$	1.00×10^{13}	−0.93	6.10×10^4	4.80×10^8	0.00	0.0
13	$O+NO^+ \Longleftrightarrow O_2+N^+$	1.34×10^7	0.31	7.73×10^4	1.00×10^8	0.00	0.0
14	$O+NO^+ \Longleftrightarrow NO+O^+$	3.63×10^9	−0.60	5.08×10^4	1.50×10^7	0.00	0.0
15	$N_2+O^+ \Longleftrightarrow O+N_2^+$	3.40×10^{13}	−2.00	2.30×10^4	2.48×10^{13}	−2.20	0.0
16	$N_2+N^+ \Longleftrightarrow N+N_2^+$	2.02×10^5	0.81	1.30×10^4	7.80×10^5	0.50	0.0
17	$N+N \Longleftrightarrow N_2^++e^-$	1.40×10^7	0.00	6.78×10^4	1.50×10^{16}	−1.50	0.0
18	$O+O \Longleftrightarrow O_2^++e^-$	1.60×10^{11}	−0.98	8.08×10^4	8.02×10^{15}	−1.50	0.0
19	$O_2+NO^+ \Longleftrightarrow NO+O_2^+$	1.80×10^9	0.17	3.30×10^4	1.80×10^7	0.50	0.0
20	$O+O_2^+ \Longleftrightarrow O_2+O^+$	2.92×10^{12}	−1.11	2.80×10^4	7.80×10^5	0.50	0.0

注：M_1=O，N，O_2，N_2，NO；M_2=O，O_2，N_2，NO；M_3=O，N，O_2，N_2，NO；M_4=O_2，N_2；$[k_{f,r}]=m^3/(mol\cdot s)$，$[k_{b,r}]=m^3/(mol\cdot s)$ 或 $m^6/(mol^2\cdot s)$。

参考文献

[1] Anderson J D. Hypersonic and High-Temperature Gas Dynamics. New York：McGraw-Hill，1989.

[2] 吴子牛.空气动力学(上册).北京：清华大学出版社，2007.

[3] Kee R J，Rupley F M，Meeks E，et al. CHEMKIN-III：a fortran chemical kinetics package for the analysis of gas-phase chemical and plasma kinetics. Sandia National Labs.，SAND96-8216，Livermore，CA (United States)，1996.

[4] Blottner F G，Johnson M，Ellis M. Chemically reacting viscous flow program for multi-component gas mixture. Sandia Labs.，SC-RR-70-754，Albuquerque，N. Mex.，1971.

[5] Candler G V. The computation of weakly ionized hypersonic flows in thermo-chemical nonequilibrium. Palo Alto：Stanford University，1998.

[6] Sung J C. The simulation of two-dimensional high speed inviscid/viscous reacting flows with real gas effect. Huntsville：University of Alabama in Huntsville，1995.

[7] Wilke C R. A viscosity equation for gas mixtures. Journal of Chemical Physics，1950，18(4)：517－519.

[8] Dunn M G，Kang S W. Theoretical and experimental studies of reentry plasmas. NASA CR-2232，1973.

[9] Park C. A review of reaction rates in high temperature air. AIAA 24th Thermophysics

Conference, 1989: 1740.

[10] Park C, Lee S H. Validation of multi-temperature nozzle flow code NOZNT. AIAA 28th Thermophysics Conference, 1993: 2862.

[11] Park C. Assessment of two-temperature kinetic model for ionizing air. Journal of Thermophysics and Heat Transfer, 1989, 3(3): 233-244.

[12] 刘化勇.超声速引射器的数值模拟方法及其引射特性研究.中国空气动力研究与发展中心博士学位论文,2009.

[13] 阎超.计算流体力学方法及应用.北京：北京航空航天大学出版社,2006.

[14] Shu C W. Essentially non-oscillatory and weighted essentially non-oscillatory schemes for hyperbolic conservation laws. NASA/CR-97-206253, 1997.

[15] Vinokur M. An analysis of finite-difference and finite-volume formulations of conservation laws. Journal of Computational Physics, 1989, 81(1): 1-52.

[16] 李荫藩,宋松和,周铁.双曲型守恒律的高阶、高分辨有限体积法.力学进展,2001,31(2): 245-263.

[17] Venkatakrishnan V. Perspective on unstructured grid flow solvers. AIAA Journal, 1996, 34(3): 533-547.

[18] van Der Wijngaart R F, Klopfer G H. Improved boundary conditions for cell-centered difference schemes. NASA-97-011, 1997.

[19] Janus J M. Advanced 3-D CFD algorithm for turbomachinery. Mississippi State Univ., State College, MS (USA), 1989.

[20] Darapuram R V. An investigation of flux-splitting algorithms for chemically reacting flows. Mississippi State University, 2001.

[21] Yoon S, Jameson A. Lower-upper symmetric Gauss-Seidel method for the Euler and Navier-Stokes equations. AIAA Journal, 1988, 26(9): 1025-1026.

[22] van Leer B. Towards the ultimate conservative difference scheme V: a second-order sequel to Godunov's method. Journal of Computational Physics, 1979, 32(1): 101-136.

[23] Harten A. High resolution schemes for hyperbolic conservation laws. Journal of Computational Physics, 1983, 49(3): 357-393.

[24] 邓小刚.黏性超声速复杂气动力干扰的数值模拟.绵阳：中国空气动力研究与发展中心博士学位论文,1991.

[25] 黎作武.含激波、旋涡和化学非平衡反应的高超声速复杂流场的数值模拟.绵阳：中国空气动力研究与发展中心博士学位论文,1994.

[26] 张涵信,沈孟育.计算流体力学——差分方法的原理和应用.北京：国防工业出版社,2003.

[27] Laney C B. Computational Gasdynamics. Cambridge University Press, 1998.

[28] Jameson A. Artificial diffusion, upwind biasing, limiters and their effect on accuracy and multigrid convergence in transonic and hypersonic flows. 11th AIAA Computational Fluid Dynamics Conference, 1993: 3359.

[29] Scott J N, Niu Y Y. Comparison of limiters in flux-split algorithms for Euler equations. 31st Aerospace Sciences Meeting & Exhibit, 1993: 68.

[30] Sweby P K. High resolution schemes using flux limiters for hyperbolic conservation laws. SIAM Journal on Numerical Analysis, 1984, 21(5): 995 - 1011.

[31] Venkatakrishnan V. On the accuracy of limiters and convergence to steady state solutions. 31st Aerospace Sciences Meeting & Exhibit, 1993: 880.

[32] Tatsumi S, Martinelli L, Jameson A. Design, implementation, and validation of flux limiter schemes for the solution of the compressible Navier-Stokes equations. 32nd Aerospace Science Meeting & Exhibit, 1994: 647.

[33] Zingg D W, De Rango S, Nemec M, et al. Comparison of several spatial discretizations for the Navier-Stokes equations. Journal of Computational Physics, 2000, 160(2): 683 - 704.

[34] Roe P L. Approximate riemann solvers, parameter vectors, and difference schemes. Journal of Computational Physics, 1981, 43(2): 357 - 372.

[35] Steger J L, Warming R F. Flux vector splitting of the inviscid gasdynamic equations with application to finite-difference methods. Journal of Computational Physics, 1981, 40(2): 263 - 293.

[36] van Leer B. Flux-vector splitting for the Euler equations. Eighth International Conference on Numerical Meth-ods in Fluid Dynamics. Lecture Notes in Phys., 1982: 170.

[37] Kim K H, Kim C, Rho O H. Methods for the accurate computations of hypersonic flows I. AUSMPW+ scheme. Journal of Computational Physics, 2001, 174(1): 38 - 80.

[38] Liou M S. Ten years in the making — AUSM-family. 15th AIAA Computational Fluid Dynamics Conference, 2001: 2521.

[39] Kral L D. Recent experience with different turbulence models applied to the calculation of flow over aircraft components. Progress in Aerospace Sciences, 1998, 34(7 - 8): 481 - 541.

[40] Spalart P R, Allmaras S R. A one-equation turbulence model for aerodynamic flows. 30th Aerospace Sciences Meeting & Exhibit, 1992: 439.

[41] Wilcox D C. Turbulence Modeling for CFD. DCW Industries, Inc., La Canada, California, 1993.

[42] Menter F R. Zonal two equation k-ω turbulence models for aerodynamic flows. 24th Fluid Dynamics Conference, 1993: 2906.

[43] Menter F R, Rumsey C L. Assessment of two-equation turbulence models for transonic flows. 25th AIAA Fluid Dynamics Conference, 1994: 2343.

[44] Menter F R. Two-equation eddy-viscosity turbulence models for engineering applications. AIAA Journal, 1994, 32(8): 1598 - 1605.

[45] Suzen Y B, Hoffmann K A. Investigation of supersonic jet exhaust flow by one-and two-equation turbulence models. 36th Aerospace Sciences Meeting & Exhibit, 1998: 322.

[46] Vuong S T, Coakley T J. Modeling of turbulence for hypersonic flows with and without separation. 25th AIAA Aerospace Sciences Meeting, 1987: 286.

[47] Coakley T J, Huang P G. Turbulence modeling for high speed flows. 30th Aerospace Sciences Meeting and Exhibit, 1992: 436.

[48] Nance R P, Hassan H A. Turbulence modeling of shock-dominated flows with a k-ζ formulation. 37th Aerospace Sciences Meeting and Exhibit, 1999: 153.

[49] Catris S, Aupoix B. Improved turbulence models for compressible boundary layers. 2nd AIAA Theoretical Fluid Mechanics Meeting, 1998: 2696.
[50] Catris S, Aupoix B. Density corrections for turbulence models. Aerospace Science and Technology, 2000, 4(1): 1-11.
[51] Papp J L, Dash S M. Hypersonic transitional modeling for scramjet and missile applications. 40th AIAA Aerospace Sciences Meeting & Exhibit, 2002: 155.
[52] Huang P G, Bradshaw P, Coakely T J. Turbulence models for compressible boundary layers. AIAA Journal, 1994, 32(4): 735-740.

第三章

高超声速流动数值模拟的验证与确认

3.1 引言

流体力学的研究和分析手段一般分为理论分析、实验研究和数值计算三种。流体力学控制方程一般为非线性的,理论分析只在少数情况下才有解析解,因此这类方法主要用于进行定性分析或做初步设计与分析。而长期以来一直作为流体力学主要研究手段的实验研究,也存在着实验设备无法完全满足所有相似参数、相似定律的要求,以及洞壁效应、支架干扰、测量误差等问题,且实验研究一般周期长、费用高,完全依赖实验在一定程度上也存在不足。近三四十年来,由于流体力学、数值方法和计算机的迅速发展,以及航空、航天飞行器气动设计等方面的迫切需要,计算流体力学(CFD)的基本理论、计算方法都取得了瞩目的成就。它具有花费低、周期短、损耗小的优点,在流体力学、空气动力学及其他工程学科中发挥着越来越大的作用。根据波音公司的预测,在未来的气动设计中,从最佳费效比出发,CFD 约占气动设计工作量的 70%,而风洞试验的工作量将只占 30%。无论从节省研制费用、缩短设计周期出发,还是从提高设计水平出发,在 21 世纪,随着计算机和 CFD 技术的进一步发展,CFD 将给气动设计带来一场革命[1]。在高超声速领域,CFD 已经能够通过求解 NS 方程,模拟实际飞行条件下的三维流场,揭示精细流场特征,从模拟范围和详细程度上都远胜于实验所能提供的内容。所以 CFD 已经成为高超声速飞行器气动外形和发动机设计的主要手段。

随之而来的是飞行器设计对 CFD 所提供结果可信度的要求也越来越高,但通常情况下 CFD 研究人员并不能就数值模拟的可信度给出明确回答,而且 CFD 工作者对 CFD 软件的验证工作一直没有给予足够重视。这使得 CFD 使用者持一种矛盾的心态:既想利用这种快捷而经济的设计工具,又对计算结果心存疑虑。为促进 CFD 本身的发展,更好地为飞行器设计部门提供高效可靠的 CFD 工具,开展 CFD 的可信度研究十分必要,而可信度研究的基本内容和方法就是 CFD 的验证与确认(verification and validation, V&V)。

对于高超声速流动的数值模拟,往往无法给出表面热流及摩擦阻力预测的充分可信度,而国内高超声速飞行器的飞速发展又对此类数值模拟结果提出了严格要求,因此,开展针对高超声速流动数值模拟的 V&V 工作显得十分必要。然而,在 CFD 的 V&V 之中对如何给出数值模拟可信度的方法还尚未完全达成共识。虽然,众多杂志(如 ASME 的 *Journal of Fluids Engineering*, AIAA 的所有杂志和 *Journal of Heat Transfer* 等)的编辑方针中都要求有针对数值模拟结果精度评估的要求,并且要求作者尽可能地结合 Richardson 插值法判断网格解的收敛性及实际计算精度,但在对数值计算误差、不确定度估计及与确认尺度定义方面还没有形成完全统一的方法与标准。虽然国外一些学者,如 Eca 等[2-4]、Roache 等[5,6]、Conser 等[7-9]、Oberkampf 和 Trucano[10]、Rahaim 等[11]、Roy 等[12-14]都对此展开了一系列的研究,而且取得了不少颇具指导意义的研究成果。然而,CFD 其自身特点决定了开展 V&V 是非常复杂与困难的,迄今尚无统一的实施标准。

3.2 国内外的研究进展

CFD 的 V&V 和可信度评价在国外一直受到高度重视。1992 年美国 NASA 对 CFD 的投资范围很广,包括 CFD 算法、应用、网格生成、可视化、转捩、湍流模型、验证与确认,总投资 1 399.8 万美元,而 CFD 的 V&V 一项就投资 713.5 万美元,占总投资额的 50.97%,可见 V&V 在 CFD 技术中的重要地位[6]。从最初的 1986 年美国机械工程师学会(American Society of Mechanical Engineers, ASME)著名刊物 *Journal of Fluids Engineering*[6]要求所有数值计算方面的论文必须有误差分析和精度估计,到 1998 年 AIAA 发布"*Guide for the Verification and Validation of Computational Fluid Dynamics Simulations*"[15]——世界上关于 CFD V&V、可信度评价的第一个系统且深入的指南,以及 2003 年以来 Cosner 等每年对 AIAA CFD 标准委员会 CFD V&V 工作的总结[7-9,11],针对 CFD 验证与确认方法的研究工作一直都在进行与发展之中。其中值得注意的是,ASME 在标准及指南编写方面做了大量工作,1998 年 ASME 杂志成立协调小组,其工作重点是推动对数值模拟中误差估计、不确定度量化、验证和确认以及可信度评估方法的讨论。该小组组织了一系列 ASME 论坛和研讨会讨论上述主题，并逐步编写和颁布了系列 V&V 标准：2006 年颁布关于“计算固体力学 V&V 指南”，即 *ASME V&V 10-2006 Guide for Verification and Validation in Computational Solid Mechanics*；2009 年颁布“计算流体力学和传热学的 V&V 标准”，即 *ASME V&V 20-2009 Standard for Verification and Validation in Computational Fluid Dynamics and Heat Transfer*；2012 年颁布“计算固体力学 V&V 概念的案例说明”，即 *ASME V&V 10.1-2012 An Illustration of the Concepts of Verification and Validation in Computational Solid Mechanics*。ASME 经过二十多年的发展，在复杂工程建模与仿真 V&V 的概念和方法上取得显著成果，但仍将建模与仿真的 V&V 涉及的概念在不同领域的本地化作为研究核心，至今仍在结合实际应用研究完善相关概念、术语和规范[16]。其中，对数值模拟误差与不确定度估计方法的研究工作又占据着相当重要的地位，对其方法的研究也从未停歇。

由于离散误差在数值模拟的全部误差中占有较大比重，所以很多研究都集中于此。针对离散误差估计的方法研究大体可分为两类，一类是通过获得较高精度的数值解从而求得误差，另一类是基于残差的方法。前者具有代表性的有网格细化方法、精度细化方法以及有限元恢复方法等；后者主要有误差输运方程、有限元残差方法以及系统响应量的伴随矩阵方法等[17]。其中，由于 CFD 控制方程的高度非线性再加之边界处理、网格质量等诸多因素，所以网格细化方法是众多杂志编辑方针认为实际可行及推荐的。网格细化方法是利用在不同网格尺度下的计算结果，基于 Richardson 插值法[18]获得插值网格解，从而给出数值计算误差估计、网格解实际精度等。Roache、Mehta 等[5,17,19-21]率先对网格细化方法展开了研究，给出了多种误差定义方式并提出网格收敛指数(grid convergence index, GCI)的概念。Jameson 和 Martinelli[22]也认为网格细化研究可以为数值研究过程中的每一步提供必要的保证。之后，众多 CFD 研究者针对网格细化方法展开了系列的算例研究，如 Roy 等[12,23]、Gokaltun 等[19]，他们的研究对基于 Richardson 插值法的误差估计方法给予了充分肯定。而鉴于网格细化方法所带来的计算机花费时间太长的问题，Roache 指出可以进行网格粗化的研究，如沿每一方向网格减半，这样计算工作量将降至原来网格下的 1/8。

另外，对于确认的方法学研究也一直都在进行，其中将复杂系统进行基于流动分类法层次结构的分层次确认方法较受认可[15,24]，只有将单元问题和组件模型完全确认了，才能对子系统乃至整个复杂系统进行确认，这是对开展 CFD 软件验证与确认工作的有效保证。而如何将数值模拟结果与实验数据比较则是确认尺度的研究内容,比较有代表性的有 Wilson 等[25]和 Oberkampf 等[10]各自提出的两种方法,前者对计算与实验的不确定度给予考虑,但对实验数据要求较高,后者可以在整体上给出数值模拟与实验结果符合程度的定量结果,但又缺少对计算与实验数据不确定度的考虑。

国内关于 CFD 验证和确认、可信度评价的相关研究正逐步受到重视并一直处于发展阶段,从 1984 年开始的 NACA 0012 翼型计算与实验对比开始,开展了大量的工作,例如,1998~1999 年,国防科学技术预先研究基金安排了 SU-27 全机 CFD 计算与实验的比较;"十五"期间,空气动力学预研基金设立专题研究项目,在国内首次有目的地开展 CFD 可信度研究;2009 年 5 月,由空气动力学会计算空气动力学专业委员会牵头组织开展"航空 CFD 可信度研究专题活动";北京应用物理与计算数学研究所在复杂工程建模和模拟的验证与确认体系方面开展了大量工作[16]等。这其中大多只是将 CFD 结果与实验数据进行简单对比,而针对数值计算误差估计、不确定度分析以及确认尺度定义的研究还较少,针对高超声速流动数值模拟 CFD 验证与确认的研究就更少。

在不确定度估计方面,已知的有张涵信院士提出的不确定度估计方法[26]。张院士参照实验不确定度估计的研究方法,用计算数据有效位数可以达到真值的前 n 位来表示计算结果的准确度。在网格收敛性研究方面,白文提出网格收敛极限概念,对最小计算网格尺度以及与计算耗时之间的关系展开探讨。另外,黎作武提出了验证与确认大纲星级评价体系,他按照计算难易程度、计算结果质量、对计算方法要求的程序以及工程可应用尺度等对软件系统进行定量分级。陈坚强和张益荣[27]基于 Richardson 插值方法开展了针对高超声速流动数值模拟的验证与确认工作,初步建立了开展 V&V 的流程,并给出了研究对象的离散误差及不确定度尺度估计。然后,现代高超声速飞行器的研制对 CFD 提供的气动热及摩擦阻力等结果的精度要求越来越高,而国内针对此类问题的误差、不确定度估计等验证与确认方法的研究还不够充分,因此开展针对高超声速流动的 CFD 验证与确认的研究工作十分必要。

3.3　基本概念与方法

验证与确认过程中常常涉及诸如"概念模型"(conceptual model)和"计算模型"(computerized model or computational model)、不确定度(uncertainty)和误差(error)、校准(calibration)和认证(certification)、验证(verification)和确认

(validation)等，它们是在 CFD 验证与确认研究中可能要用到的基本概念。图 3.1[28]给出了“概念模型”“计算模型”“真实世界”“模型验证”“模型确认”等概念之间的关系。

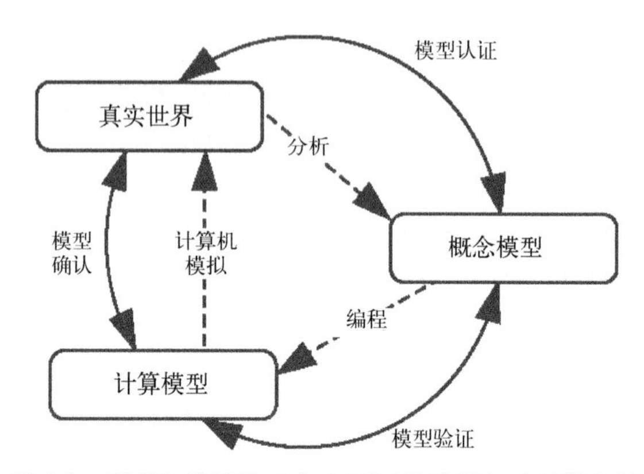

图 3.1　模型和模拟的三个方面以及验证与确认的作用

3.3.1　验证的定义

Boehm[29]给出了验证过程的简单定义，即是否正确地解方程。验证一般采用精确解比较方法、制造解比较方法、网格收敛性研究等方法进行。其中前两种主要用于代码验证，而对较复杂问题的数值解验证，网格收敛性研究是最有效的手段，众多杂志的编辑方针都认为严格定义的网格细化或粗化研究是计算结果精度评估的一种有效措施，并且要求作者尽可能地结合 Richardson 插值方法来判断数值解的收敛性以及实际的计算精度。图 3.2 给出了验证的基本过程[15]。

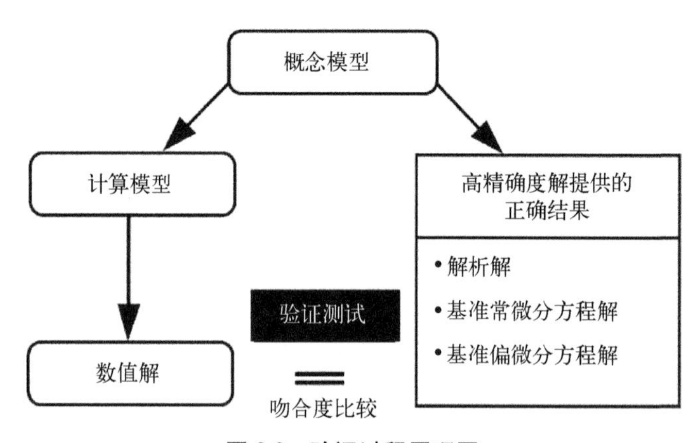

图 3.2　验证过程原理图

3.3.2　确认的定义

Blottner[30]给出了确认的简单定义,即是否求解正确的方程。确认是模型精确表示的物理状态与模型预期用途逼近程度的测度过程,强调求解问题是否正确。确认的基本内容是指出和量化在概念模型和计算模型中的误差和不确定度,量化数值解的数值误差,评估实验的不确定度,最后进行计算结果和实验数据的确认比较。通常采用层次结构的方法由下至上逐层确认,只有在较低层次上完成确认,才有可能对复杂系统进行确认。图 3.3 给出了确认的基本过程[15]。

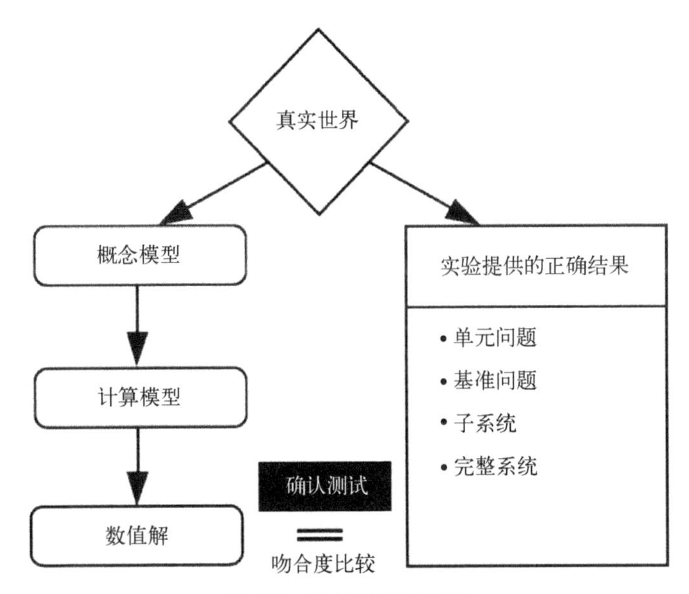

图 3.3　确认过程原理图

3.3.3　实验中的误差和不确定度

通常意义上,误差与不确定度的概念来源于实验,诸多分析理论都是建立在对实验测量与数据处理的基础上。对于一个正确的实验(不存在过失误差),一般认为存在系统误差与随机误差,根据测量仪器(如总压传感器、天平等)的固有偏差与不确定度以及重复实验得到的数据随机分布情况,就可以根据误差理论来获得实验数据的误差和不确定度。这里,关键是实验可以利用各种修正以及多次重复数据的平均来获得可信度较高的最佳估计值,在误差和不确定度分析过程中便可将该最佳估计值作为真值对待。这样就可以对误差进行定义(在数学名义上将其定义为：误差=给出值-真值），这里的给出值包括测量值、标称值、示值和计算近似值等[31]。

首先，在实验测量方面，有诸多关于误差和不确定度定义的讨论，如下所述。

（1）“误差并非指没有错误或者没有过失，而是不可避免、必然发生的不确定度(inevitable uncertainty)[32]。”

（2）“虽然国内外已有不少专著对误差理论进行详细阐述，但关于误差的名词、术语还尚未统一，本书尽量采用不确定度的表述方法[31]。”

（3）“一个物理量的测量误差，是指其测量值与真值之差。但真值通常是未知的，因此也就无法直接给出实验结果的误差值，而只能在某种置信度水平下对它做出某种估算。对实验误差的这种估算值实际上就是实验结果的不确定度。它代表的是实验误差的上限[33]。”

（4）“目前，国内外关于误差的名词、术语尚不统一，本书采用当前高、低速风洞实验通用的名词、术语。”“误差或绝对误差是指某物理量的给出值与客观真实值（真值）之间的差异。”“误差的上限可表示为 $U = |x - A_0|_{max}$，这个上限值 U 通常称为不确定度，也叫置信限，它是极限误差的估计值。若 x 值只有随机误差而无系统误差，则此上限值 U 称为随机不确定度；若 x 值既有随机误差又有系统误差，则此上限值 U 称为总不确定度，有时也简称为不确定度。不确定度是由估计得到的，估计的可信程度一般用概率表示，这种概率称为置信概率[34]。”

（5）Bevington 和 Robinson[35]将误差分为不合理误差(illegitimate error)和不确定度(uncertainty)，其中后者是由随机误差和系统误差导致的。通常来说，将不确定度看作误差，其估计过程就叫作误差分析（“Generally, we refer to the uncertainties as the errors in our results, and the procedure for estimating them as error analysis.”）。

（6）L'appréciation[36]给出了实验过程中误差的传播方式，如图 3.4 所示。

综上可知，即使在实验领域，对于误差和不确定度也没有很好地形成统一共识。事实上，对于实际的工程应用问题，各个重要的空气动力学试验研究机构在多年广泛积累经验的基础上，都各自有一套处理误差和不确定的方法，相应地形成了一部分具有很高学术价值的文献资料，如下所述。

（1）中国空气动力研究与发展中心的恽起麟研究员撰写的《风洞实验数据的误差与修正》(1996)；

（2）美国科罗拉多大学的 John R. Taylor 教授撰写的 *An introduction to error analysis: the study of uncertainties in physical measurements*(1997)；

（3）凯斯西储大学的 Philip R. Bevington 教授和 D. Keith Robinson 教授等撰

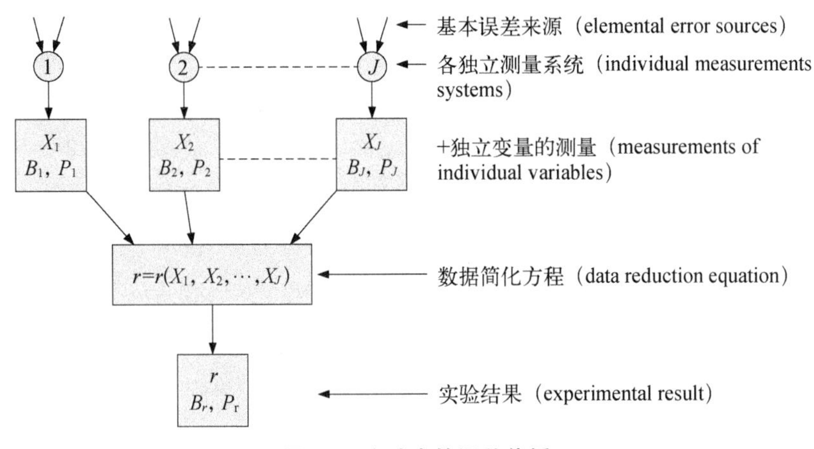

图 3.4　实验中的误差传播

写的 *Data reduction and error analysis for the physical sciences*(2003)；

(4) AGARD 编写的 *Quality assessment for wind tunnel testing*(1994)等。

3.3.4　CFD 中的误差和不确定度

对于 CFD 而言，很难找到一个可信度较高的最佳估计值作为其真值，即使有多家单位的计算数据，取其平均值为最佳估计值也不一定能得到一致认可。以 DPW-Ⅱ为例，当时国际上 29 家单位参与了数值计算的比较，而试验数据被认为精度较高(阻力系数±0.000 1)，这样就可以对计算数据进行误差理论分析(采用高斯分布)，从而给出统计平均值、标准差和置信区间等信息。这样的误差分析方式虽然在当时取得了不错的成功，也积累了很多这方面成功的经验，但 DPW 的成功经验在高超声速空气动力学领域不太可能复制，一是高超声速试验不同于低速试验，其精度相对较低，尤其当马赫数为 8 以上涉及真实气体效应等复杂物理现象时，风洞数据的可靠性还没有得到充分的验证；二是高超声速流动涉及的物理模型较为复杂，当考虑真实气体效应、稀薄气体效应、黏性干扰效应以及高超声速边界层转捩等问题时，CFD 模拟难度更大，而其数值模拟可信度研究工作开展较少，人们对其认识还没有达到较好的共识。由于 CFD 不同于实验的特殊性，在实验与 CFD 领域，对误差和不确定度便各自有众多不同的解释，它们有的将其区别对待，有的认为两者实质上可以互换。

对于 CFD 之中的误差和不确定度，不同的研究人员和机构也给出了相应的定义和解释，如下所述。

（1）AIAA 指南[15]为了让研究人员在 CFD 验证与确认的基本概念与方法上形成基本认识，对误差和不确定度进行了较为规范化的定义。“误差和不确定度是较为宽泛的范畴，通常指在建模与模拟中精度的损失。”“CFD 文献中，误差和不确定度往往是通用的。我们相信，如不能将两者区别对待，则建模与模拟的可信度量化评价就变得困难重重。”“不确定度：指在建模过程中由认识不足而导致的潜在的功能与表现上的不足。”（“Uncertainty：A potential deficiency in any phase or activity of the modeling process that is due to lack of knowledge.”）“有两种近似处理不确定度的方法：敏感性分析与不确定度分析。”“误差：指在建模与模拟的过程中可以被认识到的缺陷或问题，而这种缺陷或问题并非是由认知的不足而导致。”（“Error：A recognizable deficiency in any phase or activity of modeling and simulation that is not due to a lack of knowledge.”）指南中，对于误差和不确定度的定义来自 Oberkampf 和 Blotter，定义中两者最大的区别体现在，一是这种不足是潜在的还是可识别的；二是是否因缺少认知而导致。

（2）Oberkampf 和 Roy[17]总结了近 25 年来风险评估机构对不确定度进行的可行、有效的分类方法，如图 3.5 所示：随机不确定度（aleatory or inherent）和认知（epistemic or model）不确定度。前者定义为：“由内在的随机性导致的不确定度”（“uncertainty due to inherent randomness”），而后者被定义为：“由缺乏认知而导致的不确定度”（“uncertainty due to lack of knowledge”）。对于认知不确定度，作者又将其分为公认不确定度（recognized uncertainty）和隐含不确定度（blind uncertainty）。Oberkampf 等对误差的定义采用的是通常的字面意义，即与真值之间的量值差异。作者反对将误差和不确定度进行交替使用，认为这样会混淆概念。针对误差和不确定度的讨论，对于前者主要关注真值的获取，而后者主要关注不确定度的来源。

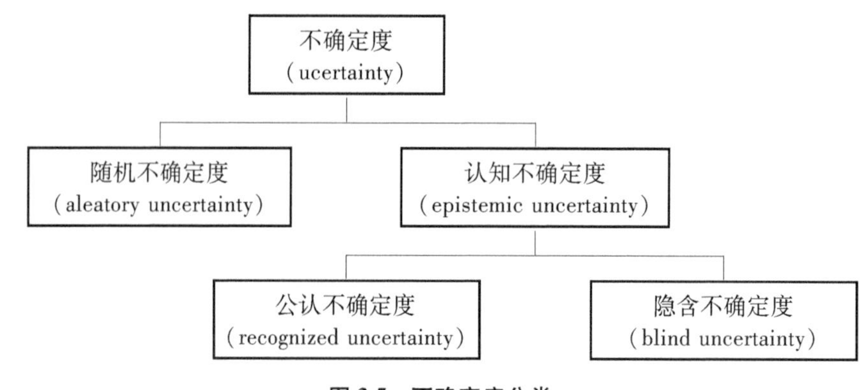

图 3.5　不确定度分类

（3）美国桑迪亚国家实验室在2002年的一篇报告中对误差和不确定度进行了详细定义[37]。首先，报告给出CFD验证过程中对误差的典型定义：

$$
\begin{aligned}
E &= u_{\text{exact}} - u_{\text{discrete}} \\
&= E_3 + E_4 \\
&= (u_{\text{exact}} - u_{h,\,\tau\to 0}) + (u_{h,\,\tau\to 0} - u_{h,\,\tau,\,I,\,c})
\end{aligned}
\tag{3.1}
$$

式中，u_{exact} 和 u_{discrete} 分别为概念模型的数学精确解和离散近似模型的数值解；$u_{h,\,\tau\to 0}$ 和 $u_{h,\,\tau,\,I,\,c}$ 分别为离散模型的精确解和数值解。

然后给出了确认过程中的误差或不确定度组成：

$$
\begin{aligned}
\Delta &= E_1 + E_2 \\
&= (u_{\text{nature}} - u_{\text{exp}}) + (u_{\text{exp}} - u_{\text{exact}})
\end{aligned}
\tag{3.2}
$$

最终的误差或不确定度表达形式为

$$
\begin{aligned}
\Delta &= E_1 + E_2 + E_3 + E_4 \\
&= (u_{\text{nature}} - u_{\text{exp}}) + (u_{\text{exp}} - u_{\text{exact}}) + (u_{\text{exact}} - u_{h,\,\tau\to 0}) + (u_{h,\,\tau\to 0} - u_{h,\,\tau,\,I,\,c})
\end{aligned}
\tag{3.3}
$$

（4）张涵信院士等[26,38]提出将不确定度解读为计算值或实验值与真值准确到前 n 位，从而给出不确定度表达式和真值估算的原则，并将这种方法应用到DPW II的数据处理中，其估算真值与实验值接近。

综上可知，虽然不同学者或研究机构在对CFD误差和不确定度的定义上会有差异，但基本都认为需要对误差或不确定度进行分类，对不同的表现或来源形式做不同的分析处理。而要对CFD中误差和不确定度开展研究，就必须对其来源进行探讨，影响CFD的计算精度或可信度的误差或不确定度来源主要有以下几个方面。

1. 物理建模误差

物理建模的误差来源主要包括以下三个方面[39]：

（1）利用偏微分方程组对真实流动进行描述；

（2）用于方程组封闭的辅助物理模型；

（3）偏微分方程组的边界条件。

在对真实流动问题进行数值求解时，往往首先寻求最简洁的控制方程组，然后随着流动复杂性的增加，不断地在其基础上添加新的物理模型。比如，在基本的无黏流 Euler 方程组基础上添加流体的黏性和热传导特性项便得到了黏性流的 N-S 方程组。另外,还有不可压到可压流动、完全气体到平衡/非平衡气体、层流到湍流流动以及考虑非定常、多相流、辐射、电离等建模。随着物理模型复杂程度的增加,带入的误差类型也不断增加,这就给 CFD 的误差和不确定度估计带来了巨大的困难。用于封闭的物理模型有的是简单的代数方程,而有的则是复杂的非线性偏微分方程,主要包括状态方程、组分热力学特性、输运特性(包括黏性系数 Sutherland 公式等)、化学模型反应速率、湍流模型等。边界条件可以分为壁面边界条件、开口边界条件(如远场)和自由表面边界条件等,它们分别会引入相应的误差,如对几何外形描述的不精确、数学奇点或间断的存在以及对来流参数的描述不精确等。

对于这部分误差,很难用传统的误差理论来分析,但这却是引入误差的重要因素之一。目前,一种可行的做法是通过利用多种基本物理模型(湍流模型、黏性系数计算公式等)、数值方法(界面通量构造方法、限制器等)、边界条件(滑移边界、等温/绝热壁等)等开展数值模拟研究,再经过数据处理,获得由物理模型的不准确性而导致的数据的分布或散度,以此也可以给出名义上的不确定度。

2. 离散误差

为对偏微分方程组进行计算机求解,必须将其离散或映射以得到相应的代数方程组,从而实现近似求解。由于时间与空间的分辨率是有限的,就会引入截断误差。另外,还有辅助物理模型与边界条件的离散误差等[39]。

Pelletier 等[40]对离散误差的来源罗列出以下七条:

(1) 有限元近似中的多项式插值函数选择,或者有限体积方法中的通量构造方式;

(2) 对物理空间区域的离散;

(3) 边界条件的描述或插值;

(4) 几何外形曲线的离散;

(5) 对参数的离散,如流体力学独立参数(温度或涡黏性等);

(6) 线性或非线性方程求解的迭代残差;

(7) 非线性混合边界条件。

这里,针对定常流动问题的有限体积方法数值求解,迭代残差对计算结果影响的研究可以通过在计算过程中不断观察计算结果与残差之间关系的方法进行研究分析,并最终对这部分误差进行估计;而有限空间离散对计算结果的影响,可以利用国际上较为认可的 Richardson 外插法或其改进方法进行研究,获得误差估计值。

3. 计算机舍入误差

一般情况下,目前计算机机器字长可以满足工程应用的需求,则认为舍入误差可以忽略不计。

4. 程序编写错误

一般情况下,成熟的 CFD 软件都经过广泛的测试,对程序的编写错误会及时修改,最大限度地避免由程序错误而导致的计算可信度的下降。

5. 几何外形差异

这里的几何外形差异主要包括两个方面。

首先,是 CAD 数模与实际飞行器外形之间的差异。由于加工、数值计算或者模型生成方面的考虑,CAD 数模与实际飞行器外形之间会存在一定差异,但一般这种差异对于 CFD 数值模拟人员来说是无法知晓的,这一点与 CFD 数值模拟的工作性质有关。所以,在 CFD 误差和不确定度估计研究中便无法对这部分内容开展研究工作。

其次,网格生成时通常会对 CAD 数模进行必要的修改或近似。在利用 CAD 数模进行网格生成时,常常会对一些特殊的构型进行修改或近似,比如在处理剪刀缝的无厚度位置时通常以一小厚度来代替,避免网格奇性发生;表面网格贴体时未能将所有点都严格地布置在数模表面等。这部分引起的计算结果的差异可以认为是误差或不确定度。

以上 5 个方面是针对计算条件确定时的单次 CFD 计算来说的。对于飞行器控制设计来说,CFD 计算结果对计算条件的敏感性也会反映出来,所以应该增加第 6 点作为误差影响的因素之一。

6. 来流条件变化

对于 CFD 数值模拟,来流 Ma 数、Re 数或高度 h、姿态角(α、β 等)及部件安装角(δ 等)等都是影响计算结果的因素,因此来流参数的不确定性将带来计算结果的误差或不确定度。这里的来流参数不确定性并不是在 CFD 输入参数时发生的,而是主要考虑到两个方面。

在飞行器控制规律设计时,往往在数据库中会用到 CFD 的计算数据。飞行器在真实飞行条件下,实际来流、姿态参数与仪器测得的参数之间往往存在差异,例如,地球大气环境由于受到对流风暴、高空传热、重力波以及湍流等影响,不同高度的大气参数会存在一定的不确定度,如高度为 48~69 km 时的大气密度的不确定度约±5%,而 70~80 km 时是−16%~+4%[41]。图 3.6 为不同大气标准(包括航天飞机飞行实测值)与美国1976年标准大气的密度比值对比;再或者实际攻角 $\alpha=10°$,而测得攻角 $\alpha=10.1°$。换个角度来说,CFD计算结果对输入参数的敏感性就显现出来,因此就有必要开展输入参数的敏感性研究。

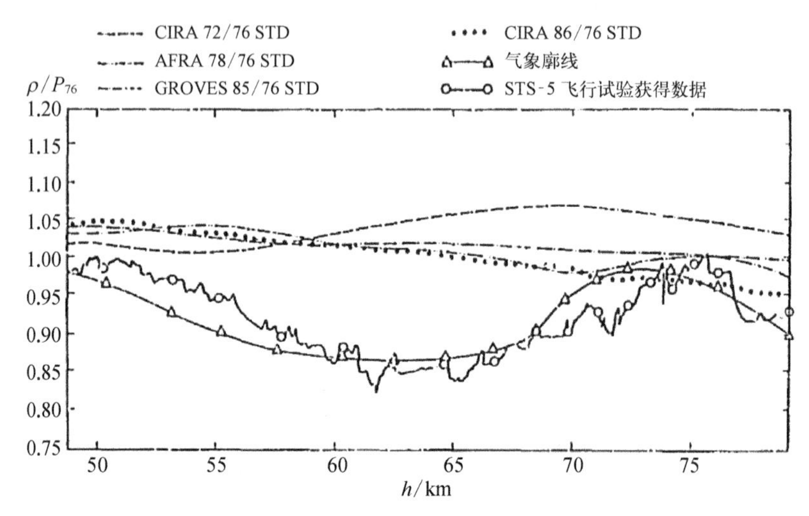

图3.6 不同大气标准与美国1976年标准大气的密度比值对比(STS-5飞行试验)

CFD有时模拟的是地面风洞试验状态,而风洞试验的来流参数和姿态角本身就带有误差和不确定度,但很多情况下风洞试验的最终数据没有包含不确定度估计的信息。此时,如果不考虑来流参数和姿态角的变化影响,而直接将CFD数据与风洞试验数据进行对比,那么对这部分误差或不确定度所产生的影响就不得而知了。

3.4 验证过程

CFD验证过程包括代码验证与数值解验证两方面。前者一般通过精确解比较或制造解比较方法来完成,课题组针对高超声速软件平台CHANT的代码验证已经开展了很多工作,对代码的正确性给予了充分的肯定[42,43]。而对于数值解的验证,主要由网格收敛性研究完成。

首先,考虑CFD偏微分方程组(PDEs)的四类误差来源:① 物理模型误差,包括由添加人工黏性、远场边界设置、湍流模型等引入的误差;② 空间离散误差和解算误差;③ 程序误差,可理解为代码错误;④ 舍入误差。

程序误差属于计算机科学和软件工程范畴,通过代码验证过程可以充分消除其影响,而现代计算机的计算舍入误差大多是可忽略的。针对求解 NS 方程的定常问题,解算误差主要是迭代收敛误差。验证过程主要考虑不完全迭代收敛误差和空间离散误差两项,对于前者,可通过观察求解过程中网格解的最终收敛结果随迭代次数的变化幅值获得。而对于空间离散误差,诸多杂志编辑方针均推荐采用 Richardson 插值法,通过网格收敛性研究的方法进行。

3.4.1　迭代收敛误差

Eca 等[44]认为在 RANS 方程组的迭代求解过程中,迭代误差与方程组的非线性特性关系密切,包括以下非线性来源: ① 对流项;② 在连续和动量方程组的离散方程中,迭代计算过程中存在数据时间步滞后的问题,如离散方程中,对流项是在 $n+1$ 步时间上离散,而黏性项是在 n 步时间上离散;③ 湍流封闭模型中存在大量的非线性项,如非线性的对流项、生成项和耗散项。虽然在实际求解过程中,湍流方程是单独解耦求解的,但其非线性影响依然能够在迭代误差中反映。

通常考虑到计算代价,CFD 的迭代计算只能令数值解收敛到一个可以接受的含有一定迭代误差的结果,而不是真正的机器零。对这种迭代误差的估计可以通过计算不同迭代步之间解的变化的模得到。对于连续迭代步之间的解的变化,Eca 等建议采用 L_∞ 模的形式:

$$L_\infty(\Delta\phi) = \max(|\phi_i^n - \phi_i^{n-1}|) \quad (1 \leqslant i \leqslant N_P), \quad L_{\mathrm{RMS}}(\Delta\phi) = \sqrt{\frac{\sum_{n=1}^{N_P} (\phi^n - \phi^{n-1})^2}{N_P}} \tag{3.4}$$

式中, n 为迭代步; N_P 为网格点数; $\Delta\phi$ 为流动变量 ϕ 在当地的变化量。然而,对于迭代误差,不管是 $L_\infty(\Delta\phi)$ 还是 $L_{\mathrm{RMS}}(\Delta\phi)$, 都不能很可信地对迭代误差进行估计,特别是数值解收敛率很小的情况下。因此,Eca 等提出了一种 $L_\infty(\Delta\phi)$ 的几何级数外推形式:

$$L_\infty(\Delta\phi)\big|_n = L_\infty(\Delta\phi)\big|_{n_0} 10^{-q(n_0-n)} \tag{3.5}$$

不同迭代步估计之间的比值 ρ 为

$$\rho = \frac{L_\infty(\Delta\phi)\big|_n}{L_\infty(\Delta\phi)\big|_{n-1}} = 10^q \tag{3.6}$$

式中，n_0 为最后的迭代步；$L_\infty(\Delta\phi)$ 对应的值为 $L_\infty(\Delta\phi)|_n$；q 为收敛率。显然，对于一个收敛解，需满足 $\rho < 1$ 即 $q < 0$。以此，可通过等比数列求和外推出迭代误差的估计值，$e_{i\infty}(\phi)$ 表示为

$$e_{i\infty}(\phi) = \frac{L_\infty(\Delta\phi)|_{n_0}}{1 - 10^q} \tag{3.7}$$

求解过程如图 3.7 所示。

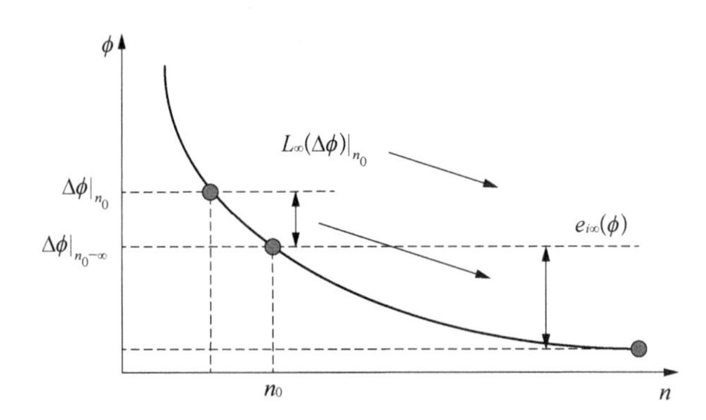

图 3.7　迭代误差求解过程示意图

原则上，只需要知道两个 $L_\infty(\Delta\phi)$ 值就可以得到 q，但是因为没法保证收敛过程是光滑的，所以这样计算是不可信的，比较安全的方法是将 $L_\infty(\Delta\phi)|_{n_0}$ 和 q 进行最小二乘法拟合。当迭代收敛的过程并不光滑时，可以用最小二乘法拟合的标准差来修正 $L_\infty(\Delta\phi)|_{n_0}$ 和 q 的拟合值，这样可以得到更加保守的迭代误差估计值。

Eca 等利用该方法，研究了用 PARNASSOS 软件求解人工制造解问题(MMS)时的迭代误差情况。图 3.8 是误差估计的最小值和平均值随迭代收敛阈

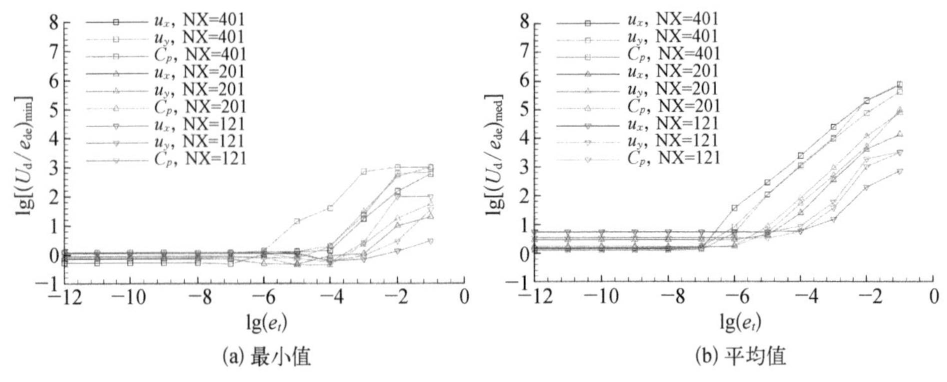

(a) 最小值　　(b) 平均值

图 3.8　对 MMS 的迭代与空间离散误差分析

值的变化,图中 U 是迭代误差和空间离散误差(GCI 形式)的平方根形式, e_t 是迭代收敛阈值(对应的是迭代步数,即 e_t 越小,越收敛,步数越大)。可以看到,随着迭代收敛阈值的减小,总体数值计算误差会减小到一个较为稳定的值。

3.4.2　空间离散误差

对于误差分析的研究重点集中在真值的识别,而不管是实验或者 CFD 计算,真值往往都是未知的,如何定义和规范误差分析中的真值便成为研究重点。在 CFD 误差分析研究中,由于离散误差在所有可知误差来源中占很大比重,所以针对此类误差开展的研究便较多。其研究思路大体可分为两类,一类是通过获得较高精度的数值解估计值从而求得误差,另一类是基于残差的方法。

对于离散误差估计的定义有很多种[45],较常见的有

$$e_{\text{spatial discretion}} = f_k - f_{\text{exact}} \tag{3.8}$$

$$|e_{\text{spatial discretion}}(\%)| = F_s |(f_2 - f_1)/f_1| \times 100 \tag{3.9}$$

$$|e_{\text{spatial discretion}}(\%)| = F_s |(f_k - \tilde{f}_{\text{exact}})/\tilde{f}_{\text{exact}}| \times 100 \tag{3.10}$$

式中, F_s 为安全因子;"精确解" f_{exact} 的求取方式较多,如最小二乘法、多项式方法、幂指数律方法和三次样条方法等。对于 CFD 中的空间离散误差,基于泰勒展开多项式的 Richardson 外插法是最常用的。除此之外,还有利用离散误差传播方程的空间离散误差估计方法。

另外,Roache[5] 提出一种 GCI 的定义方式:

$$\text{GCI}(\%) = \frac{F_s}{r^p - 1}\left|\frac{f_2 - f_1}{f_1}\right| \times 100 \tag{3.11}$$

上述三式 F_s 一般可保守地取 3,但在三套或更多网格计算时取 1.25 已足够[21]。

此外,还有一种网格收敛特性评价指数,即 Measure of Merit(MOM)[10]:

$$\text{MOM} = \left|\frac{x_M y_F - x_F y_M}{x_M - x_F} - \frac{x_C y_M - x_M y_C}{x_C - x_M}\right| \tag{3.12}$$

式中, $x = \text{NPTS}^{-2/3}$, NPTS 为网格点总数; y 为相应网格下的解;下标 F、M、C 分别表示细网格、中网格、粗网格。MOM 值越小,则网格解收敛性越好,由此得到的网格外插解和误差估计值也更可信。

通常情况下有 6 种获得空间离散误差的方法: 最小二乘法、多项式方法、幂

指数律方法、三次样条方法、近似误差样条方法和离散误差传播方程[46]。下面对本书用到的多项式方法进行简单介绍。

多项式方法就是利用 Taylor 展开，并略去高阶项，获得网格解在精确解附近的展开形式。例如，对于三套网格，可对各网格解在网格外插解附近进行 Taylor 展开，并保留到二阶项：

$$\phi(h) = \phi(0) + a_1 h + a_2 h^2 \tag{3.13}$$

四套网格的形式：

$$\phi(h) = \phi(0) + a_1 h + a_2 h^2 + a_3 h^3 \tag{3.14}$$

理论上，如果数值计算的格式精度 $p \geqslant 2$，那么这种方法可以很好地利用曲线形式对真实网格解进行拟合。通过联立不同网格尺度的方程，可以获得外插解 $\phi^i(h)$，i 代表利用的网格套数。对于这种方法最具有代表性，且得到广泛使用以及受到国际上各类数值计算类杂志推荐的是 Richardson 外插法，其基本思想是利用误差行列展开式，结合多套网格的计算结果，通过网格收敛性研究，获得网格外插解，并以此为基础研究空间离散误差。Richardson 外插法的误差行列展开式的基本形式为

$$f_k = f_{\text{exact}} + g_1 h_k + g_2 h_k^2 + g_3 h_k^3 + o(h_k^4) \tag{3.15}$$

式中，f_k 为由 k 网格计算获得的当地量(如压力)或全局量(如升力、阻力)；f_{exact} 为多套网格插值解；g_i 为第 i 阶误差项系数；h_k 为 k 网格的网格尺度。

利用两套网格的一般 Richardson 插值法(generalized Richardson extrapolation，GRE)的求解过程如下(上标"~"表示舍去高阶项的估计值)：

$$f_k = f_{\text{exact}} + g_p h_k^p + o(h_k^{p+1}), \quad k = 1, 2 \tag{3.16}$$

$$\tilde{g}_p = \varepsilon_{21} / (r_{1,2}^p - 1) \tag{3.17}$$

$$\tilde{f}_{\text{exact}} = f_1 - \tilde{g}_p \tag{3.18}$$

式中，p 为网格解收敛精度，由计算格式的精度决定，二阶精度格式时该值为 2；ε_{ij} 为由网格 i 与网格 j 计算所得解之差，即 $\varepsilon_{ij} = f_i - f_j$；$r$ 为网格细化比，$r_{i,j} = h_j / h_i$。为不失其一般性，将细网格的网格尺度定为 $h_1 = 1$。为方便向非结构网格的推广应用，有研究者将网格单元总数作为网格尺度衡量的标准，即 $h = \text{NPTS}^{-1/3}$。

对于连续变化的三套网格，GRE 的求解过程为

$$f_k = f_{\text{exact}} + g_p h_k^p + o(h_k^{p+1}), \quad k = 1, 2, 3 \tag{3.19}$$

$$\tilde{f}_{\text{exact}} = f_1 - \tilde{g}_p \tag{3.20}$$

$$\tilde{g}_p = \varepsilon_{21}/(r_{1,2}^p - 1) \tag{3.21}$$

式中,收敛精度 p 需经迭代计算,当 $r_{12} = r_{23} = r$ 时,求解表达式为

$$p = \frac{\ln(\varepsilon_{32}/\varepsilon_{21})}{\ln(r)} \tag{3.22}$$

考虑到在利用二阶精度格式计算激波等间断处时其格式精度往往降为一阶,所以有另外一种常用的方法即混合一阶+二阶精度插值法(mixed 1st + 2nd order extrapolation, MOE):

$$f_k = f_{\text{exact}} + g_1 h_k + g_2 h_k^2 + o(h_k^3), \quad k = 1, 2, 3 \tag{3.23}$$

$$\tilde{f}_{\text{exact}} = f_1 + \tilde{g}_1 + \tilde{g}_2 \tag{3.24}$$

$$\tilde{g}_1 = \frac{\varepsilon_{32}(1 - r_{12}^2) + \varepsilon_{21} r_{12}^2 (r_{23}^2 - 1)}{r_{12}(r_{12} - 1)(r_{23} - 1)(r_{12} r_{23} - 1)}, \quad \tilde{g}_2 = \frac{\varepsilon_{32}(r_{12} - 1) - \varepsilon_{21} r_{12}(r_{23} - 1)}{r_{12}(r_{12} - 1)(r_{23} - 1)(r_{12} r_{23} - 1)} \tag{3.25}$$

当 $r = 2$ 时,有

$$\tilde{g}_1 = -\varepsilon_{32}/2 + 2\varepsilon_{21}, \quad \tilde{g}_2 = \varepsilon_{32}/6 - \varepsilon_{21}/3 \tag{3.26}$$

$$\tilde{f}_{\text{exact}} = f_1 + \varepsilon_{32}/3 - 5\varepsilon_{21}/3 \tag{3.17}$$

如将收敛精度界定在一阶与二阶之间,则收敛精度估计值 p 有如下定义式:

$$p = 1 + \frac{|\tilde{g}_2 h^2|}{|\tilde{g}_1 h| + |\tilde{g}_2 h^2|} \tag{3.28}$$

同样地,也可使用四套网格推导出一阶+二阶+三阶精度插值法,但需保证四套网格的解都在收敛域之内,这就对网格质量提出更高要求。

对于误差估计可以使用式(3.8)~式(3.10)的形式,或者是 Roache[5] 提出的 GCI 形式式(3.11)和 Oberkampf[10] 提出的网格收敛特性评价指数(MOM)式(3.12)。

最后,定义收敛率 $R = \varepsilon_{21}/\varepsilon_{32}$,只有当 $0 < R < 1$ 时,网格解才是单调收敛的,Richardson 外插法才可用于误差和不确定度估计。Roy[12] 进一步指出,在使用混合阶精度插值时,当一阶与二阶误差项出现反号而相互抵消时,做网格细化

研究时可能会出现网格解非单调收敛的情况,如二阶精度格式在激波附近降为一阶。随着网格的加密,网格解并不一定都存在光滑单调的收敛过程,如果是非定常计算,计算结果还与时间和空间相关,这使得 Richardson 外插法在实际使用时常常遇到困难。针对此,研究人员开始寻找改进 Richardson 外插法的途径,例如,Deng[47]针对 Richardson 外插法在处理当地量时网格解往往没有很好的单调收敛性或者求得的收敛精度与预期理论精度偏差太大的现象,提出了针对当地量的改进的误差和不确定度估计方法。

实际上,外插法在该过程中起到关键作用,在实际数值计算中,往往不存在格式的理论精度,而是与网格密切相关。但不管如何,目前来说 Richardson 外插法仍是预测数值空间离散误差及其不确定度的最鲁棒的方法。

3.5 确认过程

3.5.1 确认的方法学

1. 确认的层次结构

对于绝大多数的复杂系统进行整体的确认是不现实的,那么应该如何对复杂系统进行确认呢? 这是 20 世纪 80~90 年代一直困扰着流体力学工作者的一个问题。而到 20 世纪 90 年代之后,经过流体力学工作者与相关机构的不断研究与发展,逐渐形成现今 CFD 确认中比较认可的堆块方法[15](the building block approach),如图 3.9 所示。这种方法从上到下将复杂的工业系统分解为若干子系统(sub-system),再将子系统分解为多个基准(benchmark)问题,最后从众多的基准问题中提取出若干单元问题(unit problem)。对于基准问题,通常具有两到三种物理现象,并要求实验数据信息较丰富;单元问题中可以有一到两种物理现象,但只能有一种复杂物理现象,通常是二维、平板或者轴对称外形的流动特征,并要求其实验质量高、数据全。

对于一个复杂的系统,一个好的层次结构需满足以下两方面的要求。

(1) 低级层次应包含较少的流动复杂性,包括物理和化学特性;流动复杂性应该是逐层升级的。把底层最简单的流动模型确认以后,才可能逐步确认几种简单物理特性的耦合特性,最终实现对整个系统的确认。

(2) 所选择的模拟实验不仅要有代表性,而且必须是通过实验技术能够实现的,并能定量地测量可用于确认的所有高质量的实验数据。

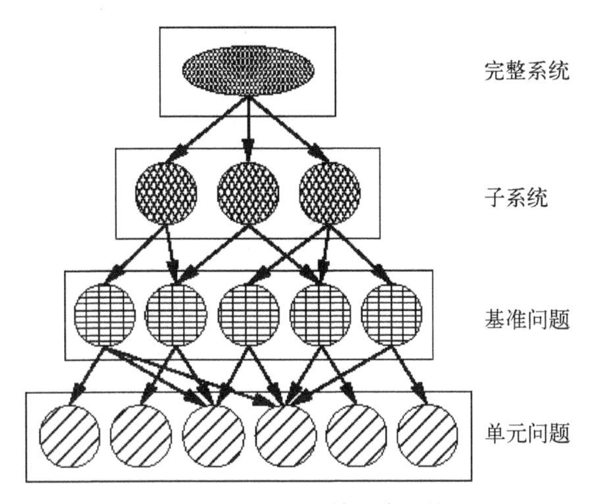

图 3.9　确认过程的层次结构

要达到上述要求,必须开展流动分类法研究。只有对基本的流动特性有了根本的把握,才有可能对复杂系统进行合理的分解,建立相应的简化模型,进而确定相应的模拟条件,从而明确模型实验“怎么测,测什么”的问题,才能确定CFD的概念模型和计算模型,即控制方程、初边值条件、本构关系等。图3.10是一个吸气式高超声速巡航导弹确认的层次结构例子,这个实例对开展确认的层次结构和流动分类法的研究具有一定的指导意义。

2. 流动分类法

CFD应用领域相当广泛,每个应用领域的流动现象都各具特色,即便是在某一个应用领域,流动现象也是五花八门。为了完成如此庞大的验证和确认工作,进行流动分类是必需的。根据层次结构原理,Rizzi等[24]提出了如下的分级方法:① 流动状态——正在研究的飞行包线的一部分(对应于完整系统之上的顶层);② 系统——整个飞行器;③ 部件——流动中的特定部件或子系统(对应于层次结构图中的子系统和基准层);④ 流动特征——流动物理特性的组成单元(对应于层次结构图中的底层)。下面仅就CFD在航空领域的应用简要地介绍上述框架结构中各级的基本内容[48]。

1) 流动状态

在飞行包线的不同点上,飞行器的流动状态可能有低速流、定常流、非定常流、跨声速流、颤振、高升力和失速、超声速、高超声速流动等。

2) 飞行器全机和部件

对于层次结构的系统和子系统的定义比较直接,分别指带完整子系统的飞

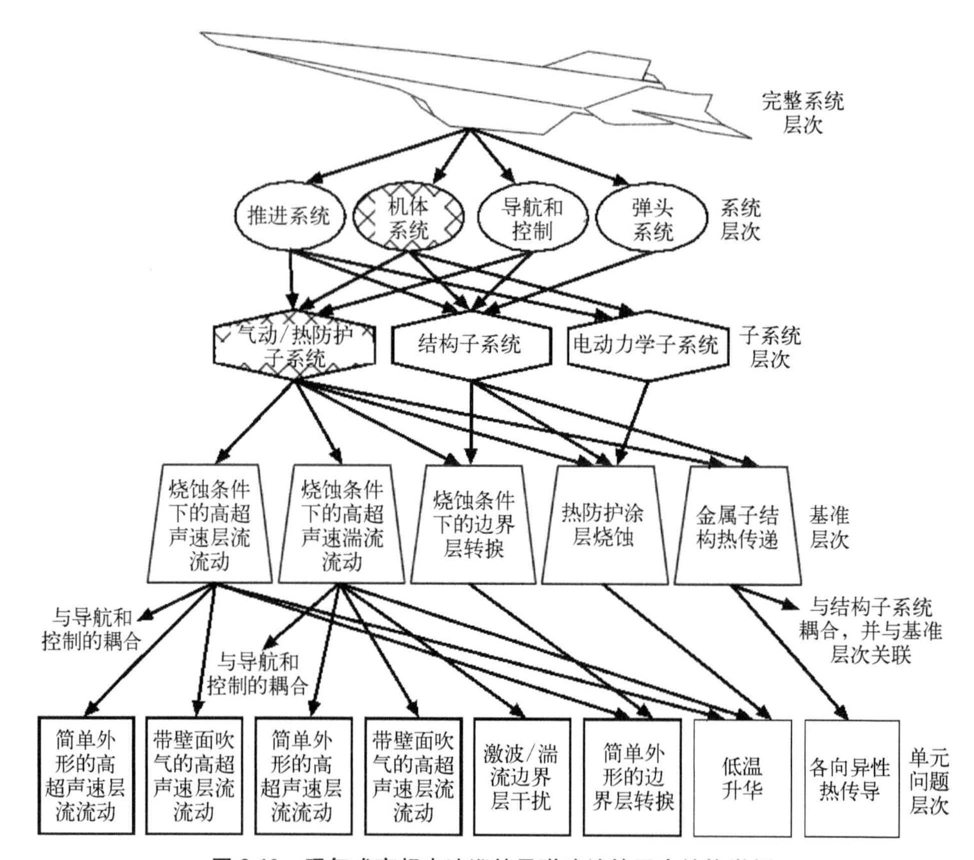

图 3.10　吸气式高超声速巡航导弹确认的层次结构举例

行器类型(民机、军机、导弹等)和主要部件(机身、机翼、控制舵、发动机等)。以一个巡航飞行的商业运输机为例,显然主要的流动状态是定常跨声速流,其外形(系统)是一个宽体飞机,而主要部件是大展弦比的机翼。当然,主翼绕流只是和飞机相关的大量流动现象的一种。这些流动现象都具有各自的物理特性,应该进一步独立地分析研究。

3）流动特征

在层次结构的底层,最感兴趣的是流动的科学层面。按照流动中流动现象和流动物理(也许还有化学)的主要特性,将流动的主要特征鉴别出来。以上面的主翼绕流为例,流动被确认为:三维、黏性、高雷诺数可压缩湍流外流、有中等强度的激波、包含小翼等的复杂外形、分离流动。这些特征,一旦被认识到,那么进行计算和实验模拟的模型就必须具备这些特征。

本书将从流动特征的角度出发,按不同的流动现象与流动物理的复杂程度分别选取一系列用于确认的计算模型,如钝锥外形的主要流动特征为弓形脱体激波与流动分离、再附,双椭球外形的流动特征在上述基础上增加了分离激波与二次激波,出现了强度较弱的激波/边界层干扰,而空心圆柱裙外形的流动特征是以强黏性干扰中的激波/激波干扰、激波/边界层干扰占据主导的具有大分离的复杂流动。

3.5.2　实验数据处理

一般地,实验数据都包含偏差(bias errors)和随机误差(random errors),在CFD确认过程中,往往假定实验测量的偏差为零,即认为系统误差为零(或固定值)。再由高斯误差定律可知,随机误差分布通常符合正态分布密度函数[10,48],即高斯误差方程:

$$f(x) = e^{-h^2x^2}h/\sqrt{\pi} \tag{3.29}$$

式中, h 为精密度指数, $h = 1/\sqrt{2}\sigma$, σ 为标准差。实际处理实验数据时,真值 Y 通常用 N 次测量平均值 $\overline{Y}$ 代替:

$$\overline{Y} = \frac{1}{N}\sum_{n=1}^{N} Y_n \tag{3.30}$$

再定义标准差为

$$\sigma = \sqrt{\frac{\sum_{i=1}^{n}(Y_i - \overline{Y})^2}{n-1}} \tag{3.31}$$

σ 值越小,则 $\overline{Y}$ 与 Y 偏差越小,数据的精度越高,即平均值的可信程度越高。Stern等[49]定义的不确定度是对误差的估计,表示包含95%的误差范围。由式(3.29)可知,误差 $|\alpha| \leqslant 2\sigma$ 时的概率为95%,其中误差 $\alpha_i = Y_i - Y$, 而实际情况下是用离差 $v_i = Y_i - \overline{Y}$ 代替误差 α_i, 则认为实验的不确定度为 $U_D = 2\sigma$, 即 $U_D = 2v$。

3.5.3　计算数据确认

Wilson等[25]提出一种CFD的确认方法,首先定义比较误差(the comparison error) E, 表达式为

$$E = D - S = \delta_D - \delta_S \tag{3.32}$$

式中，D 为实验真值估计值，通常为多次测量平均值，即式(3.30)中的 $\bar{Y}$; S 为数值计算值；δ_D 为实验误差；$\delta_D = D - T$, T 为真实解；δ_S 为数值模拟误差，$\delta_S = S - T = \delta_{SM} + \delta_{SN}$，$\delta_{SM}$ 为数值模型误差，δ_{SN} 为数值计算误差，$\delta_{SN} = \delta_{SN}^* + \varepsilon_{SN}$，$\delta_{SN}^*$ 为数值误差的估计值，ε_{SN} 为该估计值的误差。

再定义确认不确定度(validation uncertainty) U_V，表达式为

$$U_V^2 = U_D^2 + U_{SN}^2 \tag{3.33}$$

式中，U_D 是实验不确定度；U_{SN} 是数值模拟不确定度。对于 U_{SN}，Wilson 基于对一维波动方程、二维 Laplace 方程和 Blasius 边界层上的计算建议采用修正因子的方法，而不是 Roache[5] 采取的安全因子的方法，其表达式为

$$U_{SN,k} = [2|1 - C_k| + 1]\ |\delta_{SN}^*| \tag{3.34}$$

$$C_k = (r_k^{p_k} - 1)/(r_k^{p_{k,\mathrm{exact}}} - 1) \tag{3.35}$$

式中，k 为 k 网格；p_k 为 k 网格收敛精度；$p_{k,\mathrm{exact}}$ 为计算格式的理论精度，对于二阶精度格式，本研究中取 2; C_k 为修正因子；δ_{SN}^* 为数值误差估计值，对于 k 网格，有 $\delta_{SN}^* = f_1 - \tilde{f}_{\mathrm{exact}}$。图 3.11 是修正因子项 $[2|1 - C_k| + 1]$ 随 p_k 的变化曲线，可看到 p_k 越偏离格式精度 2，$[2|1 - C_k| + 1]$ 越大，当 $p_k = 2$ 时，修正因子项达到最小 $[2|1 - C_k| + 1] = 1$。

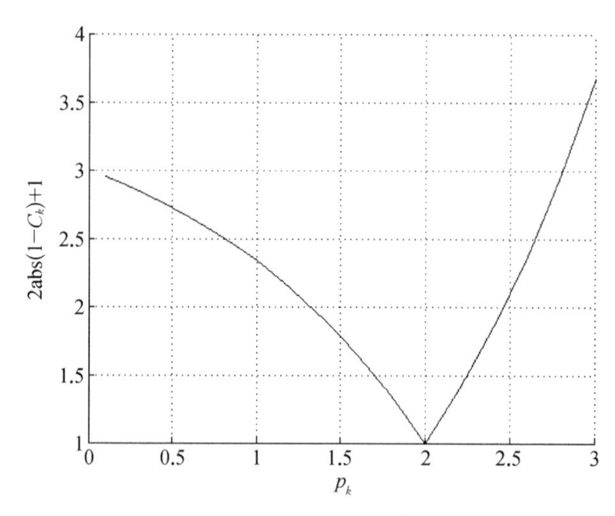

图 3.11 修正因子项随网格收敛精度的变化曲线

最后是确认过程，如 $|E| < U_V$，则认为有相当大的概率 D 与 S 的误差在 U_V 范围内，确认可以达到 U_V 水平；如 $|E| \gg U_V$，则 $E \approx \delta_{SM}$，表示计算结果的误差

主要来自模型误差,应该对数值计算模型进行改进。

为考虑全局性质,Oberkampf 等[10]提出一种确认不确定度尺度 V,表达式为

$$V = 1 - \frac{1}{I}\sum_{i=1} \tanh\left|\frac{y(x_i) - Y(x_i)}{Y(x_i)}\right| \tag{3.36}$$

式中,I 为需进行确认的位置点的总数;$y(x_i)$ 与 $Y(x_i)$ 分别为 x_i 位置处的计算与实验值,后者实际以平均值代替。V 越接近 1,实验值与计算值的一致性越好。图 3.12 是 V 随相对误差 $[y(x_i) - Y(x_i)]/Y(x_i)$ 的变化曲线。

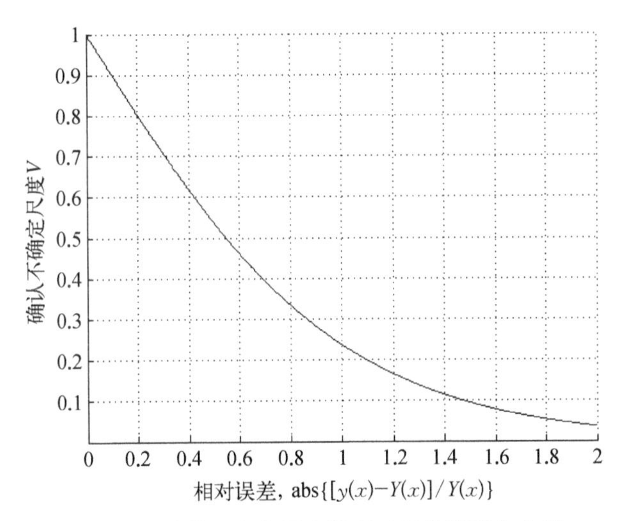

图 3.12 确认不确定尺度随相对误差的变化曲线

3.6 不确定度量化

CFD 不确定度量值估计的研究方法可按不同方式进行分类[50],仅仅从字面就很容易理解其含义,如介入式方法(需要对源代码进行修改)和非介入式方法(不需对源代码进行修改)、概率方法(考虑模型输入与输出的概率结构)和非概率(确定性问题)方法等。下面就以非概率与概率的分类方式进行介绍。

3.6.1 非概率方法

非概率方法通常将不确定度表示成误差的最大边界。这种非概率的误差传

播方法的前提是认为每一个模型的输入区间都包含整个不确定度范围,而实际上可能没有这么大。有两种常用的非概率的分析不确定度的方法:区间分析方法[50,51]和利用敏感性导数的误差传播方法。

1. 区间分析方法

区间分析方法适用于在不明确模型参数中不确定类型的情况下,进行不确定度估计。其基本思想是基于模型输入和模型参数的误差边界,计算获得模型输出的误差边界。区间分析所给出的最大误差边界实际上是较为保守的最坏情况。在该方法中,不确定度只包含上下界,而不存在概率结构。对于模型参数 x 的区间可表示如下,定义 $\bar{x}$ 为区间中点,不确定度 $\varepsilon > 0$,则有 $x = \bar{x}[1-\varepsilon, 1+\varepsilon]$,其中 $\bar{x}[1-\varepsilon]$ 和 $\bar{x}[1+\varepsilon]$ 分别为参数 x 的下界和上界。对于区间分析方法,有其特殊的区间运算法则,例如,a 和 b 分别属于 $[a_l, a_u]$ 和 $[b_l, b_u]$ 范围,则有如下运算法则:

$$
\begin{aligned}
& a + b = a_l + b_l,\ a_u + b_u \\
& a - b = a_l - b_l,\ a_u - b_u \\
& a \cdot b = [\min(a_l b_l,\ a_l b_u,\ a_u b_l,\ a_u b_u),\ \max(a_l b_l,\ a_l b_u,\ a_u b_l,\ a_u b_u)] \\
& a/b = a_l,\ a_u \cdot \left[\frac{1}{b_u}, \frac{1}{b_l}\right];0 \notin b_l, b_u
\end{aligned}
\tag{3.37}
$$

但是,对于模型输入来说,如果采用不同的表达式,则可能会造成不同的区间宽度,即使两种表达式在数学表达上完全一致,但其结果也有可能会存在差异。如考虑下面两个表达式:

$$
f(x) = \frac{x}{1+x}, \quad g(x) = \frac{1}{1+\dfrac{1}{x}} \tag{3.38}
$$

如果输入参数是 x,区间中点是 $\bar{x}$,不确定度 $\varepsilon = 1/10$,其关系如下:

$$
x = \bar{x}[1-\varepsilon, 1+\varepsilon] \tag{3.39}
$$

表 3.1 给出了两种表达式各自进行区间运算的结果,可以看到 $g(x)$ 的区间宽度要比 $f(x)$ 的小。

表 3.1　两种表达式的区间运算结果

$\bar{x}$	x	$f(\bar{x})$	$g(\bar{x})$	$f(x)$	$g(x)$	$\frac{\lVert f(x) \rVert}{\lVert g(x) \rVert}$
1	[9/10, 11/10]	1/2	1/2	[3/7, 11/19]	[9/19, 11/21]	3
5/4	[9/8, 11/8]	5/9	5/9	[9/19, 11/17]	[9/17, 11/19]	7/2
3/2	[27/20, 33/20]	3/5	3/5	[27/53, 33/47]	[27/47, 33/53]	4
7/4	[63/40, 77/40]	7/11	7/11	[7/13, 77/103]	[63/103, 77/117]	9/2
2	[9/5, 11/5]	2/3	2/3	[9/16, 11/14]	[9/14, 11/16]	5

这里总结了区间分析方法的缺点：① 需要很好地对表达式进行设计才能真正反映出模型或软件的特性；② 相比于概率方法它丢失了很多信息，如输入参数的概率结构这类有用的信息；③ 必须对很宽广范围内的参数条件进行计算，相比之下显得较为保守。所以，该方法有一定的使用范围。

2. 误差传播方法

可以利用敏感性导数获得误差的传播，具体方法如下。

如果 k 是 m 个参数的集合 $(k_1, k_2, \cdots, k_m)$，u 是 n 个输出变量的矢量 $(u_1, u_2, \cdots, u_n)$，则敏感性导数 S_{ij} 可定义为

$$S_{ij} = \frac{\partial u_i}{\partial k_j} \tag{3.40}$$

如果 δk_j 是参数 k_j 的误差，那么输出误差 δu_i 可以表示为

$$\delta u_i = \left[\sum_{j=1}^{n} (S_{ij}\delta k_j)^2 \right]^{1/2} \tag{3.41}$$

上式成立的前提是各参数 k_j 相互之间独立且不确定度是随机的，注意到式(3.41)的不确定度形式在任何时候都不会大于累加形式的不确定度：

$$\delta u_i \leqslant \sum_{j=1}^{n} |S_{ij}| \delta k_j \tag{3.42}$$

在实验数据的处理中，常用下式来评估测量与实验结果的不确定度：

$$U = \sqrt{B^2 + P^2} \tag{3.43}$$

式中，U 为不确定度；B 为偏离极限；P 为精度极限。B 和 P 的求解方法都是利用式(3.41)的形式。而对 CFD 来说，假设影响气动力特性参数 q 的变量主要有：

Ma、Re、α、β、δ 以及几何参数 g（且认为各变量独立），记作 $q = q(Ma, Re, \alpha, \beta, \delta, g)$，则误差或不确定度可表示为

$$U_{q(Ma, \cdots, g)} = \sqrt{\left(\frac{\partial q}{\partial Ma}\delta Ma\right)^2 + \cdots + \left(\frac{\partial q}{\partial g}\delta g\right)^2} \tag{3.44}$$

以“气动误差带研究”为例，典型飞行工况见表 3.2。以 Ma 为例，在固定其余参数的情况下，可获得各典型工况位置 q 对 Ma 的一阶偏导数 $\partial q/\partial Ma\,|_{Ma=8,\ 15,\ 20}$，即图 3.13 曲线的斜率。这里，$\partial q/\partial Ma\,|_{Ma=8,\ 15,\ 20}$ 的求取是关键，一种方法是通过对典型工况 $Ma = 8,\ 15,\ 20$ 和 $Ma \pm \delta Ma$ 的条件进行计算，并利用单侧差分或者中心差分的方式求取。而对于 δMa，可根据百分比的方式给定，如 1%～2%。这样，就可以求得固定其余参数下的 $\frac{\partial q}{\partial Ma}\delta Ma$，而同理其余各项也可以求得，最后利用式(3.44)得到全部参数影响下的不确定度 $U_{q(Ma, \cdots, g)}$。

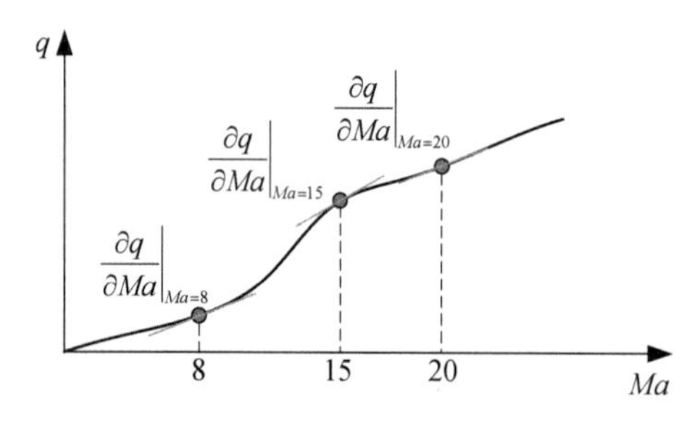

图 3.13　q 随 Ma 变化的曲线

表 3.2　气动误差带研究典型飞行工况

序号	H/km	Ma	α/(°)	β/(°)	δ_m/(°)	δ_l/(°)	δ_n/(°)
1	30	8	5	0, 5	+10, 0, −10	0, 10	0, 10
2	50	15	10	0, 5	+10, 0, −10	0, 10	0, 10
3	70	20	30	0, 5	+10, 0, −10	0, 10	0, 10

利用敏感性导数的误差传播方法，主要需要解决的问题是求解敏感性导数 S，其方法有很多，如有限差分方法、复变方程方法、自动微分方法、敏感性方程方法和离散伴随方法，其选择主要取决于实际使用的难度和对结果精准度的要求。

Perez[50] 指出直接求解敏感性导数的离散伴随方法在气动优化设计中有着广泛的应用，但在敏感性/不确定度分析中，直接方法（如敏感性方程或复变方程方法）可能更加适用，因为流场中任意设计变量都与所有依赖变量的敏感性信息相关。

3.6.2　概率方法

对于概率方法一般可以分为两个步骤：首先，识别模型输入量和模型参数的概率分布类型；在此基础上，分析不确定度在模型中的传播。

1. 模型输入参数的概率分布

原则上可以通过对已有数据或样本的统计分析，获得模型输入量和模型参数的概率分布类型。但实际情况往往是数据样本容量有限，这就需要专业的经验性判断才能获得正确的概率分布。表 3.3 是几种不确定度分析中常用的概率分布形式。

表 3.3　模型输入不确定度的概率密度函数形式

分　布	参数和条件	概率密度函数(PDF)	统　计　量
均匀分布 (uniform)	a, b	$b - a^{-1}$	均值：$(a+b)/2$ 方差：$(b-a)^2/12$
正态分布 (normal)	μ, σ, $\sigma > 0$	$\frac{1}{\sqrt{2\pi\sigma}}e^{-\frac{(x-\mu)^2}{2\sigma^2}}$	均值：μ 方差：σ^2 Mode：μ
对数正态分布 (lognormal)	μ, σ, $\sigma > 0$	$\frac{1}{\sqrt{2\pi}\sigma x}e^{-\frac{(\ln x-\mu)^2}{2\sigma^2}}$	均值：$e^{\mu+\sigma^2/2}$ 方差：$e^{2\mu+\sigma^2}(e^{\sigma^2}-1)$ Mode：$e^{\mu-\sigma^2}$
伽马分布 (Gamma)	a, b, $a > 0$, $b > 0$	$\frac{1}{\Gamma(a)b^a}x^{a-1}e^{-\frac{x}{b}}$	均值：ab 方差：ab^2 Mode：$(a-1)b$
指数分布 (exponential)	λ	$\lambda e^{-\lambda x}$, $x > 0$	均值：λ^{-1} 方差：λ^{-2} Mode：0
韦布尔分布 (Weibull)	a	$ax^{a-1}e^{-x^a}$, $x \geqslant 0$	均值：$\Gamma\left(1+\frac{1}{a}\right)$ 方差：$\Gamma\left(1+\frac{2}{a}\right)-\Gamma\left(1+\frac{1}{a}\right)$ Mode：$\left(1-\frac{1}{a}\right)^{\frac{1}{a}}$, $a \geqslant 1$
极值分布 (extreme value)	—	$\exp[-x-\exp(-x)]$	均值：0 方差：1 Mode：0

2. 不确定度在模型中的传播

不确定度传播的主要研究内容是获得模型输出的概率分布,在此基础上对所关心的变量开展统计分析,如模型输出的均值或方差。目前为止,研究模型之中不确定度传播的方法主要有两种:

1) 基于抽样的方法

基于抽样的方法是将模型方程或代码看作“黑匣子”,而只关心其输入与输出之间的对应关系。主要的有蒙特卡罗(MC)方法[50,51]和矩方法。

原始(或基本)的蒙特卡罗方法最简单,基本的流程如下: ① 从已知或假设的 PDF(如表 3.3 中的正态分布)中得到随机变量,并对其进行抽样;② 对每一个抽样输入值所对应的数学模型进行计算,得到对应的输出值;③ 对输出值进行统计分析,获得统计信息,如期望(均值)和方差等。

理论上,样本容量越大,蒙特卡罗方法的解更加接近于精确的随机解,这就要求蒙特卡罗方法有大量的抽样样本;且对于标准误差估计,其收敛速度非常慢,当 $n \to \infty$ 时,平均尺度的标准差 $\sigma_{\mu} = \sigma / \sqrt{n}$ 趋于零。对于空气动力学问题来说,巨大的样本容量及缓慢的收敛速度所造成的计算代价往往是令人无法承受的,这促使研究人员发展加速蒙特卡罗方法收敛的方法,比较有代表性的有拉丁超立方抽样方法 LHS(Latin hypercube sampling method)、准蒙特卡罗方法 QMC(the quasi-Monte Carlo method)、马尔可夫链蒙特卡罗方法 MCMC(the Markov chain Monte Carlo method)和重要抽样方法(importance sampling)等,但其应用相当有限。

而矩方法的思想是对输入变量的期望值进行 Taylor 展开,得到近似截断解,如果需要高精度,就需要高阶导数的计算。考虑到计算精度、使用难度和计算代价方面的困难,高阶导数的求解会比较困难。由于对高阶导数的理解不够清楚,影响了这种方法在 CFD 不确定分析中的广泛应用。

2) 谱方法

谱方法[或多项式混沌(polynomial chaos, PC)方法]在随机数值模拟中被用于研究不确定度的建模与传播。它最初由 Wiener 在 1938 年提出,当时主要应用于结构力学,后来被逐渐应用到流体力学之中,其重要思想是将所有随机函数或变量(CFD 中包括控制方程所依赖的变量或随机参数,如黏性系数、热传导系数等,以及随机模型输入参数,如来流马赫数和几何外形数据等)进行分解,得到单独的确定(deterministic)分量与随机(stochastic)分量,即通过一系列完整的正交多项式,将随机变量加入随机空间之中,得到是原方程数量 $P+1$ 倍的方程。

PC 方法适用于不确定度数量较小但量值较大的情况，基于这种方法又发展出了一系列其他方法，如非介入式多项式混沌（nonintrusive polynomial chaos method, NIPC）方法、随机响应面（the stochastic response surface method, SRSM）方法、确定性等价建模方法（the deterministic equivalent modeling method, DEMM）和概率分配方法（probabilistic collocation method）等。但是，作为一种介入式方法，它需要对控制方程的算法和代码进行修改，所有的独立变量和随机参数都需要用 PC 展开式的形式替代，再将所得方程通过内积方式投影到 kth 模态上。这样投影得到的方程组会增加额外的 $P+1$ 倍的原方程组数目，这些方程的求解需要使用与原方程同样的求解方法。虽然理论上可行，但实际操作会非常困难，代价较大。对于空气动力学真实的三维黏性湍流问题来说，修正方程的推导和计算都需耗费相当大的工作量。

3.7　典型问题的验证与确认

3.7.1　简单轴对称体单元问题的验证与确认研究

高超声速飞行器由于其热防护要求，钝锥几何外形是最为常用的头部外形，如大部分高超声速导弹的头部就具有典型钝锥外形特征。该外形绕流流场中存在着三维弓形头激波。随着攻角的变化，激波系会发生明显变化，表面载荷分布也随着发生变化。国内外对此外形开展的风洞实验研究较多，压力载荷及表面热流密度分布等实验数据较丰富，可以作为 CFD 确认研究的一个很好的模型。

按照 AIAA 流动分类法原则，基准问题从子系统层分解而来，外形只保留在子系统物理现象中起关键作用的部分，通常包含两到三种物理现象，并且要求实验对用于确认的重要参数均有测量与归档。钝锥从外形分类、流动特征及实验数据信息角度考虑，应当作为基准问题来用于数值模拟的验证与确认研究。

1. 模型描述

钝锥几何外形[52]如图 3.14 所示，计算来流条件见表 3.4。基于高超声速软件平台 CHANT 开展研究，无黏数值通量构造方法采用 Steger-Warming+minmod（方法 1）及 AUSMPW+van_albada（方法 2）两种。为将

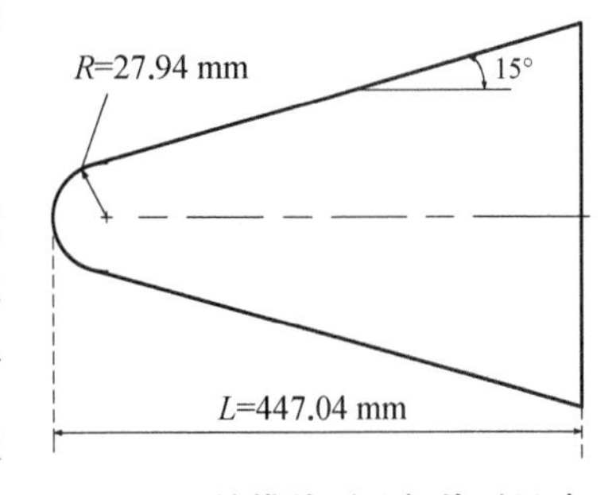

图 3.14　钝锥外形几何外形尺寸

壁面热流计算结果与实验数据进行比较，统一采用驻点热流归一化处理。

表 3.4 钝锥计算来流条件

参数	参数值
来流马赫数	10.6
来流静温/K	47.3
来流密度/(kg/m^3)	8.068E-3
攻角/(°)	20
特征长度/m	0.027 94
壁面温度/K	294.44
单位雷诺数/(m^{-1})	3.937E+6

2. 验证研究

网格质量与规模对数值模拟结果的影响非常大，气动热数值模拟中如果没有进行网格细化(粗化)的相关研究，数值模拟结果的可信度就会受到严重置疑。因此，网格细化研究是验证与确认过程中十分重要的环节，合理的网格细化研究可以为数值模拟结果的可信度提供保证。

研究中采用六套尺度连续变化但拓扑结构一致的结构网格，网格规模见表3.5，典型网格分布如图3.15所示。首先生成的是最密网格H1，其余网格均从中抽取，不同尺度网格点数目关系见式(3.45)：

$$N_2 = 1 + (N_1 - 1)/r_G \tag{3.45}$$

式中，r_G 是网格细化比，本研究中取 $\sqrt{2}$ 与 2。

表 3.5 钝锥六套网格规模

网格名称	流向×法向×周向	第一层网格高度/m	网格雷诺数
H1	181×201×121	2E-6	7.87
H1414	127×141×85	2.8E-6	11.02
H2	91×101×61	4E-6	15.75
H2828	64×71×43	5.7E-6	22.44
H4	46×51×31	8E-6	31.50
H8	24×26×16	1.6E-5	62.99

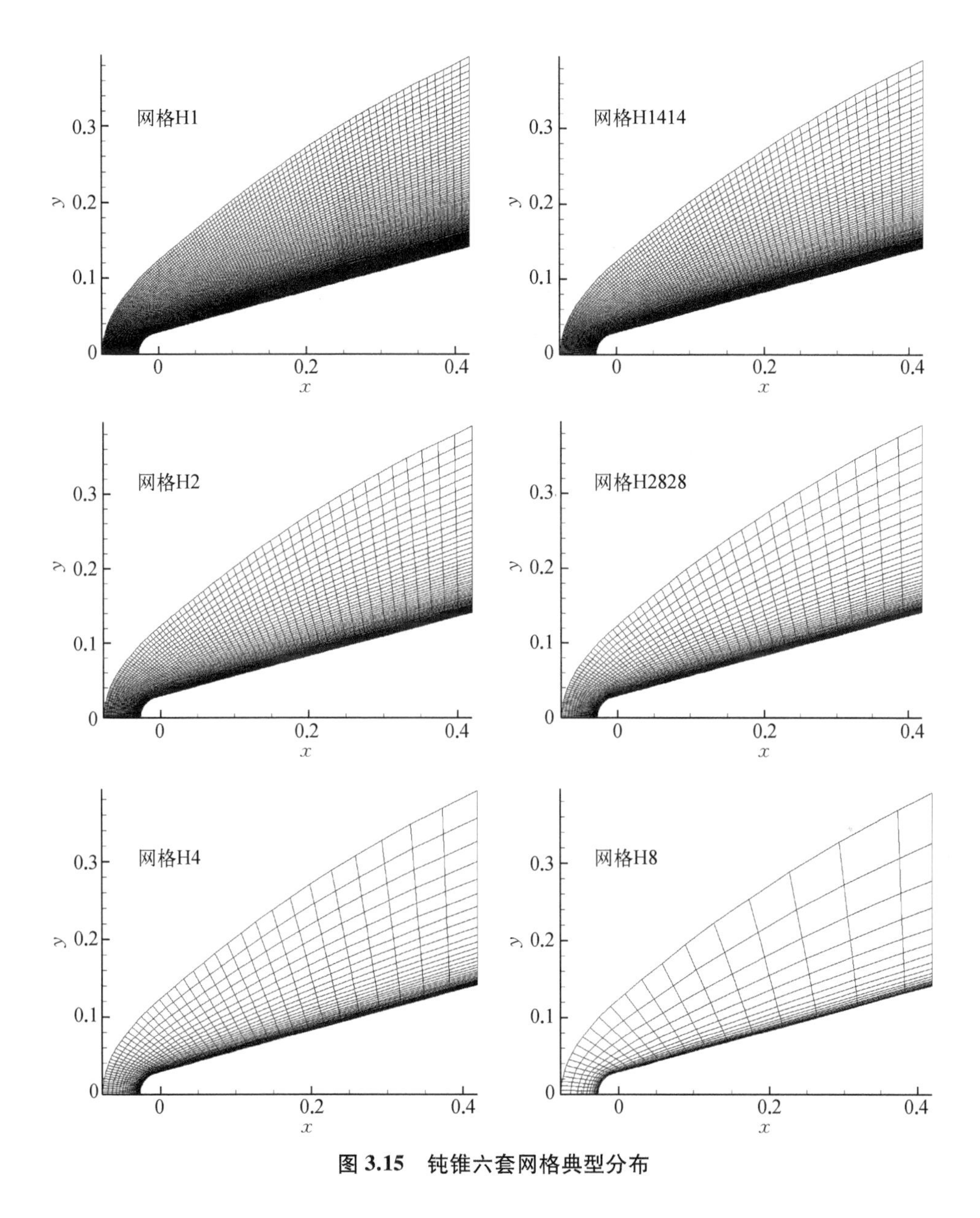

图 3.15　钝锥六套网格典型分布

(1) 不完全迭代收敛误差研究。对于不完全迭代收敛误差的估计采用计算收敛段(即残差基本保持不变或小范围内振荡)网格解的振荡幅值大小。各网格计算的壁面热流迭代误差最大值均出现在钝头体头部附近,其值在 0.1%以内,认为计算不完全迭代收敛误差可忽略。

(2) Richardson 插值解。图 3.16 为利用不同尺度网格进行 Richardson 插值后的解与各网格解的比较,其中方法 1 计算所得的网格解采用的有假设格式为二阶精度的 GRE(利用网格 H1、网格 H1414),混合一阶+二阶精度(利用网格 H1、网格 H1414、网格 H2)以及混合一阶+二阶+三阶精度(利用网格 H1、网格 H1414、网格 H2、网格 H2828)的方法,其中网格 MFP 是利用平均自由程法则生成的(下同)。而方法 2 因为各网格解较为聚集,采用的是假设格式为二阶精度的 GRE(利用网格 H1、网格 H1414)以及混合一阶+二阶精度(利用网格 H1、网格 H2、网格 H4)的方法。

图 3.16 中(a)和(b)、(c)和(d)、(e)和(f)分别为背风面、侧面、迎风面沿流向的壁面热流网格解及个别数据点的插值解。除图 3.16(e)外,所有插值解除个别点外都可以反映出网格解的收敛趋势,但图 3.16(e)中插值解各数据点严重偏离网格 H1 解与实验数据,其原因可能是迎风面热流预测对网格质量与数

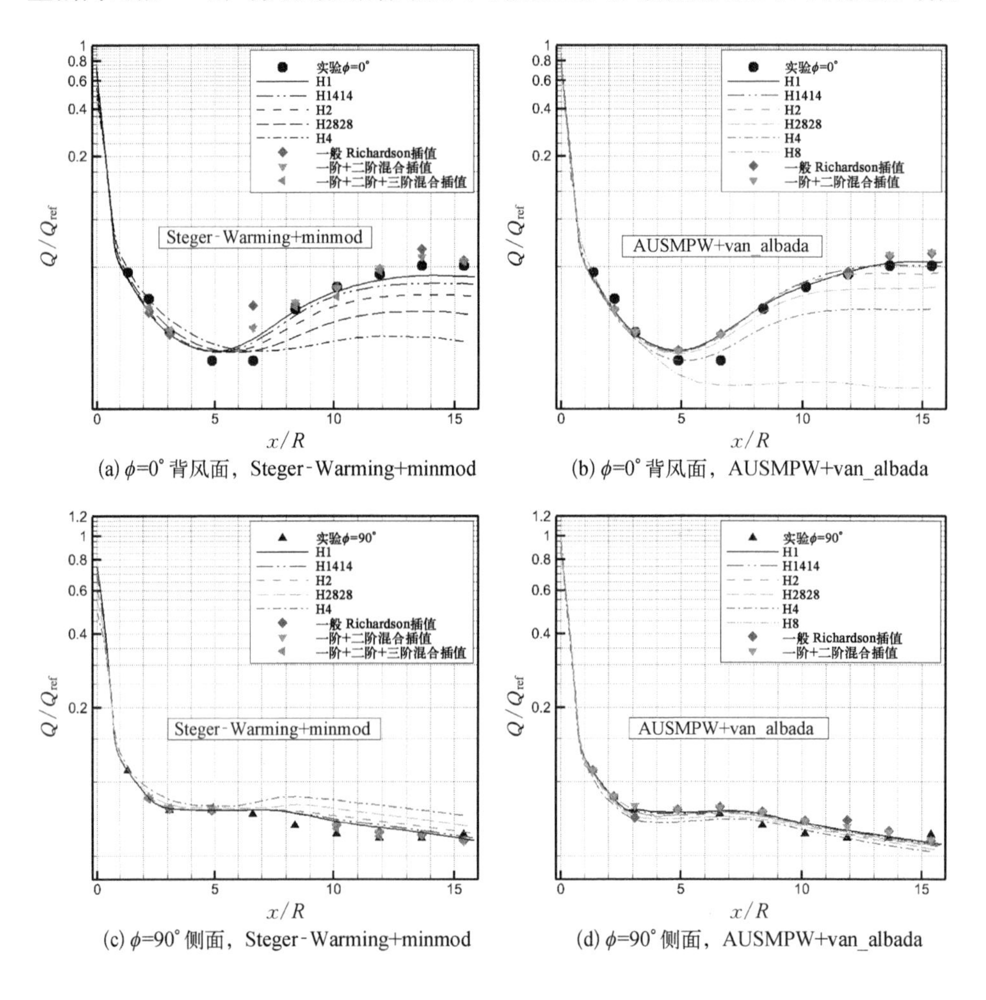

(a) ϕ=0° 背风面,Steger-Warming+minmod

(b) ϕ=0° 背风面,AUSMPW+van_albada

(c) ϕ=90° 侧面,Steger-Warming+minmod

(d) ϕ=90° 侧面,AUSMPW+van_albada

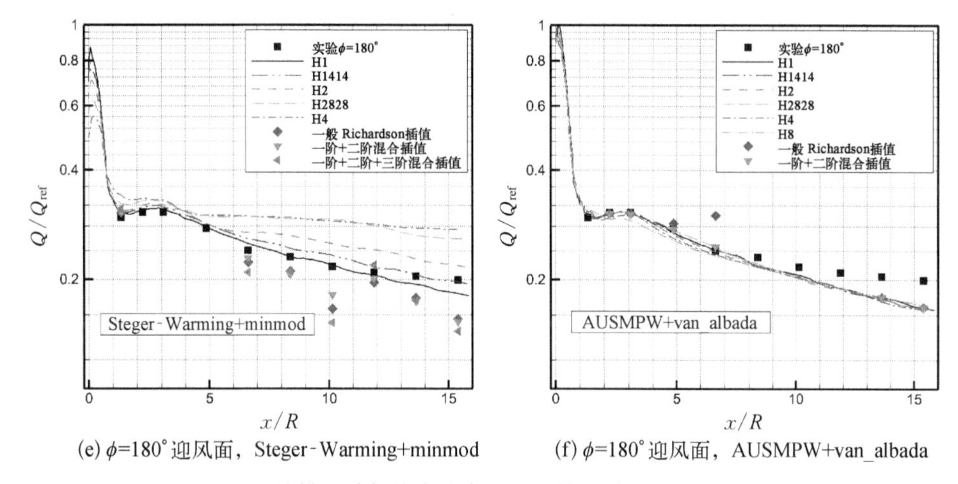

(e) ϕ=180°迎风面，Steger - Warming+minmod　　(f) ϕ=180°迎风面，AUSMPW+van_albada

图 3.16　钝锥两种数值方法在不同网格下壁面热流随流向的变化曲线与插值解的比较(后附彩图)

值方法要求较高,由于方法 1 本身的耗散性大,再加上网格 H1414 与 H2 较稀疏,即使网格 H1 解与实验数据吻合较好,其插值解还是不能保证精度。所以,在利用 Richardson 插值法进行网格解收敛性研究时,必须保证较粗网格的网格质量,包括拓扑结构与网格尺度,只有这样才能确保插值精度。图 3.16(a)背风面 $x/R \approx 6.5$ 位置处的热流插值解严重偏离网格 H1 解,原因是底部向上绕流在有攻角情况下会在背风面导致流动分离,并一直向后缠绕流动,最后形成卷曲面[53],而 $x/R \approx 6.5$ 正好位于分离开始的位置附近,流动变化剧烈,而网格细化(粗化)研究往往无法在这种流场及物理量变化显著的地方给出单调变化的结果[54]。

3. 确认研究

1) 流场特性

以方法 2 在不同网格下的计算为例,对数值模拟获得的流场特征进行说明。图 3.17 与图 3.18 分别为不同网格下的压力等值线与马赫数等值线,图 3.19 为底部截面马赫数与温度等值线,图 3.20 为表面极限流线。计算所得头部激波脱体距离为 δ=4.1 mm,与实验修正式(3.46)[55]得到的结果 δ=4.112 3 mm 一致。

$$\delta/R = 0.143\exp(3.24/M_\infty^2) \tag{3.46}$$

从图 3.17~图 3.19 可以看到,在较密网格下背风面明显表现出来的复杂涡系结构在粗网格下已无法辨识,表明网格尺度对刻画精细流场结构十分重要。再比较不同网格尺度下的流线图,从网格 H1 与网格 H1414 的结果均可看到明显的主分离与二次分离,但网格 H2、网格 H2828 和网格 H4 的模拟结果只能分

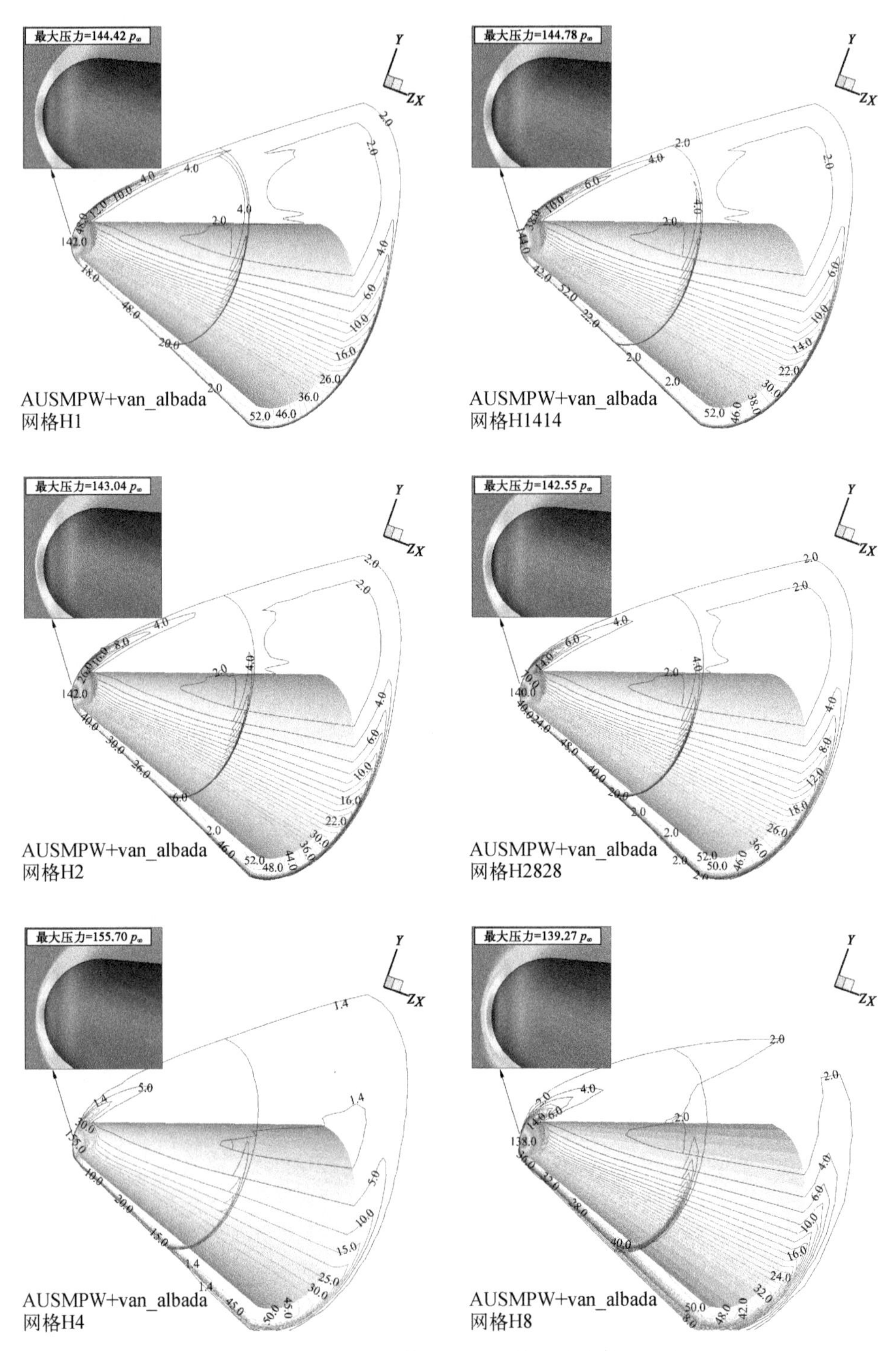

图 3.17　钝锥不同网格计算所得压力等值线比较(后附彩图)

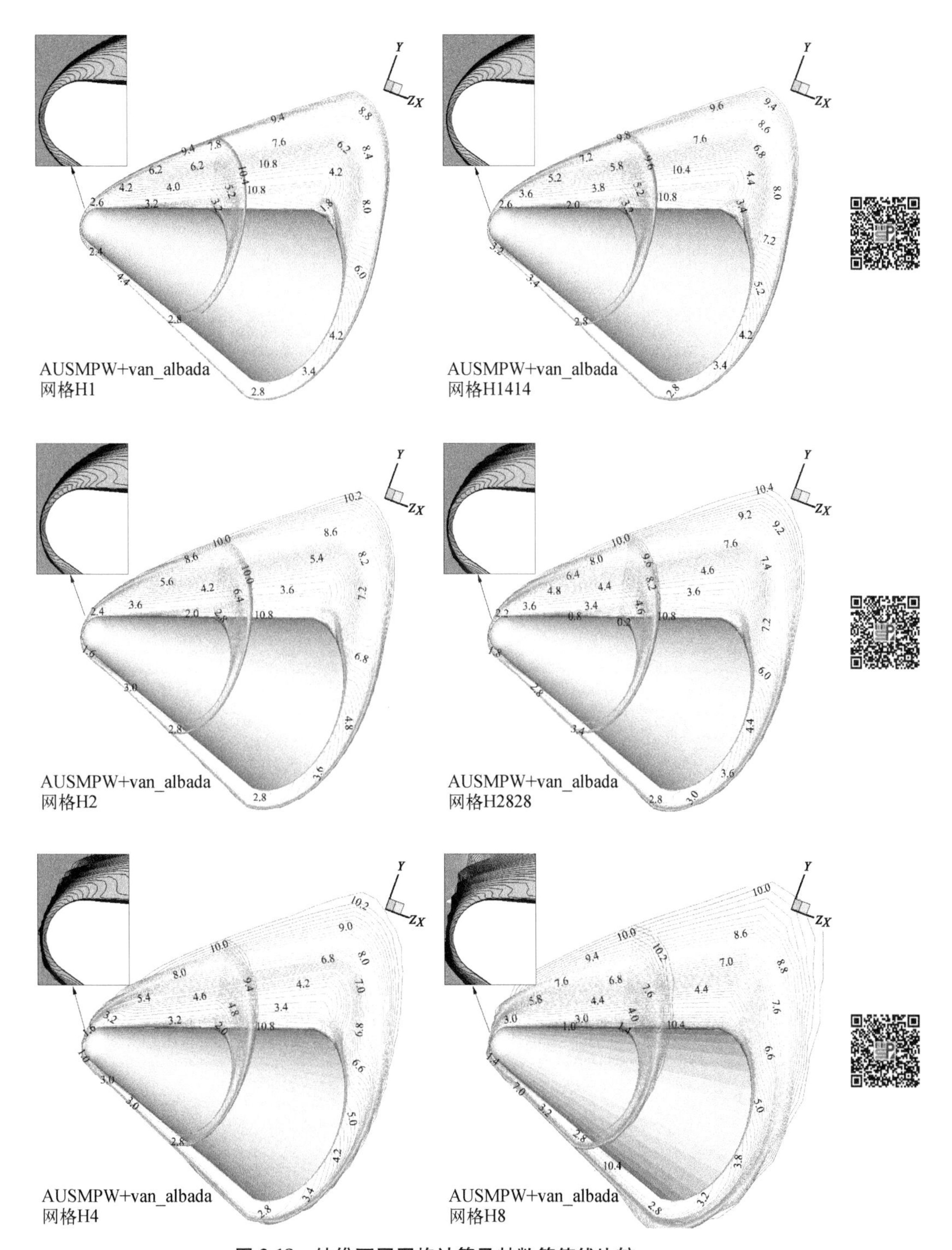

图 3.18　钝锥不同网格计算马赫数等值线比较

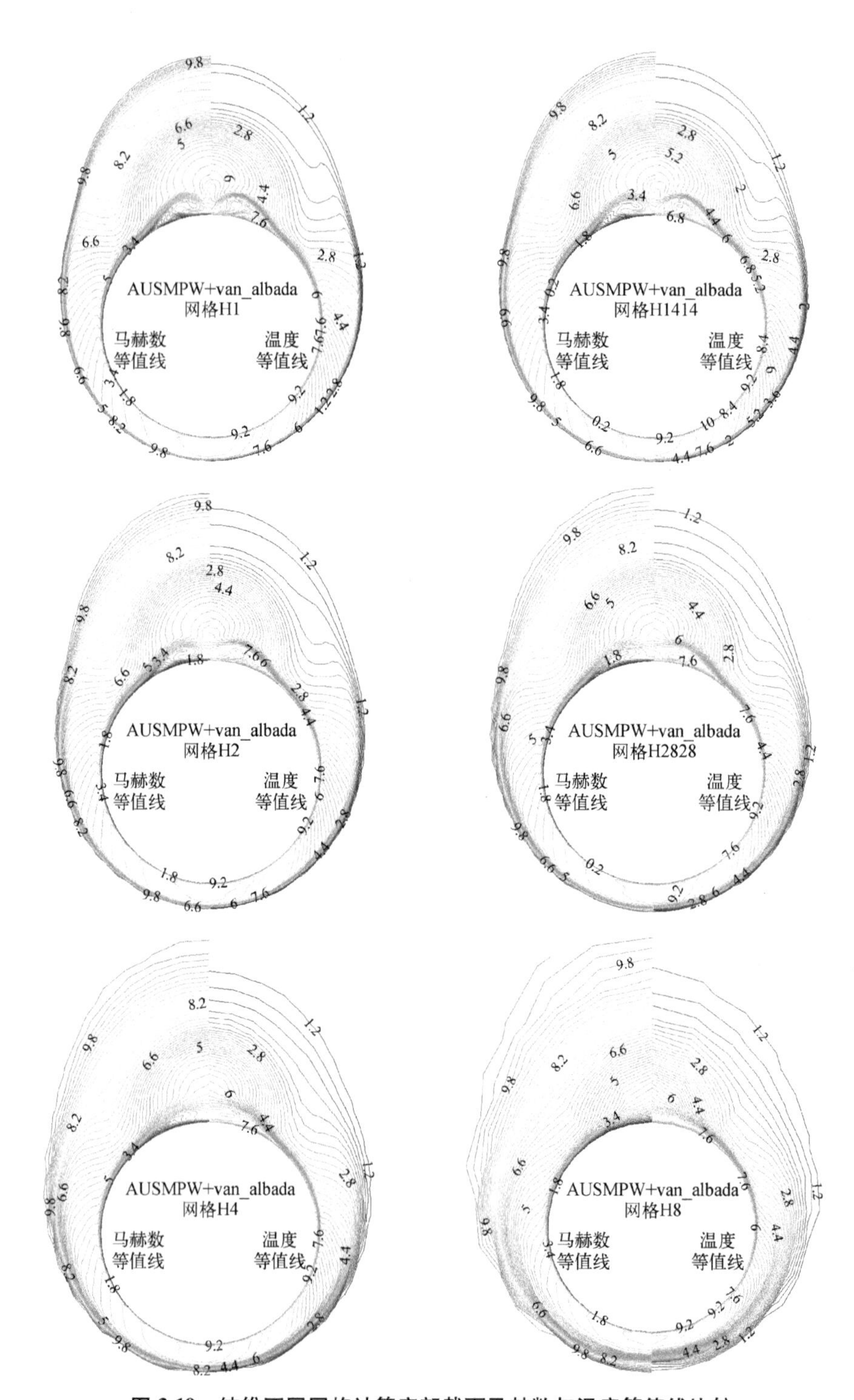

图 3.19　钝锥不同网格计算底部截面马赫数与温度等值线比较

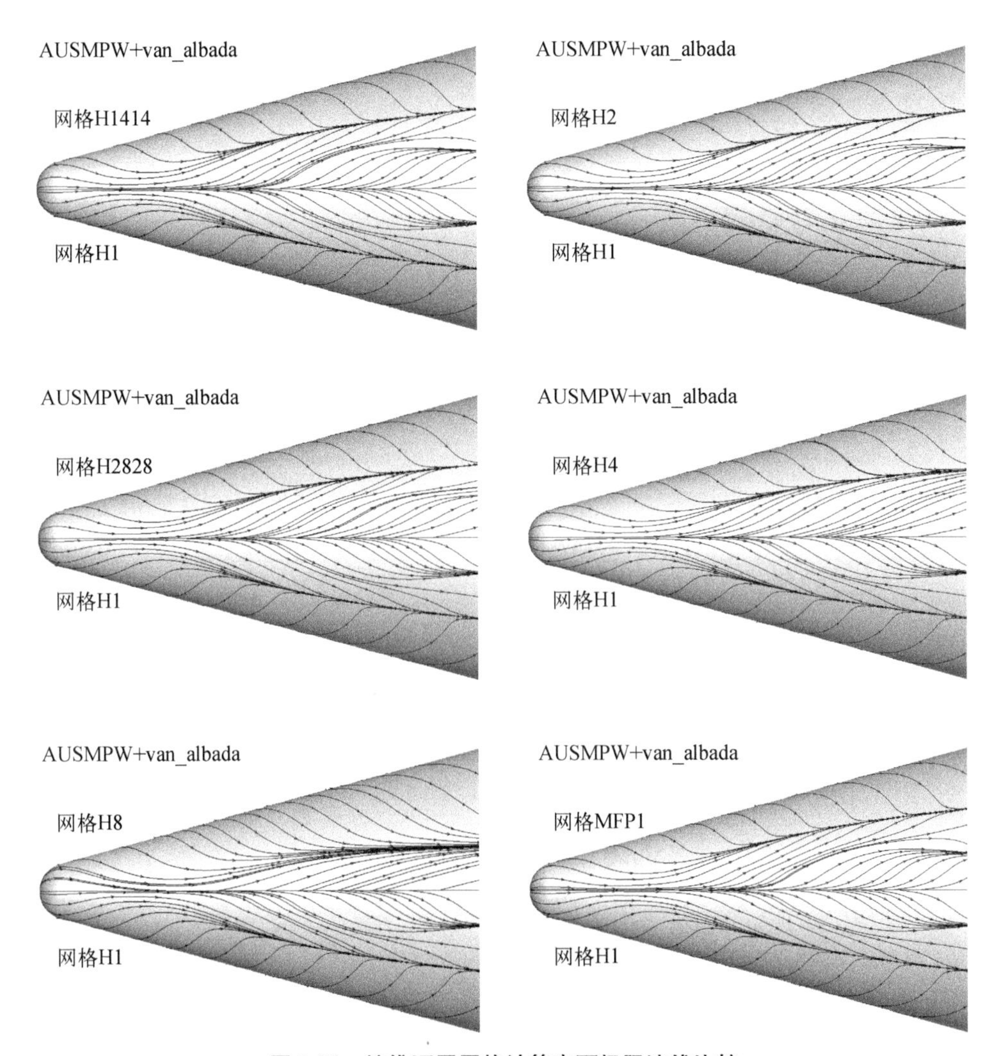

图 3.20　钝锥不同网格计算表面极限流线比较

辨出主分离,而网格 H8 的模拟结果完全没有得到分离涡结构。总结起来,随着网格尺度的增大,数值模拟对于流场的刻画变得粗糙,首先消失的是对二次分离流动的分辨能力,其次是对主分离流动的分辨能力。

2）不同网格计算结果与实验数据比较

两种不同数值方法对不同尺度网格的热流预测结果如图 3.21 和图 3.22 所示。图 3.21 是背风面($\phi=0°$)、迎风面($\phi=180°$)以及侧面上壁面($\phi=90°$)热流随流向的变化曲线,图 3.22 分别是在流向不同位置处壁面热流沿周向的变化曲线。

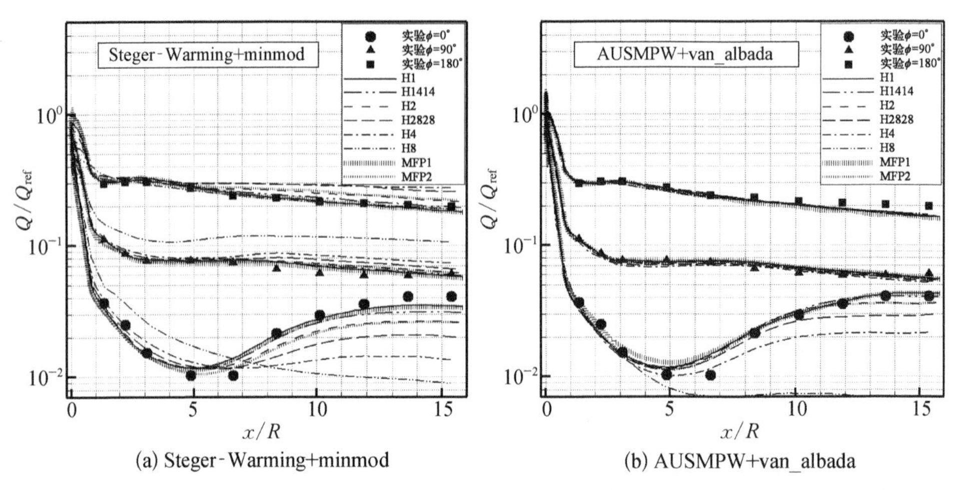

(a) Steger-Warming+minmod (b) AUSMPW+van_albada

图 3.21 钝锥两种数值方法对不同网格下热流随流向的变化曲线与实验结果的比较

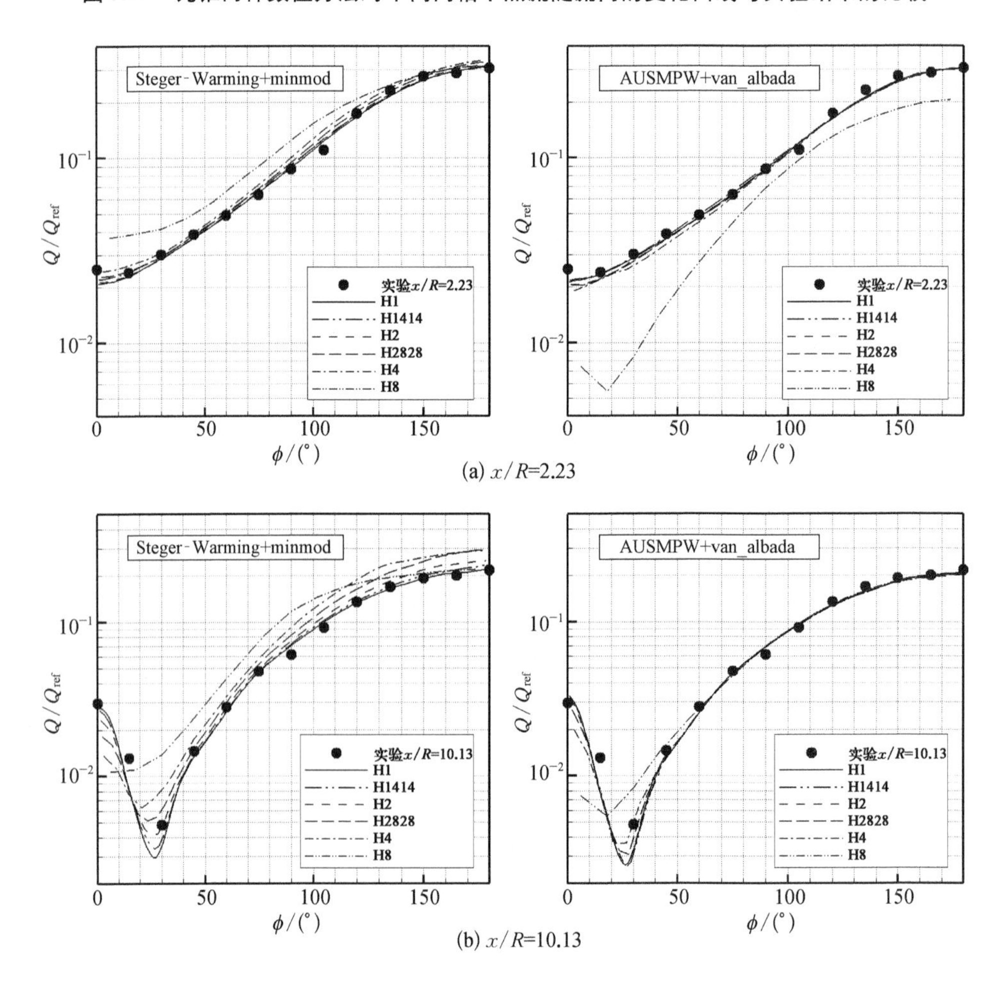

(a) x/R=2.23

(b) x/R=10.13

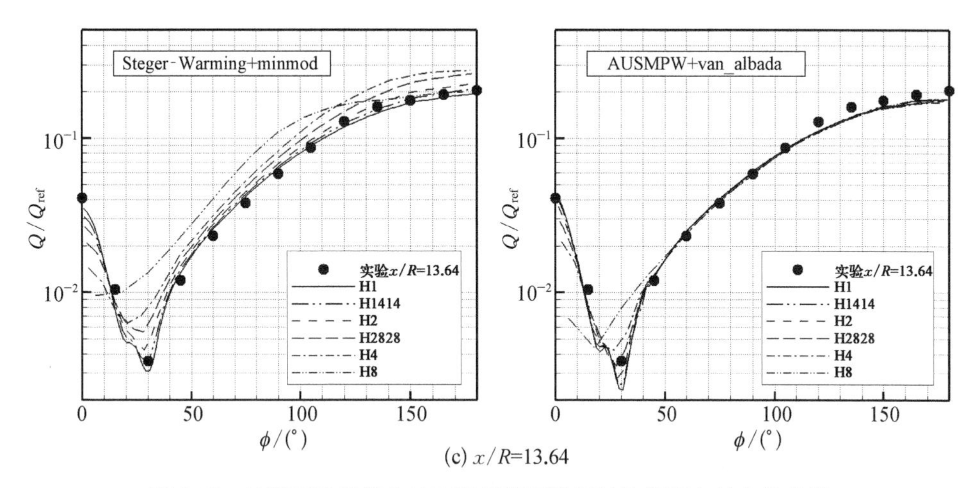

(c) x/R=13.64

图 3.22 钝锥两种数值方法不同网格下壁面热流沿周向的变化曲线

从图 3.21 可看出背风面对于网格尺度的变化最敏感，主要原因是背风面存在复杂涡分离流动。两种方法(方法 1、方法 2)利用网格 H8 的计算结果都严重偏离实验数据，可认为已偏离渐近收敛区域[12,14,35,45,56]，数据不可信，其余网格下的结果均表现出很好的收敛趋势。方法 2 相比方法 1，其多套网格下的网格解更加聚集，表明方法 1 对网格尺度的要求高于方法 2，这一结论与后面对标模的计算是一致的。从网格解的收敛趋势看，随着网格尺度变小，网格解趋近于实验数据，最密网格 H1 与实验数据的一致性最好。以上结论充分说明，当网格尺度足够小时，数值模拟结果与实验数据的一致性将会得到保证。

3）确认尺度

选取沿流向与周向具有实验数据的特征点，对两种数值方法利用网格 H1 计算所得数据，采用式(3.36)计算 Oberkampf 的确认不确定度尺度 V。沿来流方向背风面、侧面及迎风面 Q/Q_{ref} 的确认尺度 V 见表 3.6，可见两种数值方法的计算数据均与实验数据有较好的一致性，而迎风面与侧面计算数据与实验数据的一致程度稍高于背风面数据，这一点与图 3.21 反映的相一致。

表 3.6 钝锥网格 H1 计算热流沿流向的 Oberkampf 确认尺度 V

数值方法	背风面	侧 面	迎风面
方法 1	0.874 0	0.947 9	0.971 8
方法 2	0.896 5	0.953 8	0.946 3

表 3.7 为三个不同流向位置沿周向分布的计算数据与实验数据的确认尺度

V，两种数值方法的计算数据也与实验数据有较好的一致性。流动越往下游，确认尺度 V 越小，即计算数据与实验数据偏离越大，这与下游网格较为稀疏有关，所以需要得到更好结果，应对此区域的网格尺度进行控制。

表 3.7　钝锥网格 H1 计算热流沿周向 Oberkampf 确认尺度 V

数值方法	$x/R=2.23$	$x/R=10.13$	$x/R=13.64$
方法 1	0.947 7	0.910 8	0.906 7
方法 2	0.951 5	0.894 2	0.887 7

4. 评价结论

针对 20°攻角下的钝锥绕流单元问题展开验证与确认研究，通过对六套连续变化网格的数值模拟，得出背风面热流模拟对网格尺度变化较敏感的结论，且对下游网格分布的控制可以得到与实验数据更一致的结果。通过主观曲线形式及量化确认尺度两种方式的比较，对热流的数值求解得到了充分的验证与确认。有理由相信当网格足够密时，计算结果与实验数据的一致性会更佳。

3.7.2　复杂流动基准问题的验证与确认研究

压缩拐角流动是高超声速飞行器诸多流动现象中很典型的一类，如美国 X-43(Hyper-X)飞行器中的多级压缩进气道，其典型流动特征如图 3.23 所示[57]。其流动特征主要是激波/激波干扰，激波/边界层干扰及激波/分离区干扰，开展这一类问题的研究，对准确评估空间飞行器表面热流/摩阻、控制面在大偏折角下的效率和热环境有重要意义。轴对称空心圆柱裙外形绕流的主要特征

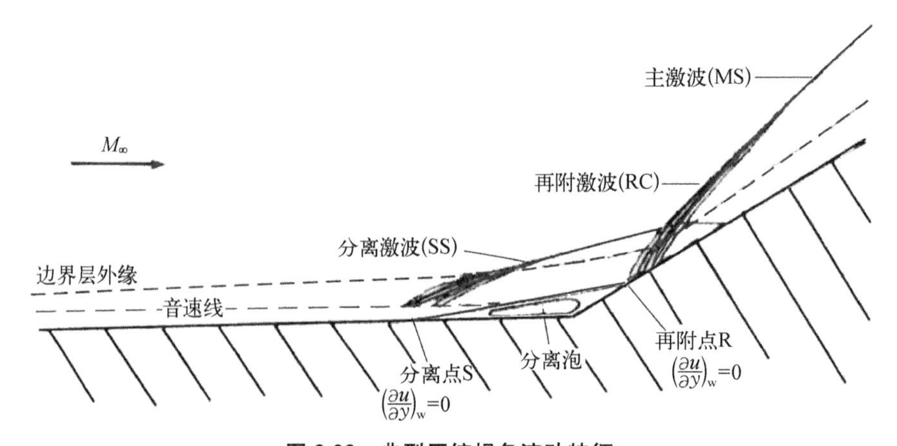

图 3.23　典型压缩拐角流动特征

类似于压缩拐角的流动特征，而且数值模拟与实验数据多且质量高，信息全面，可进行不确定度估计的研究，是用于 CFD 数值模拟验证与确认研究的合适模型。按照 AIAA 流动分类法原则，从外形、流动特征及实验数据角度考虑，将其归类为基准问题用于数值模拟的确认研究。

本节选取法国 ONERA Chalais-Meudon 研究机构公布的用于验证与确认研究的空心圆柱裙模型，即 T2-97 模型的层流流动。基于高超声速软件平台 CHANT，针对层流轴对称压缩拐角流动特征的数值模拟开展了验证与确认研究。

1. 模型描述

T2-97 模型作为美国-欧洲第一个高速流动流场数据库专题的确认模型，可以供 CFD 学者开展 CFD 的验证与确认研究工作，其层流 T2-97 模型的试验由 Bruno Chanetz 在 ONERA Chalais-Meudon 研究机构的 R5Ch 低密度下吹式风洞中完成[58]。实验数据包括壁面压力、热流及摩擦阻力沿流向的分布，同时给出了表面油流显示（黏性涂料）和流场显示（电子荧光技术）。该模型详细的几何尺寸见图 3.24，流动参数条件见表 3.8，其主要复杂物理现象为激波/边界层干扰，图 3.25 是实验油流显示图与流场显示图，从中可观察到本模型流动的分离位置与范围及激波/边界层干扰的流动特征。本节将基于 T2-97 模型开展验证与确认研究。

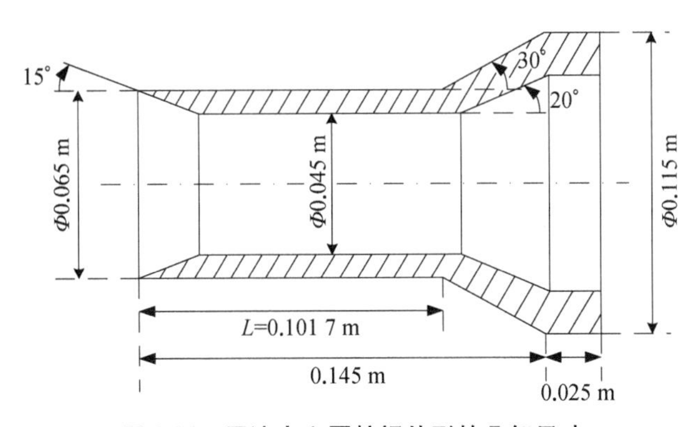

图 3.24 层流空心圆柱裙外形的几何尺寸

表 3.8 T2-97 模型计算条件

参数	参数值
来流马赫数	9.91
来流静温/K	51.01

（续表）

参　　数	参　数　值
来流静压/Pa	6.32
特征长度/m	0.101 7
壁面温度/K	293
单位雷诺数/(m^{-1})	1.86E+5

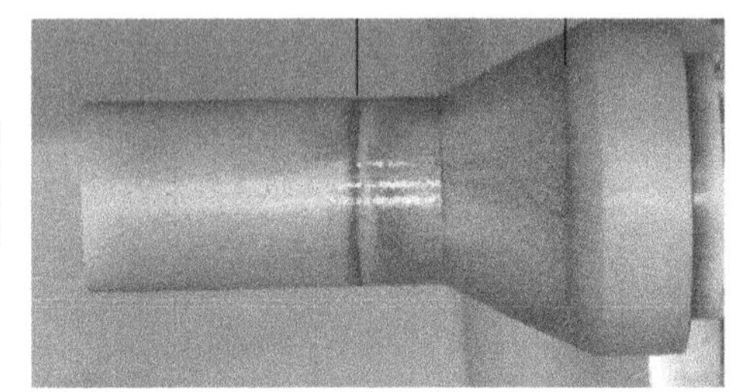

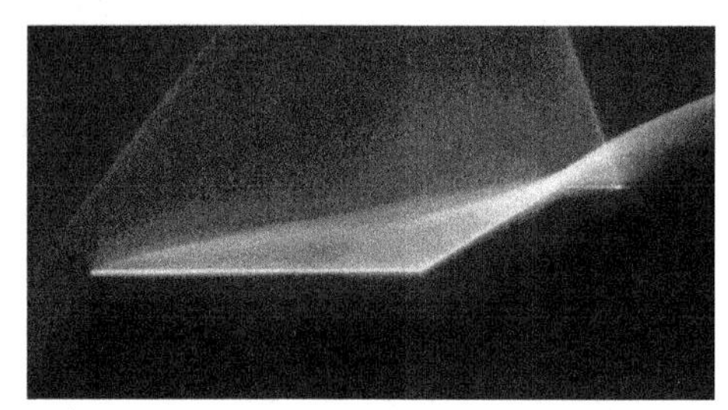

图 3.25　实验表面油流与流场显示图

2. 验证研究

1）计算方法考核

在温度很高的总温条件下，流动存在真实气体效应，但当总温在 2 000 K 附近时，空气仍可按理想气体处理[57]，该模型计算条件中来流总温为 1 050 K，则采用理想气体假设是适合的，计算控制方程为三维完全气体 NS 方程。

数值方法中无黏通量的构造分别采取 AUSMPW 矢通量分裂、Steger-Warming 通量矢量分裂及 Roe 通量差分分裂，限制器采用 minmod、min_3u 及 van_albada，结构网格 GRID0 规模：流向×法向×周向 = 511×90×19，壁面法向网格雷诺数为 0.93。

（1）不同限制器的计算结果比较。

在相同无黏通量的构造方法下，采用不同的限制器组合，得到压力系数和斯坦顿（Stanton）数沿流向的变化曲线如图 3.26 所示，图中 982、1 030、1 164 等为风洞实验多次运行的结果。由图 3.26 可知，对于压力系数，除在分离区与最大值位置外，不同限制器的计算结果相互差异不大，而对 Stanton 数的计算结果表明，热流峰值大小差异较明显。

（2）不同无黏通量构造方法的计算结果比较。

图 3.27 表明，不同无黏通量构造方法的计算结果在压力系数上稍有差异，发生的位置在分离区与最大值处，而 Stanton 数计算结果基本无差异。

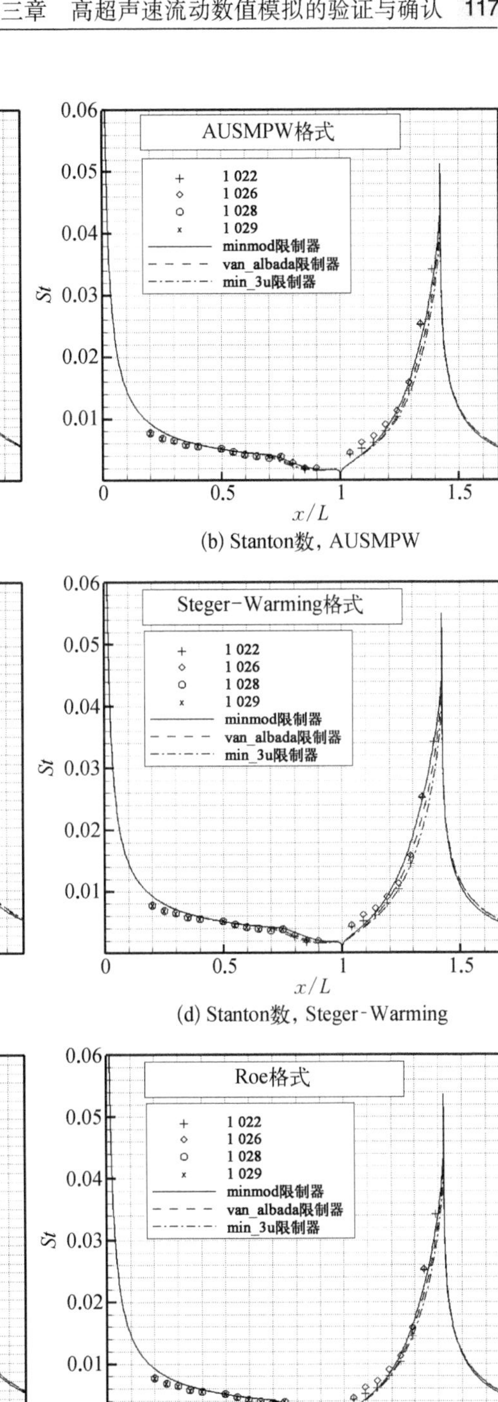

(a) 压力系数，AUSMPW　(b) Stanton数，AUSMPW

(c) 压力系数，Steger-Warming　(d) Stanton数，Steger-Warming

(e) 压力系数，Roe　(f) Stanton数，Roe

图 3.26　不同限制器计算结果比较

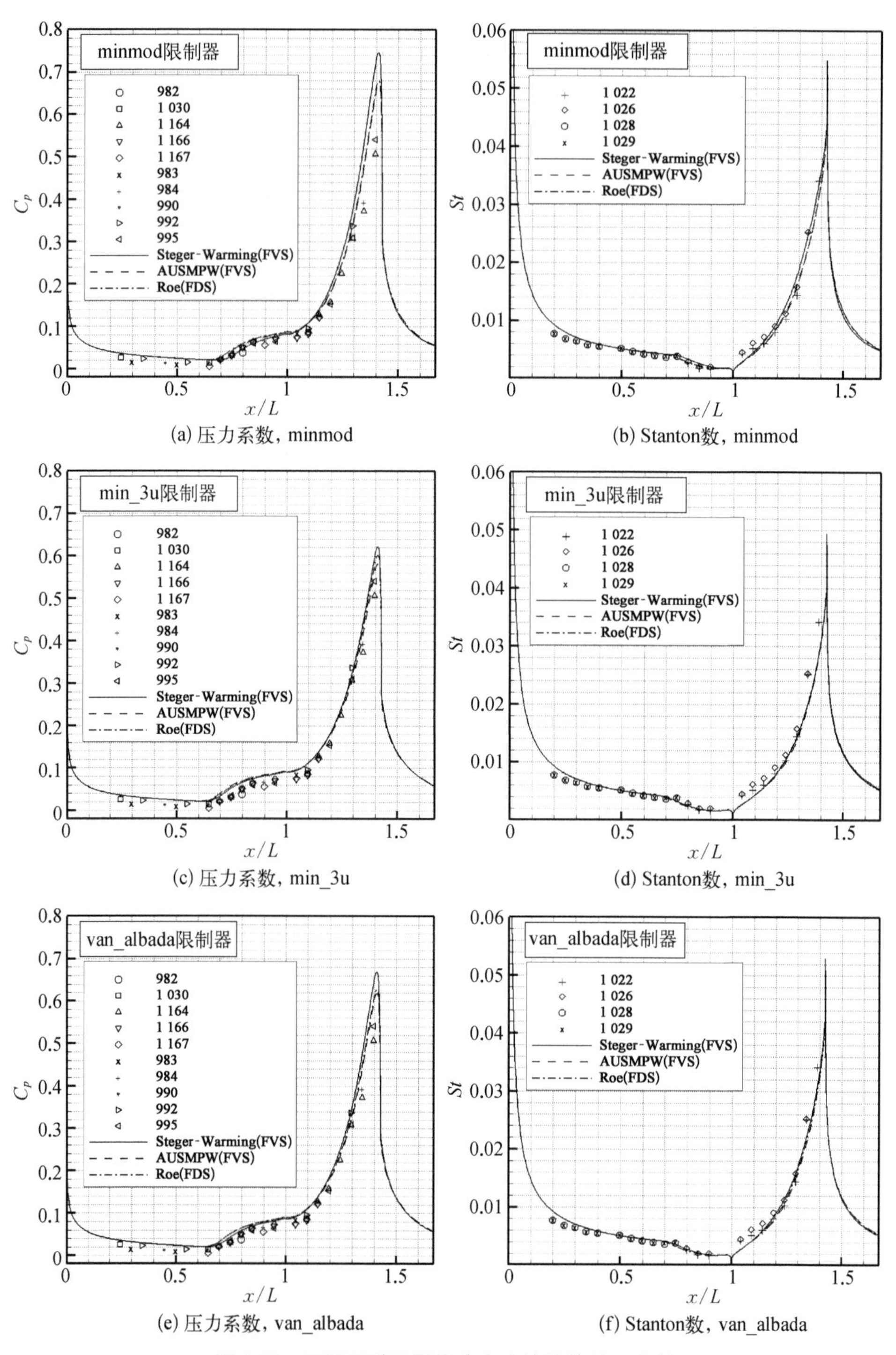

(a) 压力系数，minmod

(b) Stanton数，minmod

(c) 压力系数，min_3u

(d) Stanton数，min_3u

(e) 压力系数，van_albada

(f) Stanton数，van_albada

图 3.27　不同无黏通量构造方法的计算结果比较

通过对上述不同无黏通量构造方法与不同限制器组合的计算结果分析，之后该算例的数值方法均采取 AUSMPW 通量矢量分裂+minmod 限制器的组合。

（3）其他影响因素。

Roy 等[13]认为在静温 100 K 以下，空气层流黏性系数的 Sutherland 公式应作 Keyes 修正，其表达式为

$$\frac{\mu}{\mu_\infty}=\left(\frac{T}{T_\infty}\right)^{3/2}\left(\frac{T_\infty+122.1\times10^{-(5/T_\infty)}}{T+122.1\times10^{-(5/T)}}\right) \tag{3.47}$$

但实际计算表明，利用两种黏性系数拟合式的计算结果差异小于 0.5%，认为修正之后对结果影响甚小，则依旧采用 Sutherland 公式。

再考虑周向网格尺度的影响，实际计算表明在只改变周向网格尺度且不改变其拓扑结构的情况下，计算结果差异仅在 1%以内，则认为当周向网格点数量足够时，单纯改变周向网格点数目对计算结果影响很小。

2）不完全迭代收敛误差研究

首先，生成最密结构网格记 H1，在此基础上抽取其余网格，记 H2、H4、H8、H16，网格细化比 $r_G=2$，周向网格取 1/4 圆周 19 个网格点不变，网格规模及网格雷诺数见表 3.9，典型网格分布见图 3.28，对分离点、再附点及热流最大位置处的网格进行局部加密。

表 3.9　T2-97 模型六套网格规模

网格名称	流向×法向×周向	网格雷诺数
H1	511×180×19	0.93
H2	256×91×19	1.86
H4	129×46×19	3.72
H8	65×24×19	7.44
H16	33×13×19	14.88

图 3.29(a)给出了利用不同网格计算得到的结果，考察在最后接近迭代过程中 Stanton 数的变化幅度情况，除模型头部附近，五套网格的计算结果变化量级均在 10^{-7}量级以下，与 Stanton 数在壁面沿流向分布的最小值（10^{-3}量级）相比在 0.01%量级。而头部变化幅度稍大，但最大值不超过 10^{-5}量级，认为不完全迭代收敛误差可忽略。

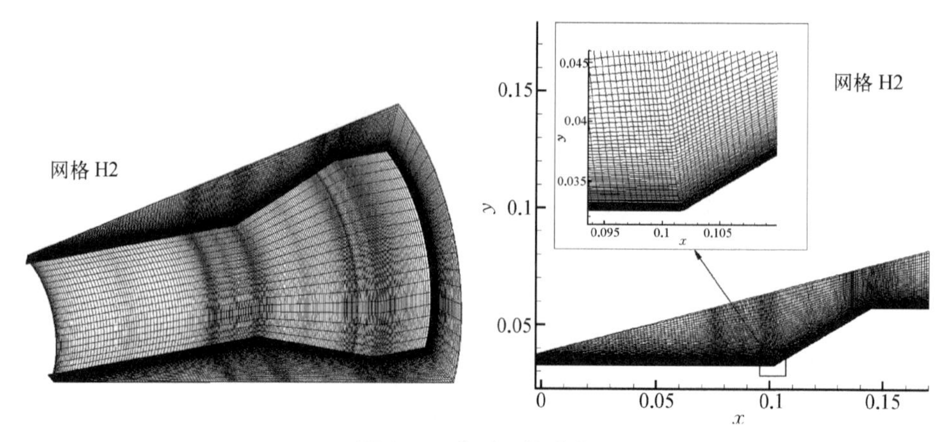

图 3.28 典型网格分布

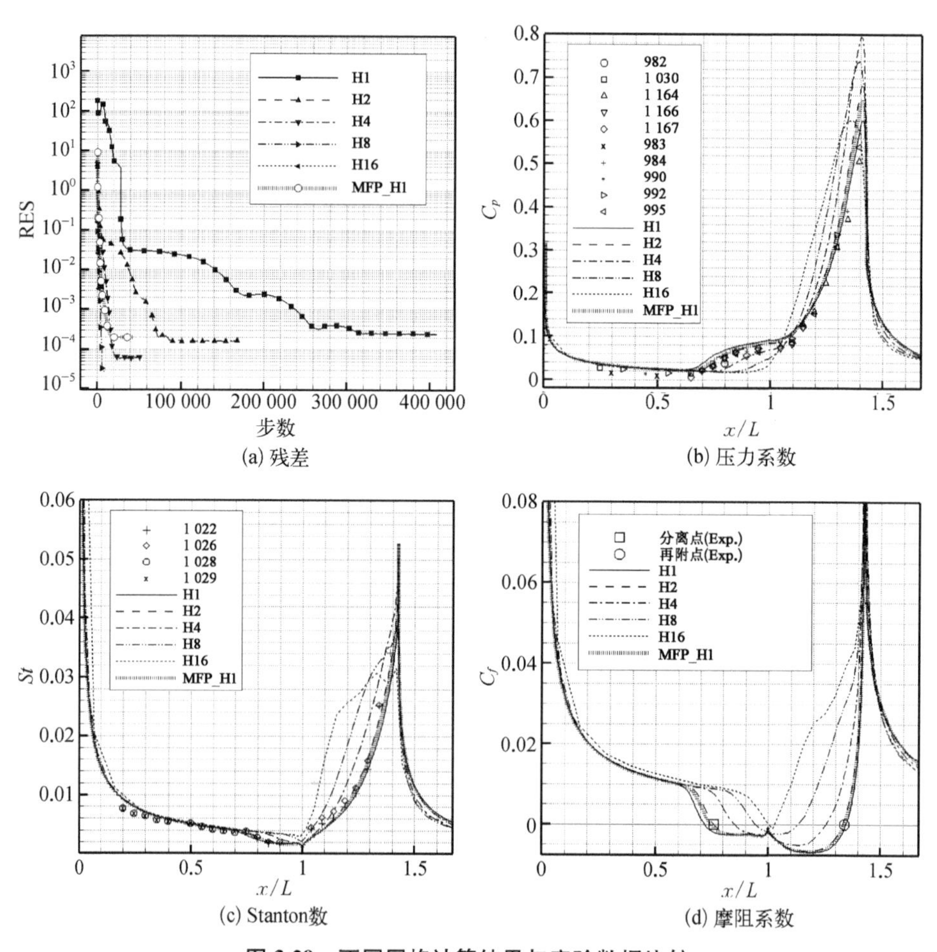

(a) 残差　(b) 压力系数

(c) Stanton数　(d) 摩阻系数

图 3.29 不同网格计算结果与实验数据比较

3）Richardson 插值解

为便于分析，分别选取 $x/L=1.139\ 8$ 位置处热流 Stanton 数（记 V1），热流 Stanton 数最大值（V2），热流 Stanton 数最大值位置（V3），压力系数最大值（V4），压力系数最大值位置（V5），分离点位置（V6），再附点位置（V7）及 $x/L=0.897\ 4$ 位置处热流 Stanton 数（V8）为特征点。图 3.30 为各网格解及其插值解与插值精度，图中可见网格 H1、网格 H2、网格 H4 的解具有明显的收敛趋势，而网格 H8、网格 H16 的解可认为已跑出渐进收敛域[10,12,14,56]，Richardson 插值已不再适用，故在后面分析中予以舍弃。从 V2、V4 两特征点的各网格解的收敛趋势来看，两种插值方法中一阶+二阶混合插值比一般 Richardson 插值更接近于各网格解的收敛趋势，Roy[12] 也更推荐前者。

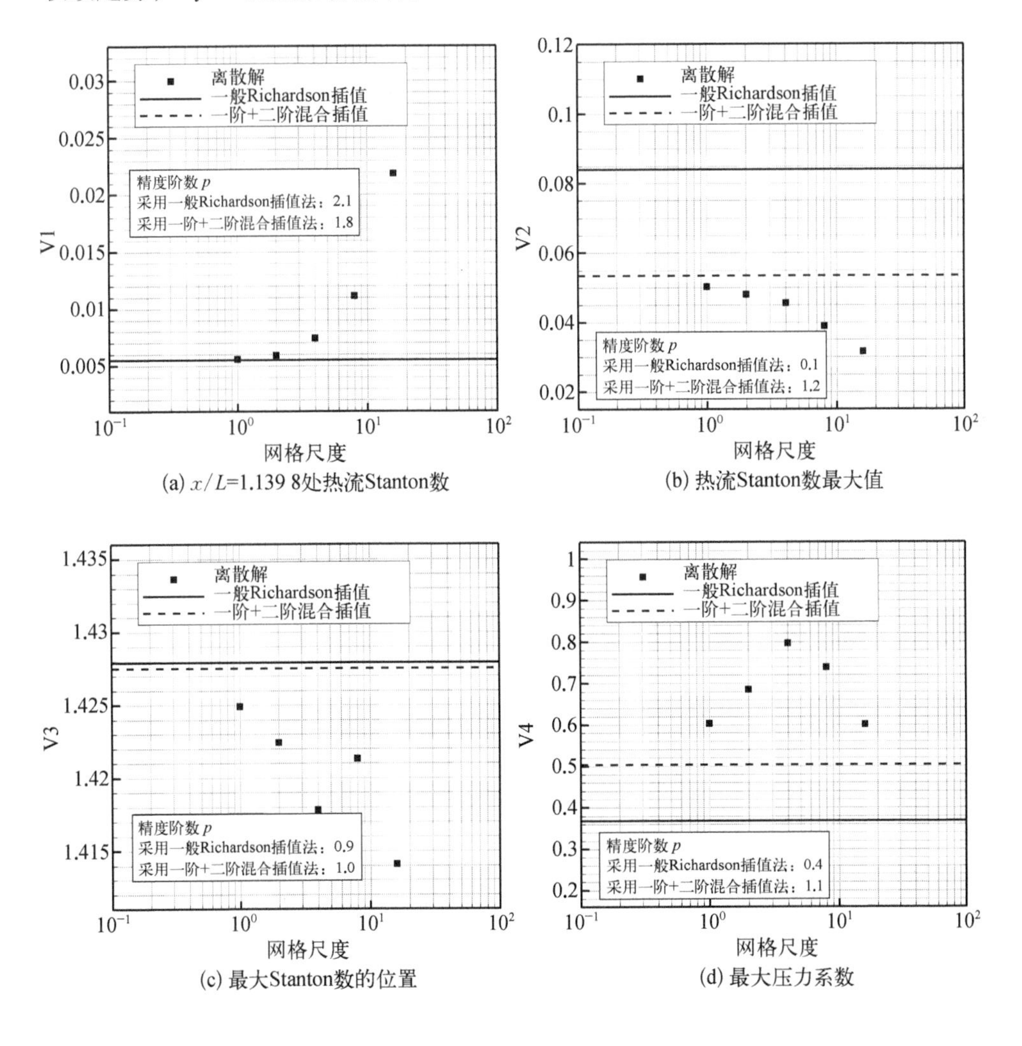

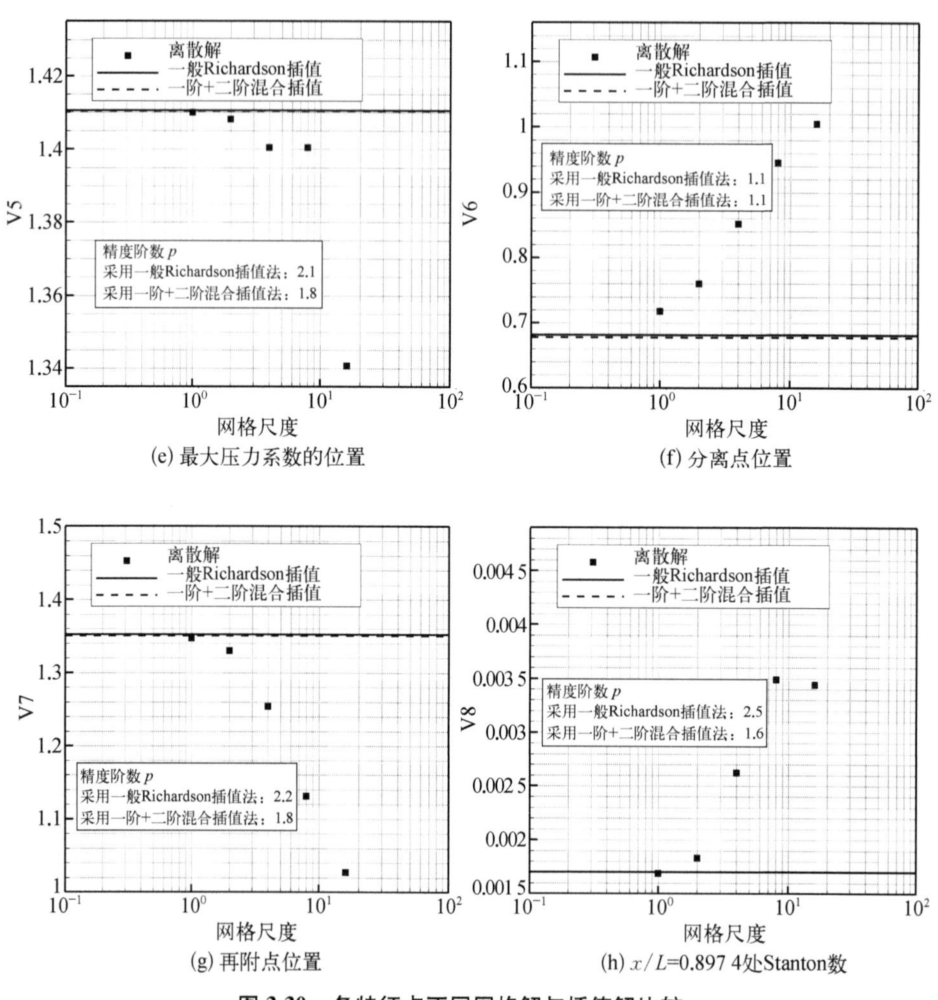

图 3.30 各特征点不同网格解与插值解比较

4）离散误差估计

本书离散误差估计取式(3.10)定义形式，安全因子取 1。图 3.31 为各特征点误差估计，其中空间离散误差由一阶+二阶混合插值法得到，一阶、二阶以及一阶+二阶误差项，分别对应式(3.48)~式(3.50)：

$$\left|\frac{\tilde{g}_1 h}{\tilde{f}_{\text{exact}}}\right| \times 100 \tag{3.48}$$

$$\left|\frac{\tilde{g}_2 h^2}{\tilde{f}_{\text{exact}}}\right| \times 100 \tag{3.49}$$

$$\left|\frac{\tilde{g}_1 h + \tilde{g}_2 h^2}{\tilde{f}_{\text{exact}}}\right| \times 100 \tag{3.50}$$

图 3.31 为各特征点数值计算的空间离散误差估计,从中可看出在各个网格计算下何种误差起主要作用。由于存在头部激波、分离激波以及激波/边界层干扰等现象,数值模拟的精度往往达不到格式的理论二阶精度,因此误差项表现出既有二阶项占主导,也有一阶项占主导。如计算对最大压力系数位置的捕捉为二阶精度,而对其值大小的捕捉却最多只有一阶精度。模拟再附点的二阶精度比模拟分离点的一阶精度要高。这些结果与图 3.30 中各网格解收敛趋势与插值解的关系是一致的,与图 3.32 中各特征点收敛性评价指数所反映的也相一致。

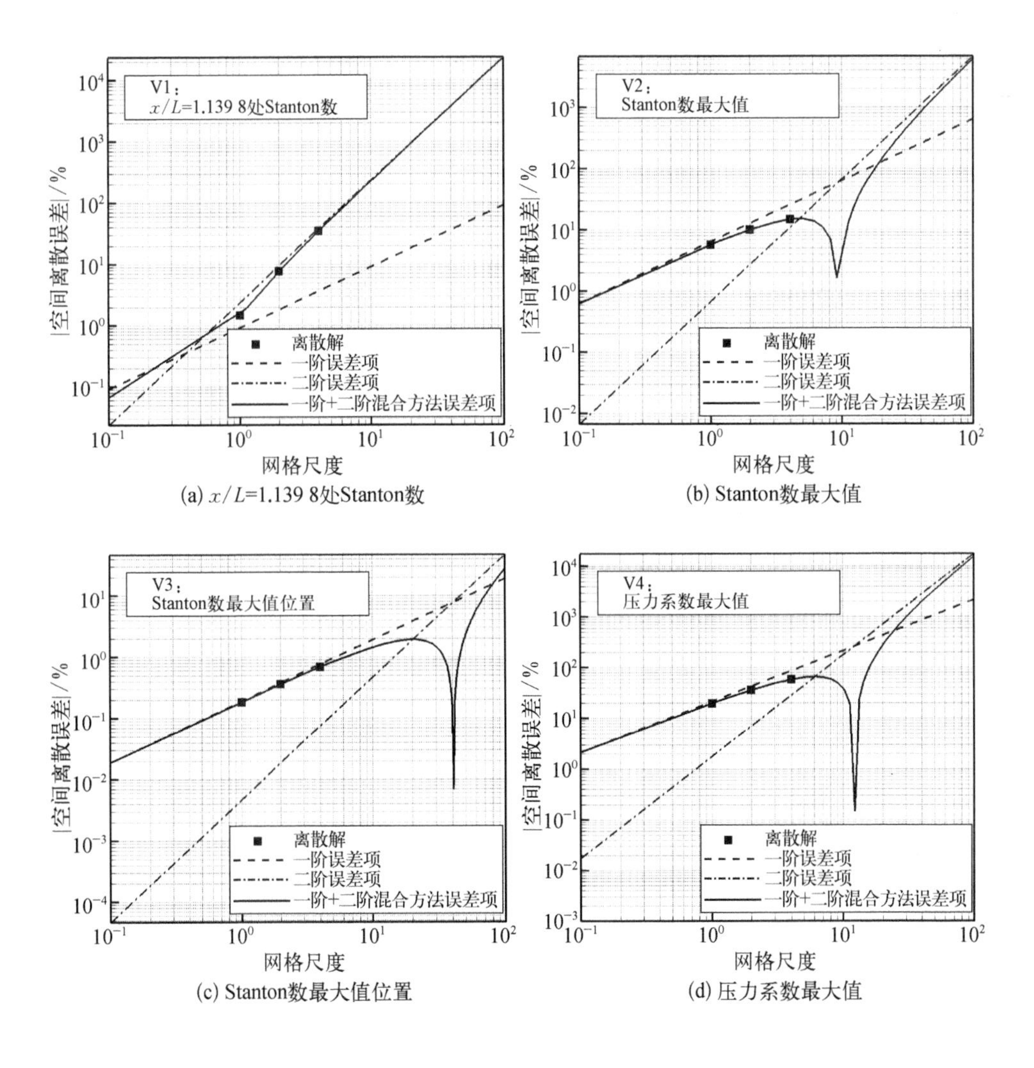

(a) x/L=1.139 8处Stanton数　(b) Stanton数最大值

(c) Stanton数最大值位置　(d) 压力系数最大值

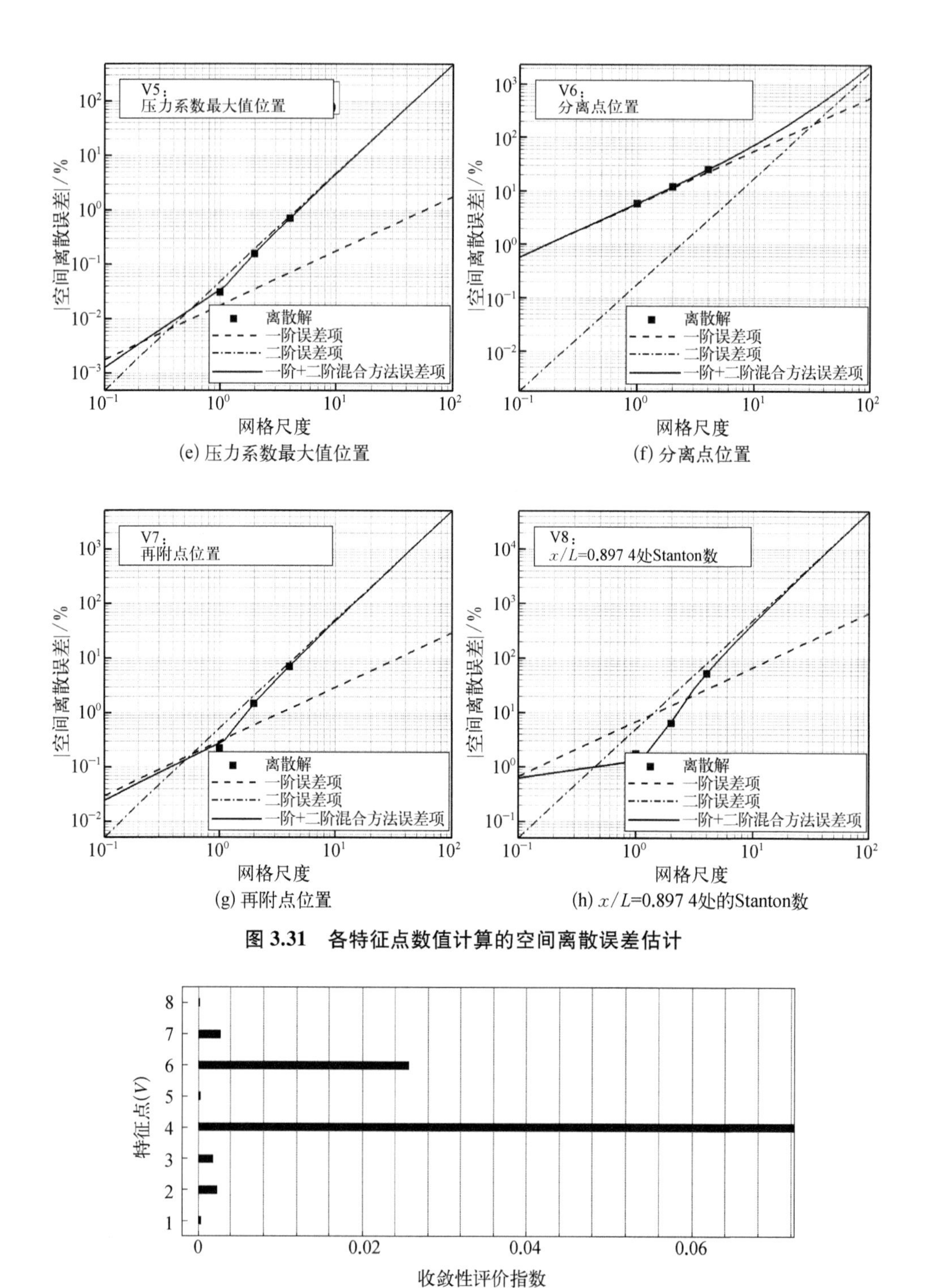

(e) 压力系数最大值位置

(f) 分离点位置

(g) 再附点位置

(h) x/L=0.897 4处的Stanton数

图 3.31 各特征点数值计算的空间离散误差估计

图 3.32 各特征点网格收敛性评价指数

图 3.33 给出了流场中各密度、压力、马赫数及温度的空间离散误差估计值。从图中可以看到各流动参数的离散误差在流场不同位置的分布情况，例如，密度的空间离散误差主要出现在再附着点及再压缩波附近，压力与温度的空间离散误差主要出现在再压缩波处，而马赫数的空间离散误差则主要集中于分离激波

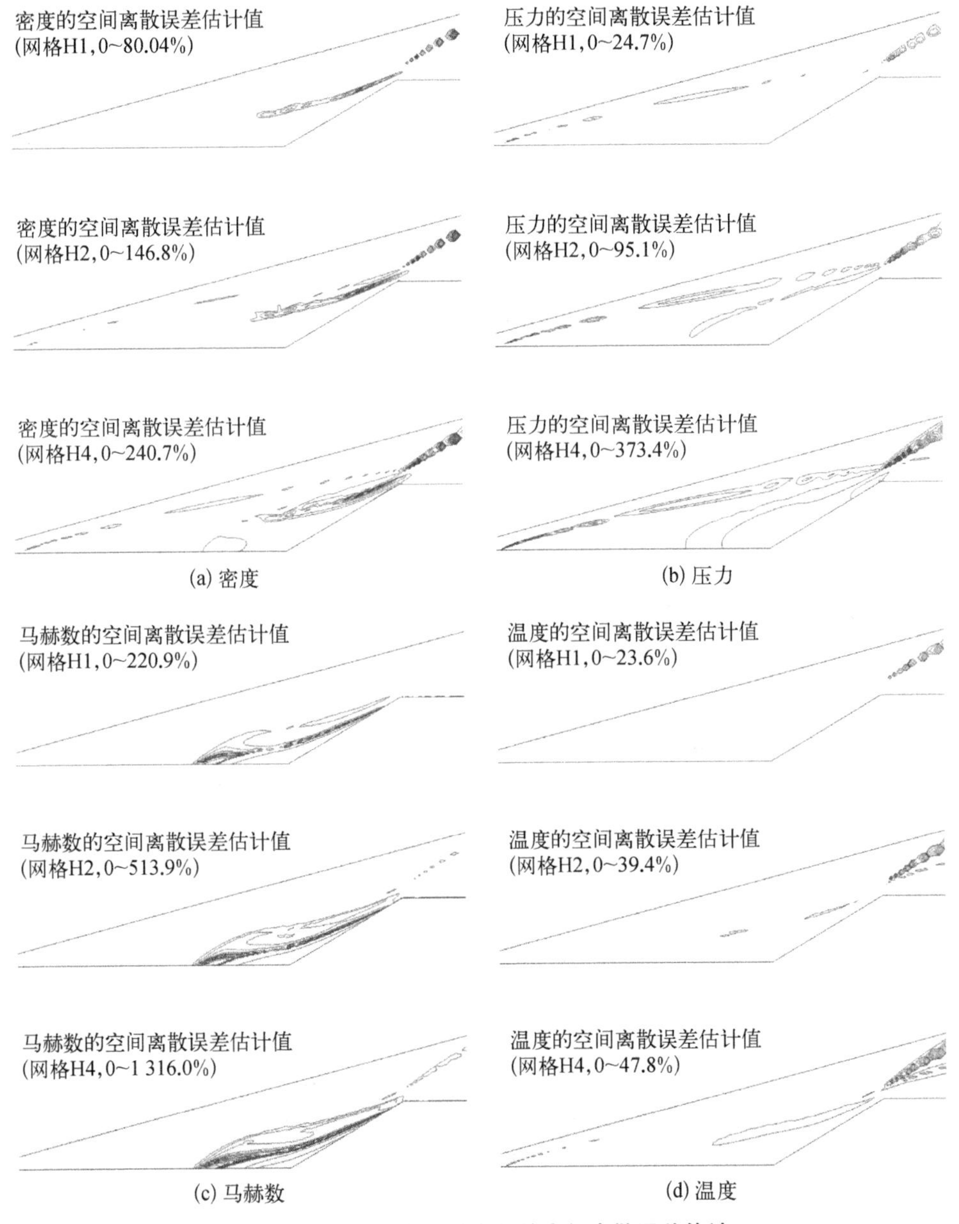

图 3.33　流场中各流动参数的空间离散误差估计

附近，总结起来是各参数变化剧烈处其空间离散误差值也较大。而对同一流动参数的不同网格计算下的空间离散误差估计比较可知，随着网格尺度的放大，流场相同位置的空间离散误差呈现显著放大的趋势。

采用三套网格的 GRE、MOE 和采用两套网格的一阶 GRE 和二阶 GRE 的离散误差表达式仍为式(3.10)。另外，分别定义不带安全因子的一阶 GCI 和二阶 GCI，在细网格与粗网格上表达式分别为

$$\mathrm{GCI}(\%) = \frac{1}{r^p - 1}\left|\frac{f_2 - f_1}{f_1}\right| \times 100 \tag{3.51}$$

$$\mathrm{GCI}(\%) = \frac{r^p}{r^p - 1}\left|\frac{f_2 - f_1}{f_1}\right| \times 100 \tag{3.52}$$

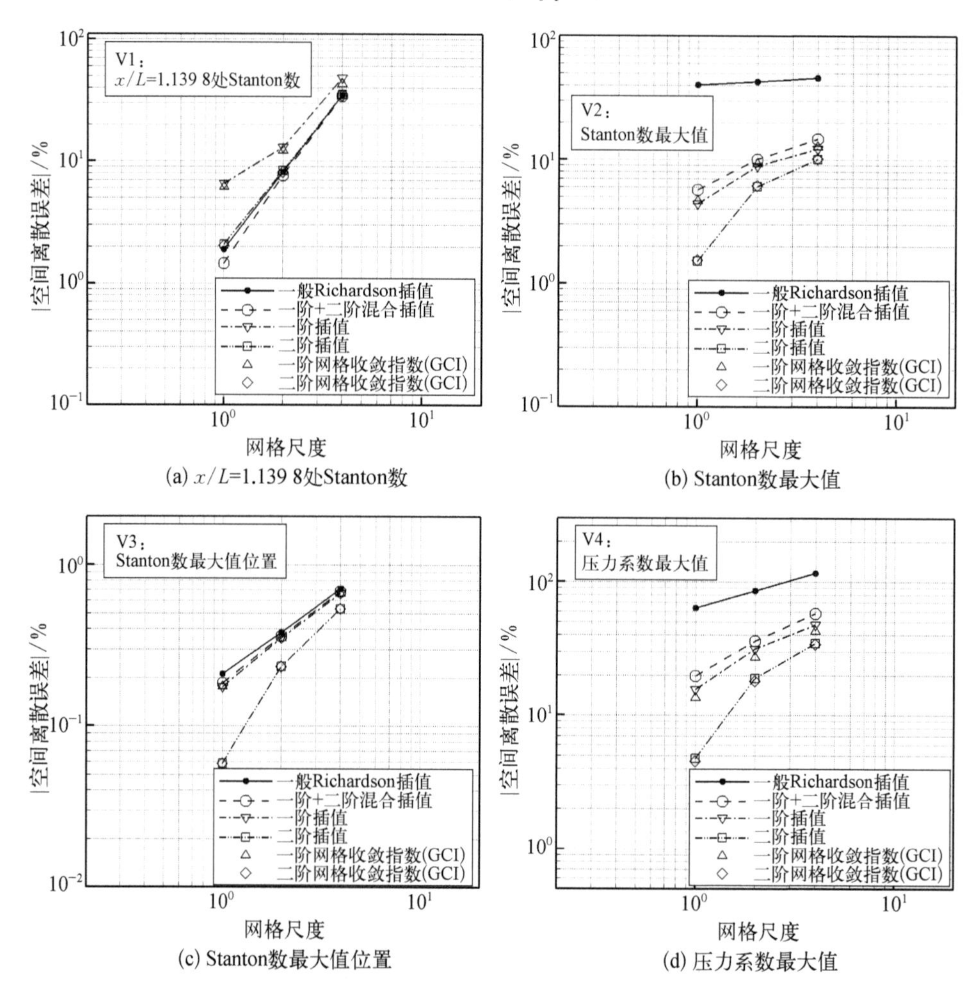

(a) x/L=1.139 8处Stanton数

(b) Stanton数最大值

(c) Stanton数最大值位置

(d) 压力系数最大值

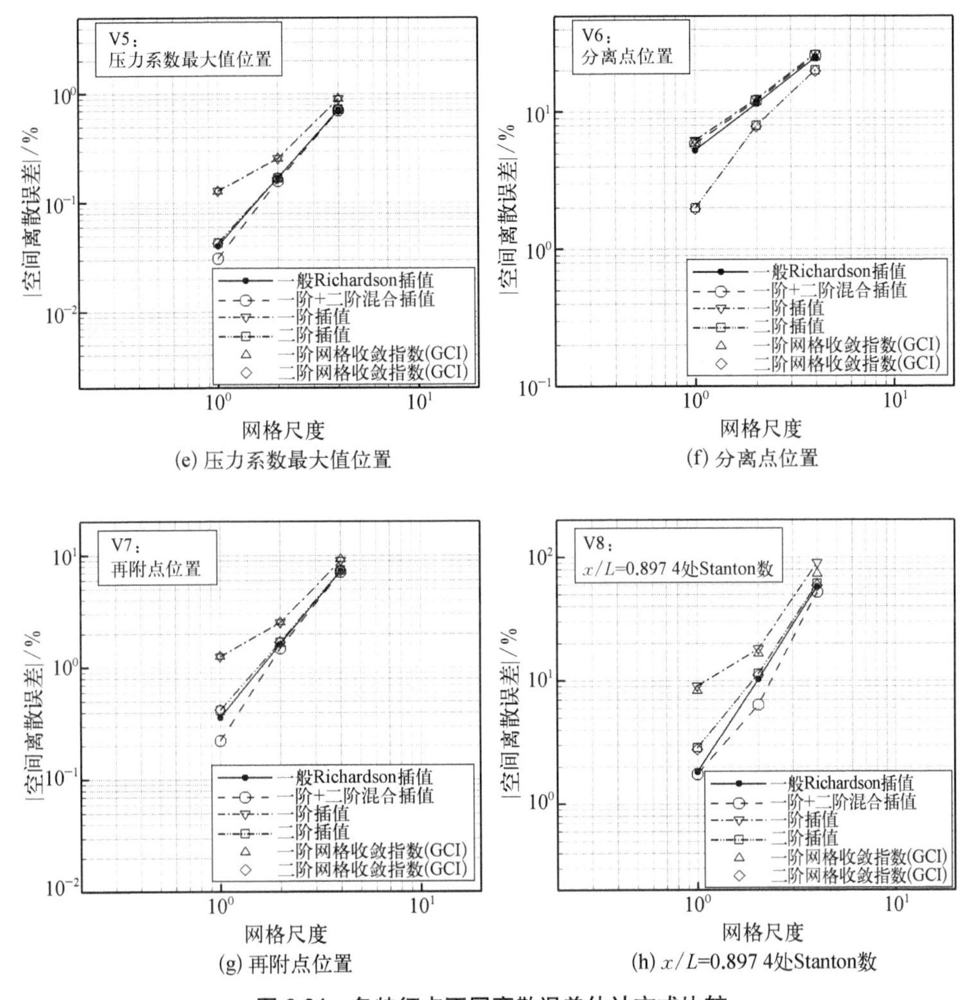

(e) 压力系数最大值位置　(f) 分离点位置

(g) 再附点位置　(h) x/L=0.897 4处Stanton数

图 3.34　各特征点不同离散误差估计方式比较

从图 3.34 可知不同的空间离散误差定义之间在量值上有差别，尤其在密网格上，所以在讨论离散误差时需注意是何种离散误差的定义方式，但变化趋势基本一致，当网格变密时，数值解趋于收敛值，表明数值解得到确认。

3. 确认研究

1) 壁面压力、热流及摩阻分布

表 3.10 为不同网格下计算得到的分离点、再附点位置及分离区大小及相应的实验数据，图 3.29(b)~(d)分别给出了壁面压力系数、Stanton 数及摩阻系数沿流向的分布。压力在经过拐角之后有一个跃升，出现平台压力，之后继续上

升,在经过再附点之后边界层最薄的地方达到峰值。热流的峰值位置与压力的峰值位置几乎相同,峰值对应流动跨过分离激波与主激波交叉点(三叉点)之下游,由于流动再压缩,引起表面热流载荷达到峰值。从表面摩擦力曲线可以看出流动的方向,分离点下游至再附点之间的流动区域为回流区,摩擦应力小,经过再附点后,摩擦应力跃升至峰值,随后下降。与实验数据的初步比对表明计算结果与实验数据符合较好。

表 3.10　T2-97 模型计算与实验分离点、再附点位置及分离区大小比较

x/L	分离点位置	再附点位置	分离区大小
实验	0.76±0.01	1.34±0.015	0.58
H1	0.718	1.347	0.629
H2	0.760	1.330	0.570
H4	0.851	1.254	0.403
H8	0.945	1.131	0.186
H16	1.005	1.027	0.022
MFP_H1	0.746	1.336	0.59

图 3.35 为采用网格 H1 计算得到的流场结构,可见激波与边界层之间的干扰导致流动分离,存在分离点与分离激波,再附点与再附激波,从流线图也可以看到明显的回流区,这一点与图 3.25 实验油流和流场显示一致,说明 CHANT 平台具备对此类复杂流动进行数值模拟的能力,并得到了实验的确认。

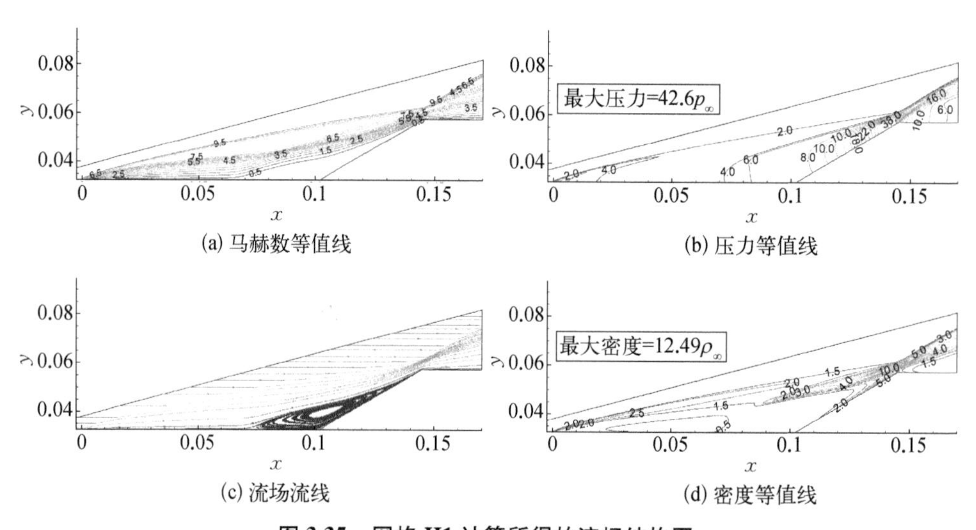

(a) 马赫数等值线　(b) 压力等值线

(c) 流场流线　(d) 密度等值线

图 3.35　网格 H1 计算所得的流场结构图

2）Wilson 的确认方式

选取 $x/L=0.897\,4$ 位置处热流 Stanton 数（记 C1），$x/L=1.139\,8$ 位置处热流 Stanton 数（C2），分离点位置（C3），再附点位置（C4），$x/L=0.896\,7$ 位置处压力系数（C5），$x/L=1.096\,5$ 位置处压力系数（C6）及 $x/L=1.394\,0$ 位置处压力系数（C7）为特征点计算。基于验证过程的讨论，对计算结果处理采用 MOE 方法，表 3.11 中计算值 S 取网格 H1 解，表中百分比指与实验值之比，即 $U_D\%=U_D/D$。

表 3.11　T2-97 模型确认过程不确定度估计

特征点	C1	C2	C3	C4	C5	C6	C7
D	1.97E-3	6.77E-3	0.76	1.34	6.15E-2	8.73E-2	5.24E-1
S	1.69E-3	5.57E-3	0.72	1.35	7.66E-2	1.12E-1	5.77E-1
$U_D\%$	1.47E-1	1.97E-1	1.32E-2	1.12E-2	9.51E-2	1.20E-1	9.09E-2
$U_{SN}\%$	3.21E-2	1.76E-2	1.20E-1	3.57E-3	2.55E-1	1.00E-1	4.06E-1
$\lvert E\%\rvert$	1.45E-1	1.78E-1	5.53E-2	5.22E-3	2.47E-1	2.78E-1	1.00E-1
$U_V\%$	1.50E-1	1.98E-1	1.21E-1	1.17E-2	2.72E-1	1.56E-1	4.16E-1

按照 Wilson 的确认方式，表 3.11 中数据 C1、C2、C3、C4、C5、C7 特征点均有 $|E|<U_V$，即认为计算数据达到 U_V 水平的确认，而 C6 没有，可认为模型误差较大，需改进数值计算模型，如计算格式、边界条件等。

3）Oberkampf 确认尺度

首先，选取 21 个流向不同位置有压力系数实验数据的特征点，进行压力系数（网格 H1 的解）计算与实验的确认，根据 Oberkampf 提出的有关不确定度的确认尺度，由式（3.36）计算得到不确定度的确认尺度 $V=0.634\,5$，表明压力系数的数值计算结果与实验数据的一致性不是太好，这与诸多文献中的计算结果较为一致。

再选取 22 个流向不同位置有热流 Stanton 数实验数据的特征点，进行 Stanton 数（网格 H1 的解）计算与实验的确认，得 $V=0.863\,4$，十分接近 1，表明对于 Stanton 数的数值计算得到了实验数据很好的确认。

4. 评价结论

本节针对层流轴对称空心圆柱裙外形，开展了高超声速典型压缩拐角类型复杂流动基准问题的数值计算验证与确认研究。通过对不同数值方法计算结果的比较，完成了对该类型物理问题数值模拟计算方法的考核。再通过网格粗化研究，利用 Richardson 插值法，定量给出了数值计算中的空间离散误差估计，并对其主要误差类型做出判断，并完成验证工作。继而对两种确认的方式进行考察，完成数值模拟与实验的确认过程。

其中，针对层流 T2-97 模型的计算，由于实验数据较全面，对数值计算结果的验证与确认流程比较完整，量化给出的对误差与不确定度估计可以为 CFD 数值模拟的可信度分析提供参考。

3.7.3 简单翼身组合体的验证与确认研究

翼身组合体具有较高升阻比，可以进行较大范围的机动，而且还可以提高落点精度、扩大再入走廊、降低热流峰值并降低过载[59]，在未来飞行器的发展方向中此类外形占据一定比重，而数值模拟在此类飞行器的研发设计过程中又发挥着重要的作用，开展针对此类外形数值模拟的验证与确认工作十分必要。

本节将对某翼身组合体模型（记标模）的典型飞行状态进行数值模拟，采用网格细化研究方法，对数值模拟的误差估计展开研究，重点分析网格尺度变化对轴向力系数中摩擦应力项的影响作用，给出数值模拟的可信度，完成对该模型计算的验证工作。

1. 模型描述

图 3.36 给出了典型标模翼部及头部的网格分布，对不同高度、马赫数及攻角下标模的飞行状态开展数值模拟研究，下面以某典型飞行状态下的结果作分析说明。无黏通量构造方式采用 Steger-Warming 通量矢量分裂+minmod 限制器。

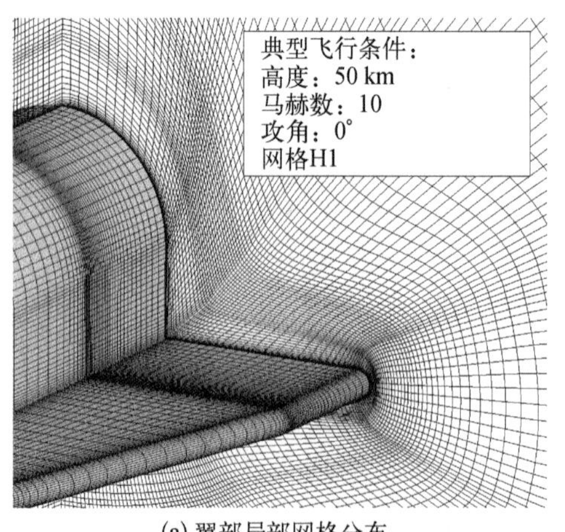

(a) 翼部局部网格分布

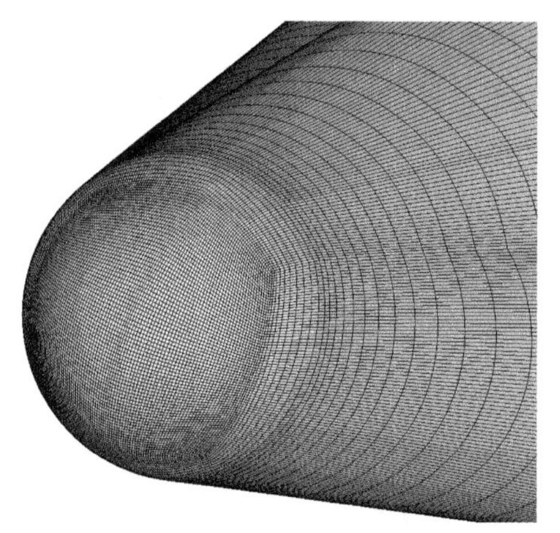

(b) 头部局部网格分布

图 3.36 典型标模翼部及头部的网格示意图

2. 验证研究

本研究中采用5套规模连续变化且拓扑结构一致的结构网格，记为网格H1、网格H1414、网格H2、网格H2828、网格H4，网格细化比取$\sqrt{2}$与2。其中，网格H2和网格H4分别从网格H1和网格H2隔一点抽取获得，网格H1414与网格H2828通过超限插值获得。其规模如表3.12所示，网格H1典型分布见图3.36。

表3.12　标模计算5套网格规模

网格名称	流向×法向×周向		网格雷诺数
	块1	块2	
H1	81×77×45	161×77×169	0.198
H1414	57×55×33	113×55×121	0.297
H2	41×39×23	81×39×85	0.436
H2828	29×28×17	57×28×61	0.595
H4	21×20×12	41×20×43	0.892

（1）不完全迭代收敛误差研究。通过对不完全迭代收敛误差与网格解的比较得出，本研究中所有网格计算下结果的不完全迭代收敛误差均可忽略。

（2）不同计算方法结果比较。对不同无黏通量构造方式与限制器组合数值方法进行比较，选取四组方案，分别是AUSMPW通量矢量分裂+van_albada限制器、Steger-Warming通量分裂+van_albada限制器、$AUSMPW^+$通量矢量分裂+van_albada限制器、Roe通量差分分裂+van_albada限制器，对不同计算方法计算的网格收敛性进行比较。

图3.37~图3.40为四组计算方法下网格解及其插值解比较，图3.41~图3.44为四组计算方法下网格解空间离散误差估计比较。从中发现不同无黏通量处理方式对轴向力系数预测的影响较大，对其余气动力系数的影响相对较小。不同限制器对于轴向力系数的影响稍大于对其余气动力系数的影响。对比四组方法得到的轴向力系数数据可知，在相同网格上，数值耗散小的格式的网格解收敛性要好于数值耗散大的格式，比如AUSMPW通量矢量分裂+van_albada限制器与Roe通量差分分裂+van_albada限制器的方法得到的空间离散误差远小于Steger-Warming通量分裂+van_albada限制器方法的。再对轴向力系数中各部分贡献进行研究，依旧得出误差主要来自摩擦应力项的结论，与前面一致。另外，在同一网格尺度下利用不同数值方法计算得到的流场特性无明显差异。

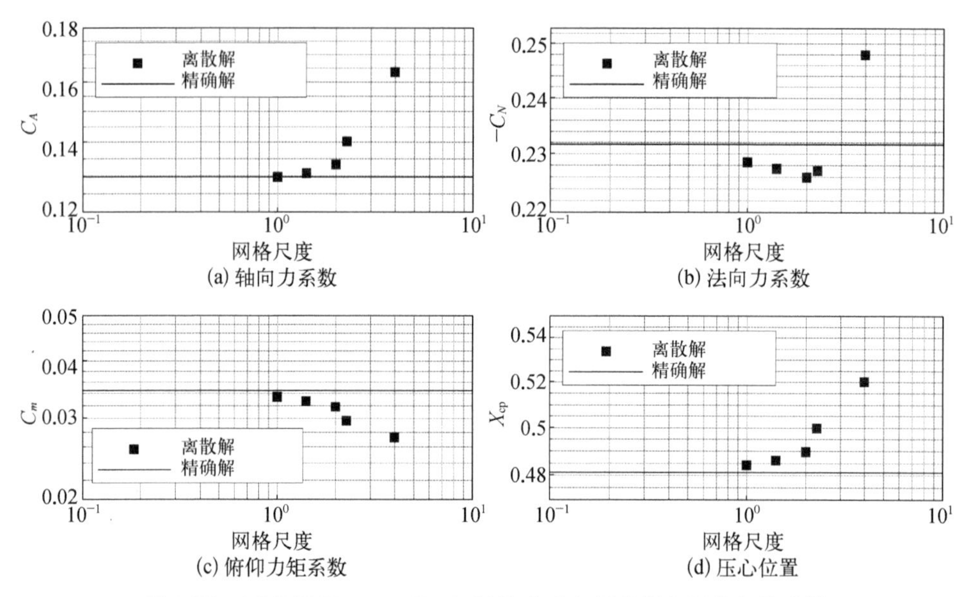

图 3.37 AUSMPW+van_albada 数值方法各网格解与插值解的比较

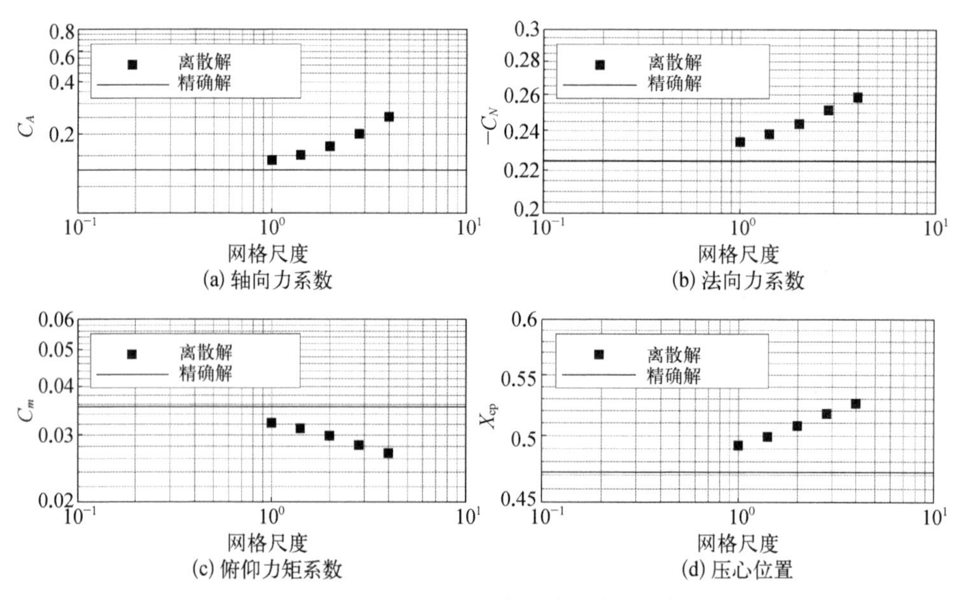

图 3.38 Steger-Warming+van_albada 数值方法各网格解与插值解的比较

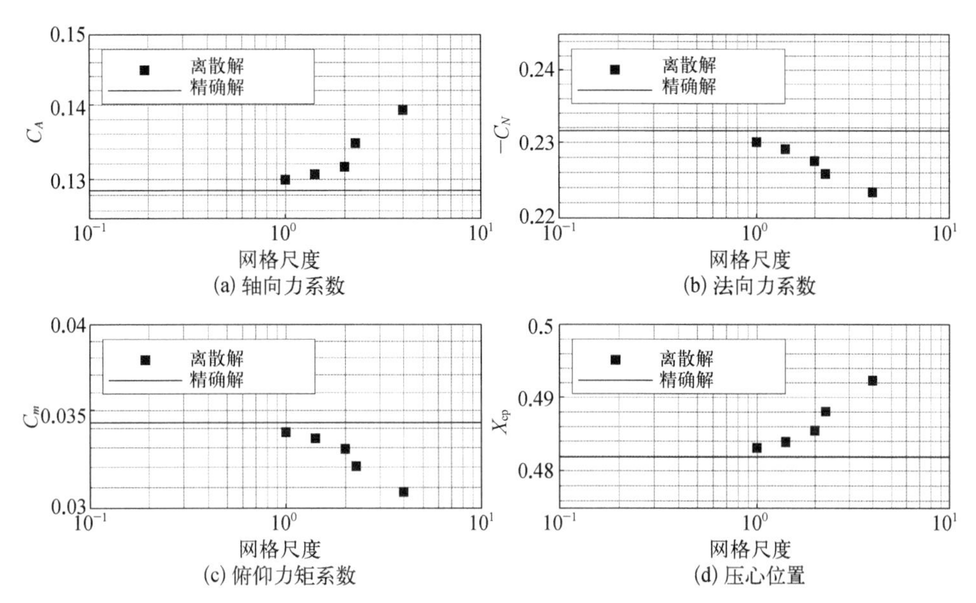

图 3.39　AUSMPW$^+$+van_albada 数值方法各网格解与插值解的比较

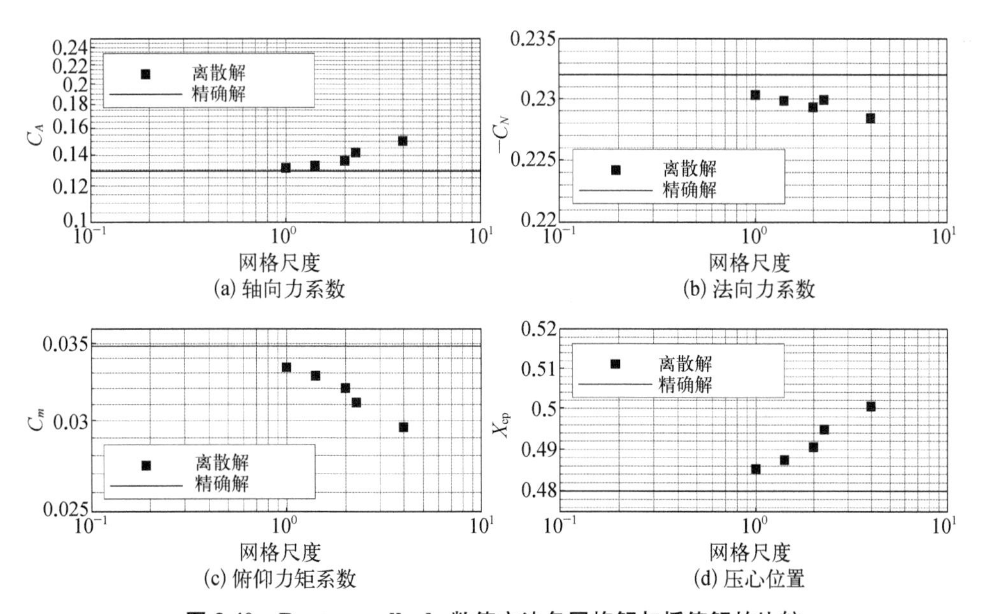

图 3.40　Roe+van_albada 数值方法各网格解与插值解的比较

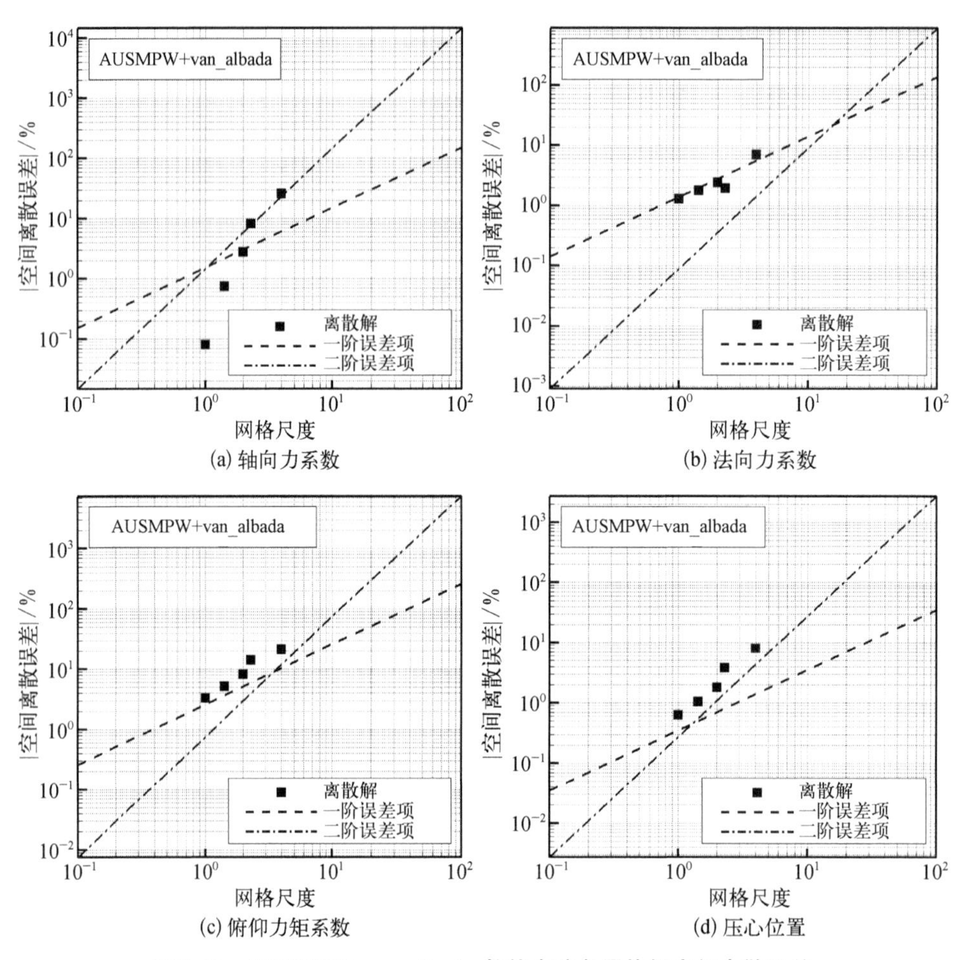

(a) 轴向力系数　(b) 法向力系数

(c) 俯仰力矩系数　(d) 压心位置

图 3.41　AUSMPW+van_albada 数值方法各网格解空间离散误差

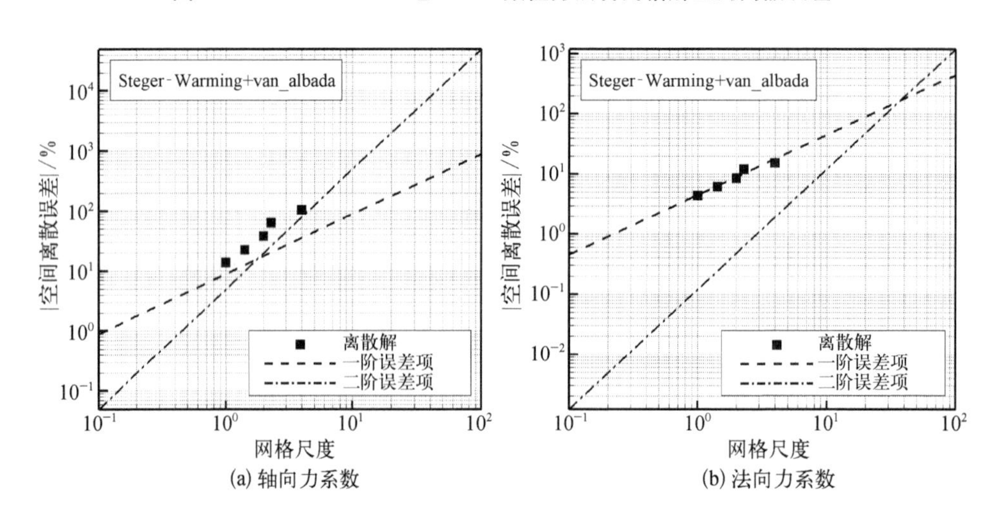

(a) 轴向力系数　(b) 法向力系数

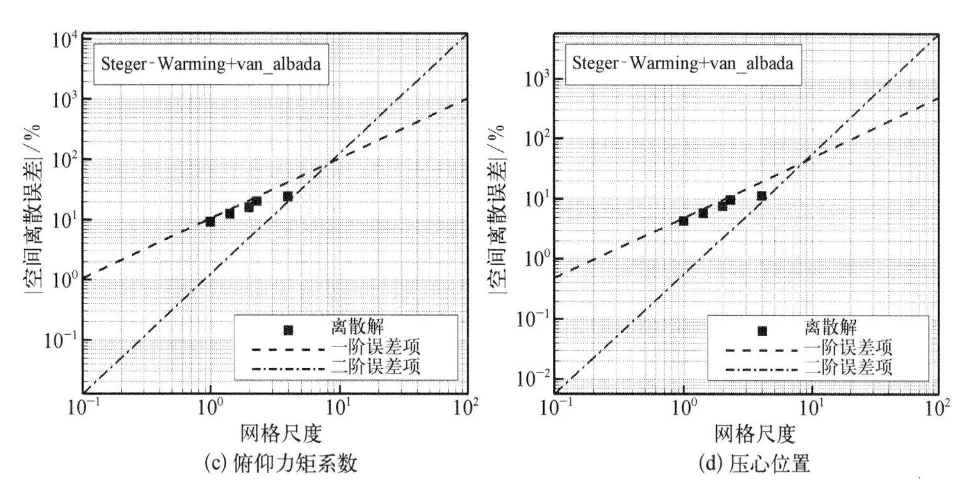

(c) 俯仰力矩系数

(d) 压心位置

图 3.42 Steger-Warming+van_albada 数值方法各网格解空间离散误差

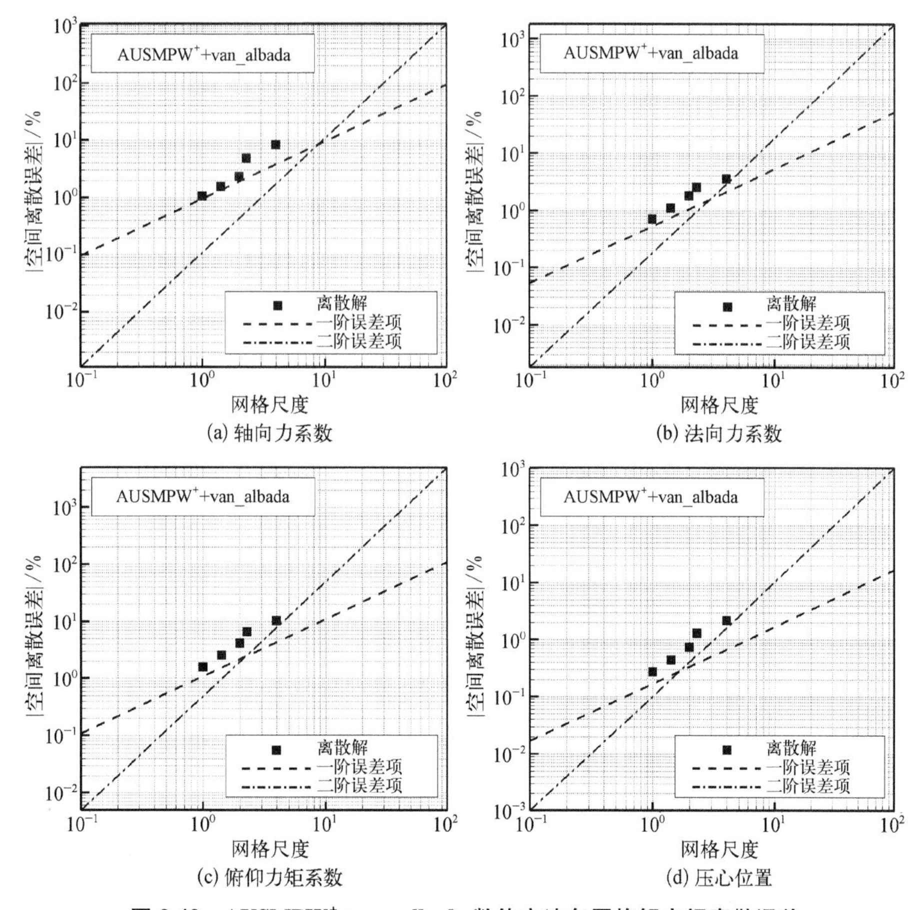

(a) 轴向力系数

(b) 法向力系数

(c) 俯仰力矩系数

(d) 压心位置

图 3.43 AUSMPW⁺+van_albada 数值方法各网格解空间离散误差

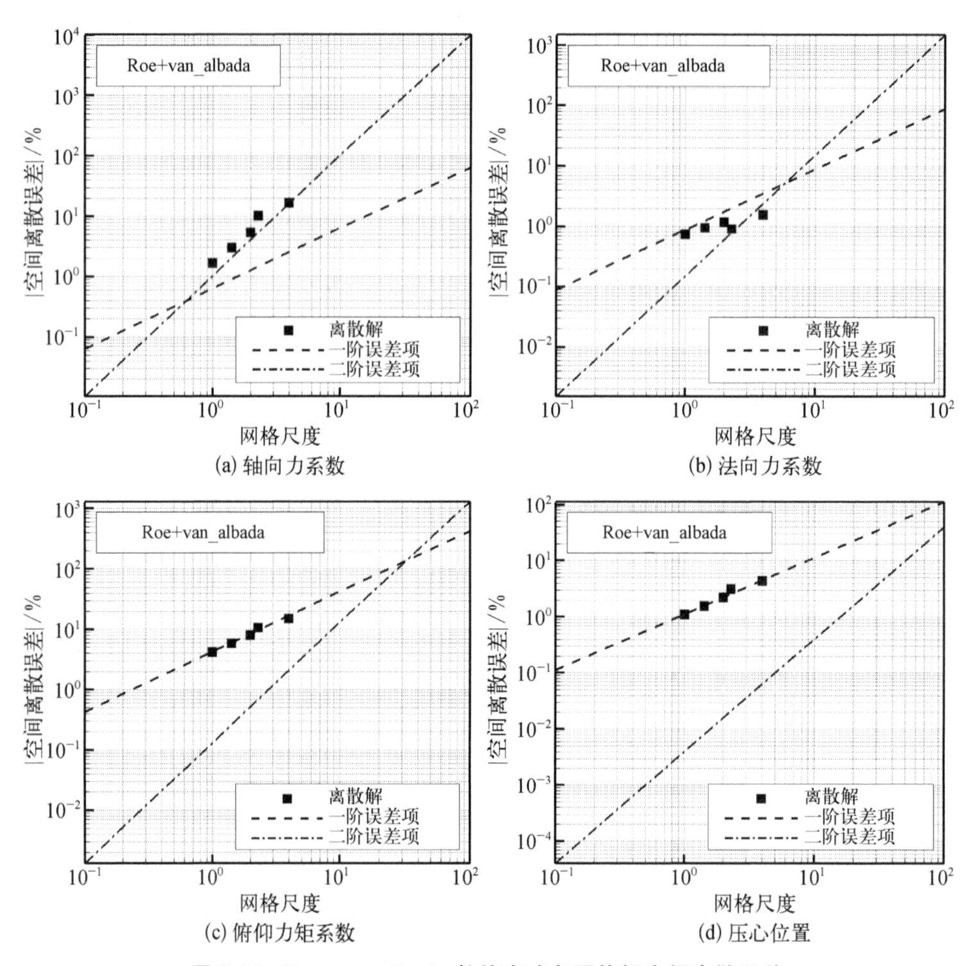

(a) 轴向力系数 (b) 法向力系数

(c) 俯仰力矩系数 (d) 压心位置

图 3.44 Roe+van_albada 数值方法各网格解空间离散误差

（3）空间离散误差估计。网格插值解与空间离散误差估计采用 MOE 方式获得。

图 3.45 为轴向力系数、法向力系数、俯仰力矩系数及压心位置的各网格解收敛趋势，图 3.46 和图 3.47 分别为各气动力系数中压力项与摩擦应力项的贡献。从图中可知，轴向力中摩擦应力项与压力项各占一半，而在其余气动力中摩擦应力项占很小的比重。从图 3.48 可知该 5 套网格计算下的气动力的误差项主要是一阶误差占主导，其中轴向力系数的空间离散误差最大，而法向力系数、俯仰力矩系数以及压心位置的空间离散误差较小，可认为网格解已经有很好的收敛，结论与表 3.13 中的网格收敛特性评价指数反映一致。图 3.49 ~ 图 3.51 分别给出了各气动力系数空间离散误差估计中的压力项与摩擦应力项贡献，从图中可知在对轴向力的数值计算中，空间离散误差主要来自摩擦应力项。

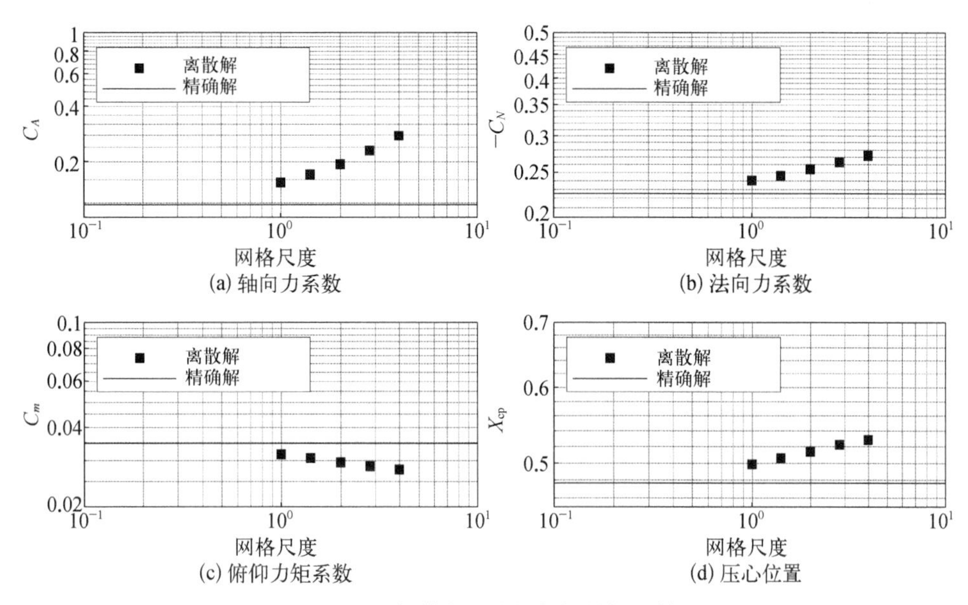

图 3.45　标模各网格解与插值解比较

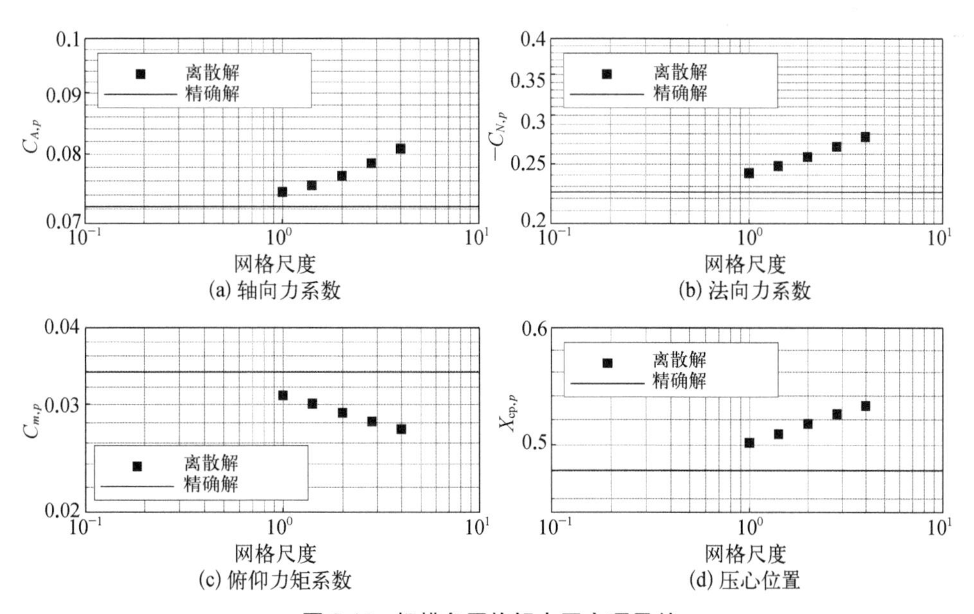

图 3.46　标模各网格解中压力项贡献

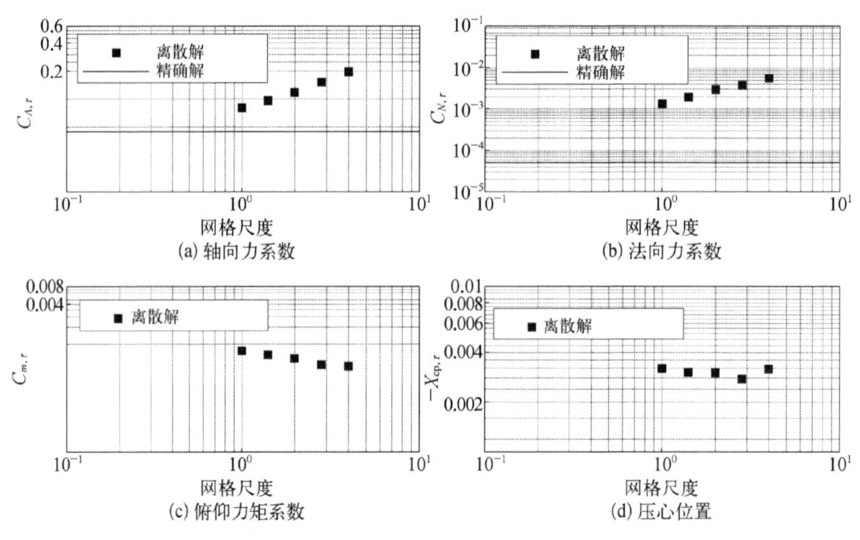

图 3.47　标模各网格解中摩擦应力项贡献

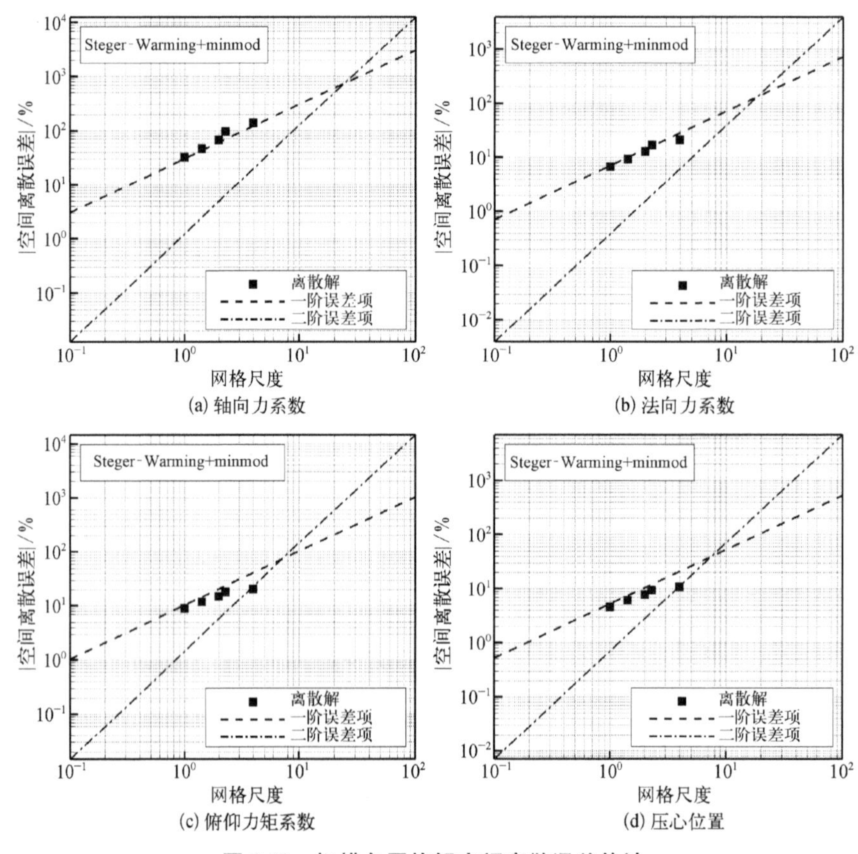

图 3.48　标模各网格解空间离散误差估计

表 3.13　标模网格收敛特性评价指数

轴向力系数 C_A	法向力系数 C_N	俯仰力矩系数 C_m	压心位置 X_{cp}
8.7E−3	3.9E−3	0.9E−3	6.1E−3

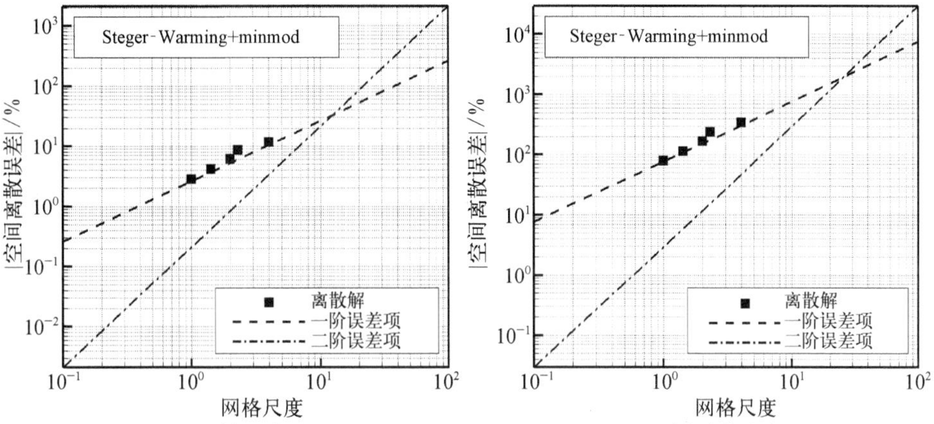

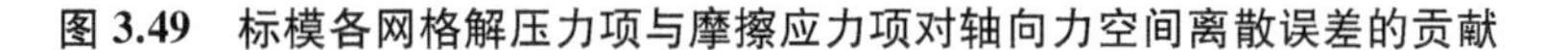

(a) 压力项　(b) 摩擦应力项

图 3.49　标模各网格解压力项与摩擦应力项对轴向力空间离散误差的贡献

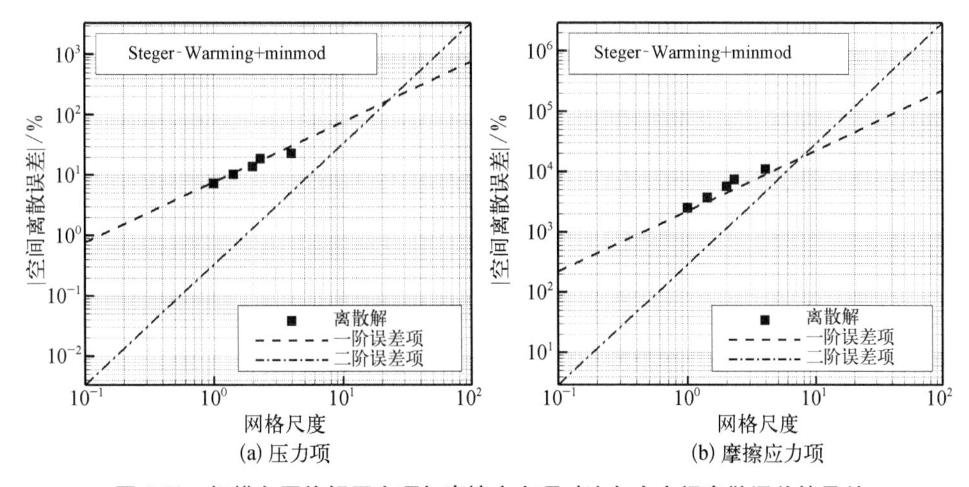

(a) 压力项　(b) 摩擦应力项

图 3.50　标模各网格解压力项与摩擦应力项对法向力空间离散误差的贡献

表 3.14 为网格 H1 计算所得轴向力各项空间离散误差估计,虽然压力项与摩擦应力项网格解在轴向力中所占比重相当,但离散误差差异较大。压力项离散误差为 2.85%,而摩擦应力项离散误差为 79.30%,分别占轴向力总离散误差的 5.6%与 94.4%,其主要离散误差来源是摩擦应力项。

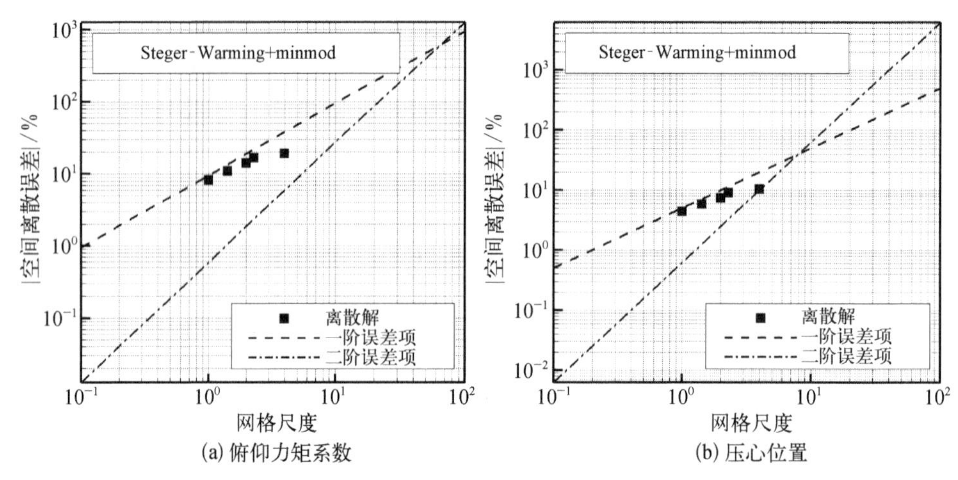

(a) 俯仰力矩系数 (b) 压心位置

图 3.51 标模各网格解压力项对俯仰力矩及压心位置空间离散误差的贡献

表 3.14 标模网格 H1 轴向力空间离散误差估计

项　目	C_A	$C_{A,p}$	$C_{A,\tau}$
网格 H1 解	0.153 8	0.074 4	0.079 5
插值解 $\tilde{f}_{\text{exact}}$	0.116 6	0.072 3	0.044 3
离散误差估计/%	31.90	2.85	79.30
占总离散误差估计比例/%		5.6	94.4

一些计算得到的各套网格解较接近,无法进行 Richardson 插值,可认为均达到很好的收敛,与插值解接近,如图 3.47 中的法向力系数与压心位置。另外,通过对不同网格尺度下计算得到的流场特性的考察发现,随着网格尺度的放大,离散误差随之增大,激波层厚度也随之增大。

为进一步对摩擦应力项的网格收敛性展开研究,考察了在更密网格 H0707 下网格解的收敛情况。网格 H0707 由网格 H1 插值得到,规模如表 3.15 所示。

表 3.15 标模网格 H0707 规模

网格名称	流向×法向×周向		网格雷诺数
	块 1	块 2	
H0707	113×109×65	225×109×241	0.138 7

表 3.16 为采用网格 H0707 计算所得轴向力的各项空间离散误差估计。随

着网格规模的增大，网格 H0707 的解越靠近之前 5 套网格的插值解，而利用更密网格 H0707 插值出来的解与之前的插值解的相对误差为 7.38%，最密网格的离散误差也减小为 14.95%，其主要原因是摩擦应力项离散误差的显著减少。所以，在对轴向力的气动力数值模拟时，应注重摩擦应力项的模拟精度。

表 3.16　标模网格 H0707 轴向力空间离散误差估计

项　　目	C_A	$C_{A,p}$	$C_{A,\tau}$
网格 H0707 解	0.143 9	0.073 9	0.070 1
插值解 $\tilde{f}_{\text{exact}}$	0.125 2	0.073 0	0.052 2
离散误差估计/%	14.95	1.10	34.21
占总离散误差估计比例/%		4.8	95.2

3. 确认研究

本节标模因无风洞数据，无法完成确认过程，但有几点说明。

目前针对高超声速流动 CFD 的确认工作相当困难，主要原因之一是目前地面风洞模拟的马赫数范围有限(一般认为马赫数在 8 以下的气动力实验数据较为可靠)，同时气体的密度也无法低到足以提供很低的雷诺数。这样一来，常规的以马赫数与雷诺数作为相似准则的实验相似准则对于此类高超声速飞行器的实验模拟就很困难，必须寻找新的相似参数来准确合理地进行地面风洞实验数据与实际飞行状态数据的关联。而 CFD 数值模拟可以直接模拟飞行状态的流场，如何将实际飞行条件下的数值模拟结果与实验结果进行确认，其中最为关键的就是寻找合适的相似参数[60-63]。

鉴于此，作者针对有飞行试验数据的航天飞机模型 OV-102 展开研究。分以下步骤进行：

(1) 利用 CHANT 平台模拟一系列高度下飞行状态的流场，对数值模拟气动力系数结果与 ADDB 数据库确认，得出诸气动力系数在飞行状态下与第三黏性干扰系数之间的线性关系；

(2) 利用 CHANT 平台模拟风洞实验数据，针对同一高度下保持第三黏性干扰系数不变只改变马赫数与气体密度，得出一系列不同马赫数下气动力系数实验数据；

(3) 寻找不同马赫数下实验数据与飞行状态数据之间的关联，通过一系列的分析研究发现，可以建立加入马赫数修正后的基于第三黏性干扰系数下的相似参数关系式；

（4）最后考察相似参数关系式在不同高度（黏性干扰强弱）下的适用性，通过一系列数值模拟表明，该关系式有较高精度，可以用于低马赫数、高密度风洞实验数据向飞行数据的外推，实现合理的天地换算，从而为此类 CFD 数值模拟的确认工作提供必要保证。

基于航天飞机模型 OV-102 的相似参数关系式的推导过程同样可以用于其他类似飞行器的天地换算与 CFD 数值模拟的确认，也同样适用于本节标模的确认。这样就可以通过低马赫数、高密度风洞实验数据向真实飞行环境的外推，获得真实飞行条件（高马赫数、低密度）下的“飞行数据”，为 CFD 的验证与确认提供对比数据。

4. 评价结论

本节针对标模典型飞行状态展开气动力数值模拟的验证与确认研究工作，应用已建立的有关 CFD 验证的方法指导数值模拟工作的展开，得到了气动力系数随网格尺度变化的收敛趋势及不同网格尺度下不同气动力系数计算数据的离散误差估计。对轴向力系数两种来源的分析表明，摩擦应力项对于网格尺度的要求要高于压力项对于网格尺度的要求，通过对不同耗散大小的无黏通量格式与限制器组合数值方法的研究表明，在网格解收敛性对网格规模的要求上，数值耗散小的数值方法低于数值耗散大的。

通过对此类翼身组合体绕流数值模拟的验证研究，给出了如何提高气动力预测精度的建议。气动力系数（尤其是轴向力系数）数值模拟离散误差主要来自摩擦应力项，为提高气动力系数预测的精度等级，采取网格细化研究是必要的。当然，在保持网格不变的情况下，可以采用有较高摩擦应力预测能力的数值格式来实现。

可以进一步开展对类似飞行器流场模拟中空间离散误差主要来源的研究，并建立相应的判断准则，最后给出网格细化的建议方针。有理由相信，在无须将全部网格加密而只需对局部网格进行加密的情况下，就可以在增加尽量少的计算机时情况下，提高对摩擦应力项的预测精度，从而提高对整体气动力系数的预测精度。如此，CFD 验证与确认工作的意义不仅仅是给出 CFD 模拟的可信度，同时也对 CFD 研究与工程应用提供了实用的建议。

参考文献

[1] 阎超.计算流体力学方法及应用.北京：北京航空航天大学出版社，2006.

[2] Eca L, Hoekstra M, Roache P J. Verification of calculations: an overview of the Lisbon workshop. 23rd AIAA Applied Aerodynamics Conference, 2005: 4728.

[3] Eca L, Hoekstra M, Roache P J. Verification of calculations: an overview of the 2nd Lisbon workshop. 18th AIAA Computational Fluid Dynamics Conference, 2007: 4089.

[4] Eca L, Hoekstra M, Roache P J, et al. Code verification, solution verification and validation: an overview of the 3rd Lisbon workshop. 19th AIAA Computational Fluid Dynamics, 2009: 3647.

[5] Roache P J. Perspective: a method for uniform reporting of grid refinement studies. Journal of Fluids Engineering, 1994, 116(3): 405-413.

[6] Roache P J, Ghia K N, White F M. Editorial policy statement on the control of numerical accuracy. Journal of Fluids Engineering, 1986, 108(1): 2-2.

[7] Cosner R R, Oberkampf W L, Rahaim C P, et al. AIAA Committee on standards for computational fluid dynamics — status and plans. 42nd AIAA Aerospace Sciences Meeting and Exhibit, 2004: 654.

[8] Cosner R R, Oberkampf W L, Rumsey C L, et al. AIAA Committee on standards for computational fluid dynamics: status and plans. 43rd AIAA Aerospace Sciences Meeting and Exhibit, 2005: 568.

[9] Cosner R R, Oberkampf W L, Rumsey C L, et al. AIAA Committee on standards for computational fluid dynamics: status and plans. 44th AIAA Aerospace Sciences Meeting and Exhibit, 2006: 889.

[10] Oberkampf W L, Trucano T G. Validation methodology in computational fluid dynamics (invited). Fluids 2000 Conference and Exhibit, 2000: 2549.

[11] Rahaim C P, Oberkampf W L, Cosner R R, et al. AIAA committee on standards for computational fluid dynamics — status and plans. 41st AIAA Aerospace Sciences Meeting and Exhibit, 2003: 884.

[12] Roy C J. Grid convergence error analysis for mixed-order numerical schemes. AIAA Journal, 2003, 41(4): 595-604.

[13] Roy C J, Blottner F G. Review and assessment of turbulence models for hypersonic flows: 2D/axisymmetric cases. 44th AIAA Aerospace Sciences Meeting and Exhibit, 2006: 713.

[14] Roy C J, Oberkampf W L. A complete framework for verification, validation, and uncertainty quantification in scientific computing (invited). 48th AIAA Aerospace Sciences Meeting Including the New Horizons Forum and Aerospace Exposition, 2010: 124.

[15] AIAA. Guide for the verification and validation of computational fluid dynamics simulations. STD · AIAA G-077-ENGL, 1998.

[16] 王瑞利,温万治.复杂工程建模和模拟的验证与确认.计算机辅助工程,2014,23(4): 61-68.

[17] Oberkampf W L, Roy C J. Verification and Validation in Scientific Computing. New York: Cambridge University Press, 2010.

[18] Richardson L F, J Arthur Gaunt B A. VIII. The deferred approach to the limit. Philosophical Transactions of the Royal Society of London, Series A, 1927, 226(636-646): 299-361.

[19] Gokaltun S, Skudarnov P V, Lin C X. Verification and validation of CFD simulation of pulsating laminar flow in a straight pipe. 17th AIAA Computational Fluid Dynamics Conference, 2005: 4863.
[20] Mehta U B. Credible computational fluid dynamics simulations. AIAA Journal, 1998, 36(5): 665-667.
[21] Roache P J. Quantification of uncertainty in computational fluid dynamics. Annual Review of Fluid Mechanics, 1997, 29(1): 123-160.
[22] Jameson A, Martinelli L. Mesh refinement and modeling errors in flow simulation. AIAA Journal, 1998, 36(5): 676-686.
[23] Roy C J, Mcwherter-Payne M A, Oberkampf W L. Verification and validation for laminar hypersonic flowfields. Fluids 2000 Conference and Exhibit, 2000: 2550.
[24] Rizzi A, Vos J. Toward establishing credibility in computational fluid dynamics simulations. AIAA Journal, 1998, 36(5): 668-675.
[25] Wilson R, Stern F. Verification and validation for RANS simulation of a naval surface combatant. 40th AIAA Aerospace Sciences Meeting & Exhibit, 2002: 904.
[26] 张涵信.关于 CFD 计算结果的不确定度问题.空气动力学学报,2008,26(1): 47-49.
[27] 陈坚强,张益荣.基于 Richardson 插值法的 CFD 验证和确认方法的研究.空气动力学学报,2012,30(2): 176-183.
[28] Schlesinger S. Terminology for model credibility. Simulation, 1979, 32(3): 103-104.
[29] Boehm B W. Software Engineering Economics. New York: Prentice-Hall Englewood Cliffs (NJ), 1981.
[30] Blottner F G. Accurate Navier-Stokes results for the hypersonic flow over a spherical nosetip. Journal of Spacecraft and Rockets, 1990, 27(2): 113-122.
[31] 中国人民解放军总装备部军事训练教材编辑工作委员会.高超声速气动力试验.北京: 国防工业出版社,2004.
[32] Taylor J R, Thompson W. An Introduction to Error Analysis: the Study of Uncertainties in Physical Measurements. University Science Books, 1982.
[33] 中国人民解放军总装备部军事训练教材编辑工作委员会.高速风洞实验.北京: 国防工业出版社,2003.
[34] 恽起麟.风洞实验数据的误差与修正.北京: 国防工业出版社,1996.
[35] Bevington P R, Robinson D K. Data reduction and error analysis for the physical sciences. 3rd edition. New York: McGraw-Hill, 2003.
[36] Advisory Group for Aerospace Research and Development. Quality assessment for wind tunnel testing. AGARD-AR-304, 1994.
[37] Oberkampf W L, Trucano T G. Verification and validation in computational fluid dynamics. SAND2002-0529, March, 2002.
[38] 张涵信,查俊.关于 CFD 验证确认中的不确定度和真值估算.空气动力学学报,2010, 28(1): 39-45.
[39] Oberkampf W L, Blottner F G, Aeschliman D P. Methodology for computational fluid dynamics code verification/validation. Fluid Dynamics Conference, 1995: 2226.

[40] Pelletier D, Turgeon, Lacasse D, et al. Adaptivity, sensitivity and uncertainty: towards standards in CFD. 39th AIAA Aerospace Sciences Meeting and Exhibit, 2001: 192.
[41] Champion K. Middle atmosphere density data and comparison with models. Advances in Space Research, 1990, 10(6): 17-26.
[42] 陈亮中.双三角翼非定常分离流动的数值模拟研究.绵阳：中国空气动力研究与发展中心博士学位论文,2009.
[43] 刘化勇.超声速引射器的数值模拟方法及其引射特性研究.绵阳：中国空气动力研究与发展中心博士学位论文,2009.
[44] Eca L, Vaz G, Hoekstra M. Code verification, solution verification and validation in RANS solvers. ASME 2010 29th International Conference on Ocean, Offshore and Arctic Engineering, 2010: 597-605.
[45] Maclean M, Holden M. Validation and comparison of WIND and DPLR results for hypersonic, laminar problems. 42nd AIAA Aerospace Sciences Meeting and Exhibit, 2004: 529.
[46] Celik I B, Li J. Assessment of numerical uncertainty for the calculations of turbulent flow over a backward-facing step. International Journal for Numerical Methods in Fluids, 2005, 49(9): 1015-1031.
[47] Deng G B. A solution qualification procedure applied to a backward facing step test case. RTO-MP-AVT-147-P-44, 2007.
[48] 邓小刚,宗文刚,张来平,等.计算流体力学中的验证与确认.力学进展,2007,37(2): 279-288.
[49] Stern F, Wilson R V, Coleman H W, et al. Comprehensive approach to verification and validation of CFD simulations — part 1: methodology and procedures. Journal of Fluids Engineering, 2001, 123(4): 793-802.
[50] Perez R A. Uncertainty analysis of computational fluid dynamics via polynomial chaos. Virginia Tech, 2008.
[51] Walters R W, Huyse L. Uncertainty analysis for fluid mechanics with applications. NASA/CR-2002-211449, ICASE Report No. 2002-1.
[52] Cleary J W. Effects of angle of attack and bluntness on laminar heating-rate distributions of a 15° cone at a Mach number of 10.6. NASA TN D-5450, October, 1969.
[53] 张涵信,沈清,高树椿.钝锥有攻角分离流动的数值模拟及其分析.空气动力学学报,1991,(2): 160-175.
[54] Logan R W, Nitta C K. Comparing 10 methods for solution verification, and linking to model validation. Journal of Aerospace Computing, Information, and Communication, 2006, 3(7): 354-373.
[55] Anderson J D. Hypersonic and High-Temperature Gas Dynamics. New York: McGraw-Hill, 1989.
[56] De Vahl Davis G. Natural convection of air in a square cavity: a bench mark numerical solution. International Journal for numerical methods in fluids, 1983, 3(3): 249-264.
[57] 李素循.激波与边界层主导的复杂流动.北京：科学出版社,2007.

[58] Chanetz B, Coet M C, Nicout D, et al. Nouveaux moyens d' essais hypersoniques developpes a l' ONERA: les souffleries R5 et F4. AGARD Theoretical and Experimental Methods in Hypersonic Flows, AGARD Symposium, AGARD-CP-514, 1992.

[59] 唐伟,桂业伟,张勇,等.一种翼身组合体的气动设计及优化.宇航学报,2007,28(1):198-202.

[60] 龚安龙,周伟江,纪楚群,等.高超声速黏性干扰效应相关性研究.宇航学报,2008,29(6):1706-1710.

[61] 黄志澄.高超声速飞行器空气动力学.北京:国防工业出版社,1995.

[62] 庄逢甘,赵梦熊.航天飞机的空气动力学问题.气动实验与测量控制,1987,(4):1-8.

[63] 庄逢甘,赵梦熊.航天飞机的黏性干扰效应——航天飞机的空气动力学问题之二.气动实验与测量控制,1988,(1):1-11.

第四章

喷流干扰及喷流/舵面复合控制研究

4.1 引言

临近空间高超声速飞行器的飞行高度可达 80 千米以上，环境大气稀薄，来流动压低导致控制舵舵面效率不足，这使得采用单一的舵面控制系统难以满足飞行器机动性和弹道控制的需求。对导弹实现姿态控制和飞行高度控制，当传统的空气舵和燃气舵效率很低或不起作用，或者反应慢、响应时间长，不能满足导弹快速机动的要求时，在目前的技术下，采用横向喷流控制系统已被证实是一种行之有效的主动控制手段[1-3]。横向喷流控制（或称侧向喷流控制）是喷流反作用控制系统（reaction control system, RCS）的一种，它是利用安装在飞行器上的微型发动机所产生的横向喷流反作用力和喷流与来流相互作用产生的干扰力对飞行器的运动状态/轨迹进行控制的一种新型控制手段，与常规的气动舵面控制相比，它有两个突出的优点，即响应时间短和适用范围宽，除能在有空气的条件下使用外，还能在低动压（低速和高高空）条件下使用，是一种满足先进飞行器全速域、全空域、强机动和快响应要求的气动控制技术。

高超声速来流与高速横向喷流相互作用，将出现复杂而剧烈的激波/边界层干扰和激波/激波干扰等流动现象，典型的流动结构包括：喷流上游的分离区、下游的低压区、分离激波、弓形激波和再附激波等（图 4.1 和图 4.2）。喷流对飞行器气动特性的影响主要表现在：喷流本身产生的反作用力/力矩（即推力及相对应的力矩）及由喷流与来流干扰引起的干扰力/干扰力矩。喷流与来流相互作用改变了飞行器的绕流环境，使飞行器表面压力和剪切应力分布发生变化，一方面使飞行器的气动载荷发生变化，另一方面在飞行器上产生附加的干扰力和干扰力矩，使喷流发动机产生的推力（或力矩）“放大”或者“缩小”，从而实现对

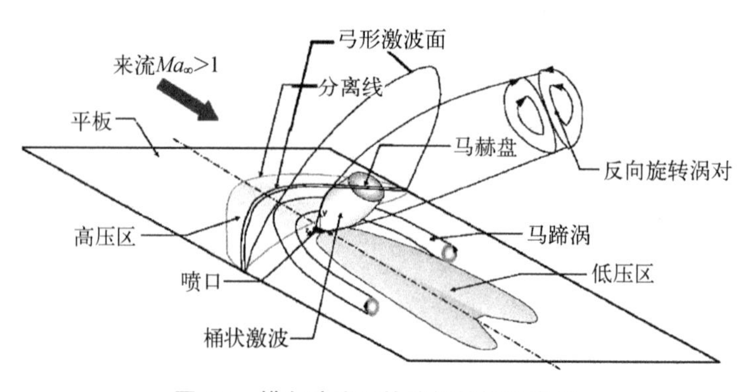

图 4.1　横向喷流干扰流场结构示意图

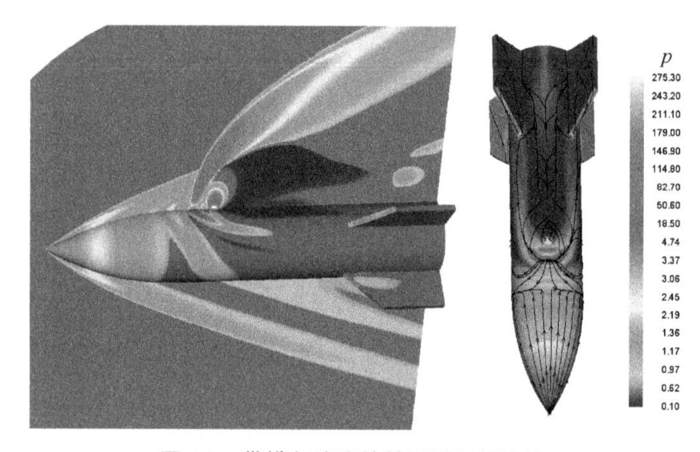

图 4.2　带横向喷流的某导弹干扰流场

飞行器稳定性和姿态的控制。

目前的风洞试验能力很难满足对临近空间高超声速飞行器横向喷流干扰气动特性的研究需求，例如，为保证模型几何相似，因模型缩比引起的喷口尺寸过小而导致的加工困难、热喷模拟困难，以及喷流模拟相似参数的选取困难等。相比之下，数值计算可以进行全尺寸、全速域和全空域模拟，特别是可以对 RCS 进行真实尺寸和真实流动的精确模拟，从而有效地弥补风洞试验模拟能力的不足。数值模拟结果能够提供喷流干扰流场细节、飞行器整体及各部件的气动力特性（包括压力贡献和摩擦力贡献）和气动载荷，在高超声速飞行器（包括导弹）RCS 的研制过程中发挥着越来越重要的作用，已成为飞行器气动设计的主要研究手段之一。

然而高超声速飞行器喷流干扰流动数值模拟也有其自身的技术难题，主要包括三个方面。① 流动物理模型十分复杂,流体介质在受到强烈压缩和膨胀后,会激发其内部自由度,流体粒子真实热力学状态及其之间的相互作用的描述,涉及理论物理和化学反应动力学等多个学科。特别是随着飞行高度的增加,黏性效应不断增强,正确模拟物理黏性成为准确模拟流动的又一个关键要素;② 喷流介质属性难以精确确定,高超声速飞行器 RCS 的喷流介质由燃烧室产生,燃气通过喷管向外喷出的过程中涉及燃烧、热非平衡和化学非平衡等一系列复杂的物理化学过程,因此需要建立适用的喷流介质模型和相似准则用于数值模拟;③ 物理现象的高度非线性特征,对算法提出了许多特殊的要求。例如,高温气体效应使得流体动力学方程具有很强的刚性,显著地降低了计算的收敛速度,这就要求算法具有良好的稳定性,所以必须发展高效稳定的数值方法;又如,高超声速中强激波同边界层相互干扰的流动现象,要求算法既能够准确地捕捉激波,又能精确地分辨边界层的流动,所以需要建立实用的高精度非线性算法。因此,建立针对高超声速飞行器复杂喷流控制的气动特性数值预测技术,对于飞行器设计及喷流复杂干扰流动机理的研究具有重要的学术意义和工程实用价值。

4.2 国内外研究进展

国外横向喷流控制技术的研究始于 20 世纪 50 年代末,其发展经历了两个主要阶段。第一阶段从 50 年代末到 70 年代中期。横向喷流技术的研究始于美国,60 年代末,由于受研究条件的限制,主要采用风洞试验和工程分析方法,美国的 NASA 约翰逊空间中心、兰利研究中心等研究机构先后开始了 RCS 的气动问题研究[4]。由于 RCS 工作时空天飞行器飞行马赫数为 1~30,飞行高度为从在轨至地面约十公里,几乎覆盖了全部飞行高度,其气动问题十分复杂,因而 NASA 一直将 RCS 列为重点问题。在 80 年代以前,RCS 的气动研究主要是用风洞试验和经典气动理论来预测 RCS 的干扰。例如,在 70 年代,美国仅就该类问题就进行了总计 27 000 小时的风洞试验[5],飞行器飞行控制系统的规律是根据经验得到的,最早从风洞比例参数的外推得到,然后在得到飞行数据后再进行修正[6,7]。另外,大部分工作主要集中在对局部喷流问题的定性描述上。例如,以航天再入时反作用控制系统(RCS)的局部干扰为背景,针对横向喷流干扰的作用机理和流场构型开展了定性研究,研究对象以平板表面二维、三维气体喷射的局部流场为主,取得的研究成果主要是在相似性分析和试验研究的基础上,根据流动条件提出了不同的简化模拟准则。第二阶段是从 80 年代末开始的,美国、俄罗斯、日本和德国等发达国家在先进反导武器和新型天地往返运输器的需求刺激下,掀起了横向喷流研究的新高潮,取得了以下重要进展: ① 俄罗斯提出了推力比拟的近似模拟准则,为冷、热喷模拟技术、地面风洞设备及相应的流场测试手段和研究横向喷流干扰机理奠定了理论基础;② Kumar[8] 进行了广泛的试验,研究了喷流参数对干扰流场结构、气动力的影响,研究了喷口位置、形状对喷流效率的影响,得到了多孔喷流效率优于单孔喷流,喷口的最佳位置在飞行器质心附近等具有重要工程价值的结论;③ 在开展试验研究的同时,随着计算机技术和计算流体力学的发展,数值模拟研究喷流干扰的工作也得到了进一步的发展。如美国埃姆斯中心的研究人员开发出了能模拟湍流、发动机热喷、多喷口和喷流与舵面复合控制等复杂情况的横向喷流干扰流场软件 PARCH[9],给出了该类流动的流场细节,分析了各种湍流模型、喷流比热比和计算网格等因素对流动的影响,同时对试验研究进行了预测;④ 地面实验、数值模拟和模型飞行试验相结合,找出了与干扰区压力分布有关的尺度参数,发现了脉冲发动机喷流形成的干扰流场具有明显的非定常特性,对导弹气动力特性会造成很大的影响,同时建立了喷流干扰的数据库。

国外横向喷流控制技术已用于部分飞行器,如美国的航天飞机(图 4.3)、龙-2 和龙-3 反坦克导弹、超高速导弹(HVM)、增程拦截弹(ERINT)和大气层内高空防御拦截弹(HEDI)。美国在战区高空防御系统(THAAD)导弹飞行试验中,就采用了喷流控制技术,并对空中目标成功地实现了拦截,这一项目仍在进

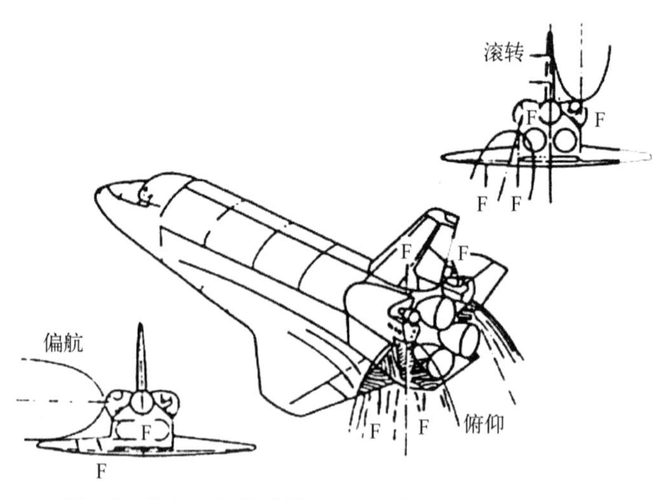

图 4.3 航天飞机轨道器 RCS 系统与外流作用示意图

行中(图4.4)。美国在战区低空防御系统中采用的是PAC-3导弹,它的核心技术也是横向喷流控制技术,在该弹的前部布置有180个小型固体发动机,这些固体发动机产生横向喷流,可以保证导弹快速机动、快速调整姿态,将来袭导弹击毁。另外,俄罗斯也在S400防空导弹系统中使用了喷流控制技术。这充分说明这些技术强国已经将横向喷流控制技术实用化,并应用到了最新型的武器型号上。

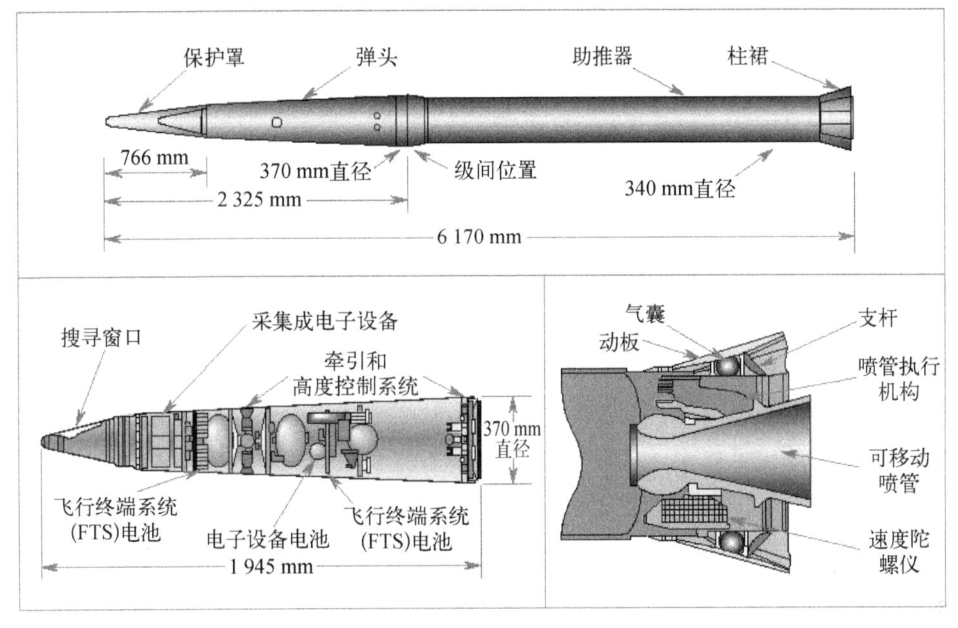

图4.4 THAAD导弹示意图

虽然国外已将横向喷流控制技术成功应用于某些工程型号,但由于横向喷流干扰问题十分复杂,涉及激波、膨胀波和旋涡三者的相互干扰,涉及高度、速度的大范围变化,以及温度效应和非定常效应等多种因素的影响,许多机理问题还没有完全搞清楚。因此,国外在这一研究领域仍投入了非常巨大的人力和物力,并取得了大量的研究成果,仅近几年在AIAA、NASA等刊物上公开发表的论文就有数百篇[10-24]。

由于横向喷流干扰流场及控制规律极其复杂,所涉及的学科领域广,所以国内在横向喷流控制技术研究方面起步较晚。在“九五”以前,主要是对国外的研究状况进行跟踪,而开展实质性的工作较少;在“九五”以后,在横向喷流模拟方法研究、横向喷流干扰特性机理研究、横向喷流模拟准则/风洞试验结果外推方法研究和横向喷流对飞行器气动规律/控制特性机理研究等方面开展了大量有关喷流的试验与数值模拟工作[25-30],建立了相应的试验和计算手段,研究对象包括以航天飞机为代表的多个复杂升力体外形和旋成体及旋成体+舵的多种导弹外形等。

4.3 喷流模拟方法研究

由于目前的地面模拟仍存在诸多困难,所以数值计算已成为开展高超声速飞行器 RCS 喷流干扰研究的主要手段,然而高超声速飞行器喷流干扰流动现象极其复杂,与常规高超声速流动数值模拟相比,高超声速飞行器喷流干扰流动数值模拟存在许多技术难题,除选择合适的计算方法外,还需要建立适用的喷流相似准则和介质模型,这是喷流干扰流动模拟是否成功的关键。

4.3.1 喷流相似准则研究

早在 20 世纪 60 年代初,Pindzola 等总结出了一套喷流相似参数[31,32],包括喷流边界、喷流质量流、喷流动量、喷管膨胀角等 9 项相似参数:

(1) 几何模拟,包括飞行器及喷管外形尺寸;

(2) 飞行马赫数相等;

(3) 外流雷诺数;

(4) 初始膨胀角相等;

(5) 静压比;

(6) 喷流出口马赫数相等;

(7) 喷流动量比相等;

(8) 喷流比热比相等;

(9) 喷流气体常数与温度的乘积相等。

无论是数值模拟还是地面风洞模拟,都无法保证所有的相似准则能够满足,必须简化和忽略一些次要的准则。20 世纪 80 年代,美国在开展航天飞机研究工作时细致分析了喷流相似参数的选取[6],最终选择静压比、动量比或流量比作为喷流相似参数。对数值模拟来说,通常选取静压比、动量比或流量比作为数值模拟喷流的相似参数,即满足如下关系式:

$$\begin{aligned} &\tilde{p}_{\text{jet}} = p_{\text{jet}} \\ &\tilde{\rho}_{\text{jet}}\tilde{u}_{\text{jet}}^2 = \rho_{\text{jet}}u_{\text{jet}}^2, \text{或}\ \tilde{\rho}_{\text{jet}}\tilde{u}_{\text{jet}} = \rho_{\text{jet}}u_{\text{jet}} \end{aligned} \tag{4.1}$$

式中,有“~”表示转换后的参数,无“~”表示燃气喷流的物理和流动参数;下标

jet 表示喷流参数。此时转换过的喷流马赫数和温度同实际情况的值不同。

在确定喷流相似参数之后,还需考虑喷流边界条件的设置问题。喷口、喉道和喷管燃烧室都可以作为喷流边界的起始位置,选取不同的喷流起始位置有可能造成喷管出口处的气流喷射速度和角度、气流密度分布和压力分布等的差异,进而引起喷流干扰力的不同。采用图 4.5 给出的喷流外形(弹长 5.3 m,直径 0.637 5 m,喷管距头部位置 2.77 m),考察了喷流边界设置位置对喷流干扰流场以及喷流干扰气动力的影响。表 4.1 给出了喷流边界的各参数。来流条件: 高度 50 km,马赫数 8,攻角 0°,侧滑角 0°。

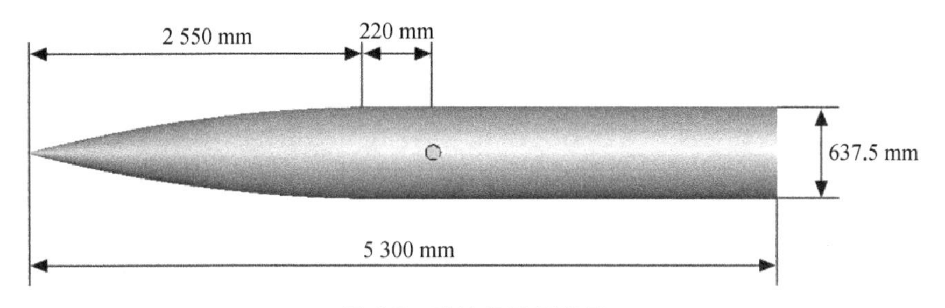

图 4.5　喷流外形示意图

表 4.1　喷流边界参数

参　数	喷　口	喉　道	驻　室
总温/K	3 035	3 035	3 035
总压/Pa	800 000	800 000	800 000
静温/K	505.833 3	2 529.167	—
静压/Pa	1 512.031	422 625.4	—
速度/(m/s)	3 300	1 008.077	—
密度/(kg/m^3)	0.007 511	0.582 232	—
马赫数	5	1	—
面积/m^2	0.008 171	0.000 37	—
比热比	1.4	1.4	1.4
推力/N	71	71	71

表 4.2 给出了采用不同喷流边界位置进行数值模拟得到的喷流干扰法向力系数以及换算后的干扰力,可以看出三种不同的喷流边界位置所对应的气动干扰力和喷流推力非常接近。图 4.6 给出了喷流边界处对称面的压力分布和流线。从喉道和驻室的结果来看,喷口处的气流密度和压力是非均匀分布的,且都有一定的喷

射角度,喉道和驻室的模拟结果基本一致。而直接从喷口模拟的边界处理方法,由于我们做了简化处理:假设气流均匀且速度方向沿壁面法向,这使得喷流的喷射距离增大,喷流与来流干扰形成的弓形激波增强,但结合表4.2给出的气动力数据,这种流场的变化并未对喷流推力和干扰力(即表中法向力)产生太大影响。

表 4.2 不同喷流边界位置模拟得到的气动力

喷口边界位置	干扰法向力系数	换算后的干扰力/N
喷口	1.25E−02	44.81
喉道	1.20E−02	43.05
驻室	1.19E−02	42.42

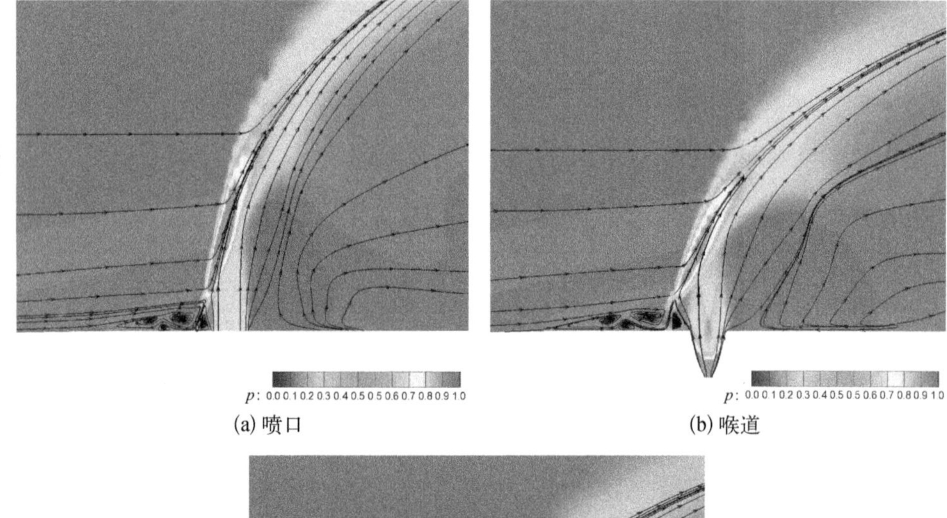

(a) 喷口 (b) 喉道

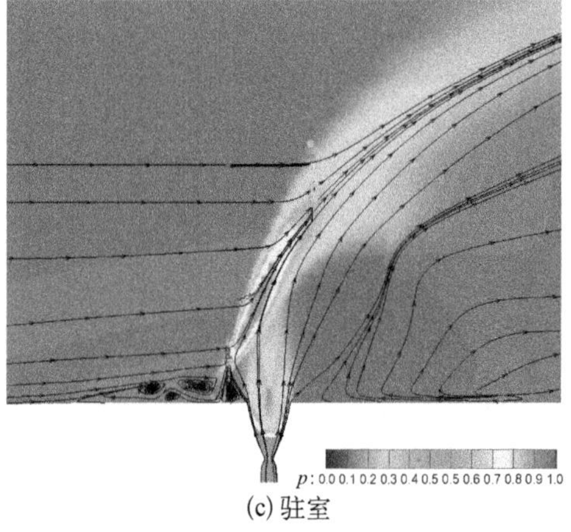

(c) 驻室

图 4.6 不同喷流边界位置喷流流场

4.3.2　喷流介质模型研究

实际的喷流是一种多组分燃气，通常存在化学反应，甚至是一种多相流动。为了不让计算模型过于复杂，不考虑喷流中可能存在的化学反应过程和可能的液态/固态物质，认为是一种量热完全气体，简化成三种情况进行对比研究：一是将其等同于空气；二是看作比热比不同于空气的气体；三是看作考虑燃气主要气体组分的混合气体。下面比较这三种喷流介质模型下喷流干扰的主要特性。

（1）喷流和来流相同，将其视为空气，取 $\gamma = 1.4$，模拟喷流的速度、温度、密度和压力（表 4.3）。

表 4.3　喷 流 参 数

名　称	单　位	数　值
密　度	kg/m^3	0.016 8
温　度	K	1 119.4
速　度	m/s	3 033.8
压　力	kPa	7.38

（2）喷流混合物按单一介质处理，但比热比与来流不一致，取 $\gamma = 1.25$，模拟喷流的速度、密度和压力同表 4.3。

（3）喷口处喷流组分按表 4.4 给定，模拟喷流的速度、密度和压力同表 4.3。

表 4.4　多组分模型喷流组分物质的量浓度

名　称	物质的量浓度	名　称	物质的量浓度
CO_2	0.096 0%	N_2	0.313 7%
H_2O	0.301 2%	CO	0.074 1%
H_2	0.215 1%		

第一种介质模型采用完全气体控制方程，不需要组分守恒方程；对于第二种和第三种喷流介质模型，由于流场中包含多种介质，需要采用组分守恒的流动控制方程，而第三种喷流介质模型中流体的内能、总焓的计算和状态方程采用混合气体动量守恒方程（具体描述见第二章）。

为了确认不同喷流介质模型对计算结果的影响程度，针对图 4.5 给出的外形开展了数值模拟研究，来流条件：高度 50 km，马赫数 8，攻角 0°，侧滑角 0°。

表4.5给出了干扰气动力系数和换算后的干扰力，采用三种喷流介质模型得到的干扰力保持一致。结合图4.7和图4.8给出的喷口附近的壁面和对称面压力分布、温度分布来看，两组分和多组分喷流介质模型由于能量输运模型的不同，其流场参数与单一介质模型结果比较：喷口附近的流场温度量值较高，喷流与来流碰撞形成的弓形激波强度稍弱，分离区长度一致，分离区内的压力量值基本一致。

表4.5 不同喷流介质模型得到的气动干扰力

介质模型	干扰法向力系数	换算后的干扰力/N	放大因子
单一介质	1.45×10^{-2}	103.94	1.85
两组分	1.45×10^{-2}	103.94	1.85
多组分	1.44×10^{-2}	103.22	1.85

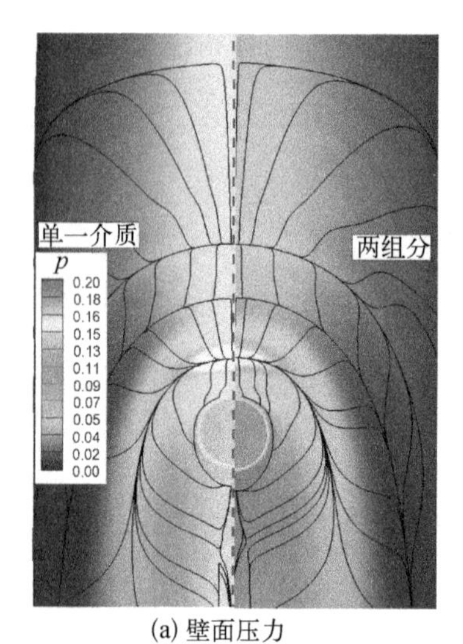

(a) 壁面压力

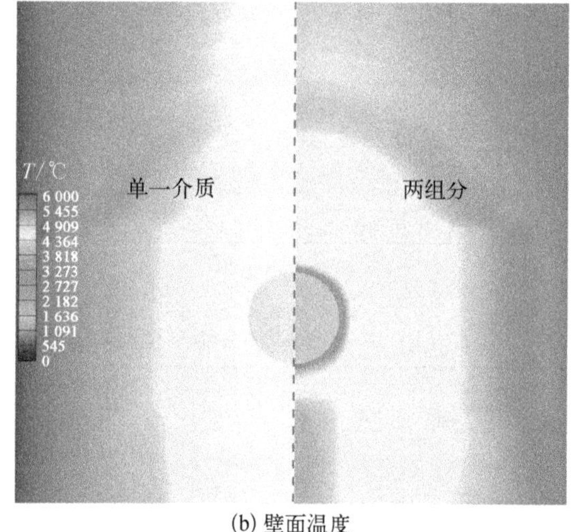

(b) 壁面温度

图4.7 喷口附近壁面的压力分布和温度分布

总的来说，真实情况下的喷流介质往往包含多种组分，如果完全按照真实喷流介质对喷流问题进行研究，会极大地提高研究的复杂性和难度，目前国际上还鲜有此类研究，通过对三种异质喷流模型（喷流介质与来流相同、喷流混合物按单一介质处理、喷流混合物按多介质处理）的对比研究，将喷流假设为处于冷喷状态，模拟喷流压比、动量比或流量比，综合考虑不同介质模型的计算效率和精度，最终确认了以空气作为喷流介质的合理性。这样一方面既考虑了对喷流干

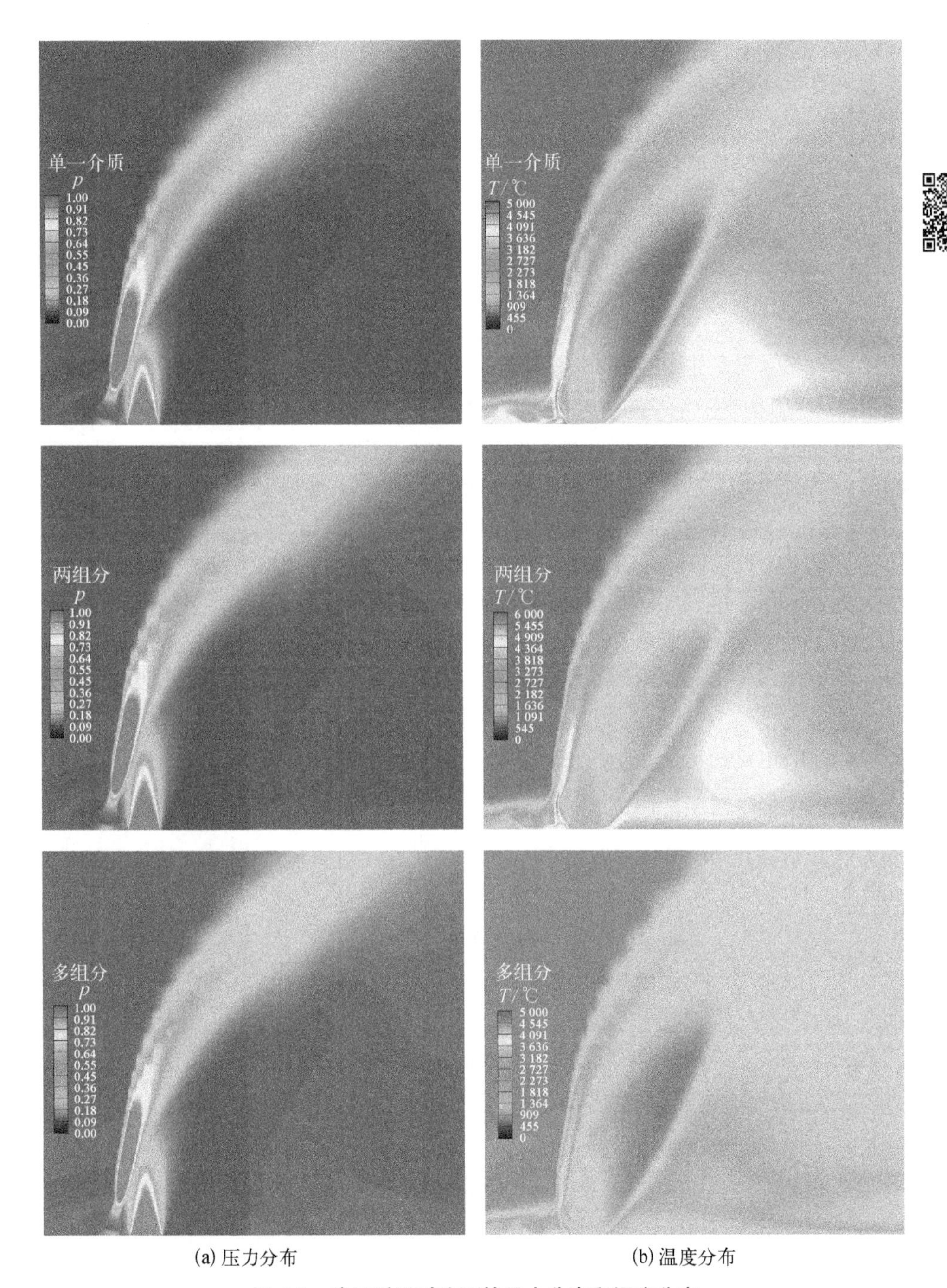

(a) 压力分布　　(b) 温度分布

图 4.8　喷口附近对称面的压力分布和温度分布

扰效应的正确模拟,同时也兼顾了技术的易实现及计算效率。如果要考虑喷流对气动热的影响,则上述模拟准则仍存在不足,通常还需要模拟喷流的总焓。

4.4 喷流干扰复杂流动机理及气动特性研究

正如在研究背景中所叙述的,当 RCS 发动机启动工作,燃气射流进入主流,喷流就会与来流产生相互作用,形成比原先流动更为复杂的流动结构(图 4.1 和图 4.2)。同时,喷流对飞行器的气动特性产生重要影响,不仅有喷流发动机自身产生的推力及相应的力矩,而且还有喷流与来流相互作用而引起的附加干扰力和干扰力矩,两者一起对飞行器实现飞行稳定性和姿态控制。本节将重点讨论单一喷管和多喷管喷流的流场拓扑结构,以及喷流参数对喷流结构、飞行器气动特性的影响规律。

4.4.1 喷流干扰流场的拓扑结构

以典型导弹为研究对象,其喷口布局按图 4.9 给出的方式布置。导弹几何外形见图 4.5,喷口 1a 为起始位置。图 4.10 为喷口及喷口附近的典型网格拓扑分布。喷口参数按表 4.6 给出,研究状态如表 4.7 所示,其中喷流状态编号代表开启的喷口位置。

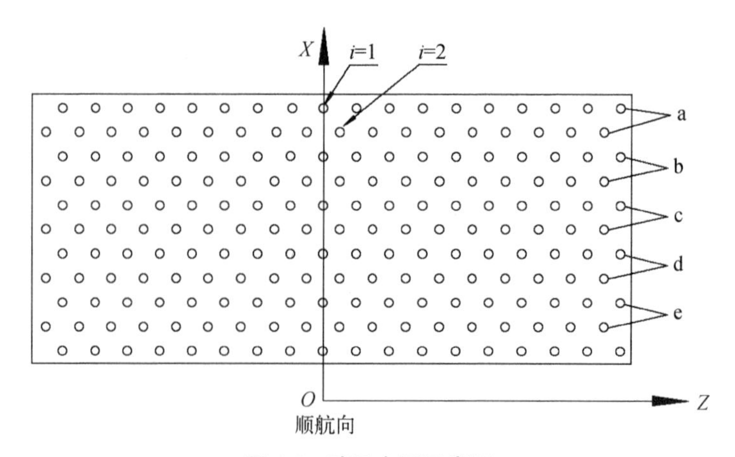

图 4.9 喷口布局示意图

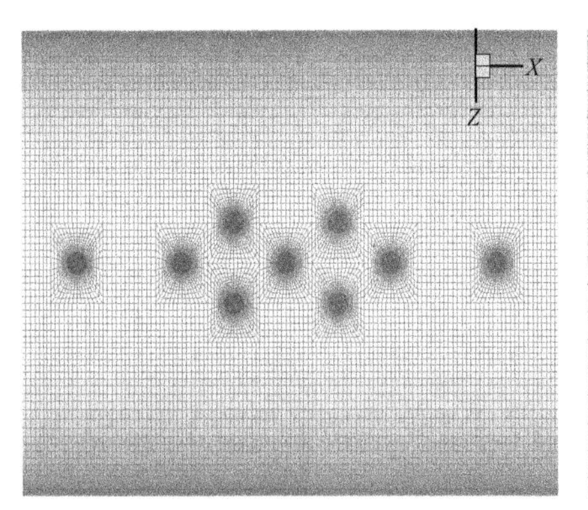

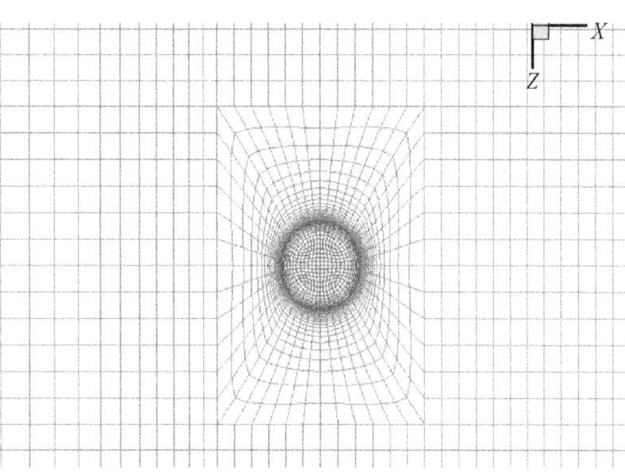

图 4.10　喷口及喷口附近的典型网格拓扑分布

表 4.6　喷口处的喷流参数

参　　数	转换到冷喷后的参数值(按照压力比和动量比相似)
出口压力/MPa	2.36
出口温度/K	2 577.5
出口速度/(m/s)	2 624.6
出口马赫数	2.58
出口燃气流气体常数	287
出口燃气流比热比	1.4
出口密度/(kg/m^3)	3.19

表 4.7　计算工况明细表

类　别	高度/km	马赫数	攻　角	喷流状态
单　喷	20	5	−20°	1c,无喷
多　喷	20	5	−20°	1c2b36b
				1c2c36c
				1c2bc36bc

1. 单一横向典型流场拓扑

喷流就像竖在来流中的一个障碍物,在超声速和高超声速时会产生一道强的激波(即喷流弓形激波,如图 4.11 所示)。这道弓形激波的存在使喷流前的压力增加,同时这一弓形激波将喷流高压信息逆着来流方向向前传递,诱导边界层分离,并随之产生分离激波,导致表面压力也相应升高。喷流在射入主流后迅速膨胀,在喷口上方形成马赫盘,其外侧是将喷流与外流隔开的剪切层。在喷口上游,分离的外流边界与该剪切层相遇,形成喷流与外流之间的混合层,并沿着主流方向沿下游发展。位于喷流前缘的弓形激波正是产生于这一区域。许多风洞流场照片中干扰波系的多重影像和静压测量的脉动信号均显示了分离区中流动的不稳定性很强。喷口下游也存在着一个分离区,流动再附后,在再附点附近产生一道再压缩波。与之对应,喷流下游的压力分布(图 4.12)一般呈现为:从低于来流的压力平台上升至一较低的压力峰值,随后恢复至未扰动时的水平。图 4.13 是数值模拟得到的喷口附近的局部流场结构,比较细致地给出了壁面分离结构中分离线(S_Ji)和再附线(A_Ji),图中符号 S_J1 和 A_J1 的含义是:

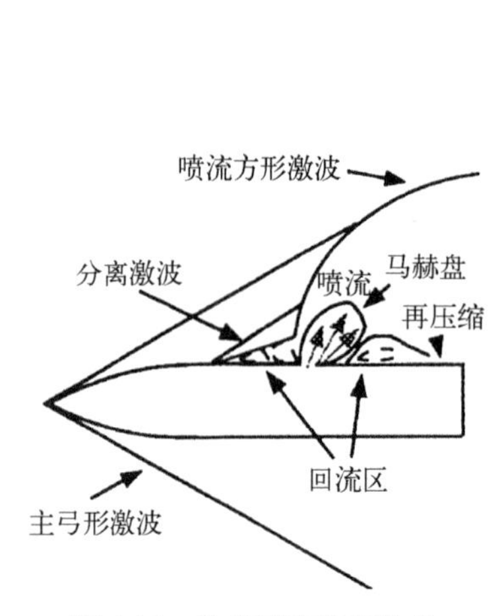

图 4.11 典型喷流流场结构

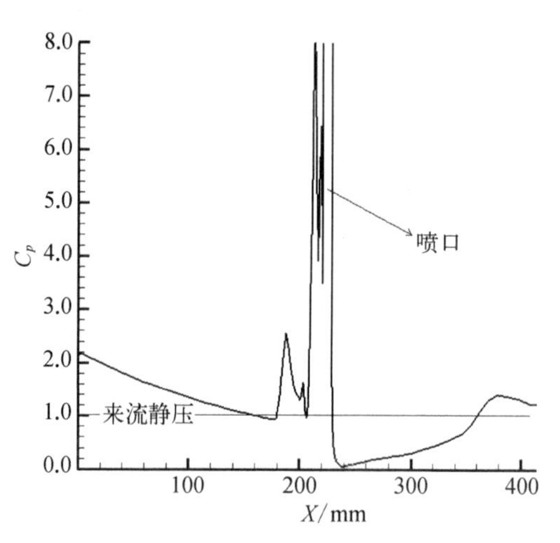

图 4.12 0°子午线压力分布

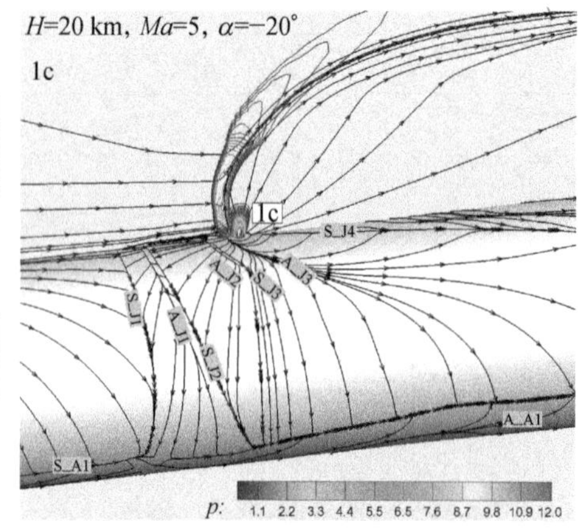

图 4.13 对称面/壁面流线

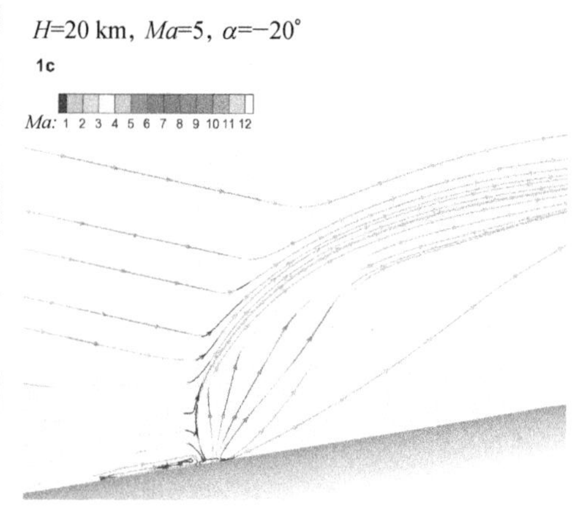

图 4.14 对称面流线及马赫数分布

下划线前字母 S 和 A 表示分离线和再附线,下划线后字母 J、A 和 AJ 分别表示因喷流、攻角和喷流与攻角相互作用形成的,数字用来计数。图 4.14 中的流线清晰地展示了来流和横向喷流相互干扰的情况(流线的颜色表示马赫数)。喷流受到来流的冲击而向后倾斜,来流和喷流相互挤压而减速,马赫数下降,高压喷流在未感受到来流压缩时首先膨胀,马赫数增加。

2. 多喷管喷流流场的拓扑

图 4.15 给出了 1c2c36c 三个喷管开启时的流场结构,2c 和 36c 喷管位于 1c 喷管之后。与 1c 单喷流场相比,多喷流场在 1c 喷管位置前的流谱结构与单喷流场基本相似,这是因为 2c 和 36c 喷管位于 1c 喷流形成的弓形激波之后,由于高超声速流场的特点,对前体流场影响较小。沿流线方向,在 S_J3 下方出现了比较明显的分离结构(图中标示 S_J5),直接影响了背风区的流场,使背风区流场更加复杂。虽然增加了两个喷管 2c、36c,但喷管位置后的 S_J4 分离结构仍然非常明显。图 4.16 给出了 1c2b36b 三个喷管开启时的流场结构,2b 和 36b 喷管位于 1c 喷管之前,对来流的堵塞作用靠前,可以看出第一个分离结构 S_J1 明显前移,喷管前的分离区变大,但分离区内的基本分离结构并未变化,仍然存在二次分离涡和三次分离涡,且喷口后的 S_J4 分离结构与 1c 单喷流场也基本相似。同样由于增加了两个喷管,背风区的流场结构变得更加复杂。比较 1c、1c2c36c、1c2b36b 三组喷流流场,可以发现组合喷流的喷口位置并不会对主喷流的主要分离结构产生太大的影响:组合喷流在主喷流激波之后,基本不会对前体流场产生影响;组合喷流在主喷流激波之前,喷流前的分离区变大,分离流场流谱不

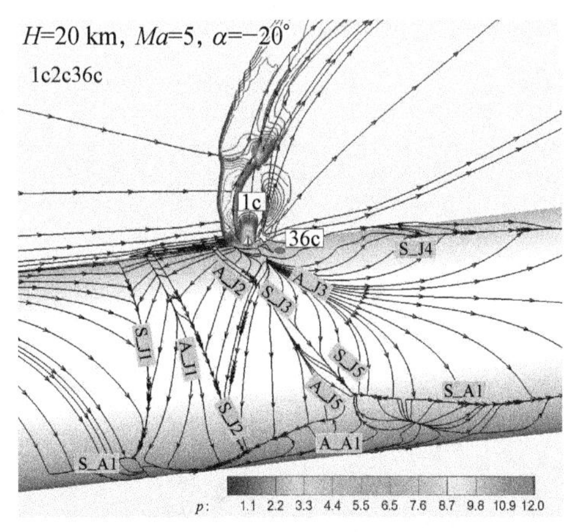

图 4.15　1c2c36c 三个喷管开启时的流场结构

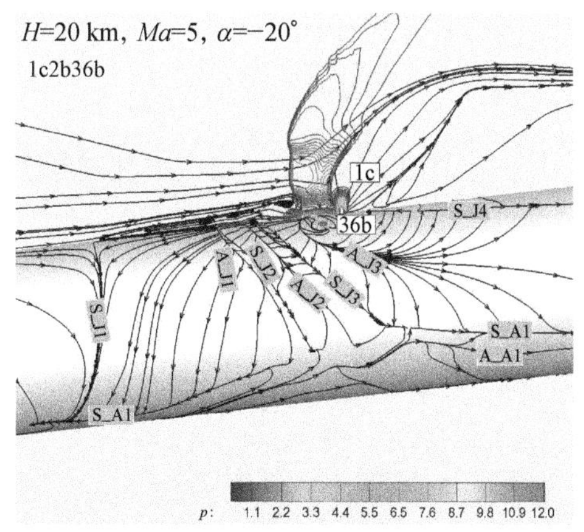

图 4.16　1c2b36b 三个喷管开启时的流场结构

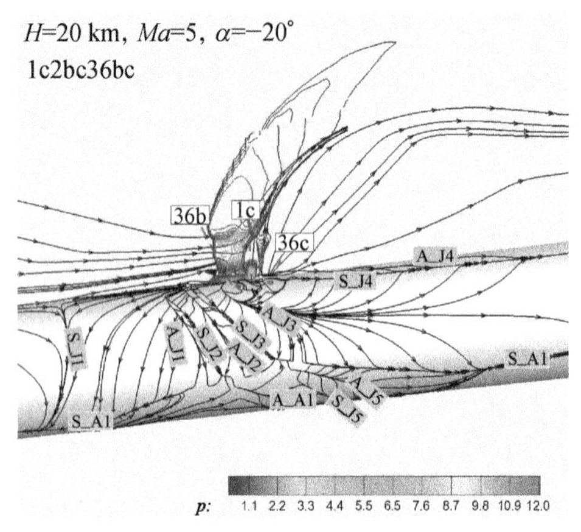

图 4.17　1c2bc36bc 五个喷管开启时的流场结构

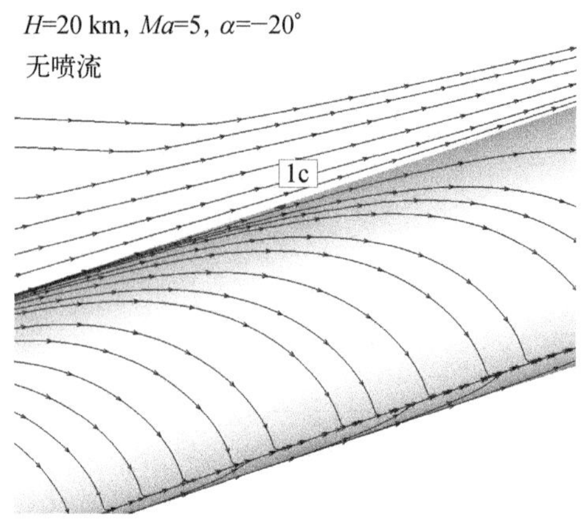

图 4.18　无喷时流场结构

变。图 4.17 给出了 1c2bc36bc 五个喷管同时开启时的喷流流场，与 1c2b36b 流场相比其流场结构基本相似，但由于喷流对来流的阻滞作用增强，背风区的流场结构更加复杂，出现更多分离（图中 S_J5）。图 4.18 为无喷流时的流场结构，相对来说较为简单。

进一步研究来流马赫数、高度等参数对干扰流场结构的影响，数值模拟研究中采用保持压力比与动量比这两个主要相似参数，其中压力比描述喷流柱的高度，动量比描述喷射气体柱的刚度（即喷射气流与来流的夹角）。图 4.19～图 4.21 给出了喷射高度随流动参数变化的流场结构。随着高度增加，来流动压变小，相应的压比增大（自上往下），喷射高度也随之增加，主分离区变大（图 4.19 和图 4.20）。随着马赫数的增加，喷流穿透高度减小（图 4.21）。图 4.22 给

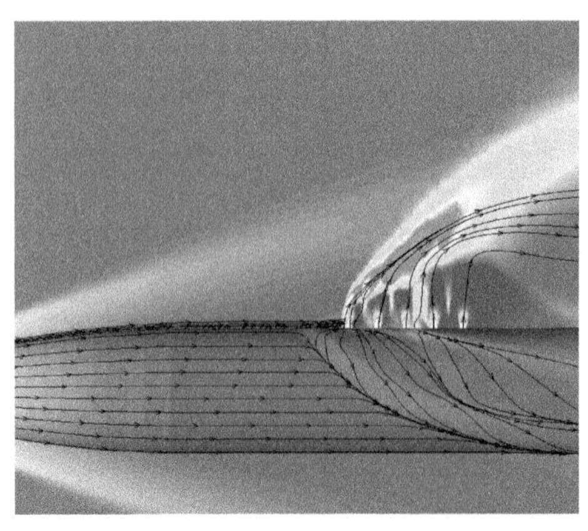

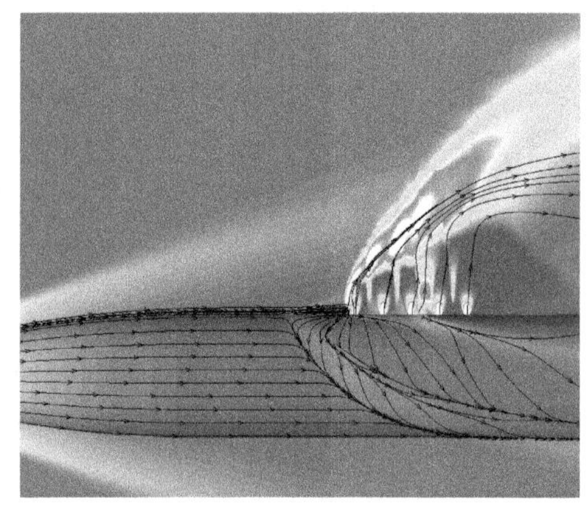

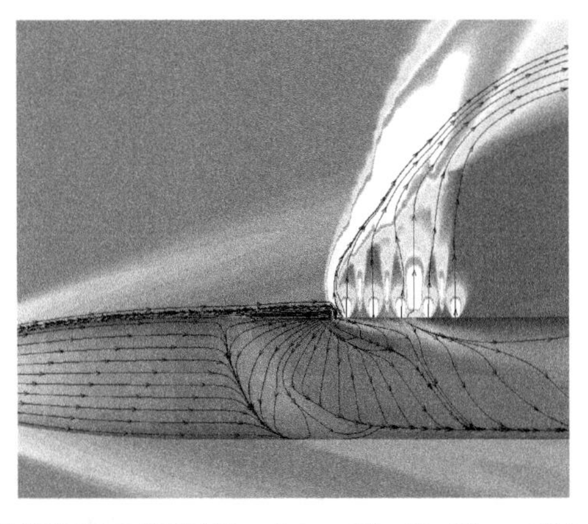

图 4.19　飞行高度对穿透高度的影响($Ma=5$, $\alpha=0°$, $H=5$ km、10 km、20 km,后附彩图)

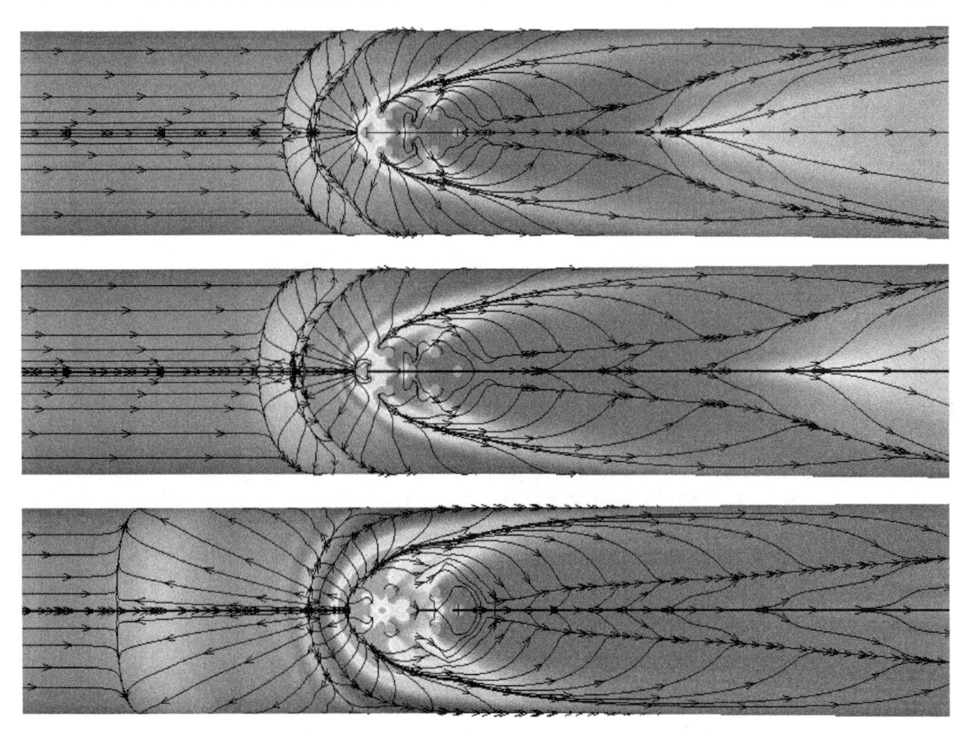

图 4.20　飞行高度对壁面极限流线的影响($Ma=5$, $\alpha=0°$, $H=5$ km、10 km、20 km,后附彩图)

出了喷流对飞行器表面分离形态的影响,可以看出喷流使表面分离变得更为复杂,其中在下表面还出现喷流干扰中特有的“环绕效应”或“包裹效应”,这会严重影响飞行器表面的压力分布,进而影响其所受的气动力和气动力矩,最终影响飞行器的姿态。

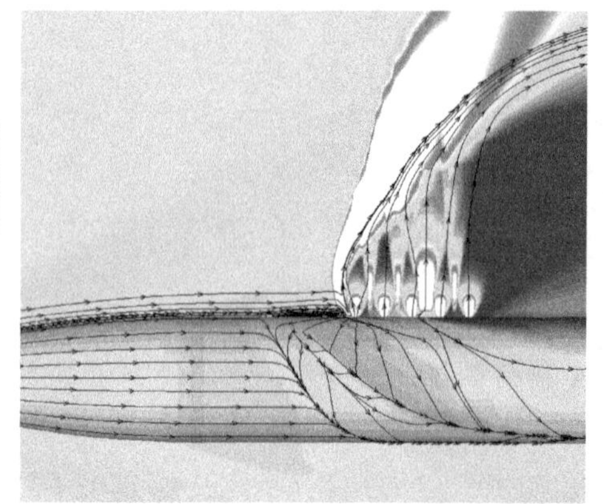

图 4.21　飞行马赫数对穿透高度的影响($Ma=3$、5、7，$\alpha=0°$)

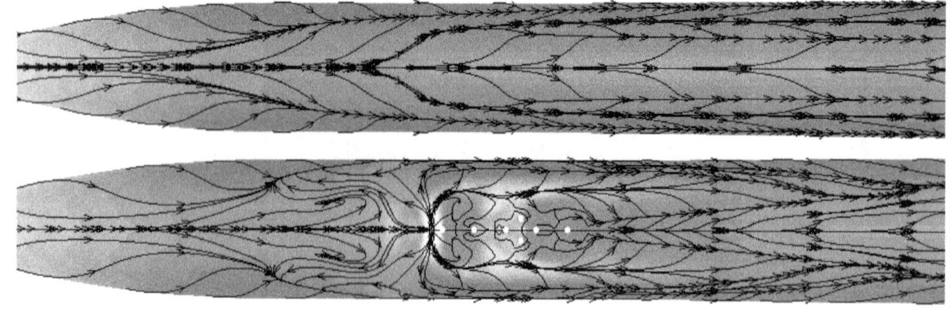

(a) 上表面

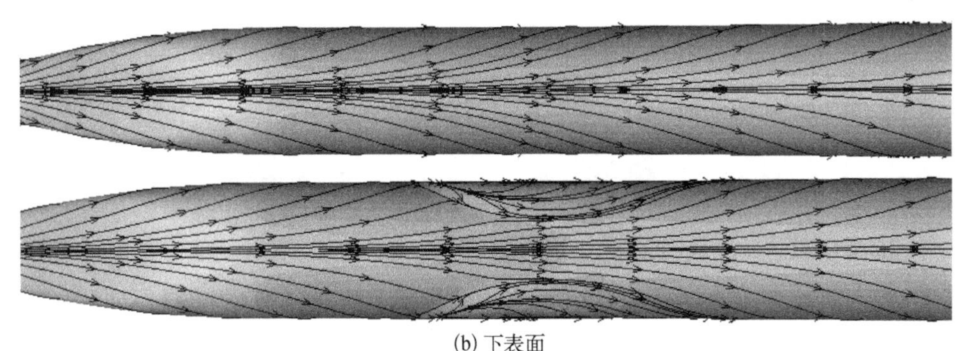

(b) 下表面

图 4.22　喷流对飞行器表面分离形态的影响($Ma=5$, $H=15$ km, $\alpha=10°$)

4.4.2　来流参数和喷口几何特征对喷流干扰气动特性的影响

就工程应用而言,研究喷流干扰问题的目的就是要得到干扰力/干扰力矩,把影响喷流放大因子(包括力放大因子和力矩放大因子)的因素以及它们与放大因子之间的关系搞清楚。对控制效率有影响的因素包括:来流马赫数、高度、攻角、喷流净推力、喷口形状、喷流出口马赫数、喷口位置、喷流相对于飞行器表面的喷射角度等。

在喷流干扰研究中通常都会引入一个放大因子 K 来衡量其干扰影响。一种是力放大因子,另一种是力矩放大因子。力放大因子的定义为

$$K = \frac{F_i + F_j}{F_{js}} \tag{4.2}$$

原则上:$F_j = F_{js}$。 式中,F_i 为由干扰影响产生的法向力;F_j 为修正了风洞静压的喷流推力;F_{js} 为来流马赫数为 0 时喷流产生的推力。力矩放大因子的定义同理,只要把上面公式中的力替换为相对应的力矩即可。

以钝锥体为研究对象,考察攻角、喷流与来流压比、喷口几何特征等因素对喷流效率的影响程度。图 4.23 给出了具体几何尺寸和网格拓扑结构示意图。研究条件如下:

来流条件:$Ma_\infty=8.1$, $P_\infty=370.6$ Pa, $T_\infty=63.73$ K, $Re_\infty=6\ 146.068\ \text{mm}^{-1}$

喷流条件:$P_j=373\ 000$ Pa, $T_j=240$ K, $M_j=1$。

1. 攻角对放大因子的影响

图 4.24 是喷流干扰力和干扰力放大因子随攻角的变化曲线。从图 4.24(a)可以看出,随着攻角增大,喷流往上游的影响范围增大,喷口中心线后产生的干

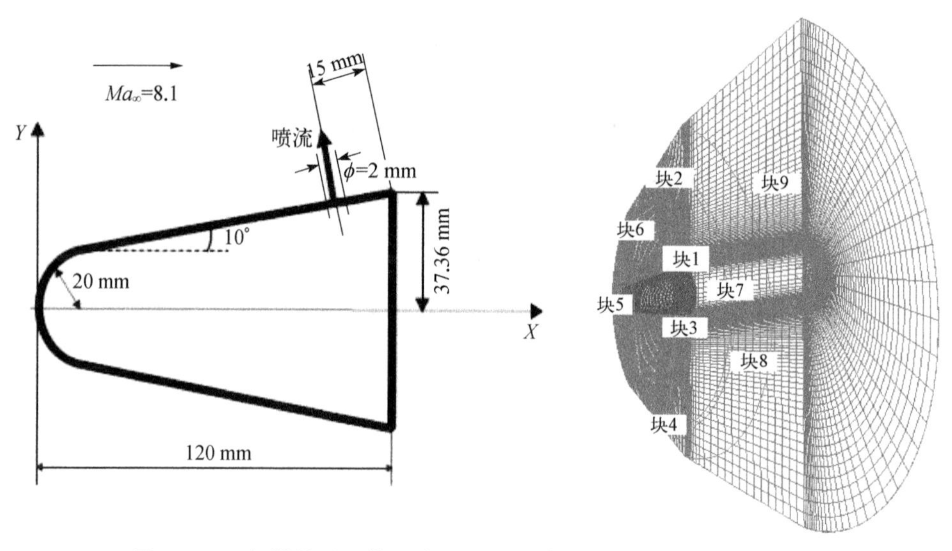

图 4.23　飞行器外形具体尺寸(左)和计算网格拓扑结构示意图(右)

扰力减小,特别是 40°攻角时,几乎不再产生干扰力;从图 4.24(b)的喷流干扰力放大因子看,总的干扰力在负攻角范围,随着攻角增加而减小,在正攻角范围,随着攻角增加先增加,在 20°~30°存在极大值,而后随着攻角增加而减小。

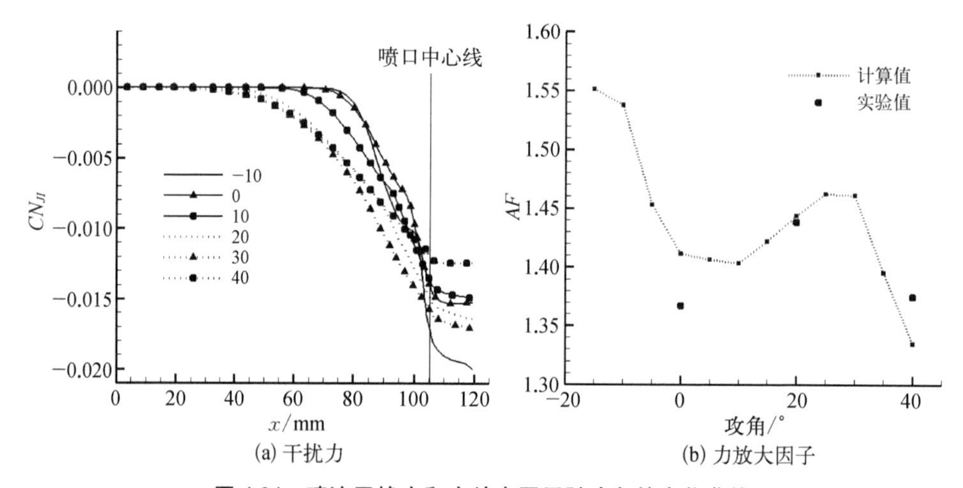

图 4.24　喷流干扰力和力放大因子随攻角的变化曲线

图 4.25 给出了压力差云图,红色区域表示有喷流场的壁面压力高于无喷压力,压力差为正值,蓝色表示有喷流场的壁面压力低于无喷压力,压力差为负值。结合图 4.24(a)和图 4.25 可以看出,随着攻角的增大高压区范围不断前移,意味着分离点向喷口上游不断移动。整体来看,干扰法向力沿中心轴(x 轴)呈现增

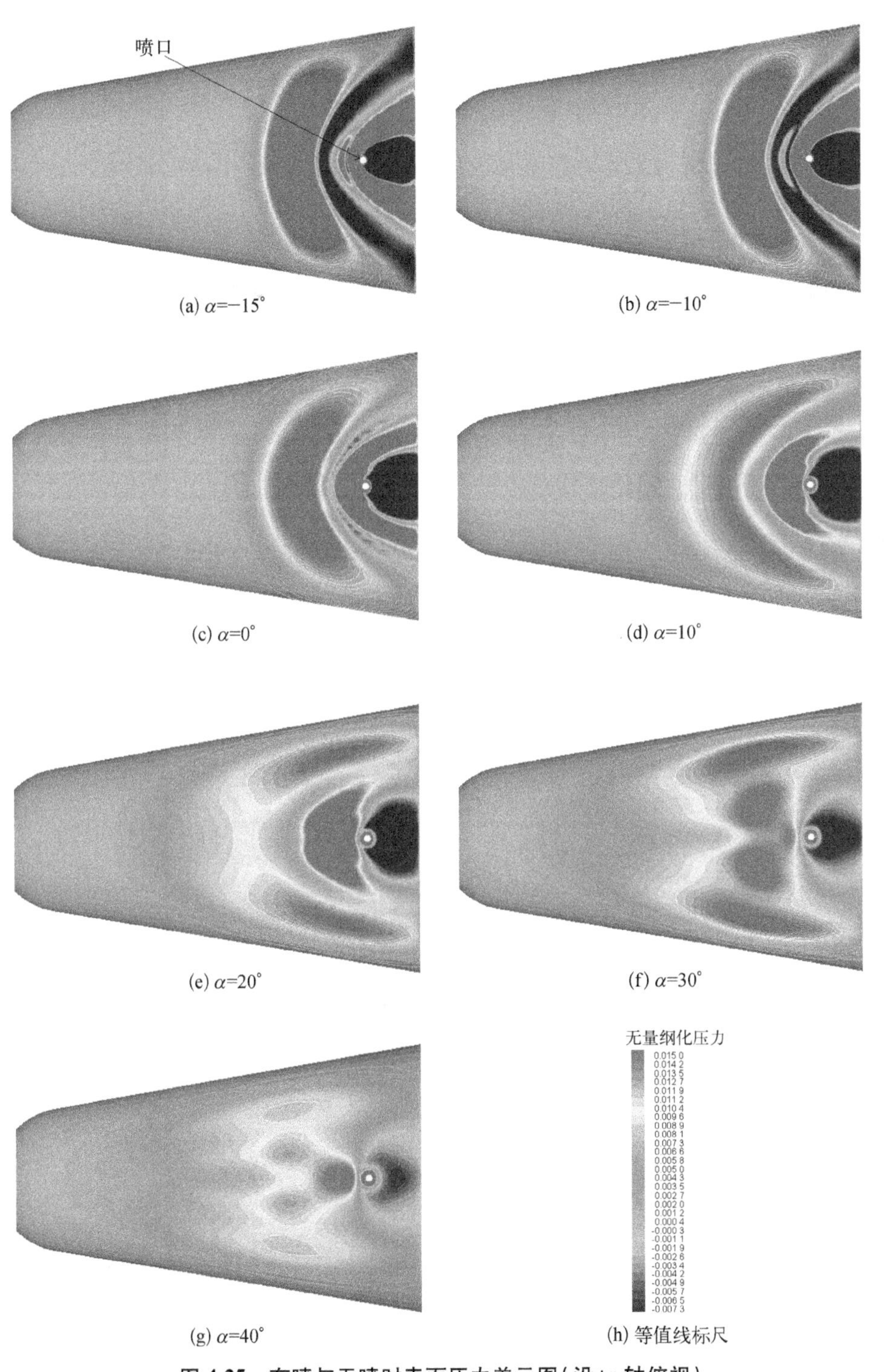

图 4.25　有喷与无喷时表面压力差云图（沿+y 轴俯视）

大(指力的大小)的趋势。这说明,即使在喷流下游低压区所处位置,在轴向任一小段内,沿飞行器周向积分的法向力方向也是向下的,即朝着喷流反作用力的方向。-10°攻角时曲线的变化规律与其他攻角的情况有所不同,体现了“环绕效应”的影响。从-10°攻角到 10°攻角,积分的干扰法向力不断减小,放大因子逐渐减小。攻角在 10°到 25°~30°的某个攻角之间,积分法向力又开始增大,放大因子渐渐变大。到达极大值后,积分的干扰法向力大幅减少,放大因子骤然降低。比较-10°、0°、10°攻角喷流干扰法向力沿中心轴的变化曲线可知,随着攻角由-10°变化到 10°,来流与喷流干扰减弱,喷流弓形激波强度不断减小,因而总的干扰法向力不断减小。10°~30°攻角干扰法向力沿中心轴的变化曲线的区别则是从高压区一开始就起作用了,在此期间,喷流弓形激波强度仍是不断减小,但是喷流处于背风面,来流相对于喷流的强度也在减弱,其综合结果导致高压区的影响范围在增加,总的积分干扰法向力不断增加。攻角继续变大,来流强度非常小,喷流弓形激波强度大大减弱,导致总的积分干扰法向力骤然降低。

2. 喷流与来流压比对力放大因子的影响

为考察喷流与来流压比对力放大因子的影响,数值模拟过程中,保持来流条件不变,只改变喷流总压。pr 为喷流与来流总压之比。所有计算都在0°攻角下进行。

由图 4.26 可以看出,随着压比的增加,力放大因子不断减小。实际上,干扰法向力随压比增加也在不断增加(指力的大小),但是喷流反作用力随压比是线性增加的,而且增加速率远大于干扰法向力的增速,见图 4.27。因此,干扰法向力对喷流反作用力的放大作用不断减弱,导致放大因子不断减小。

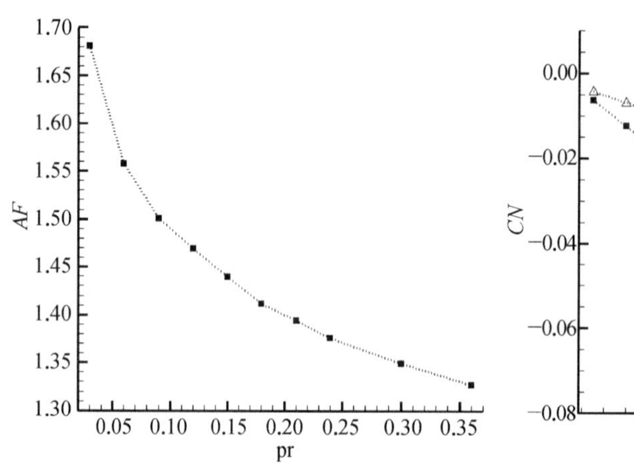

图 4.26 力放大因子随压比的变化规律

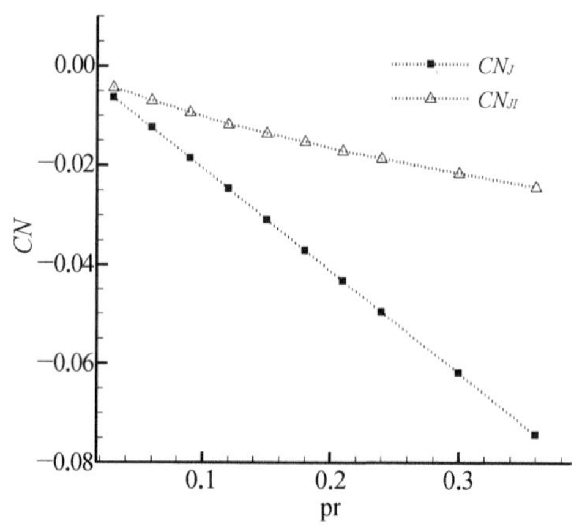

图 4.27 喷流反作用力(法向分量)和干扰法向力随压比的变化规律

3. 喷口几何特性的影响

为了考察喷口形状、数目对喷流效率(主要指力放大因子和干扰力矩)的影响,分别采用单圆、正方形、双圆喷口、三圆喷口、四圆喷口进行数值模拟。假定喷流出口的流动参数是均匀的,为保证喷流流量和喷流反作用力保持不变,则只要流动参数不变,而喷口面积一致即可。其中,双圆喷口的两个圆形喷口面积相同且均为单圆喷口的一半,对于三圆喷口情形,上游喷口面积是另两个喷口面积的两倍,对于三圆喷口Ⅱ情形的三个喷口面积相同;对于四圆喷口情形的四个喷口面积相同。

从图 4.28~图 4.31 所示的不同喷口下喷流干扰力沿飞行器轴向坐标(x 轴)的变化曲线可知,单圆喷口得到的喷流干扰力最大,因而力放大因子也最大,

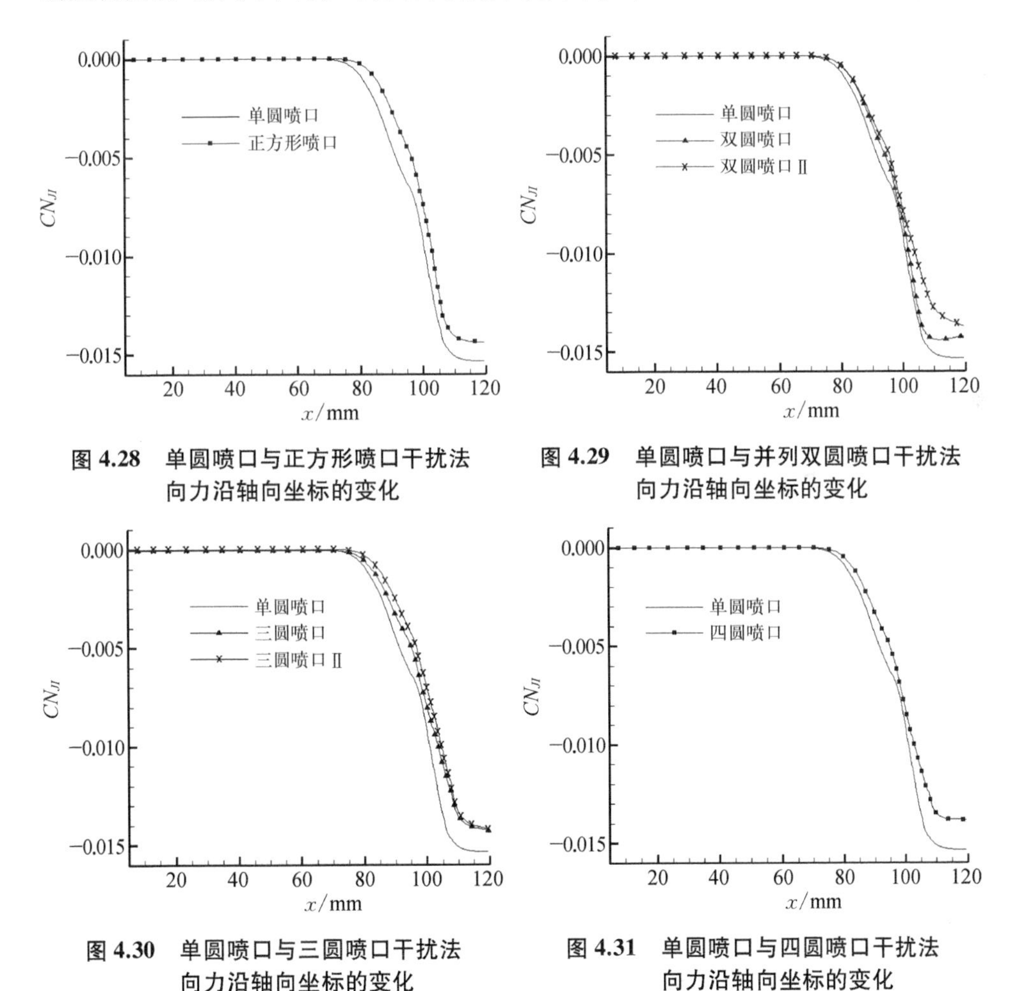

图 4.28　单圆喷口与正方形喷口干扰法向力沿轴向坐标的变化

图 4.29　单圆喷口与并列双圆喷口干扰法向力沿轴向坐标的变化

图 4.30　单圆喷口与三圆喷口干扰法向力沿轴向坐标的变化

图 4.31　单圆喷口与四圆喷口干扰法向力沿轴向坐标的变化

喷流干扰对法向力的影响量见表 4.8,其中法向力干扰量以单圆喷口干扰力为基准,其余为相对量。

表 4.8 不同喷口几何特性得到的法向力干扰量

喷 口 标 示	干扰法向力 CN_J	相对值
单圆喷口	−0.015 33	1.00
正方形喷口	−0.014 35	0.94
双圆喷口	−0.014 24	0.93
双圆喷口 Ⅱ	−0.013 65	0.89
三圆喷口	−0.014 31	0.93
三圆喷口 Ⅱ	−0.014 17	0.92
四圆喷口	−0.013 78	0.90

不同喷口形状和个数下背风面极限流线见图 4.32。与单圆喷口相比,正方形

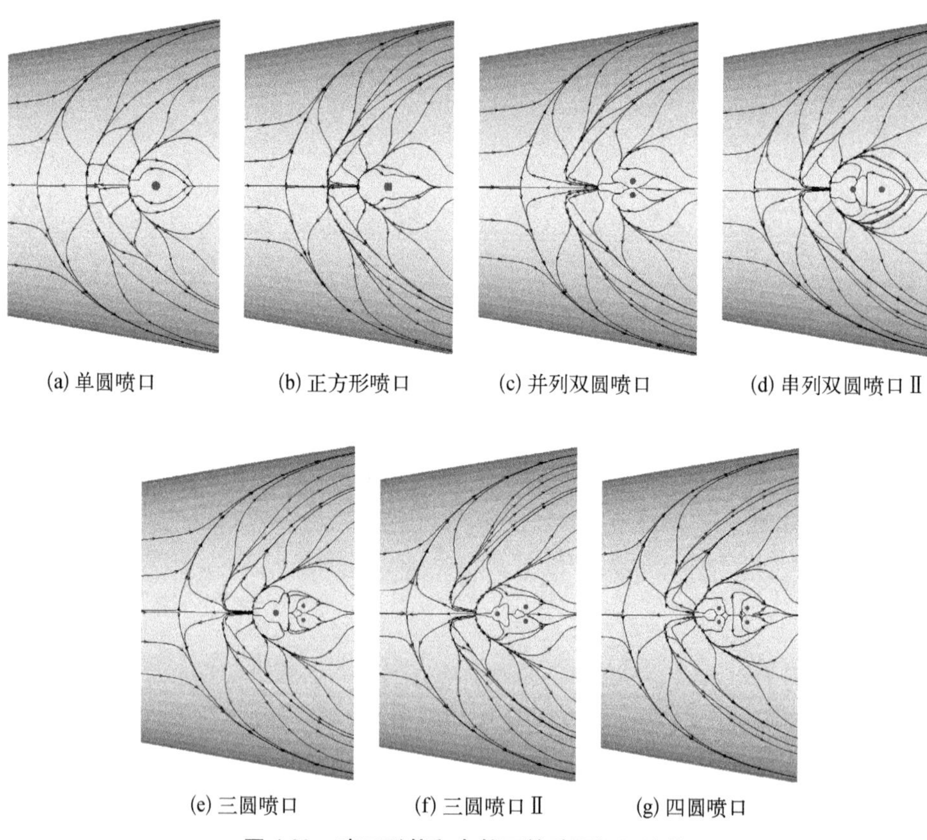

(a) 单圆喷口 (b) 正方形喷口 (c) 并列双圆喷口 (d) 串列双圆喷口 Ⅱ

(e) 三圆喷口 (f) 三圆喷口 Ⅱ (g) 四圆喷口

图 4.32 喷口形状和个数下的壁面极限流线

喷口情形下喷流的膨胀程度相对小一点，这是由于正方形边长为 $1.772\sqrt{\pi}$ mm，小于单圆喷口直径(2 mm)，因而膨胀受到同等强度来流的“限制”，造成喷流弓形激波强度较小，分离点出现得相对较晚(以飞行器头部为起始点衡量)，高压区影响范围较小。

并列双圆喷口布局在接近喷口之前高压区对于喷流反作用力的放大作用与单圆喷口相比基本一致(图 4.29)，但是由于两个喷口的横向展长比单圆喷口大得多，因而抽吸作用显著，低压区范围变大，导致积分的干扰法向力不再增加，甚至在靠近飞行器尾部时，某一小段内沿飞行器周向积分的干扰法向力为正值，致使曲线向上“弯曲”。对于另外一种双喷布局双圆喷口Ⅱ，由于靠近飞行器尾部的喷口喷出的气体与来流(准确地说，应该是穿过前一个喷口喷流弓形激波后的来流与喷流的混合气体)干扰形成的高压区与前一喷口下游的低压区部分重叠，尽管减弱了低压区的副作用，但是更多的是损失了高压区对喷流反作用力的放大作用，因而干扰法向力相对来说小得多。

三圆喷口的两种情形以及四圆喷口的布局都存在双圆喷口Ⅱ所述的问题，因而得到的喷流干扰力都要比单圆喷口小。三圆喷口与三圆喷口Ⅱ情形相比，由于远离飞行器底部的喷口面积稍大(前者是后者的 1.5 倍)，干扰稍强，分离点稍向前移，最终得到的干扰法向力也稍微大一点。四圆喷口情形与三圆喷口有点相似，只是三圆喷口中远离飞行器底部的喷口由一个变为两个，由以上单圆喷口与双圆喷口情形相比的结果可知，干扰法向力将降低，而事实也是如此。

4. 复杂构型导弹喷流对气动特性的影响

在分析单喷口影响特性的基础上，针对图 4.9 多喷口布局的复杂导弹外形，进一步分析了组合喷流对其气动特性的影响规律。图 4.33 给出了喷口数目对干扰因子的影响规律。随着喷口数目的增多，法向力/俯仰力矩放大因子的幅值会减小，起到所谓的“整流作用”，这点也可以从干扰因子计算的表达式(4.2)中反映出来。其中喷口数目的增加对干扰力/力矩大小的影响不明显，但分母中推力(或推力产生的力矩)大小与 RCS 发动机个数成正比，喷管数增加，“整流效应”明显。当喷口数目较多时，法向力/俯仰力矩放大因子在所有的攻角范围大于 0，尤其在攻角大于 20°以后的多数情况下，法向力/俯仰力矩放大因子大于或接近 1。图 4.34 给出了喷口位置对干扰因子的影响。在喷口数目相同的情况下(如图中一个喷口情况 1a 与 1e，三个喷口情况 1abc、1a2a36a 和 1e2e36e)，喷口位置对气动力/力矩放大因子的影响不明显。

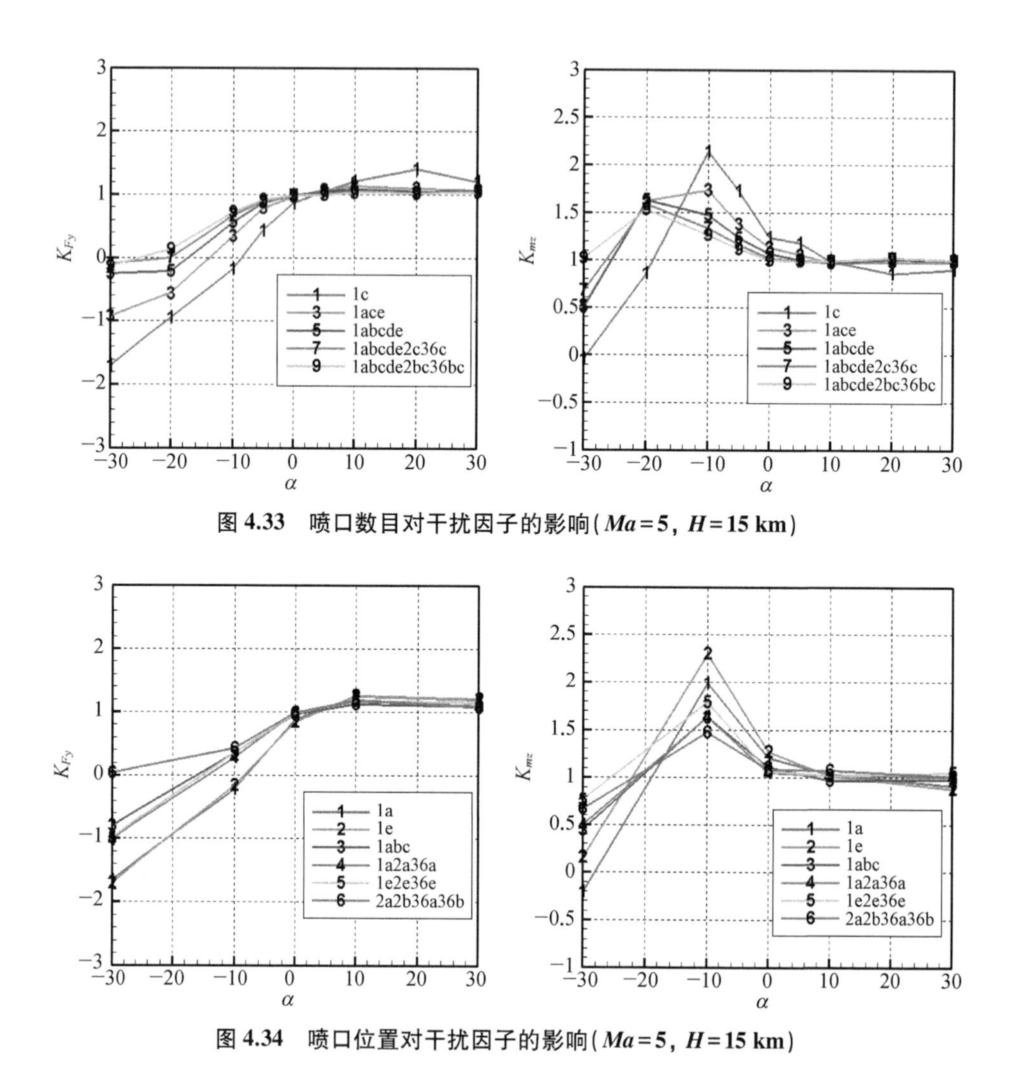

图 4.33 喷口数目对干扰因子的影响($Ma=5$, $H=15$ km)

图 4.34 喷口位置对干扰因子的影响($Ma=5$, $H=15$ km)

喷流对流场的干扰效应主要表现在负攻角情况：负攻角情况下，喷流产生的法向干扰力和喷流直接力方向相反，导致某些情况下喷流直接力会被完全抵消，这时喷流控制将不能达到预期的目的，负攻角下的干扰量远大于正攻角下的干扰量。此外，由喷流干扰引起的“环绕效应”也会加重这种抵消作用。

4.5 RCS/舵面相互干扰的影响研究

可重复使用运载器(reusable launch vehicle, RLV)再入飞行具有飞行范围广、飞行特性变化剧烈和操纵复杂等特点。再入返回初期，由于空气稀薄、来流动压较低，导致气动舵面效率下降甚至失效，此时必须采用 RCS 进行姿态控制和轨迹追踪。随着飞行高度降低，来流动压逐渐增加，RCS 效率就会降低，气动舵面开始介入操纵，在此过程中，RCS 和气动舵面一起对飞行器进行控制，通过 RCS/舵面复合控制技术，可以大幅降低 RCS 流量、节省燃料。最终，RCS 退出操纵，气动舵面独立控制飞行器的飞行姿态[33-35]。

RLV 在采用 RCS/舵面复合控制技术进行飞行姿态控制时，气动舵面与 RCS 之间存在相互干扰，这可能会影响彼此的控制效果。在气动控制面与喷流相互干扰的研究方面，国外研究多集中在飞机襟翼与发动机喷流之间的相互干扰效应方面[36-40]，尚未见 RCS/气动控制面干扰的研究报道。国内对喷流干扰的影响研究多集中在 RCS 与自由来流主流之间的干扰效应[41-45]，陈坚强等[25]采用数值模拟手段研究了侧向喷流与舵面运动之间的相互干扰，分析了舵面运动过程对喷流控制效果的影响。总体来看，对气动舵面与 RCS 相互干扰的研究，目前国内外的相关工作较少，相互作用的机理和影响程度尚不明晰，从而给 RCS/舵面复合控制系统的设计带来较大压力。

本节针对一类可重复使用运载器的 RCS/舵面干扰问题，结合动网格技术，采用数值模拟手段，研究舵面对喷流控制效果的影响和喷流开启或关闭时飞行器运动对不同舵面操纵方式的动态响应过程，舵面的操纵方式包括突发短暂干扰、突发持续干扰以及连续快速摆动等。研究结果可为 RCS/舵面复合控制系统设计时，如何考虑 RCS/舵面相互干扰的影响提供参考。

4.5.1　模型、网格以及喷流参数

可重复使用运载器主要由机身(body)、方向升降舵(又称 V 形立尾，ruddervator)、襟副翼(flaperon)、体襟翼(body flap)等组成，控制系统则由以上各种气动控制面、反作用控制系统(RCS)以及轨道机动系统(OMS)组成。

从气动控制面的命名规则即可看到，方向升降舵提供俯仰和偏航控制，襟副翼控制滚转并调节阻力，体襟翼则主要用于俯仰方向的配平。以俯仰方向为例，再入返回初期，主要采用 RCS 进行姿态控制；随着来流动压增高，气动控制面开始产生控制力矩，此时采用 RCS、方向升降舵、襟副翼以及体襟翼组合的方式进行俯仰方向配平及控制；动压进一步增大后，RCS 逐渐退出，襟副翼主要用于调节阻力，此时只需方向升降舵和体襟翼即可提供足够的俯仰控制力矩。

图 4.35 是飞行器控制机构位置示意图，以侧向喷流为例，喷口位置距离方向

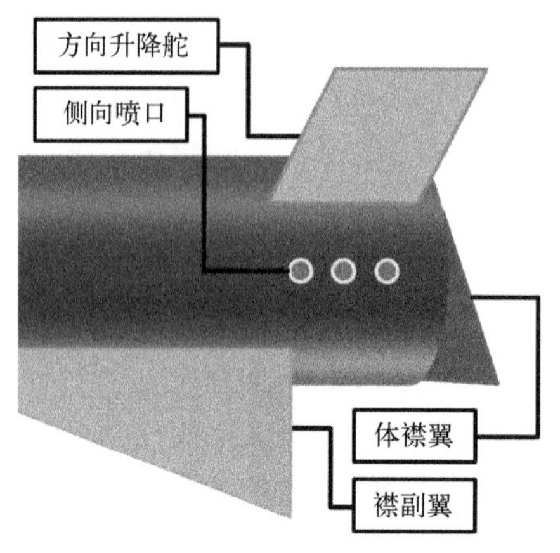

图 4.35　飞行器控制机构位置示意图

升降舵、襟副翼和体襟翼均较近，当喷流开启或关闭时，势必会产生 RCS 喷流与舵面的相互干扰，影响彼此的控制效果。对超声速来流问题，襟副翼处于喷口上游，其偏转会直接影响喷流的控制效果；而喷口的位置又处于升降舵和体襟翼的上游，喷流开启或关闭将对飞行器的俯仰配平特性产生重要影响。本着从简单到复杂的研究原则，这里首先从襟副翼与侧向喷流的干扰问题入手，研究襟副翼偏转对喷流控制效果的影响以及当喷流开启或关闭时，飞行器俯仰运动对襟副翼偏转的动态响应过程。为叙述简单，后文一般直接称襟副翼为舵面，襟副翼的偏转角简称为舵偏角。

当采用侧向喷流进行控制时，水平方向的三个喷口同时进入工作状态（图 4.35）。喷嘴的出口条件通过数值模拟喷管内的流动得到，喷管出口处的密度、压力及马赫数分布见图 4.36，在数值模拟 RCS 喷流时作为喷流边界条件直接读入。

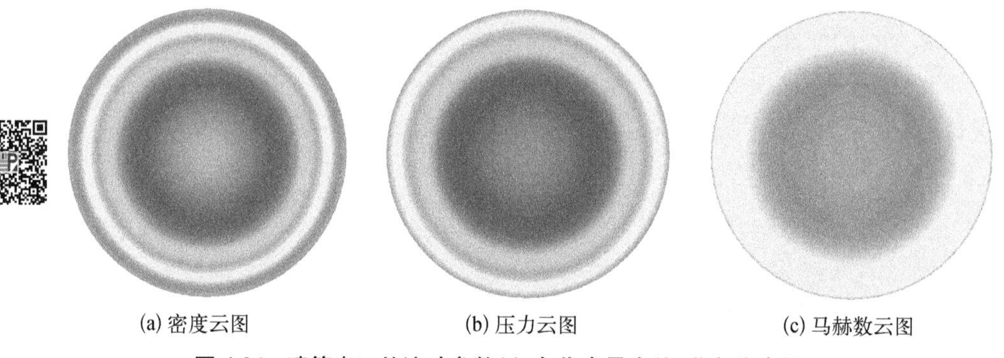

(a) 密度云图　　(b) 压力云图　　(c) 马赫数云图

图 4.36　喷管出口处流动参数（红色代表最大值，蓝色代表最小值）

在研究 RCS/舵面干扰时，会牵扯到舵的运动问题，需要采用动网格技术。该外形的动网格处理相对简单，这里采用局部网格动态变形技术进行处理[25]，实现过程简述如下。

（1）舵面附近的网格由数块网格组成，将舵面包裹在其中，网格块的外边界应包含控制舵的运动范围，这些网格块的外边界与飞行器本体网格构成对接关系。在网格的变形过程中，舵面附近网格的外边界保持不动。

（2）舵面运动一般是绕舵轴旋转，因此物面网格点的位置变化可根据绕定轴旋转的公式直接计算得到。需要注意的是，飞行器的运动过程中，舵轴也是随飞行器本体运动而不断变化的。舵面网格相当于内边界，内边界网格点更新之后，外边界网格点保持不动（相对飞行器本体而言），剩下的工作就是更新内网格。

（3）内部网格点的更新采用弹簧弹性变形技术进行处理。以 j 方向为例，舵面上网格点 $j=1$，更新前物理坐标为 $x_0(1)$，更新后的物理坐标为 $x(1)$，均为已知量；边界上网格点 $j=jm$，物理坐标更新前后不变，均为 $x_0(jm)$；内部网格点 j，更新前物理坐标 $x_0(j)$ 为已知量，则更新后的物理坐标 $x(j)$ 可通过下式求出：

$$\frac{x(j)-x(1)}{x_0(jm)-x(1)}=\frac{x_0(j)-x_0(1)}{x_0(jm)-x_0(1)} \tag{4.3}$$

采用局部网格动态变形技术处理运动问题的优点是网格更新量很小、计算效率高，可较好地保持变形前后的网格质量。图 4.37 是采用局部动态网格变形技术生成的不同舵偏角的网格比较，可以看到网格的变形和更新只在舵面附近进行，其他区域网格不受影响，变形后的网格质量可以保证。

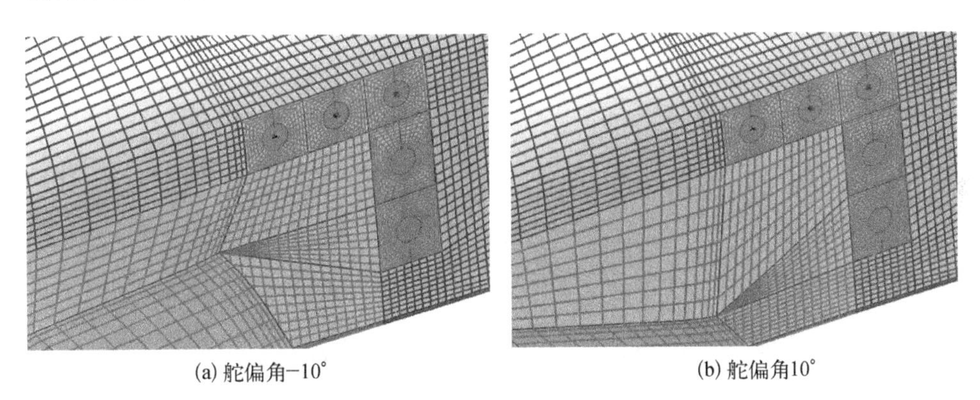

(a) 舵偏角−10°　　(b) 舵偏角10°

图 4.37　局部动态网格变形技术生成的不同舵偏角网格比较

4.5.2　脉冲喷流相互干扰影响的研究

喷流干扰流场的建立是一个流场参数传递和匹配的动态过程[35]，脉冲喷流与超声速外流的相互作用将产生复杂的非定常效应，飞行器气动力、表面压力、角速度和角加速度都会出现一定幅度和持续时间的振荡。在实际飞行中，喷流启动和关闭对飞行器气动特性的影响往往呈现出非定常特征，此外，在采用喷流对飞行器进行姿态控制或修正时，多采用高频脉冲喷流的形式，两组相邻的脉冲喷流之间可能存在相互干扰，影响喷流的控制效果。

图 4.38 展示了喷流启动时喷流流场建立的非定常过程，其中物面为压力分

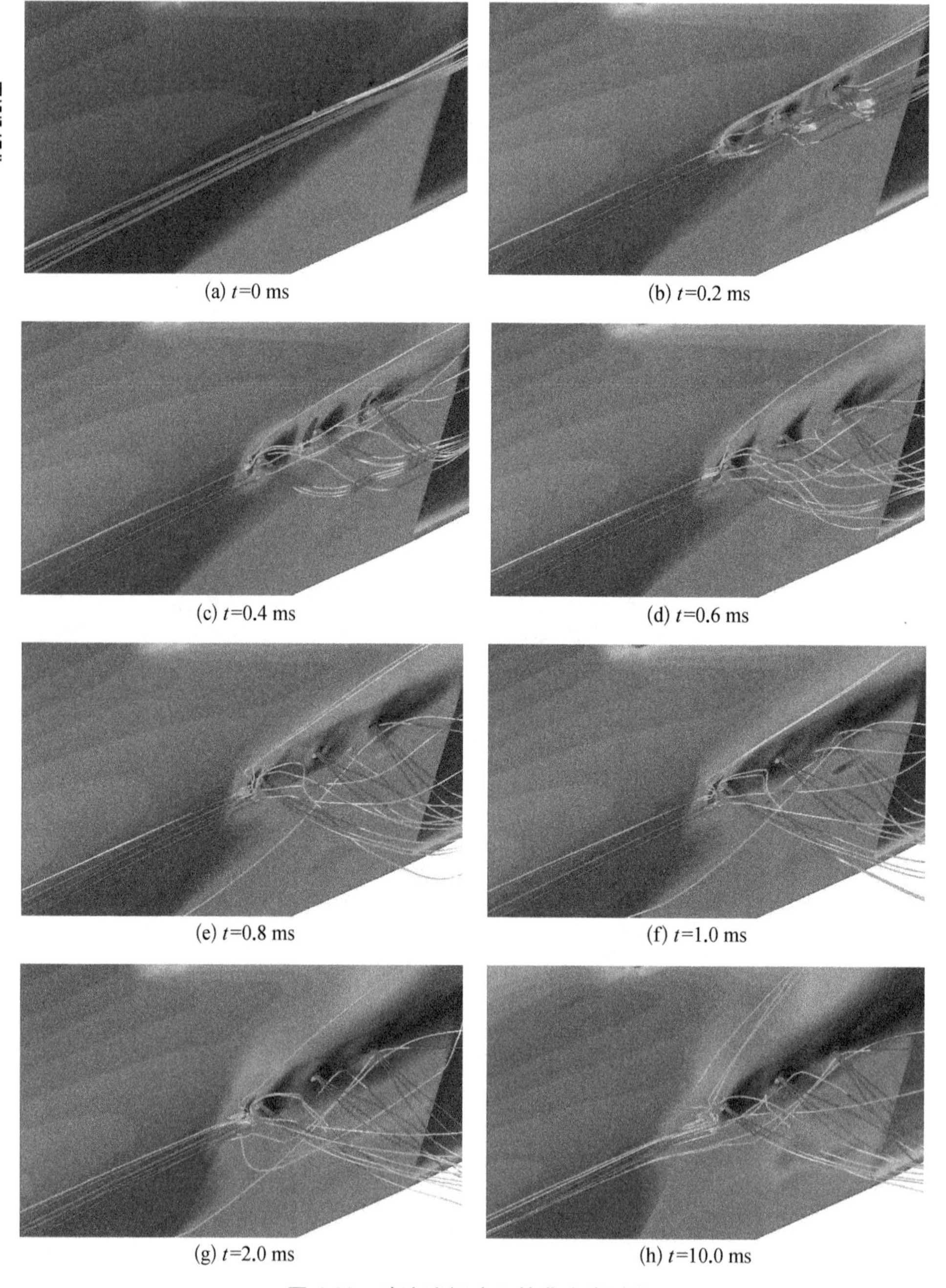

(a) t=0 ms
(b) t=0.2 ms
(c) t=0.4 ms
(d) t=0.6 ms
(e) t=0.8 ms
(f) t=1.0 ms
(g) t=2.0 ms
(h) t=10.0 ms

图 4.38 喷流流场建立的非定常过程

布云图,空间流线用马赫数着色。来流马赫数 $Ma=3$,高度 $H=30$ km,计算攻角 15°,侧滑角-10°,非定常数值模拟的时间步长为 2×10^{-6} s。$t=0$ 时刻,喷口网格的边界条件设置为固壁边界,计算得到喷流关闭时的定常流场,并作为喷流启动的初始流场;在下一个时间步,将喷口网格的边界条件设置为喷流边界,即直接将图 4.36 喷口处压力和密度等赋值到喷口网格上,研究喷流流场的建立过程。

从图 4.38 的模拟结果可以看到,喷流的建立过程很快,在 1 ms 左右,喷流即可达到最大的射流高度;但喷流建立后,相当于在超声速流场中竖立了一个物体,会在喷流的前方形成弓形激波,弓形激波的下方产生流动分离,分离又诱导产生分离激波。复杂流场结构的建立过程与喷流的建立过程相比,其过程更为缓慢。同时也正是流场的建立需要一定的时间,才导致前后脉冲喷流之间会存在相互干扰效应。

图 4.39 研究了脉冲喷流之间的相互干扰效应,比较了不同脉冲频率时的喷流放大因子随喷流启动和关闭的变化情况。喷流放大因子是表征侧喷直接力对飞行器控制效率的一个无量纲量,体现了喷流干扰的增益效果,当其值大于 1 时,代表喷流干扰具有增强的效果,干扰因子越大,增益效果越好;反之,则表示喷流干扰产生了负增益,减弱了控制效果。

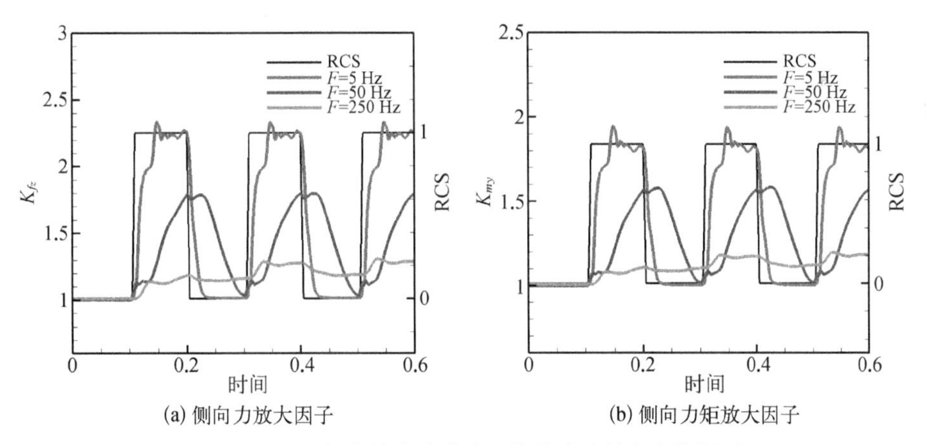

(a) 侧向力放大因子 (b) 侧向力矩放大因子

图 4.39 不同频率的脉冲喷流干扰效应比较(后附彩图)

在图 4.39 中,横坐标代表时间轴,其中 $F=5$ Hz 的时间轴坐标是未经处理的,$F=50$ Hz 和 $F=250$ Hz 的时间轴分别放大了 10 倍和 50 倍,以便于比较不同频率的模拟结果;左侧纵坐标代表侧向力/偏航力矩的喷流放大因子;右侧纵坐标代表喷流状态,RCS=0 表示喷流处于关闭状态,RCS=1 表示喷流处于开启状态。从图 4.39 的模拟结果来看,在 $F=5$ Hz 的脉冲喷流频率下,由于脉冲频率较低,流场受喷流干扰后有足够的恢复时间,因而两个脉冲喷流之间未产生相互干扰现象,此时应用脉冲喷流进行姿态控制时能达到设计的效果。同时从 $F=5$ Hz 的模拟结果也可以看到,从喷流启动到达到完全的喷流效果,喷流流场的建立过程时间约 0.05 s;而喷流关闭后,流场的恢复时间约 0.03 s,略小于喷流流场的建立时间。很显然,若脉冲喷流之间的时间间隔小于上述值,就会产生干扰效应。而脉冲喷流之间不发生相互干扰的条件是脉冲喷流的持续时间应大于喷流流场的建立时间,并且两次脉冲喷流的间隔时间应大于流场的恢复时间,若达不到此条件,则脉冲喷流之间就会发生相互干扰现象。需要注意的是,上述数值只针对当前的计算工况成立。事实上,喷流流场的建立时间和恢复时间与喷流强弱、方向、喷口所处环境等因素密切相关,来流条件或飞行器姿态的改变等都会影响该数值的大小,需要根据具体情况具体分析。

从图 4.39 中 $F=50$ Hz 和 $F=250$ Hz 的模拟结果来看,脉冲喷流之间发生相互干扰的后果是严重的。在喷流发挥完全作用的正常情况下,喷流的力矩放大因子约为 1.95;而在 $F=50$ Hz 情况下,不同的脉冲喷流之间会产生严重的相互干扰作用,此时喷流的力矩放大因子最大约为 1.65,喷流效果只有正常情况下的 68%;随着脉冲喷流频率的提高,干扰现象不断增强。在 $F=250$ Hz 情况下,喷流的力矩放大因子最大约为 1.22,喷流效果只有正常情况下的 23%。上述结果表明,对于频率较高的脉冲喷流,当脉冲喷流的持续时间小于喷流流场的建立时间,并且两次脉冲喷流的间隔时间也小于流场的恢复时间时,脉冲喷流之间就会发生较为严重的相互干扰,此时喷流的控制效果就会有所下降。

4.5.3 舵面对喷流控制效果影响的研究

如前所述,该飞行器喷口处于舵面的上后方,舵面的偏转相当于改变了喷口前方的来流状态,进而影响喷流的控制效果。因此,在采用 RCS/舵面复合控制技术时,必须考虑舵面对喷流控制效果的影响。

在此项研究中,为分析不同舵面偏转位置对喷流控制效果的影响,舵面采用连续式周期性摆动的方式,舵偏角的运动规律为

$$\delta = \delta_0 + \delta_m \times \sin(2\pi ft) \tag{4.4}$$

式中,舵面运动频率为 $f=1$ Hz;初始舵偏角 $\delta_0=0°$;舵偏幅值 $\delta_m=10°$。

计算的来流马赫数 $Ma=3$,高度 $H=30$ km。首先分析当攻角 $\alpha=0°$时,舵面对喷流控制效果的影响。

图 4.40 是 0°攻角时偏航力矩喷流放大因子随舵偏角的变化情况，结合图 4.41对流场的分析可以看到，在正的舵偏角范围内，由于舵面距离喷口较远，舵面的运动对喷流的影响有限，喷流放大因子随舵偏角的变化幅度很小；而在负的舵偏角范围内，舵面的运动对喷流的干扰是明显的。当在 0°舵偏角时，喷流放大因子只有 1.38，而当舵面运动到-10°舵偏角时，喷流放大因子达到 1.94，表明在此状态下，负的舵偏角可以明显增强喷流的控制效率。

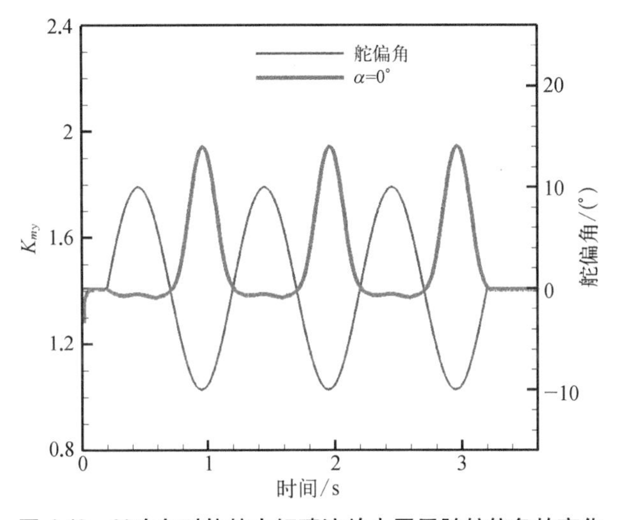

图 4.40　0°攻角时偏航力矩喷流放大因子随舵偏角的变化

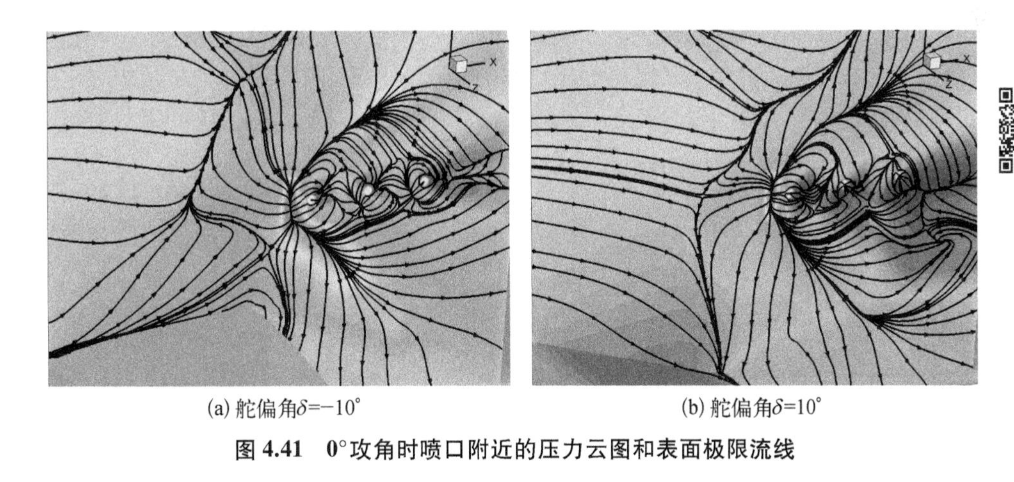

图 4.41　0°攻角时喷口附近的压力云图和表面极限流线

图 4.42 是 15°攻角时偏航力矩喷流放大因子随舵偏角的变化情况。相对 0°攻角时，喷流放大因子整体上有所增大，喷流效果增强；而随着升降舵的摆动，喷流放大因子的变化幅值也明显变小，表明升降舵对喷流控制效果的影响减弱。

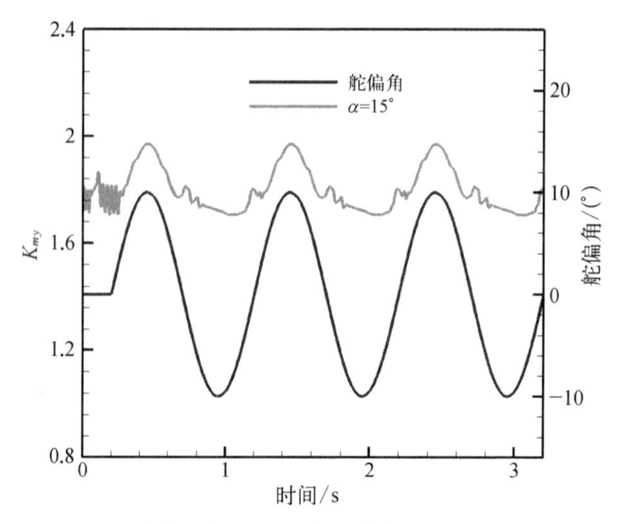

图 4.42　15°攻角时偏航力矩喷流放大因子随舵偏角的变化

此外,在0°攻角时,负向舵偏会显著增强喷流控制效果,但在15°攻角时,负向舵偏对喷流控制效果的影响较弱,正向舵偏反而会增强喷流的控制效果。

以上结果展示了RCS/舵面复合控制技术复杂性的一个侧面,即在不同的来流条件下,舵面的偏转有可能增强喷流的控制效果,也有可能几乎不影响喷流的控制效果;即便是增强喷流的控制效果,但在不同的来流条件下,增益效果的差别也很大,从而给RCS/舵面复合控制系统的设计带来极大挑战。

在以上问题的研究中,舵面的摆动频率为f= 1 Hz,摆动相对较慢,对喷流几乎不产生动态的干扰效应。图4.43研究了舵面快速偏转过程对喷流控制

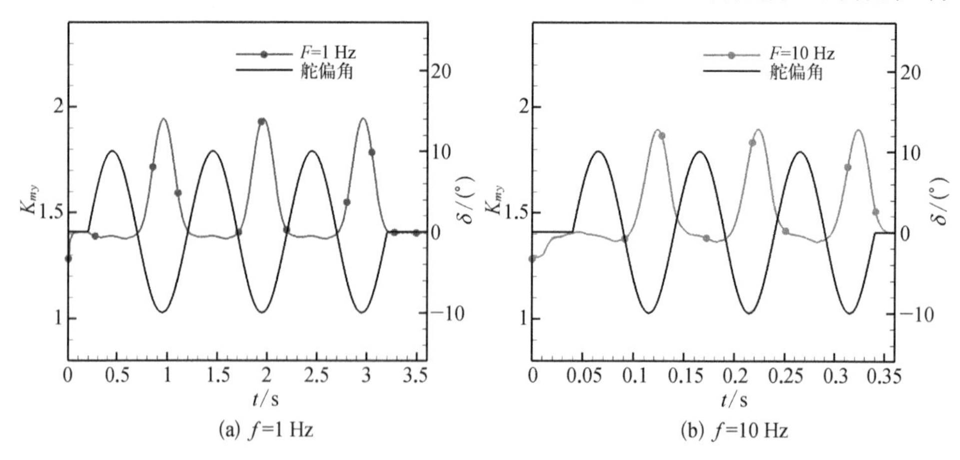

(a) f=1 Hz　　(b) f=10 Hz

图 4.43　喷流放大因子对不同舵偏运动频率的响应比较

效果的影响，舵面摆动频率分别为f= 1 Hz 和 10 Hz。计算来流条件不变，攻角$\alpha = 0°$。

图 4.43 中，喷流放大因子曲线对应左侧纵坐标，舵偏角曲线对应右侧纵坐标。从模拟结果可以看到，随着舵面摆动速度加快，喷流放大因子响应的幅值有所降低；但减小的量值不大；而随着舵面摆动速度的加快，舵面与喷流干扰的相位延迟效应明显。

当f= 1 Hz 时，几乎没有相位滞后情况，但当f= 10 Hz 时，相位滞后角为 30°。这意味着定常状态下本该在−10°舵偏角时出现的最大干扰效应，此时出现在−8.7°舵偏角附近。因此在考虑舵面与喷流的干扰效应时，还必须考虑舵面运动导致的非定常迟滞效应。

4.5.4　喷流对舵面控制效果影响的研究

从飞行器布局来看，喷口位置处于舵面上后方，且有一定的距离，在超声速来流情况下，喷流的开启或关闭应该对舵面的影响有限。但从图 4.44 俯仰力矩随攻角变化的曲线可以看到，喷流的开启或关闭对俯仰力矩有较大影响。喷流开启时飞行器的配平攻角为−1.04°，而喷流关闭时飞行器的配平攻角约为 0°。

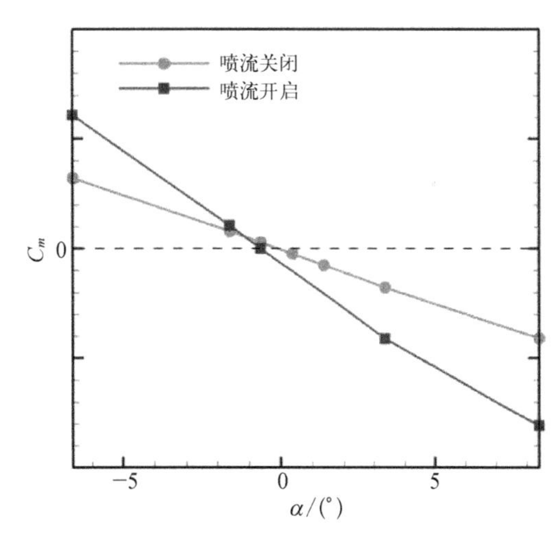

图 4.44　喷流开启和关闭时俯仰力矩随攻角变化曲线比较

为研究喷流开启或关闭对俯仰力矩影响的原因，图 4.45 给出了两种情况下舵面附近的压力云图比较。可以看到，当喷流开启或关闭时，舵表面的压力分布几乎没有变化，因而不会直接影响舵面的控制效率；但飞行器的方向升降舵（V 形立尾）却刚好处于喷流的影响区内。喷流开启时，在喷流前方形成的弓形激波刚好打到立尾的迎风面，形成高压区，产生低头力矩，导致喷流开启时飞行器的配平攻角比喷流关闭时的配平攻角要低 1.04°左右。

以上分析表明，喷流的开启或关闭不会直接影响舵面的俯仰控制效果，仅仅是对配平攻角有一定的影响。为了检验该结论，设计了两种舵面运动形式，研究

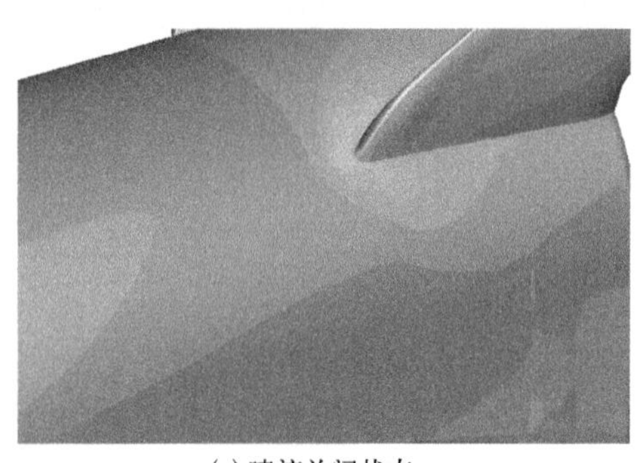

(a) 喷流关闭状态

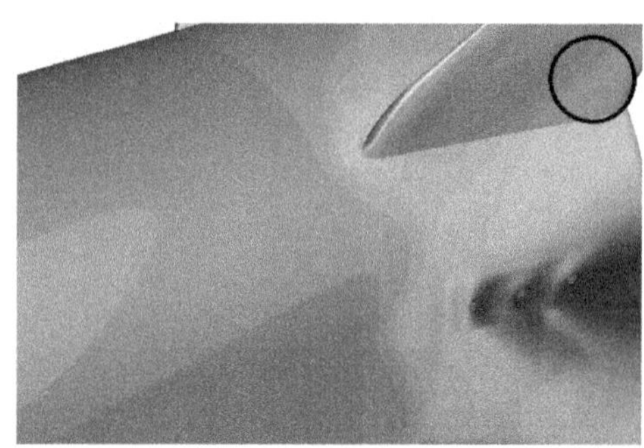

(b) 喷流开启状态

图 4.45 喷流开启和关闭时升降舵附近压力分布云图比较

喷流的开启或关闭时，飞行器对舵面摆动的响应过程。

图 4.46 给出了短暂干扰模式和持续干扰模式时，舵偏角随时间的变化过程。在短暂干扰模式下，舵偏角在 0.025 s 时间内偏转到最大值，并在 0.05 s 时刻回复到原位置，此过程的运行形式按正弦函数给出；扰动结束后，舵面将一直保持在原位置。持续干扰模式与短暂干扰模式类似，唯一不同的是在偏转到最大值之后，将一直保持在最大值位置。

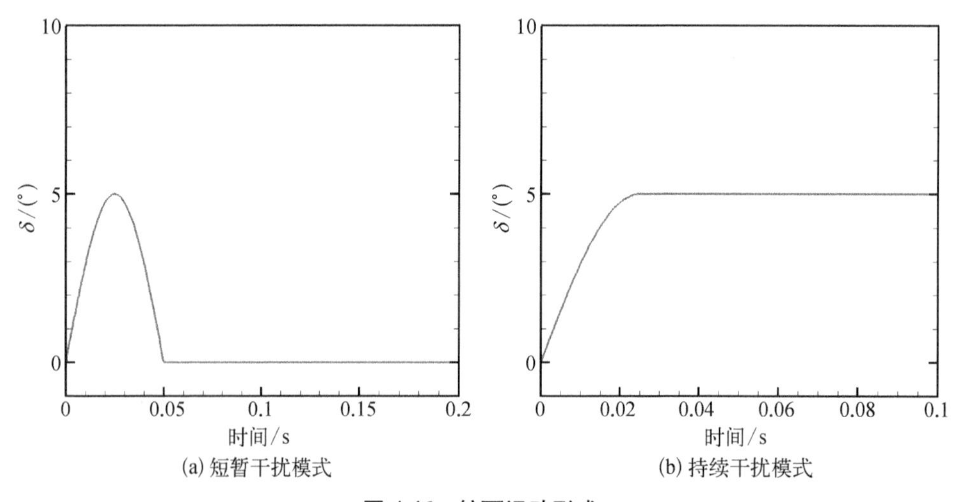

(a) 短暂干扰模式

(b) 持续干扰模式

图 4.46 舵面运动形式

图 4.47 是舵面短暂干扰模式下，飞行器对扰动响应的模拟结果。飞行器的起始攻角均为−1.1°，无初始角速度，飞行器的俯仰运动通过舵面的偏转激发。当喷流开启时，配平攻角与初始攻角接近，当舵面向下偏转时产生附加低头力

矩,飞行器做低头运动,扰动结束后,飞行器振荡收敛到-1.04°配平攻角。当喷流关闭时,配平攻角为0°,在初始攻角之上,此时飞行器自身受正的俯仰力矩作用,当舵面向下偏转时产生附加低头力矩,在综合作用下,飞行器做短暂的低头运动,扰动结束之后,飞行器做抬头运动,并振荡收敛到0°配平攻角。总体来看,在短暂舵面干扰作用结束后,无论喷流开启或关闭,飞行器都将回到各自的配平位置。

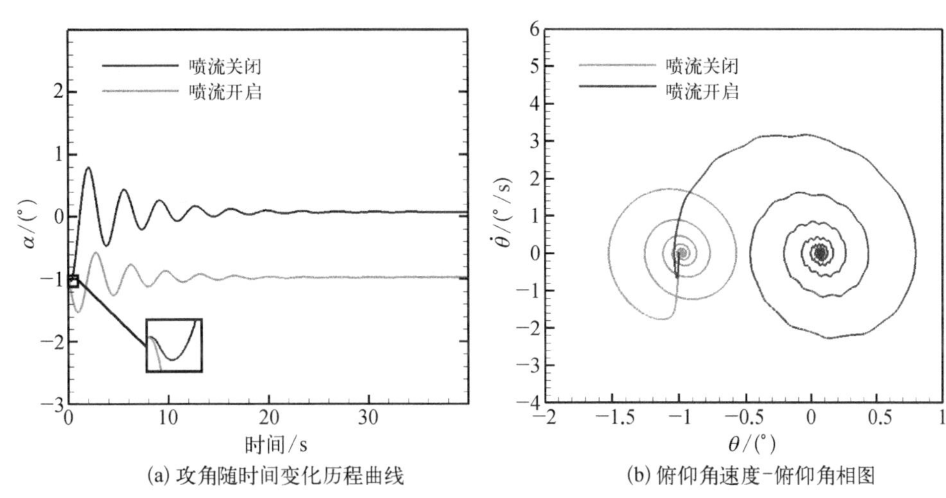

(a) 攻角随时间变化历程曲线　　(b) 俯仰角速度-俯仰角相图

图 4.47　短暂干扰模式下飞行器的响应过程

图 4.48 和图 4.49 是舵面在持续干扰模式下,飞行器对扰动响应的模拟结果。图 4.48 对应舵面向下偏转的情况,飞行器受低头力矩作用,振荡收敛到新的配平位置。当喷流关闭时,配平攻角为-3.07°;当喷流开启时,配平攻角为-4.39°,配平位置相差约1.32°。与前文定常结果或短暂干扰模式结果中配平配置相差1.04°有一定差别。这一差别的另一层含义是,在相同的舵面操纵下,当喷流关闭时,飞行器攻角变化为-3.07°(从初始配平位置0°到新的配平位置-3.07°);当喷流开启时,飞行器攻角变化为-3.35°(从初始配平位置-1.04°到新的配平位置-4.39°)。很明显,该状态下,相对于无喷状态,喷流开启将增强升降舵的控制效果。更进一步,图 4.49 是当舵面向上偏转时,喷流开启或关闭对控制效果的影响。在相同情况的舵偏角作用下,当喷流关闭时,飞行器攻角变化为-3.05°(从初始配平位置0°到新的配平位置3.05°);当喷流开启时,飞行器攻角变化为-3.13°(从初始配平位置-1.04°到新的配平位置2.09°)。这同样表明喷流开启增强了升降舵的控制效率。

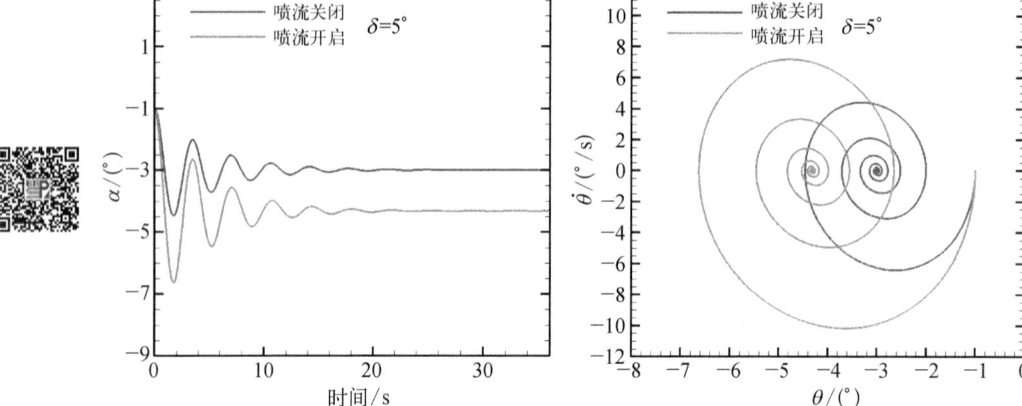

(a) 攻角随时间变化历程曲线

(b) 俯仰角速度-俯仰角相图

图 4.48　持续干扰模式下飞行器的响应过程(舵偏幅值 5°)

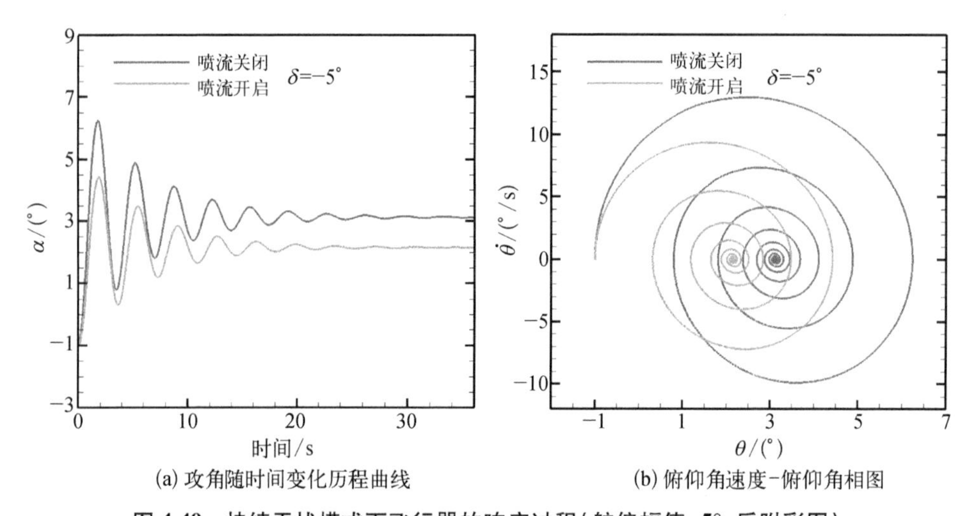

(a) 攻角随时间变化历程曲线

(b) 俯仰角速度-俯仰角相图

图 4.49　持续干扰模式下飞行器的响应过程(舵偏幅值−5°,后附彩图)

综合以上的模拟结果,对研究的可重复使用运载器外形,由于喷流前方的弓形激波会打到 V 形立尾上,形成高压区,所以喷流开启时的配平攻角比关闭时要低约 1.04°。在正向舵偏的操纵作用下,喷流对控制效果的影响明显,攻角改变量相差约 9.12%(舵偏角 5°)。这主要是由于正向舵偏产生低头力矩,而随着飞行器做低头运动,弓形激波打到 V 形立尾上的区域增大,也即高压区增大,相当于增强了舵面的控制效果。在负向舵偏的操纵下,喷流对控制效果的影响减弱,主要是由于负向舵偏产生抬头力矩,而随着飞行器攻角增大,弓形激波打到

V 形立尾上的区域向后移动,作用区域减小,对舵面控制效果的影响也减弱。随着攻角的进一步增大,V 形立尾甚至有可能处于喷流流场的影响区域之外,此时喷流的开启或关闭对控制效果的影响几乎不存在。

同时,从分析过程也可以看到,相对于体襟翼,喷流的开启或关闭对方向升降舵控制能力的影响更大,预计影响效果也更为复杂。由此可见,喷流/舵面之间的相互干扰受到诸多因素的影响,十分复杂,必须具体情况具体分析。

参考文献

[1] Graham M J, Weinacht P. Numerical simulation of lateral control jets. 37th AIAA Aerospace Sciences Meeting and Exhibit, 1999: 510.

[2] 陈坚强,张毅锋,江定武,等.侧向多喷口干扰复杂流动数值模拟研究.力学学报,2008,40(6): 735-743.

[3] 周伟江,马汉东,杨云军,等.侧向控制喷流干扰流场特性数值研究.空气动力学学报,2004,22(4): 399-403.

[4] Chazen M L, Sanscrainte W. Space shuttle bipropellant RCS engine. Journal of Spacecraft and Rockets, 1974, 11(10): 685-690.

[5] Young J C, Underwood J M. The development of aerodynamic uncertainties for the space shuttle orbit, shuttle performance: lessons learned, Part II. NASA CP-2283, 1983: 1169-1180.

[6] Kanipe D B. Plume/flowfield jet interaction effects on the space shuttle orbiter during entry. AIAA 9th Atmospheric Flight Mechanics Conference, 1982: 1319.

[7] Sund D C, Hill C S. Reaction control system thrusters for Space Shuttle Orbiter. AIAA/SAE/ASME 15th Joint Propulsion Conference, 1979: 1144.

[8] Kumar A. Numerical simulation of flow through scramjet inlets using a three-dimensional Navier-Stokes code. AIAA 18th Fluid Dynamics and Plasmadynamics and Lasers Conference, 1985: 1664.

[9] Sinha N, York B J, Ong C C, et al. 3D Navier-Stokes analysis of high-speed propulsive flowfields using the PARCH code. AIAA/ASME/SAE/ASEE 25th Joint Propulsion Conference, 1989: 2796.

[10] Brandeis J, Gill J. Experimental investigation of side jet steering for missiles at supersonic and hypersonic speeds. 33rd Aerospace Sciences Meeting and Exhibit, 1995: 316.

[11] Brandeis J, Gill J. Experimental investigation of super-and hypersonic jet interaction on missile configurations. Journal of Spacecraft and Rockets, 1998, 35(3): 296-302.

[12] Dash S M, York B J, Sinha N, et al. Recent developments in the simulation of steady and transient transverse jet interactions for missile, rotorcraft, and propulsive applications. AGARD Meeting on Computational and Experimental Assessment of Jets in Cross Flow, 1993.

[13] Finseth J L, Hopkins D F, Harvey D W. Multiple jet effects in jet interaction: flow field phenomena and evaluation methodology. AIAA/ASME/SAE/ASEE 24th Joint Propulsion

Conference, 1988: 3272.

[14] Gampert M, Narayanaswamy V, Schaefer P, et al. Conditional statistics of the turbulent/non-turbulent interface in a jet flow. Journal of Fluid Mechanics, 2013, 731: 615 - 638.

[15] Gevorkyan L, Shoji T, Getsinger D, et al. Transverse jet mixing characteristics. Journal of Fluid Mechanics, 2016, 790: 237 - 274.

[16] Henderson B S, Wernet M P. Characterization of three-stream jet flow fields. 54th AIAA Aerospace Sciences Meeting, 2016: 1636.

[17] Khorsandi B, Gaskin S, Mydlarski L. Effect of background turbulence on an axisymmetric turbulent jet. Journal of Fluid Mechanics, 2013, 736: 250 - 286.

[18] Qin N, Foster G W. Study of flow interactions due to a supersonic lateral jet using high resolution Navier-Stokes solutions. 26th AIAA Fluid Dynamics Conference, 1995: 2151.

[19] Spencer A. Optimal control thruster location for endoatmospheric interceptors. 2nd Annual AIAA SDIO Interceptor Technology Conference, 1993: 2639.

[20] Srivastava B. Computational analysis and validation for lateral jet controlled missiles. Journal of Spacecraft and Rockets, 1997, 34(5): 584 - 592.

[21] Srivastava B. Lateral jet control of a super-sonic missile: CFD predictions and comparison to force and moment measurements. AIAA 35th Aerospace Sciences Meeting & Exhibit, 1997: 0639.

[22] Srivastava B. Aerodynamic performance of supersonic missile body and wing tip-mounted lateral jets. Journal of Spacecraft and Rockets, 1998, 35(3): 278 - 286.

[23] Viti V, Wallis S, Schetz J A, et al. Jet interaction with a primary jet and an array of smaller jets. AIAA Journal, 2004, 42(7): 1358 - 1368.

[24] York B J, Sinha N, Kenzakowski D C, et al. PARCH Code Simulation of Tactical Missile Plume/Airframe/Launch Interactions. 19th JANNAF Exhaust Plume Technology Meeting, 1991: 645 - 674.

[25] 陈坚强,陈琦,谢昱飞,等.侧向喷流与舵面运动相互干扰的数值模拟研究.宇航学报,2014,35(5): 515 - 520.

[26] 陈坚强,江定武,张毅锋.侧向喷流数值模拟精度及实验验证研究.空气动力学学报,2010,28(4): 421 - 425.

[27] 程克明,尹贵鲁.侧向喷流试验中干扰力和喷流力同时模拟的相容性.南京航空航天大学学报,2002,34(6): 509 - 511.

[28] 毛枚良.高超声速复杂流动数值模拟实用算法研究.绵阳: 中国空气动力研究与发展中心博士学位论文,2006.

[29] 贺旭照,秦思,曾学军,等.模拟飞行条件下的吸气式高超声速飞行器后体尾喷流干扰问题实验方案研究.推进技术,2014,35(10): 1310 - 1316.

[30] 吴晓军,邓有奇,周乃春,等.尖拱弹身横向喷流数值模拟.空气动力学学报,2003,21(4): 464 - 469.

[31] Pindzola M. Jet simulation in ground test facilities. AD No. 440903, 1963.

[32] 恽起麟.风洞实验.北京: 国防工业出版社,2000.

[33] 房元鹏.可重复使用航天器再入段复合控制方法研究.飞行力学,2008,26(1): 60 - 63.

[34] 鹿存侃,胡永太.气动舵面/RCS复合控制系统构型设计与仿真.航空学报,2016,37(s1):106-111.

[35] 吴了泥.可重复使用运载器亚轨道再入段制导与控制技术研究.南京航空航天大学博士学位论文,2009.

[36] Birch S F, Lyubimov D A, Buchshtab P A, et al. Jet-pylon interaction effects. 11th AIAA/CEAS Aeroacoustics Conference (26th AIAA Aeroacoustics Conference), 2005: 3082.

[37] Fares E, Huppertz G, Abstiens R, et al. Numerical and experimental investigation of the interaction of wingtip vortices and engine jets in the near field. 40th AIAA Aerospace Sciences Meeting & Exhibit, 2002: 403.

[38] Huppertz G, Schröder W, Klaas M. Engine jet/vortex interaction in the near wake of an airfoil. 36th AIAA Fluid Dynamics Conference and Exhibit, 2006: 3747.

[39] Sementi J P. Jet exhaust and wing flap interactions. 40th AIAA Aerospace Sciences Meeting & Exhibit, 2002: 17.

[40] Wang F Y, Zaman K B M Q. Aerodynamics of a jet in the vortex wake of a wing. AIAA Journal, 2002, 40(3): 401-407.

[41] 李斌,王学占,刘仙名.大攻角侧向多喷干扰流场特性数值模拟.航空学报,2015,36(9):2828-2839.

[42] 李亚超,阎超,张翔,等.超声速横向喷流侧向控制的数值模拟.北京航空航天大学学报,2015,41(6):1073-1079.

[43] 刘耀峰,薄靖龙.侧向喷流干扰流场建立与消退过程数值模拟.宇航学报,2015,36(8):877-884.

[44] 唐志共,杨彦广,刘君,等.横向喷流干扰/控制研究进展.实验流体力学,2010,24(4):1-6.

[45] 许晨豪,蒋崇文,高振勋,等.高超声速飞行器反作用控制系统喷流干扰综述.力学与实践,2014,36(2):147-155.

第五章

内外流一体化复杂流动模拟

5.1 引言

在众多的高超声速技术中,发展类似于 X-43 吸气式高超声速飞行器是实现可持续高超声速飞行的重要途径。目前高超声速飞行器一体化构型主要包括两种[1]: 一种是轴对称构型,该构型结构简单、热防护和控制技术相对成熟,被广泛应用于各种型号的导弹中,如美国 HyFly 计划中的验证机就是一种典型的轴对称高超声速远程导弹;另一种是升力体构型,该构型升阻比高、机动性能良好,被广泛应用于高超声速巡航飞行器中,如 X-43A、X-51A、IGLA 等。表 5.1 列出了这两种构型各自的优点和限制以及主要应用范围[2]。

表 5.1　高超声速一体化构型性能比较

项　目	升　力　体	轴对称旋转体
优　点	① 具有很高的升阻比 ② 在高马赫数下具有良好的机动性能 ③ 在偏离设计条件下,仍能保持有利的机动性能 ④ 雷达回波小,隐身性能良好	① 飞行阻力小 ② 具有良好的机动性能 ③ 结构简单而重量相对轻 ④ 设计与制造相对较易 ⑤ 经济性好
限　制	① 外形复杂,设计和制造困难 ② 内部容积小	① 隐身性能差 ② 在高马赫数飞行时机动性能较差
应用范围	适用于冲压发动机,广泛应用于吸气式高超声速飞行器	广泛应用于各种型号的亚声速和超声速导弹

利用 CFD 数值模拟吸气式高超声速飞行器复杂流动时,要求考虑飞行器飞行时内外流场之间的相互作用和耦合影响。内外流相互干扰的问题广泛存在于各种高超声速飞行器中,就其流动机理[3-6]而言,其典型流场包含分离区与再附区、激波、膨胀波、剪切层等流动结构,是一个高度复杂的非线性动力学系统。

高马赫数下激波/边界层干扰具有如下的流动特征[7]。

(1) 高超声速条件下产生的斜激波,当以较大的斜度入射到边界层上时,会减小边界层的厚度,并在壁面上产生较大的法向压力梯度,进而导致边界层的强烈压缩,产生极大的当地热流。

(2) 在高超声速条件下,入射区会产生很强的逆压梯度,进而引发分离;在分离区的表面会有一个较长的剪切层,该剪切层很可能在壁面边界层变成湍流之前转捩为湍流;同时,大范围的分离区还会产生强分离激波,从而进一步强化入射激波,产生额外的逆压梯度。

(3) 分离区的大小与壁面温度、化学反应相关。当壁面温度较低、化学反应增加时,分离区减小。

由于高超声速流场中存在强激波、激波/激波干扰、激波/边界层干扰等复杂的非线性流动现象,目前成功应用于捕捉强间断的 TVD 和 NND 等二阶精度格式,由于数值黏性相对比较大,难以满足对壁面热流与摩阻的计算精度要求,必须在模拟边界层流动时对物面附近布置十分细密的网格。而高精度格式尽管数值耗散比较小,能够比较好地模拟物理黏性对流动的作用,但其数值稳定性(或鲁棒性)通常不及二阶精度格式,难于在复杂几何外形的工程应用中推广。所以,用于高超声速内外流一体化流动模拟的数值方法应该具有下面的关键要素。

(1) 无黏通量离散格式具有至少二阶精度的同时,应该保证格式的低耗散性,用于精确模拟激波干扰流动,尤其要满足对边界层高分辨的要求。

(2) 计算网格应具备较高的光滑度(smoothness)、合理的疏密分布(clustering)以及较好的正交性(orthogonality),用于正确预测分离涡的位置和大小;必须进行网格收敛性分析,证明网格分辨率是足够的。

(3) 在定常流场求解中,若存在流动分离现象,由于建立分离区需要较长时间,一般采用隐式时间格式,执行较长时间步以保证数值计算达到收敛,收敛的重要标准之一是分离涡的位置和大小基本保持不变。

(4) 对于湍流流动,还需要采用合适的湍流模型来数值模拟超/高超声速流场中存在的激波/边界层干扰等复杂的非线性现象,尤其是含激波/边界层干扰、分离等复杂现象的内流流动。

综上所述，内外流一体化数值模拟计算同外流模拟相比，存在的主要难点是如何准确模拟湍流效应、流动分离、激波/边界层强黏性干扰等复杂流动现象，这些对数值算法、网格生成也带来了严重的挑战。因此，为了准确地描述整个飞行过程中的流动现象，在物理模型方面，采用三维非定常、可压缩 NS 方程进行计算，同时引入合适的可压缩湍流模型（SA 一方程模型、SST 两方程模型）用以描述流场中的湍流流动现象；在网格技术上，采用对复杂几何外形具有较强适应性的分区网格技术；在数值技术方面，采用基于结构网格的格心型有限体积法离散控制方程，无黏项采用二阶非线性格式作为离散的主要方法，并通过加权函数，发展了具有一定自适应能力的基于 min_3u 限制器的对流数值格式，使算法既具有较强的强间断捕捉能力，又能够对边界层等物理黏性发挥重要作用的流场区域和流动结构具有良好的分辨率；从计算效率看，采用适用于定常流计算的具有简单、高效、稳定性能的 LU-SGS 隐式方法以及并行算法[8,9]。

本章利用所建立的数值方法和计算软件（CHANT），对典型轴对称外形飞行器和升力体外形飞行器开展内外流一体化流动数值模拟，详细分析了飞行器在高超声速飞行状态下的流场特性，研究了进气道起动性能和气动力特性的变化规律，为高超声速气动外形一体化设计提供参考。

5.2 数值方法验证与确认

5.2.1 典型问题的方法验证

1. 超声速激波/湍流边界层干扰

超声速激波/湍流边界层干扰分离流动中包含较为复杂的流动现象，在入射激波和湍流边界层的交汇处有分离涡、分离激波、反射激波等复杂的物理现象。在吸气式高超声速飞行器流道内往往伴随有这类流动，模拟此类流动的关键是要准确模拟来流湍流边界层的厚度以及合适的湍流模型。

来流条件为[10,11]：$Ma=2.9$，$Re_{\delta}=0.97\times10^{6}$，分离点前湍流边界层厚度 $\delta=16.9\ \mathrm{mm}$，壁面温度 $T_w=271\ \mathrm{K}$，激波与平板表面夹角 $\theta=37.7°$。图 5.1 为流动分离区附近马赫数和压力的等值线图，可以看出计算准确模拟出了流动中存在的分离涡、分离激波以及反射激波等物理现象。为了显示湍流计算对网格的无关性，在两套网格中分别进行了计算分析，密网格数为 301×201、粗网格数为 301×101，并采用了壁面函数边界条件。图 5.2 显示了这两套不同网格离壁面第一层

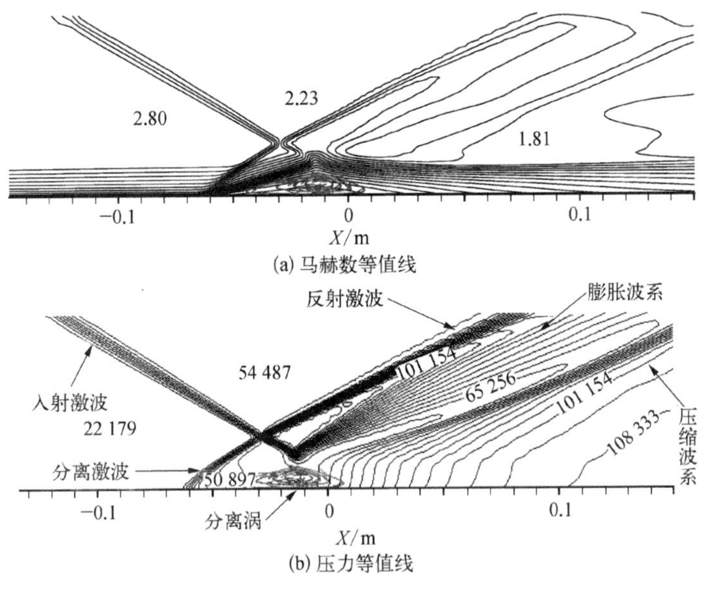

图 5.1　流动分离区附近流场结构

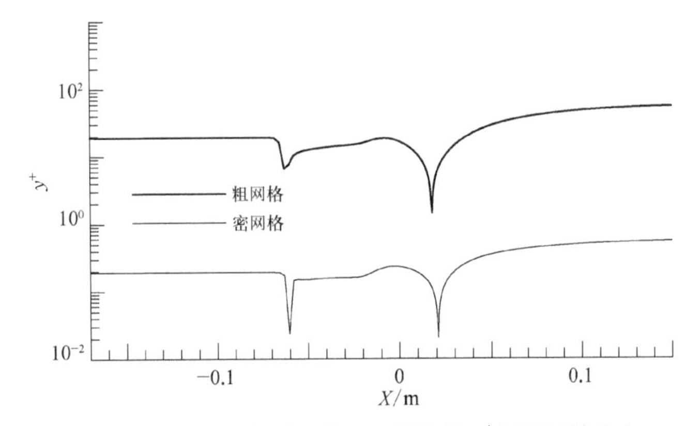

图 5.2　不同网格离壁面第一层网格的 y^+ 沿壁面的分布

网格的 y^+ 沿壁面的分布，粗网格的 y^+ 在分离区后已超过了 50。图 5.3 为在不同网格间距的两套网格下的物面压力和摩擦阻力系数分布，图中也给出了试验结果，可以看出计算准确模拟出了分离区的位置和长度，压力和摩阻的计算结果和试验符合得很好。图 5.4 还给出了沿不同截面上的 U 速度型面分布和试验的对比，从计算的结果看，计算准确模拟出了分离区前后的速度型面，但是在分离区，由于存在强的逆压梯度以及回流，计算得到的速度型面和试验结果有一定的差别，但基本上能够模拟速度型面的变化规律（更进一步需要考虑湍流模型对准确模拟分离流动的影响）。

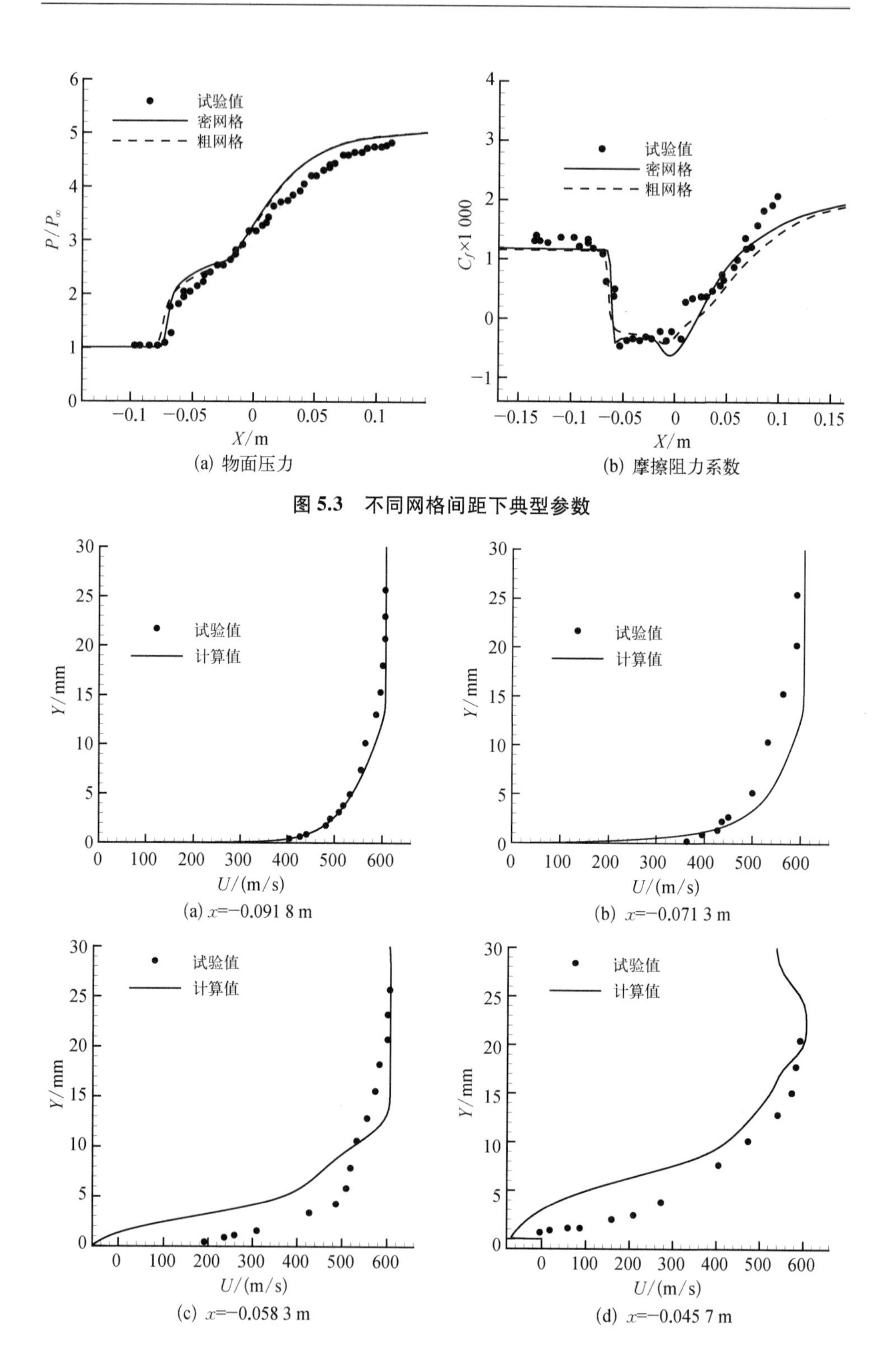

图 5.3 不同网格间距下典型参数

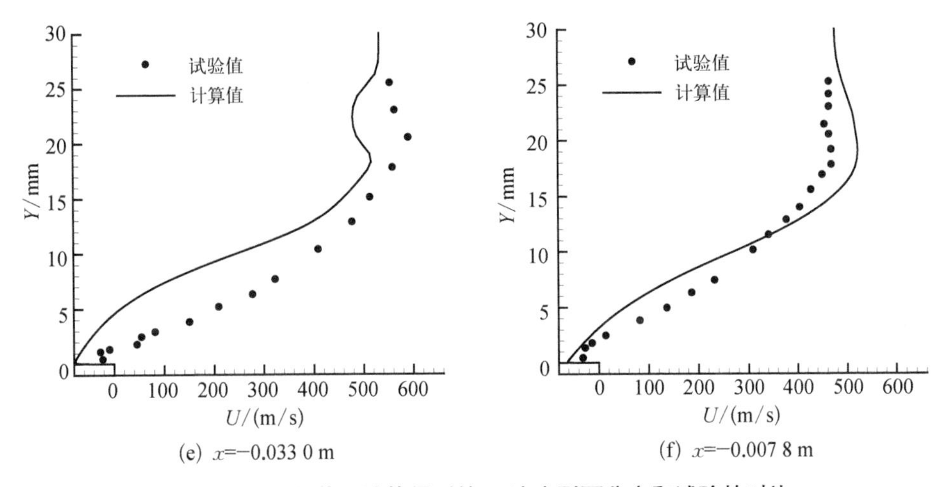

(e) x=−0.033 0 m　　(f) x=−0.007 8 m

图 5.4　沿不同截面计算得到的 *U* 速度型面分布和试验的对比

2. 三维双楔流动

真实的流动往往是三维的,对三维流动的准确预测体现了数值方法在处理实际问题中的能力。三维非对称斜激波交叉干扰流动中存在非对称激波之间的三维作用以及与湍流附面层的相互作用,流动结构相对复杂,这种流动常出现在飞行器的内流道和燃烧室内。

图 5.5 为试验模型示意图及其几何尺寸。两扇夹角分别为 7°和 11°,图中标号 1 的虚线代表沿流向的中心线,标号为 2、3 和 4 的虚线是试验测量的三个横截面的位置,两个在斜激波交叉前,一个在斜激波交叉后。计算条件[12,13]为:$Ma_\infty = 3.95$,基于来流边界层厚度的雷诺数 $Re_{\delta\infty} = 3.033\times10^5$,总温 $T_{t\infty} = 260.4\,\mathrm{K}$,总压 $p_{t\infty} = 1.492\times10^6\,\mathrm{Pa}$,壁温 $T_w = 265\,\mathrm{K}$,网格数为 192×61×81,计算中法向第

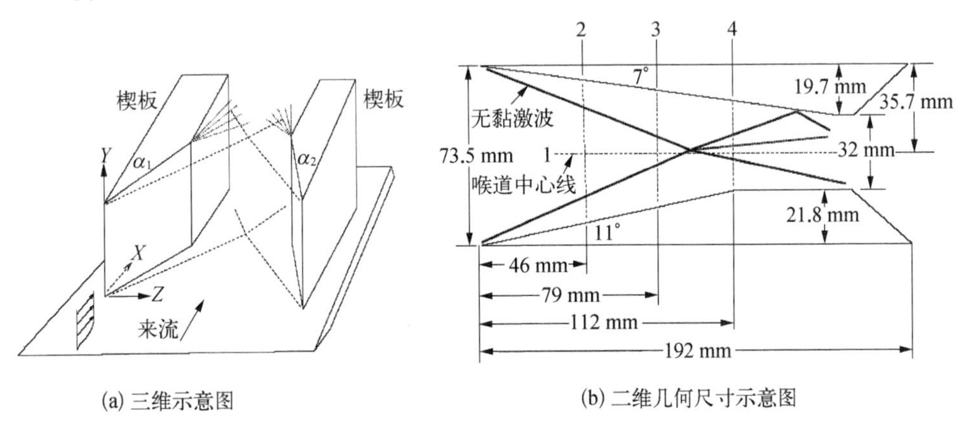

(a) 三维示意图　　(b) 二维几何尺寸示意图

图 5.5　试验模型示意图及其几何尺寸

一层网格到壁面间距为10^{-6} m，展向第一层网格到壁面距离为10^{-4} m，湍流模型采用 k-ω 系列的 SST 模型。

图 5.6 给出了沿三个横截面和沿喉道截面上的压力计算结果与试验结果的比较。从图中可以看到，计算结果与试验得到的结果吻合较好；在三个横截面位置，压强从激波前的两边高、中间低，逐渐发展为中间高、两边低，最后到中间出现了两个压强峰值；在中心线的 50 mm 处，由于边界层的分离，导致压强上升，在两道斜激波于 93 mm 左右相交后，压强进一步上升，在 170 mm 左右，随着流道的扩张，压强下降。

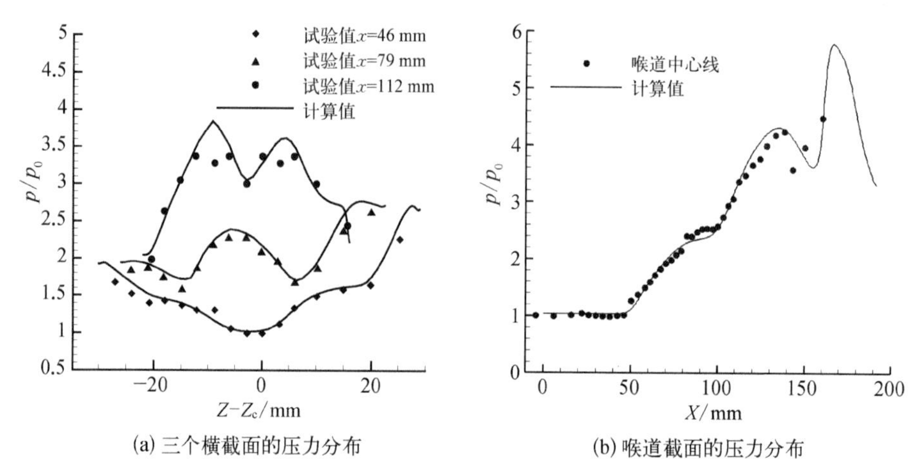

(a) 三个横截面的压力分布　　(b) 喉道截面的压力分布

图 5.6　沿三个横截面和沿喉道截面上的压力计算结果与试验结果的比较

图 5.7 为不同位置横截面上的湍流黏性系数分布、物面附近的三维流线及马赫数云图。湍流脉动主要发生在近壁面区域，由于流动受到压缩，在入口处贴

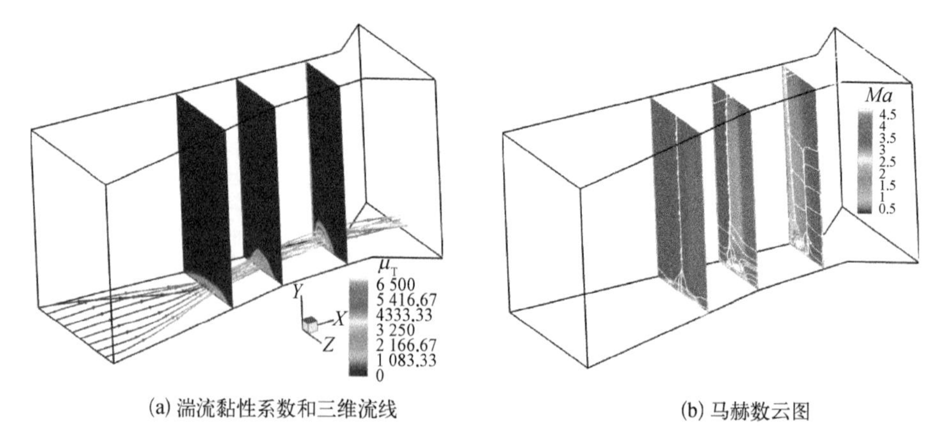

(a) 湍流黏性系数和三维流线　　(b) 马赫数云图

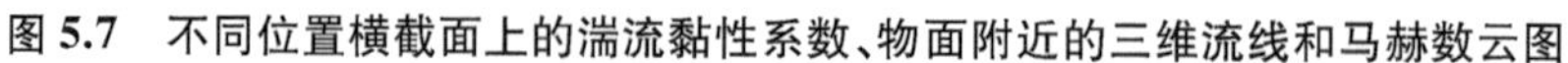
图 5.7　不同位置横截面上的湍流黏性系数、物面附近的三维流线和马赫数云图

近物面的流线在喉道处上扬。

图 5.8 为 $x=112$ mm 的横截面上的湍流黏性系数及流线。从图中可以清晰地看到在横截面上流动的三维流动结构，尤其在下壁面激波交汇处流动的形态相对复杂。

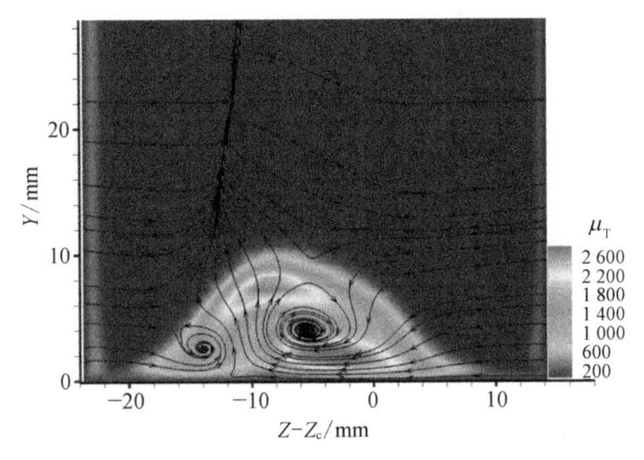

图 5.8　横截面上的湍流黏性系数及流线($x=112$ mm)

图 5.9 为计算得到的物面摩擦阻力线以及压力云图和风洞试验的油流照片[14]的对比。从图中可以看出计算得到的物面摩擦阻力线和试验的油流照片有着十分相似的结构。

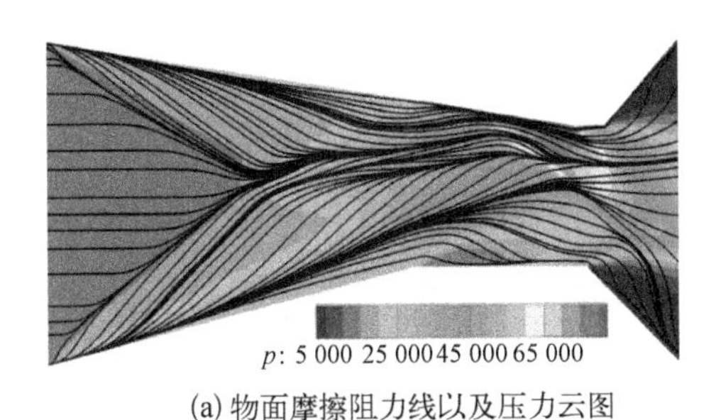

(a) 物面摩擦阻力线以及压力云图

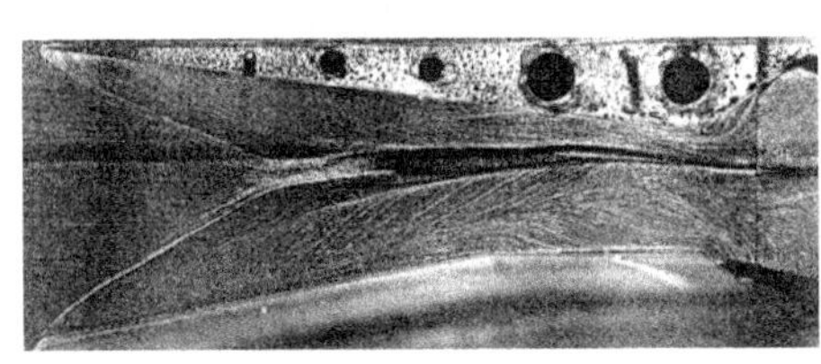

(b) 风洞试验油流照片

图 5.9　物面摩擦阻力线以及压力云图的计算结果和风洞试验油流照片对比

3. 可压缩性修正影响的研究

湍流计算中，当速度和温度采用质量平均，而密度和压力采用雷诺平均时，考虑密度脉动的可压缩性流动的时均方程，在形式上同不可压雷诺平均方程相同，将原来为不可压发展起来的湍流模型未加改进就应用于可压流动，对于简单外形的光滑高速流动(如平板边界层)，能够得到同实验一致性良好的计算结果。但是,对于存在分离、逆压梯度等复杂现象的流动,计算结果并不理想。从工程应用角度,主要问题是模拟的分离区长度比实验测量值小,导致在拐角区压力分布规律不正确。因此,需要通过可压缩性修正来改善高超声速流动中的湍流效应模拟。

围绕典型的高超声速压缩拐角湍流流动,基于高超声速软件平台(CHANT),实现SST湍流模型,利用二维压缩拐角和三维柱裙两类标准算例,确认软件对SST湍流模型实现的正确性,并对前面已介绍的激波快速压缩修正(RC)、密度梯度修正(C1)、因脉动可压缩性而出现的胀项修正(MT)、冯卡门长度修正(LS)和复合可压缩性修正方法(RC+LS)进行对比计算,得到了考虑这些可压缩修正的影响特性。

1）二维压缩拐角流动

压缩拐角流动问题十分常见,其主要的流动现象是激波与激波以及激波与边界层的相互作用。计算条件[15,16]：$Ma_\infty = 9.22$, $Re_\infty = 4.73 \times 10^7\ \mathrm{m}^{-1}$,来流温度 $T_\infty = 64.5\ \mathrm{K}$,壁面温度 $T_w = 295\ \mathrm{K}$,压缩拐角为 $\theta = 34°$,图5.10是计算网格示意图。

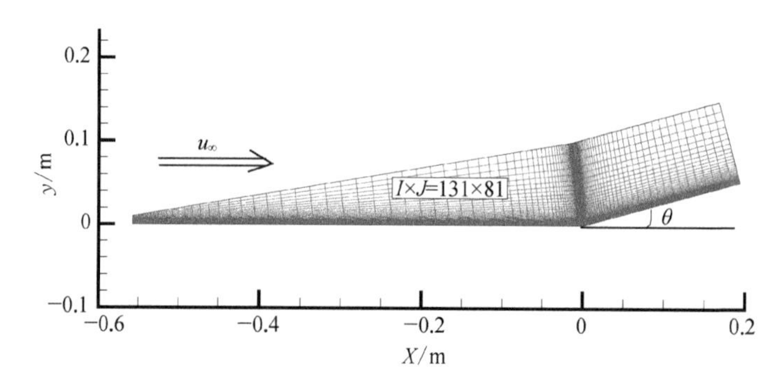

图 5.10　二维压缩拐角的计算网格示意图

图5.11给出了各种可压缩性修正对压力场和流线的影响。由于拐角的角度较大,实际流动存在明显分离,当湍流模型不作可压缩性修正时,分离区明显偏小,而采用MT修正没有明显的效果,说明因湍流脉动而引入的可压缩性处于次要地位。其余修正方法都使分离区明显加大,这表明在较强激波引起的压缩性效应作用下,湍流模型首先要恰当地考虑时均流动的可压缩性。

图5.12给出了各种可压缩性修正对湍流黏性系数和流线的影响。差别主要体现在激波后,采用没有考虑可压缩性修正的湍流模型的原始形式,在激波后出现了异常大的湍流黏性,这是因为激波强压缩导致了很大的正应力,形成了很

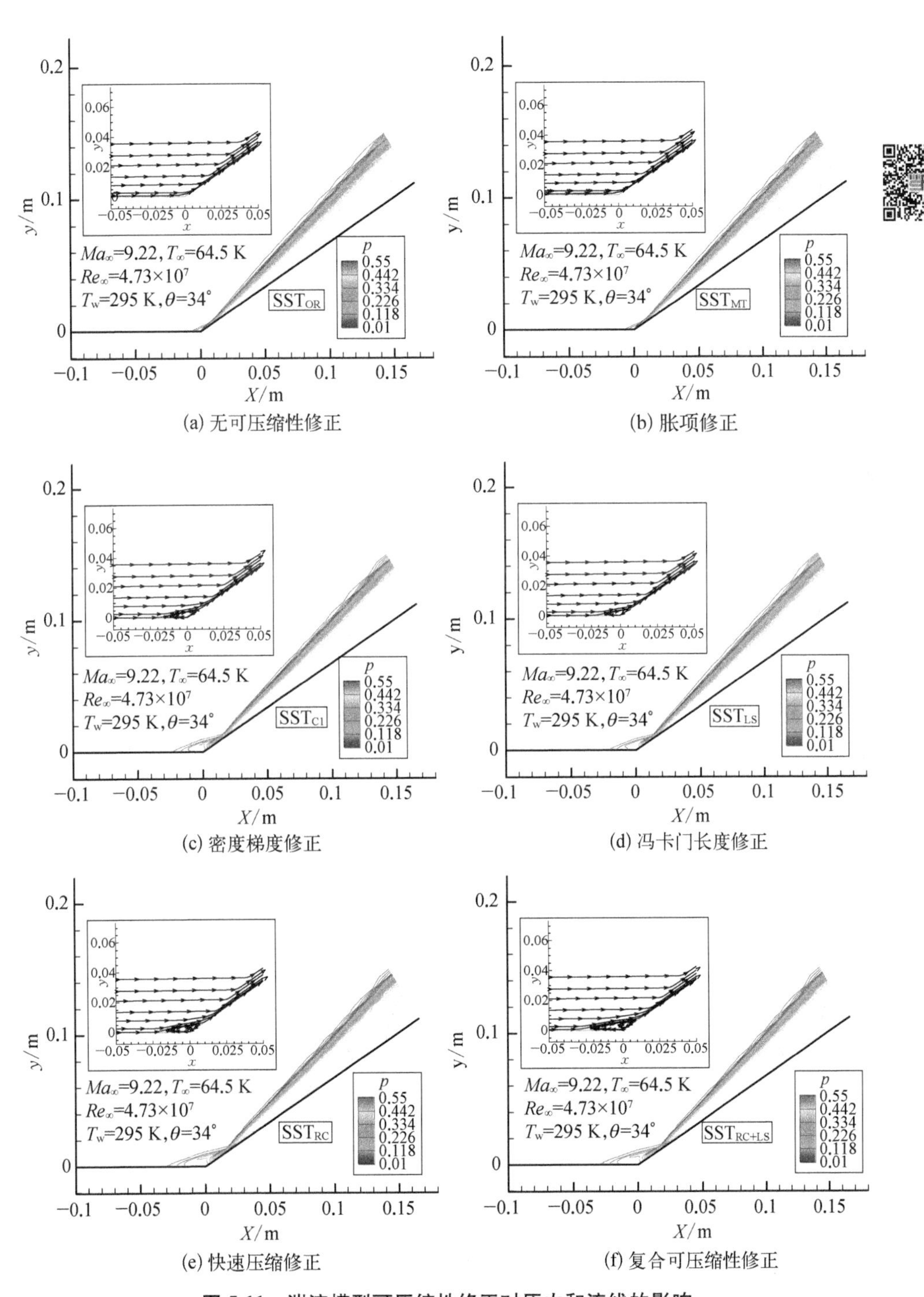

(a) 无可压缩性修正　(b) 胀项修正

(c) 密度梯度修正　(d) 冯卡门长度修正

(e) 快速压缩修正　(f) 复合可压缩性修正

图 5.11　湍流模型可压缩性修正对压力和流线的影响

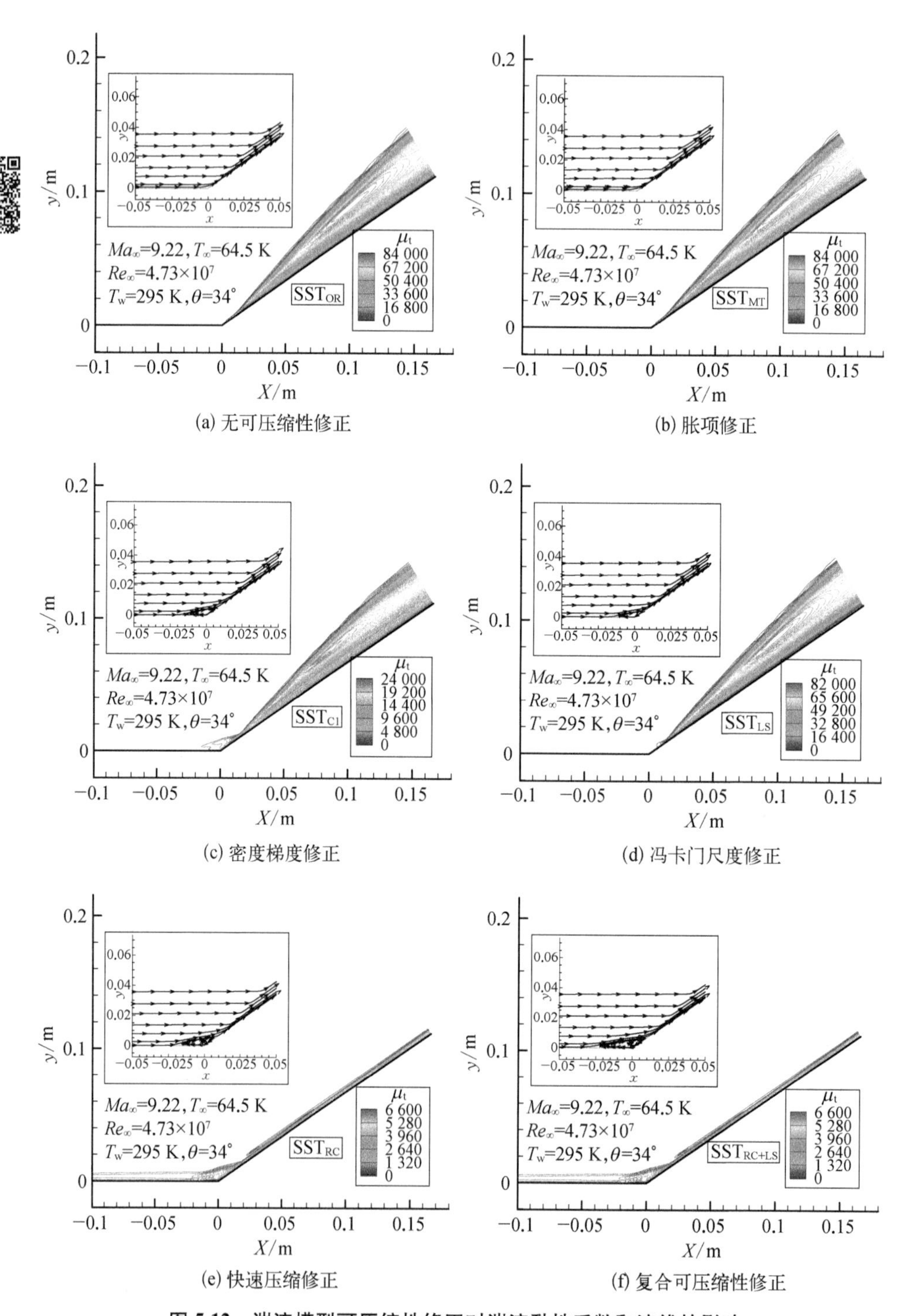

(a) 无可压缩性修正

(b) 胀项修正

(c) 密度梯度修正

(d) 冯卡门尺度修正

(e) 快速压缩修正

(f) 复合可压缩性修正

图 5.12　湍流模型可压缩性修正对湍流黏性系数和流线的影响

强的虚假湍流生成源。MT 修正和 LS 修正的结果无明显效果,这是因为 LS 修正主要在分离比较明显时的流动再附区发生作用,而湍流马赫数很小,MT 修正的影响有限。C1 修正增大了扩散效应,在一定程度上降低了湍流黏性系数的峰值,改善了计算结果。而 RC 修正基本消除了强激波后大的湍流黏性系数区,使得湍流黏性分布比较集中于边界层流动中。

2）三维轴对称柱裙湍流流动

计算条件[17]：$Ma_\infty = 7.05$, $Re_{\infty\Delta} = 5.8 \times 10^6\ \mathrm{m}^{-1}$, 来流温度 $T_\infty = 81.2\ \mathrm{K}$, 壁面温度 $T_w = 311\ \mathrm{K}$, 裙的角度为 $\theta = 20°$,图 5.13 是试验模型和计算网格的示意图。

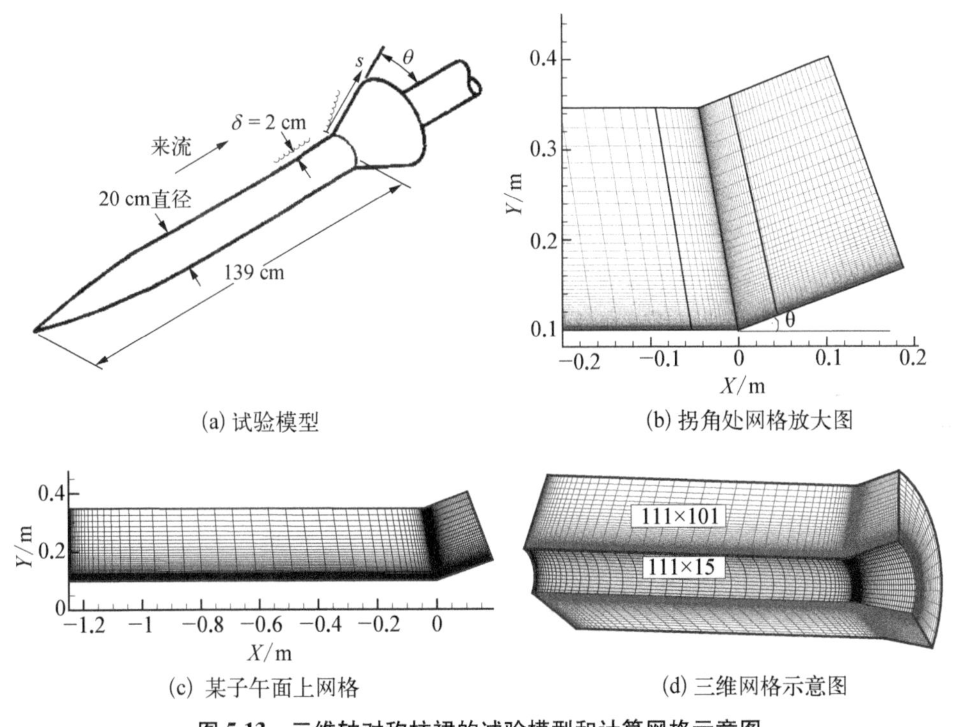

(a) 试验模型　(b) 拐角处网格放大图

(c) 某子午面上网格　(d) 三维网格示意图

图 5.13　三维轴对称柱裙的试验模型和计算网格示意图

图 5.14 和图 5.15 给出了采用不同可压缩性修正的 SST 模型得到的流场。由于裙角角度比较小,分离区很小,没有明显受到可压缩性修正的影响,可压缩性修正对压力等值线图的影响也非常微小,可以忽略。对于湍流黏性系数,分布规律大致相同,只是对最大值有影响,采用 RC 修正的模型,由于消除了由激波引起的快速压缩形成的虚假湍流生成源,因此湍流黏性系数的最大值出现了明显的下降。

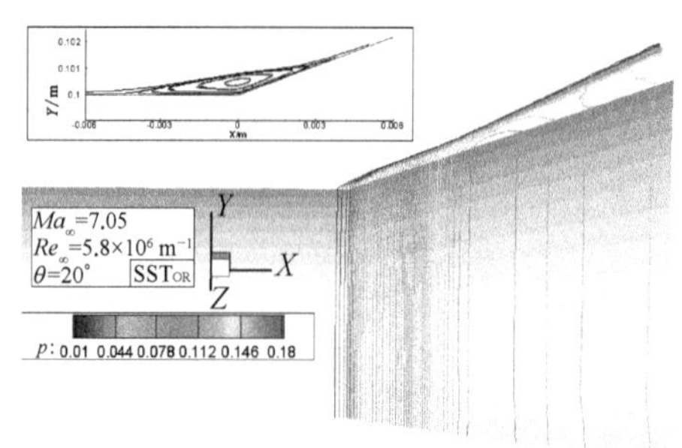

(a) 无可压缩性修正

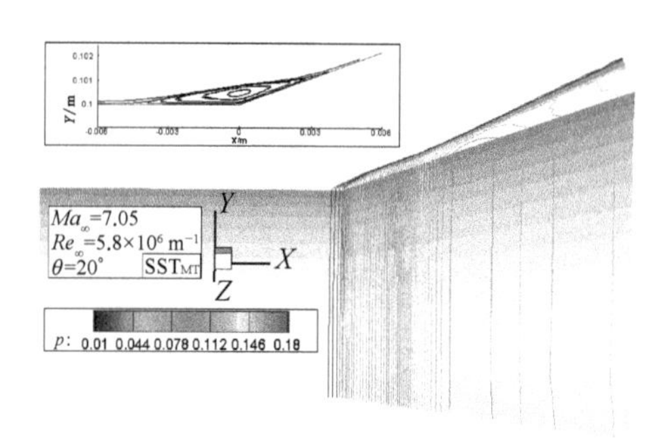

(b) 胀项修正

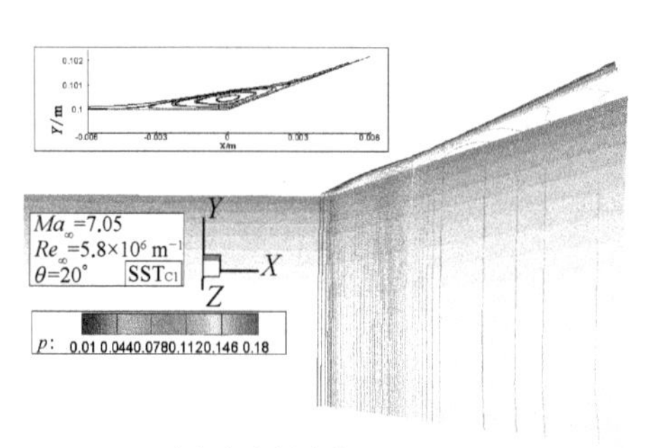

(c) 密度梯度修正

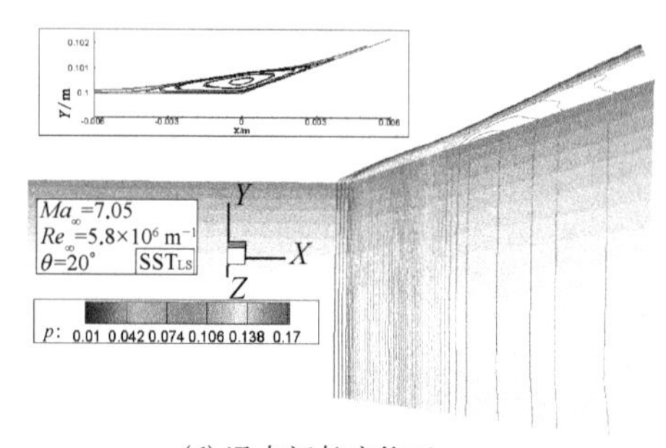

(d) 冯卡门长度修正

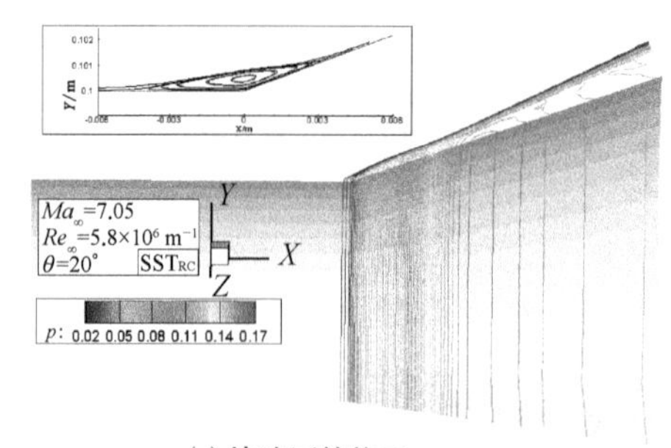

(e) 快速压缩修正

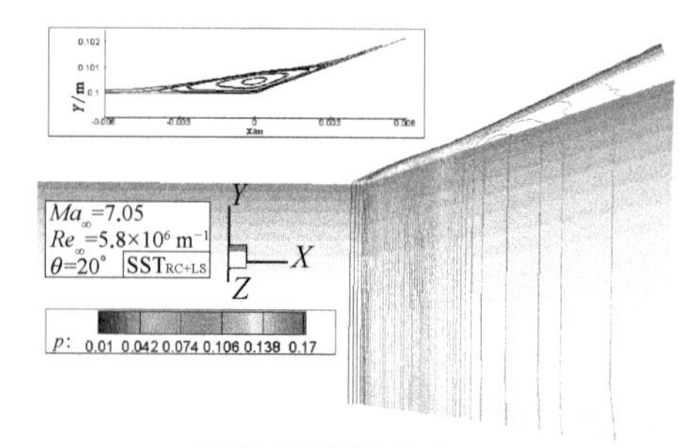

(f) 复合可压缩修正

图 5.14 湍流模型可压缩性修正对压力分布的影响

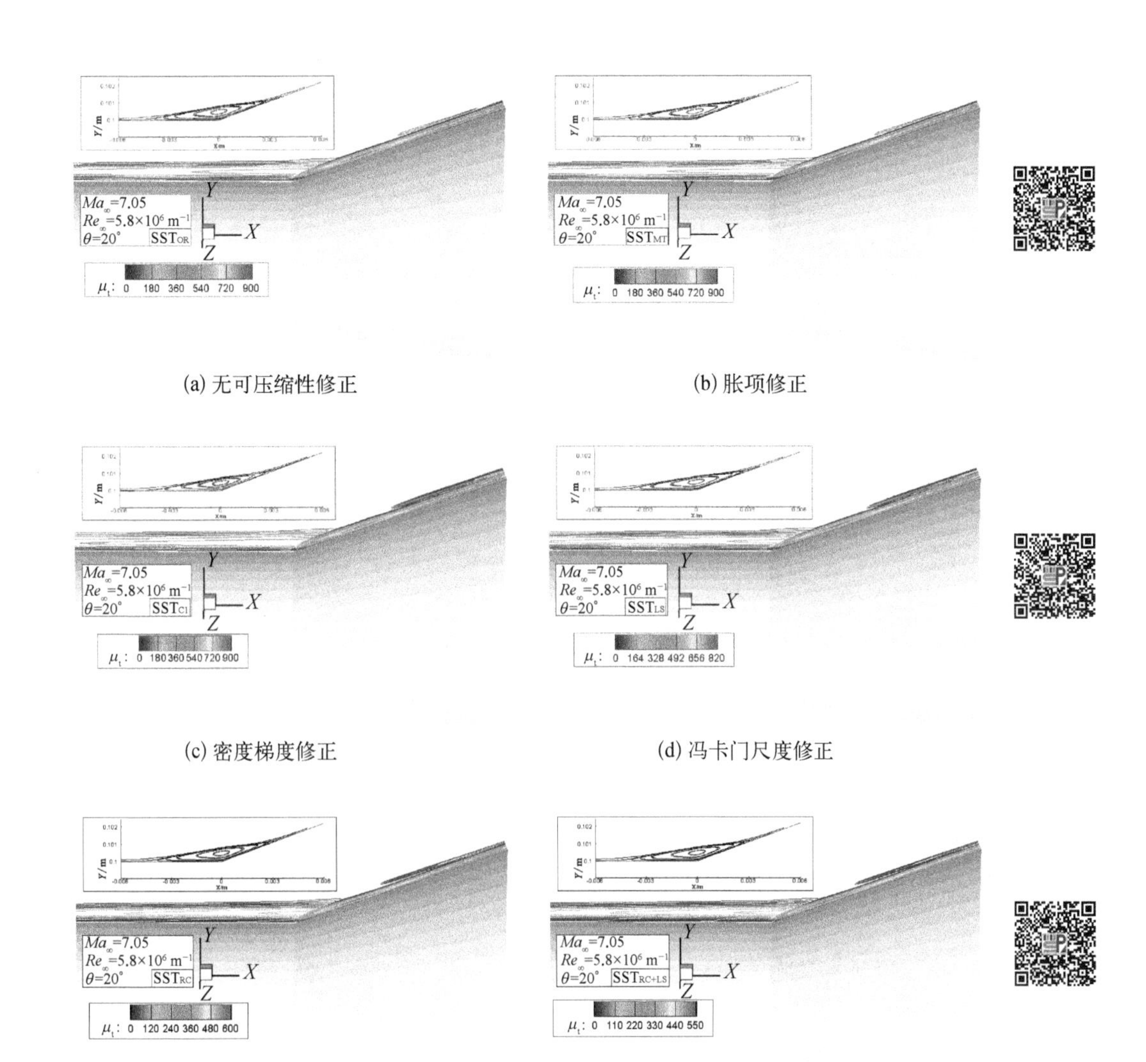

(a) 无可压缩性修正　(b) 胀项修正

(c) 密度梯度修正　(d) 冯卡门尺度修正

(e) 快速压缩修正　(f) 复合可压缩修正

图 5.15　湍流模型可压缩性修正对湍流黏性系数的影响

5.2.2　复杂飞行器内外流一体化的数值计算

本节数值模拟了包含内流的典型飞行器高超声速黏性流场。首先，考察了网格疏密、不同限制器和通量分裂方法对计算结果的影响，完成了解算器在内外流一体化数值模拟中的验证；然后，针对该飞行器不同支撑形式的风洞试验模型进行了气动力预测精度评估，得到相应的气动力/力矩数据，进一步考核了解算器在复杂飞行器流动模拟中的应用能力,完成了计算软件在内外流一体化数值模拟飞行器流动中的确认。

1. 数值方法验证

在数值模拟求解的过程中,对流通量分裂采用了 minmod、van Leer 和 min_3u 三种限制器以及 Roe 通量差分分裂[18]、Steger-Warming 格式[19]、van Leer 通量矢量分裂[20]和 AUSMPW+[21-24]四种通量分裂方法。通过本书建立的数值方法模拟了飞行器进气道的内部流动,比较了网格疏密、不同对流通量分裂方法对气动力的影响,完成了对该外形的内外流一体化的数值模拟计算和计算软件的验证。

图 5.16 给出了复杂飞行器的计算网格示意图。

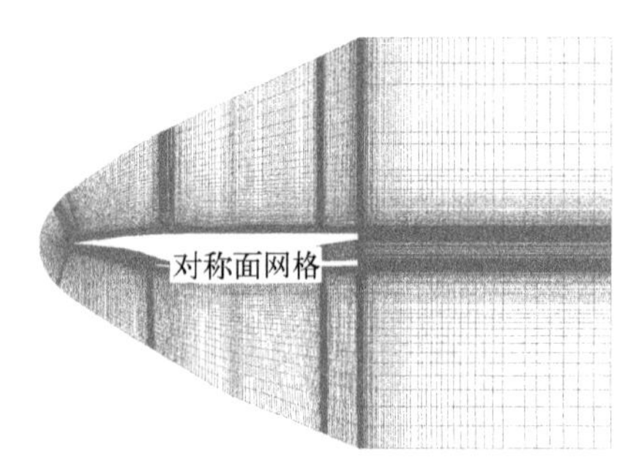

(a) 对称面网格

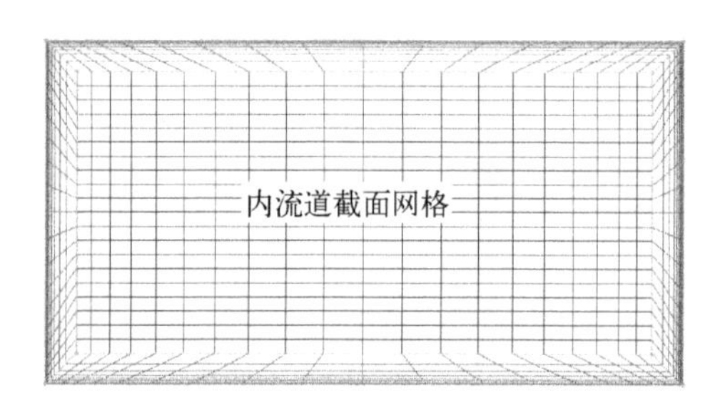

(b) 内流道横截面网格

图 5.16　典型复杂飞行器计算网格示意图

1) 网格收敛性分析

如表 5.2 所示,对发动机模块内,共生成三组 8 套具有不同流向和法向网格点数的网格。改变流向网格,主要是考察流向网格对激波、边界层模拟精度的影响;改变贴近壁面网格块的法向网格,主要是考察网格对边界层模拟精度的影响。选取 van Leer 通量分裂方法和 minmod 限制器重构方法,进行了对比计算。

表 5.2　计算网格信息

<table>
<tr><th>组　别</th><th>名　　称</th><th>流向网格</th><th>壁面附近法向×周向网格</th><th>中间法向×周向网格</th></tr>
<tr><td>第一组</td><td>网格 1/网格 2/网格 3</td><td>175/123/75</td><td>21×81</td><td rowspan="3">21×21</td></tr>
<tr><td>第二组</td><td>网格 4/网格 5/网格 6</td><td>175/123/75</td><td>31×81</td></tr>
<tr><td>第三组</td><td>网格 7/网格 8</td><td>175/123</td><td>15×81</td></tr>
</table>

图 5.17 给出了流向网格对飞行器气动力特性的影响。只有轴向力存在细微的差别,其余分量几乎完全重合,因此只要流向网格在 75 点以上,就可以满足进气道流场模拟的要求。

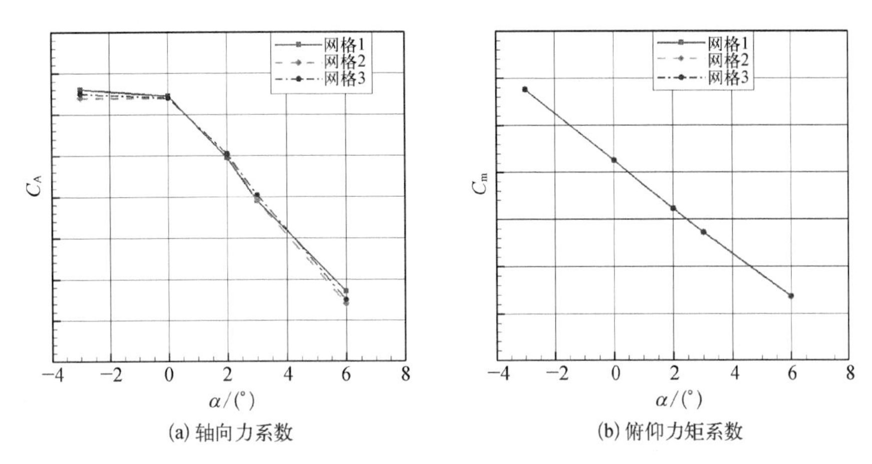

(a) 轴向力系数　　(b) 俯仰力矩系数

图 5.17　流向网格变化对飞行器气动力特性的影响
(流向网格变化: 175、123、75;法向网格 21)

图 5.18 给出了壁面附近法向网格对飞行器气动力特性的影响。影响最大的是轴向力,其次是俯仰力矩,随网格加密,轴向力减小,随绝对攻角增大,差别增大,但散布都在 10%左右,可以满足工程应用的实际要求;随网格加密,俯仰力矩增大,俯仰力矩随攻角的变化斜率基本保持不变,但对配平攻角的差别在 1°范围内;对法向力的影响可以忽略。

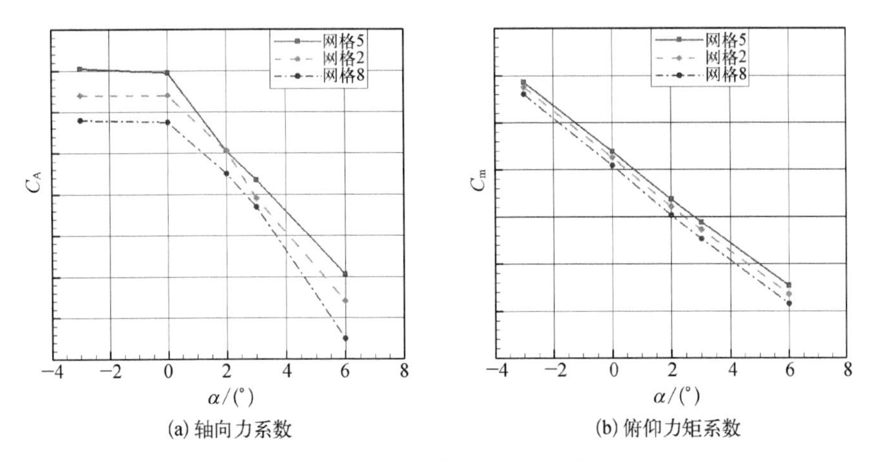

(a) 轴向力系数　　(b) 俯仰力矩系数

图 5.18　壁面附近法向网格变化对气动力特性的影响
(法向网格变化: 31、21、15;流向网格 123)

2）差分格式的影响

图 5.19 给出了在相同通量分裂方法下（以 Steger-Warming 通量分裂方法为例），采用不同变量重构方法得到的飞行器气动力特性变化情况。总体来看，轴向力系数差别最大，采用 van Leer 限制器的变量重构方法和 min_3u 限制器的变量重构方法得到的结果比较接近，比采用 minmod 限制器的变量重构方法得到的轴向力量值要小，这主要是 minmod 限制器的变量重构方法的耗散比较大，对边界层的模拟精度较低造成的，不同的重构方法得到的轴向力散布（以它们的中值为中心）在 10%以内；但 minmod 限制器的变量重构得到的值同其他两种方法得到的相对差别较大。图 5.20 给出了在相同变量重构方法下（以 min_3u 限制

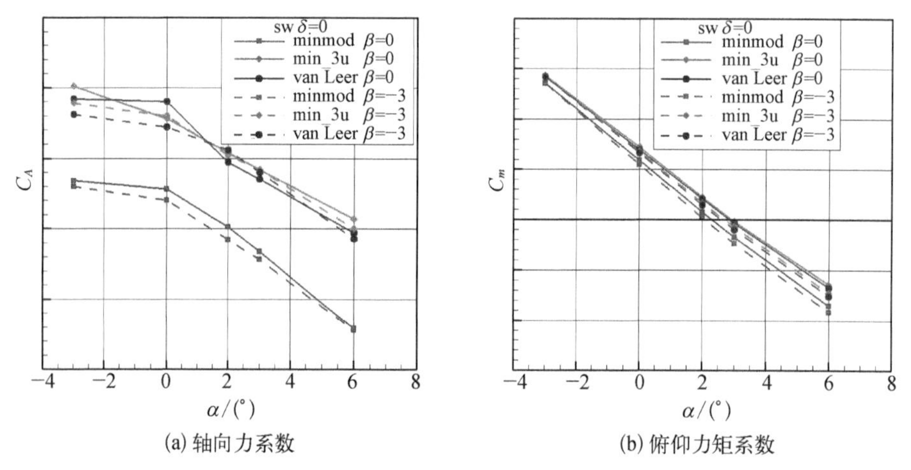

(a) 轴向力系数　　(b) 俯仰力矩系数

图 5.19　不同变量重构方法对气动力特性的影响（Steger-Warming 通量分裂方法）

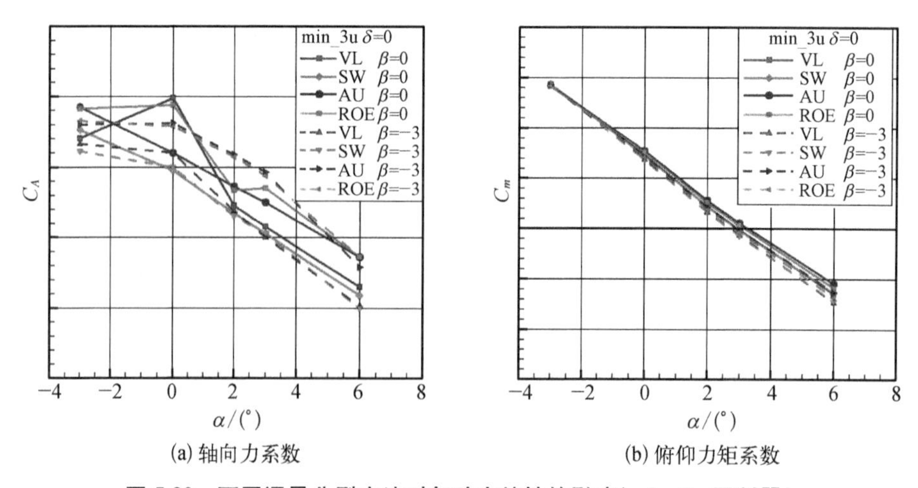

(a) 轴向力系数　　(b) 俯仰力矩系数

图 5.20　不同通量分裂方法对气动力特性的影响（min_3u 限制器）

器为例)，不同通量分裂方法对气动力特性的影响。除攻角和侧滑角为0°时 Roe 和 van Leer 通量分裂方法计算的轴向力出现跳动外，其余散布均在4%以内，俯仰力矩的变化量可以忽略。

2. 数值方法确认

以三种不同支撑形式的飞行器试验模型为研究对象，将本书数值模拟得到的升力系数、阻力系数和俯仰力矩系数与不同 CFD 软件平台计算结果的平均值以及相应的试验数据进行对比，通过评估和分析数值软件的能力，确认软件对气动力的预测精度，完成了其在飞行器内外流一体化数值模拟中的确认。

图5.21为三种不同支撑形式试验模型的对称面网格示意图。

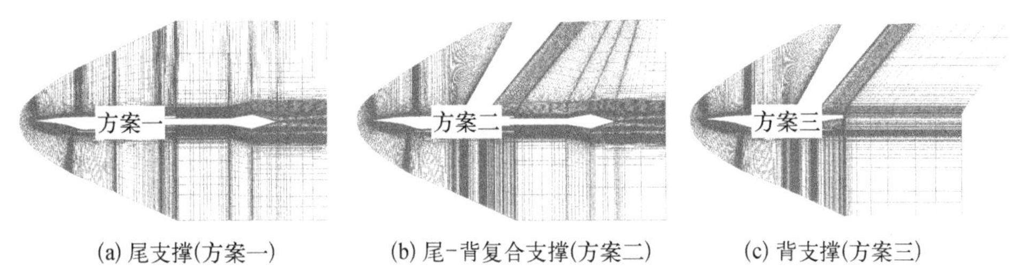

(a) 尾支撑(方案一)　(b) 尾-背复合支撑(方案二)　(c) 背支撑(方案三)

图5.21　三种不同支撑形式试验模型的对称面网格示意图

图5.22分别是由高超声速软件平台 CHANT 计算得到的两种方案(这里选择了方案二与方案三)外形在典型马赫数(Ma=6.0)条件下的升力系数、阻力系数和俯仰力矩系数与平均值、风洞试验数据之间的对比曲线。对于升力系数，两种方案外形在不同攻角下得到的计算数据与平均值、试验数据吻合很好；对于阻力系数，计算数据与平均值、试验数据的相对误差在10%以内；对于俯仰力矩系

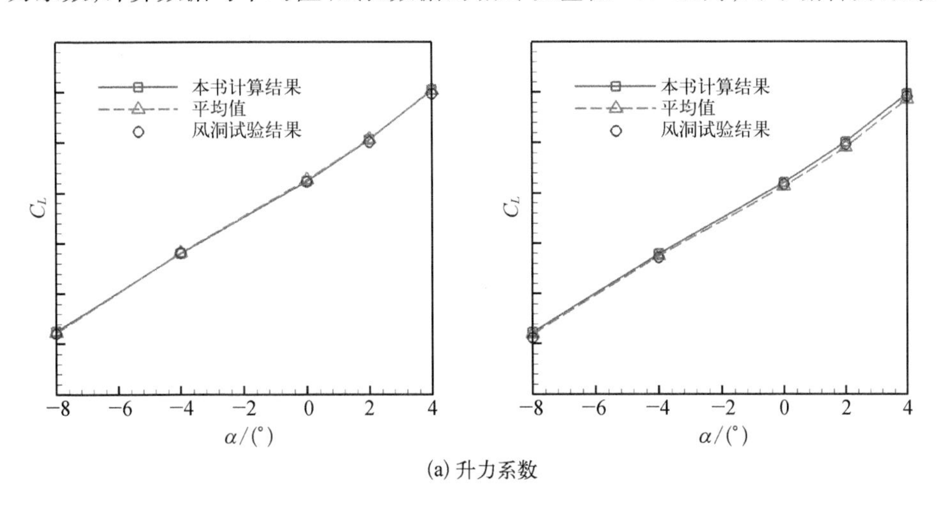

(a) 升力系数

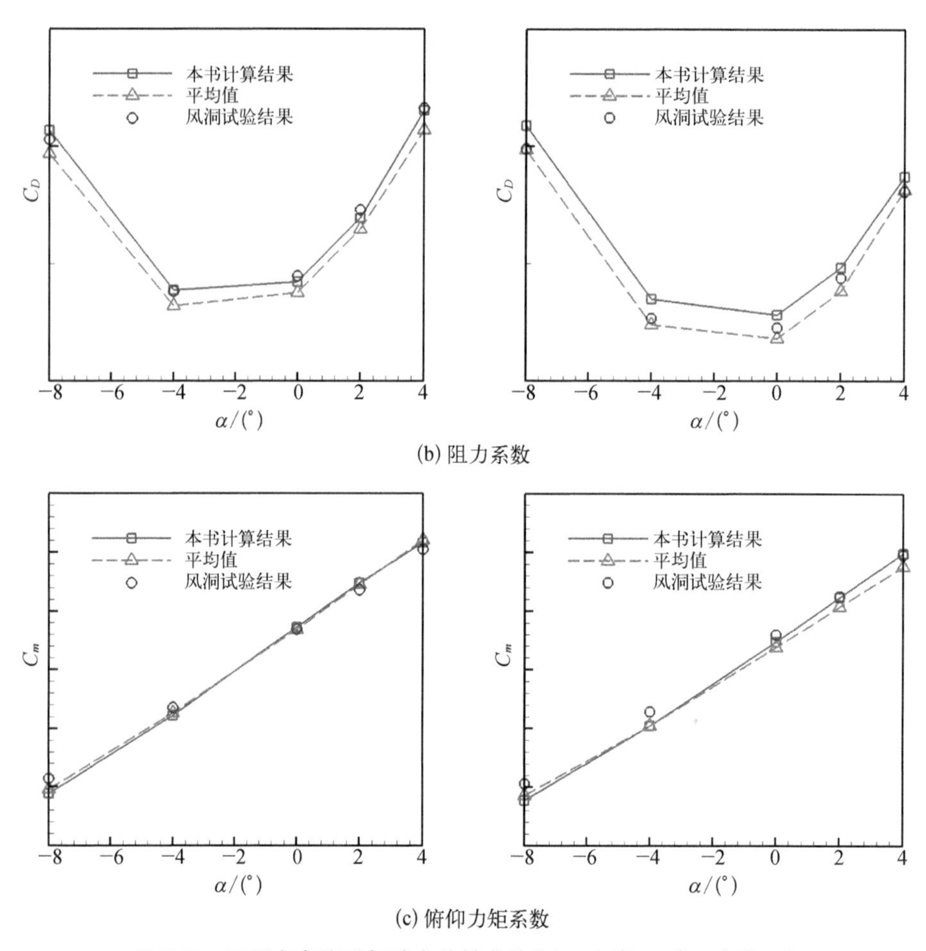

图 5.22　不同方案外形气动力特性曲线(左: 方案二;右: 方案三)

数,计算数据与试验数据的相对误差稍大,但与平均值吻合较好。

总体来说,本书建立的数值方法和计算软件能较好地模拟该飞行器不同支撑形式的风洞试验模型的流场及特征,得到的计算结果与不同 CFD 软件平台计算结果的平均值、试验数据的一致性较好,气动力预测精度较高,完成了对计算软件的确认。

5.3　轴对称飞行器内外流一体化研究

高超声速巡航导弹飞行高度高、速度快、机动性能好,可用于进行远程精确打击，具有极高的军事应用价值。轴对称外形则由于其结构简单、容积率大、热防护和控制技术相对成熟等优点[25-27]，被普遍应用于高超声速巡航导弹中。本节将通过对典型轴对称飞行器复杂内外流动的一体化数值模拟，分析飞行器在高超声速飞行状态下的流场特性，得到马赫数、姿态角、舵偏角等因素对进气道起动和气动力特性的影响规律，并对侧压板变化、溢流槽几何尺寸等影响因素进行研究，为高超声速巡航导弹的气动布局选型和优化提供设计数据和技术支撑。

5.3.1　流场特性分析

图 5.23 给出了飞行器在 5°攻角时不同马赫数下 *XY* 平面流线及压力等值云图。当马赫数为 1.5 时，进气道都是通流的，但是在进气道入口前有一个小的分离涡；当马赫数为 2.0 时，虽然进气道都是通流的，但是进气道入口处的分离涡开始增大；当马赫数为 3.0 时，分离涡进一步增大，已经开始有堵塞迹象；当马赫数为 4.0 时，迎风面的进气道有堵塞迹象，其他进气道都是通流的。

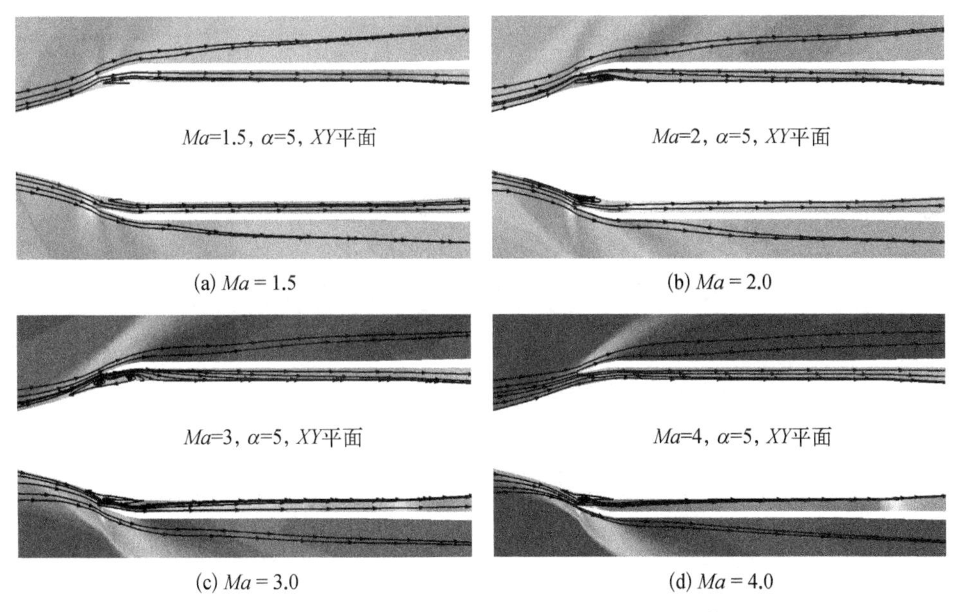

(a) *Ma* = 1.5　(b) *Ma* = 2.0　(c) *Ma* = 3.0　(d) *Ma* = 4.0

图 5.23　5°攻角时不同马赫数下 *XY* 平面流线及压力等值云图

图 5.24 给出了飞行器无侧滑时不同攻角下 *XY* 平面和 *XZ* 平面流线及压力等值云图。0°攻角时，发动机模块内上下壁面的高压区交替出现，纵向激波反射明显；除模块入口处有小的纵向分离涡外，整个模块内流动通畅。2°攻角时，迎风面发动机模块内高压区增大，压力值明显提高，背风面发动机模块内

压力值明显降低，两侧发动机模块内上下壁面的高压区压力介于迎风模块和背风模块高压区压力之间；除模块入口处有小的纵向分离涡外，整个模块流动通畅。5°攻角时，迎风面发动机模块和背风面发动机模块内的高压区明显增大，并且前移以致堵塞整个模块；两侧发动机模块内上下壁面高压区压力明显高于2°攻角时的情况；除模块入口处有小的纵向分离涡外，整个模块流动通畅。

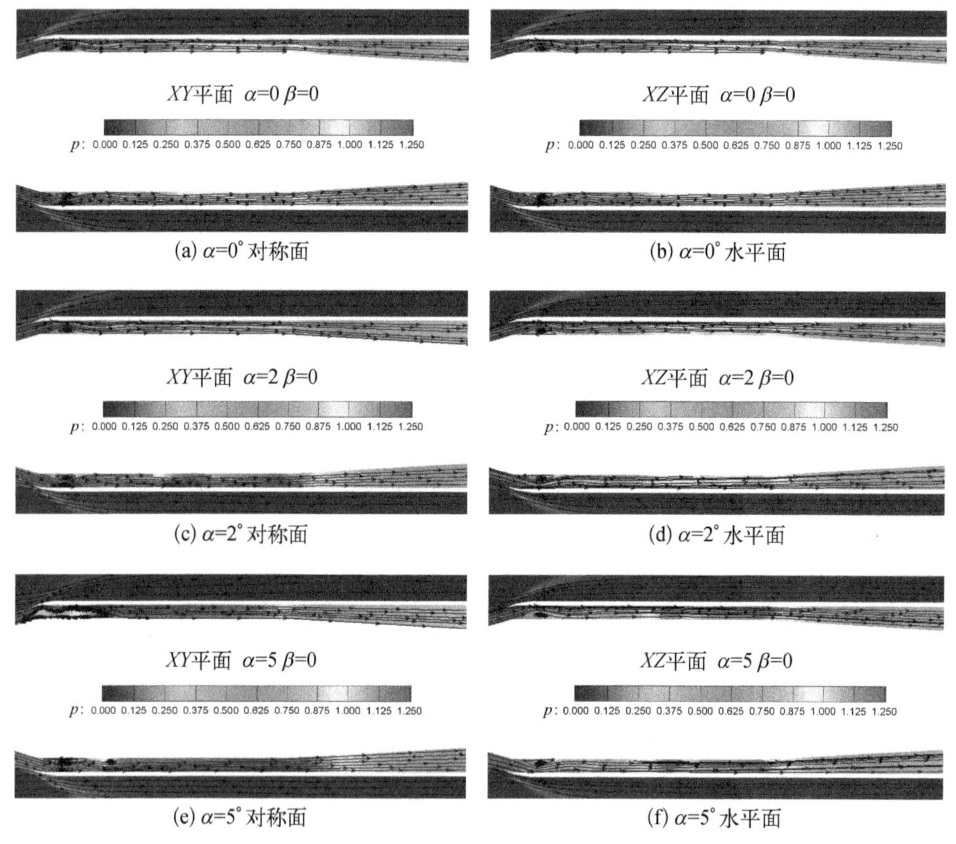

图 5.24　无侧滑时不同攻角下 *XY* 平面和 *XZ* 平面流线及压力等值云图（*Ma*=5.5）

图5.25给出了飞行器有侧滑时不同攻角下 *XY* 平面和 *XZ* 平面流线及压力等值云图。从图中可以看出，规律与无侧滑时大体相同，不同之处在于所有发动机模块除入口处有小的纵向分离涡外，整个模块流动通畅。这也充分说明发动机模块内流动的复杂性，可见，进气道小尺寸方向与来流方向的夹角对进气道中的流动具有十分重要的作用。

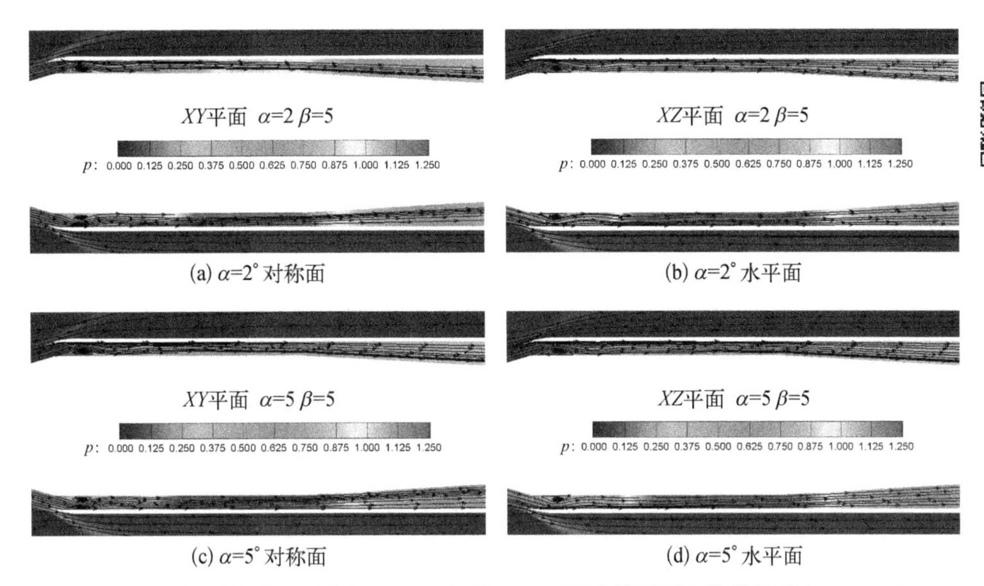

(a) $\alpha=2^{\circ}$ 对称面　(b) $\alpha=2^{\circ}$ 水平面

(c) $\alpha=5^{\circ}$ 对称面　(d) $\alpha=5^{\circ}$ 水平面

图 5.25　有侧滑时不同攻角下 *XY* 平面和 *XZ* 平面流线及压力等值云图($Ma=5.5$)

5.3.2　侧压板变化的影响

进气道入口处侧压板的变化主要体现在其前端是否延伸到头锥与第二锥的交界处,如图 5.26 所示。

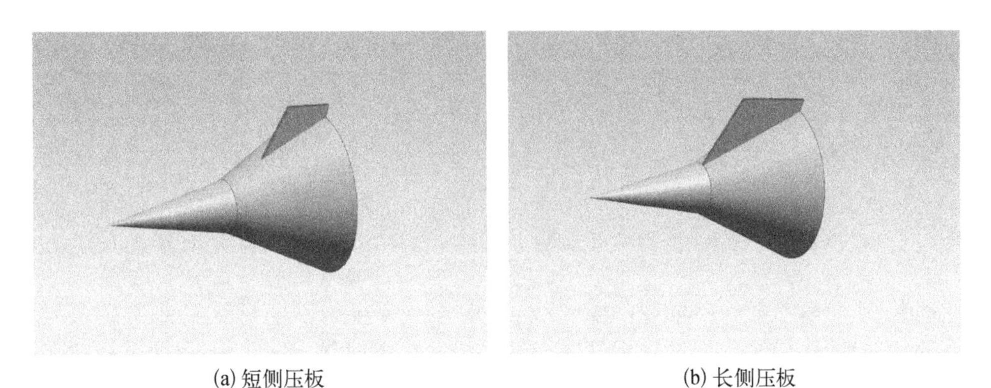

(a) 短侧压板　(b) 长侧压板

图 5.26　侧压板变化示意图

图 5.27 给出了马赫数为 6 时短侧压板飞行器各攻角情况下 *XY* 平面的压力等值云图及流线。攻角为 3°时迎风模块是通流的,攻角为 5°时迎风模块已开始有堵塞迹象。图 5.28 给出了马赫数为 6 时飞行器长侧压板各攻角情况下 *XY* 平面压力等值云图及流线。攻角为 10°时迎风模块是通流的;攻角为 15°时迎风模

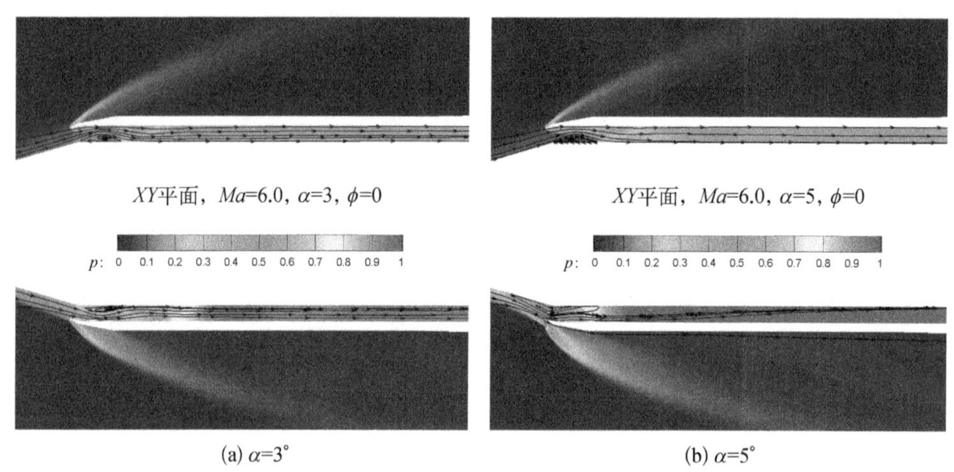

(a) $\alpha=3°$　　(b) $\alpha=5°$

图 5.27　短侧压板各攻角下 XY 平面压力等值云图及流线（$Ma=6.0$）

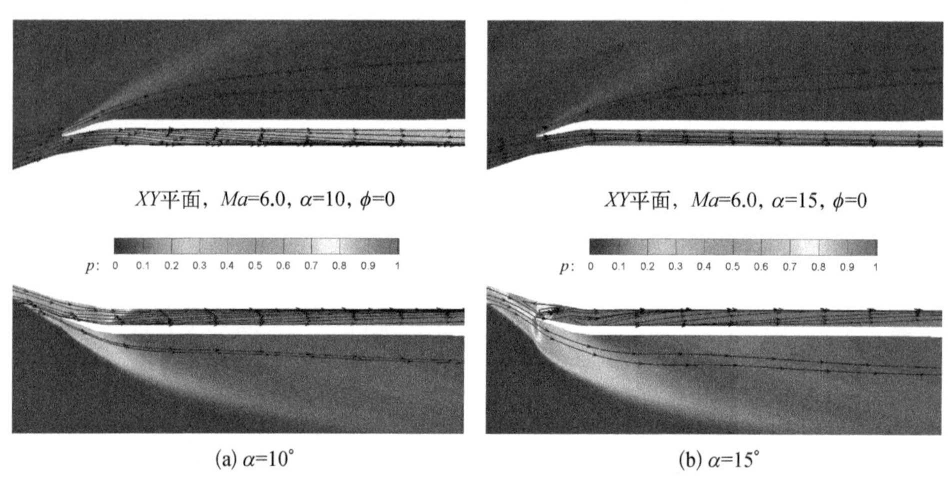

(a) $\alpha=10°$　　(b) $\alpha=15°$

图 5.28　长侧压板各攻角下 XY 平面压力等值云图及流线（$Ma=6.0$）

块才开始有堵塞迹象。图 5.29 给出了基本型飞行器在侧压板变化时气动力系数的比较曲线。通过上述分析可以得到：① 侧压板适当加长可以改善轴对称飞行器的进气道起动性能；② 侧压板变化对整体气动力系数有一定的影响，但是变化规律与基本构型的气动特性基本一致。

5.3.3　溢流槽几何尺寸的影响

图 5.30 给出了三种溢流槽几何外形比较。它们的主要差别在于长度和倾斜角度不同，随长度的减小溢流槽的迎风角度变大。图 5.31 依次给出长、中、短

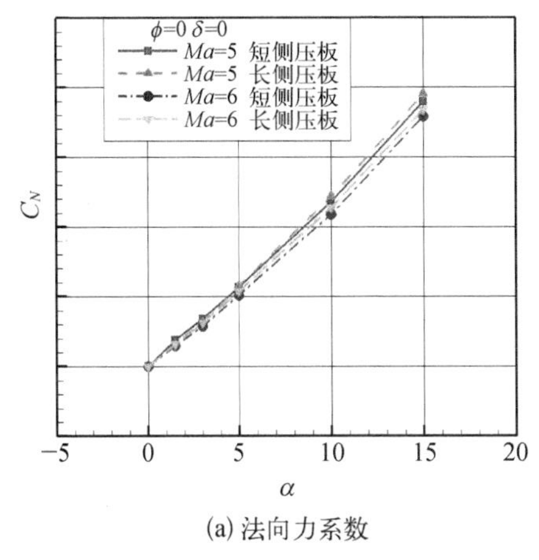

(a) 法向力系数

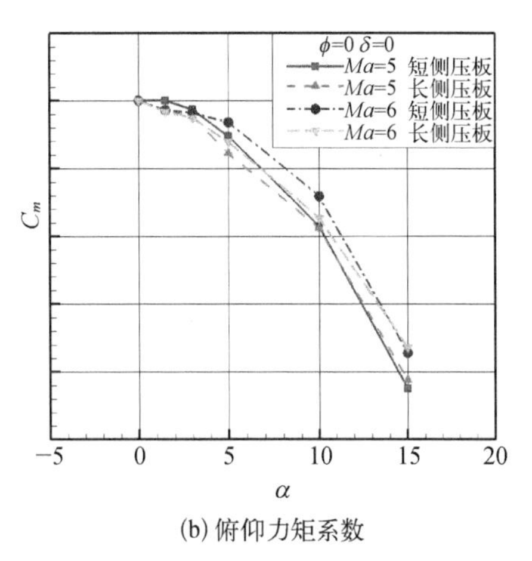

(b) 俯仰力矩系数

图 5.29　基本型飞行器在侧压板变化时气动力系数的比较曲线

(a) 长溢流槽

(b) 中溢流槽

(c) 短溢流槽

图 5.30　三种溢流槽几何尺寸外形比较

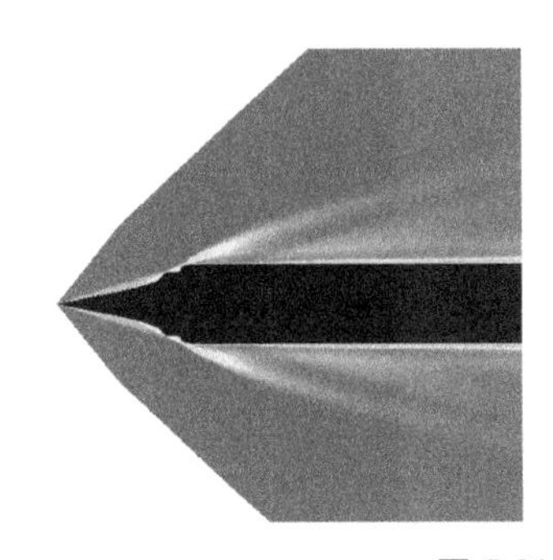

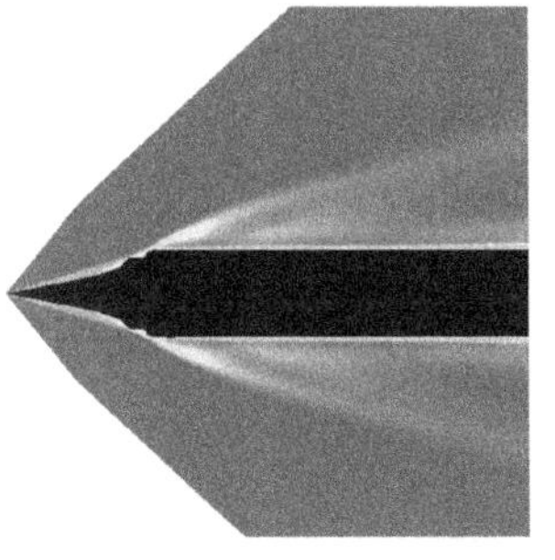

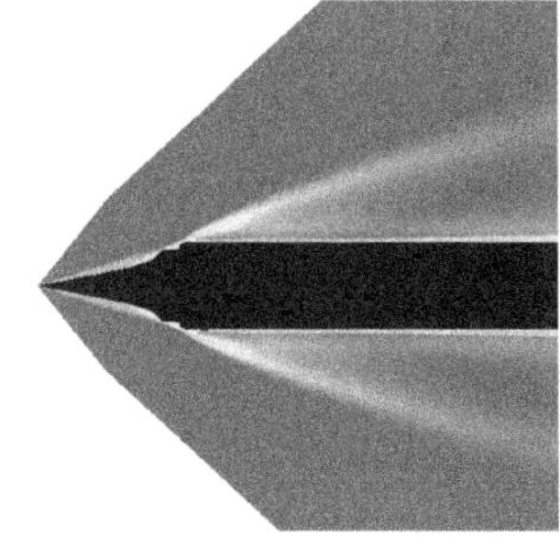

图 5.31　全场马赫数分布(依次：长、中、短)

三种溢流槽条件下的全场马赫数分布。明显看到溢流槽越短,引起的激波越强。图 5.32 给出了进气道对称面上的压力分布和流线。可以看到溢流槽长短变化对进气道内部的流动几乎没有影响。表 5.3 给出的溢流槽长短对阻力及流量的比较,其中都以中长度溢流槽状态为基准。这也说明了溢流槽长短变化对内流的影响很小,但对阻力的影响较大,溢流槽越短阻力越大,从图 5.31 的分析可以知道这是由溢流槽激波增强引起的。图 5.33 给出

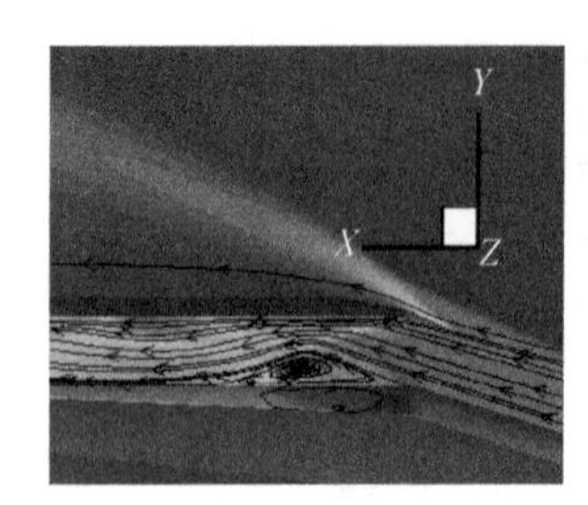

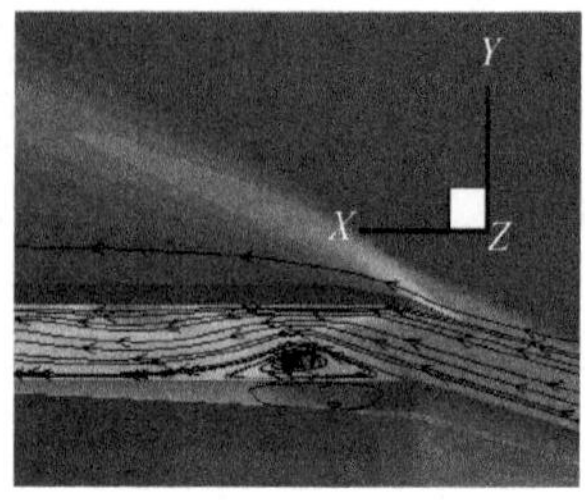

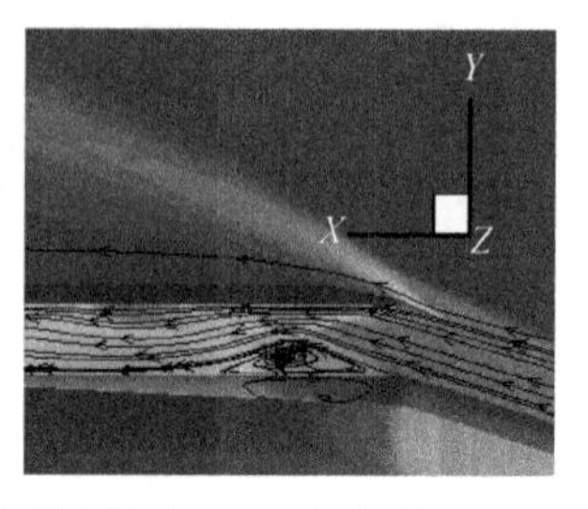

图 5.32 进气道对称面上的压力分布及对称面上的流线(依次：长、中、短)

表 5.3 溢流槽长短变化对阻力和进气道流量的影响

溢流槽	Ma	α/(°)	H/km	阻力系数	单进气道流量/(kg/s)	流量系数
长	5.5	0	24	0.920 7	1.003 6	1.002
中	5.5	0	24	1.000 0	1.000 0	1.000
短	5.5	0	24	1.154 4	1.002 0	1.011 4

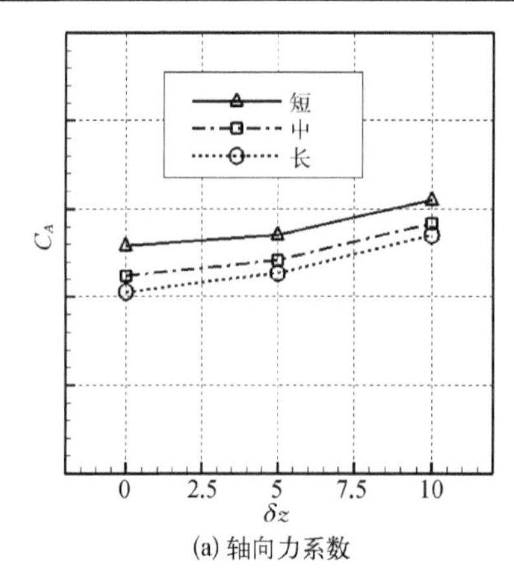

(a) 轴向力系数

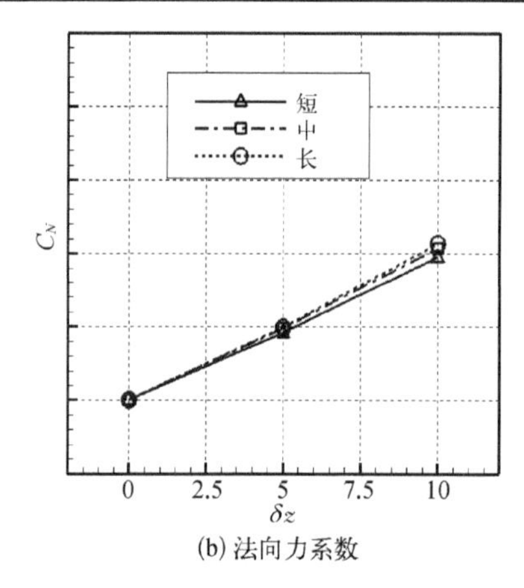

(b) 法向力系数

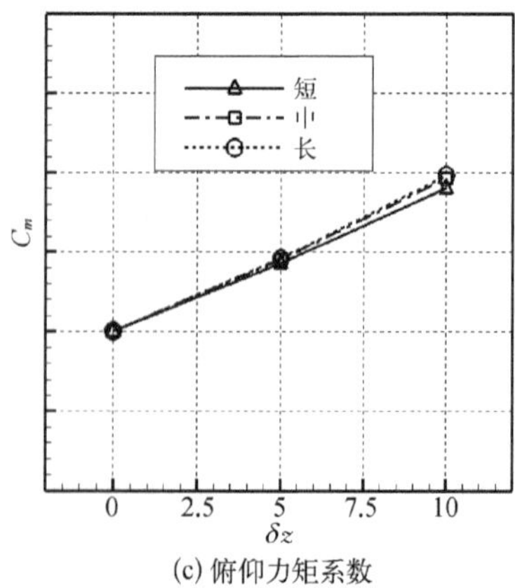

(c) 俯仰力矩系数

图 5.33 溢流槽长度变化对气动力的影响

了典型状态下溢流槽长度变化对气动力的影响。不难发现,溢流槽长短只影响轴向力的变化,对其他气动力特性,尤其是舵面效率没有明显的影响。

通过上述分析可以得到:溢流槽几何尺寸(长度)变化对进气道的进气效率和尾舵舵面效率影响不大,只影响飞行器阻力,溢流槽越短,飞行器所受阻力越大。

5.4　升力体飞行器内外流一体化研究

高超声速升力体飞行器飞行时,周围流场比较复杂,物理内涵丰富,包括了流动分离、激波/边界层干扰和激波相互作用等主要物理特征。本节将利用已建立的数值方法和计算软件,针对典型升力体外形风洞试验模型(包含尾支撑模型、尾-背复合支撑模型和背支撑模型)和飞行模型开展内外流一体化流场数值模拟,得到飞行器各状态下的流场结构,分析马赫数、攻角等参数对飞行器进气道起动、内流道流量和气动力特性的影响规律,并对飞行器气动性能支架干扰修正进行研究。

5.4.1　流场特性分析

图 5.34 和图 5.35 给出了不同马赫数、攻角条件下进气道前端对称面压力云图及流线。从图中看到,当马赫数为 2.0 时,进气道唇口激波与前体下壁面边界层发生干扰,导致了流动分离,分离区中的流动为亚声速区,唇口产生了脱体唇口激波;当马赫数为 6.0 时,前体边界层几乎没有分离产生,唇口斜激波仍是附体激波。随攻角增大,唇口对来流的压缩增强,进气道主流区的压力升高。对于马赫数为 2.0 的情况,进气道没有完全起动,马赫数较高时进气道完全起动。

图 5.36 给出了马赫数为 6.0 时不同攻角下对称面压力云图。从图中可以较为明显地看出头激波、发动机前缘部位压缩面产生的激波以及唇口激波。随攻角增加,迎风面对流动的压缩增强,迎风侧的激波增强。同时,当唇口激波进入进气道后会经历多次反射,但对于来流马赫数较低的情况,由于激波比较弱,唇口激波进入进气道经历一次反射后,激波就演化为马赫波。

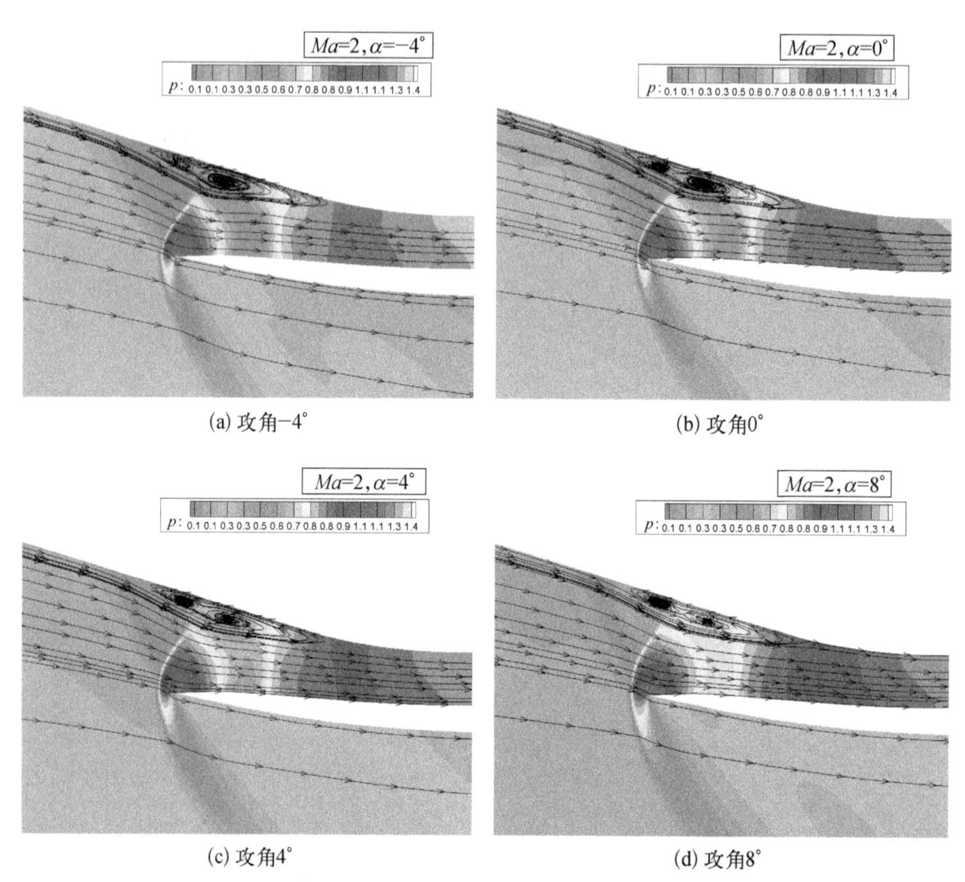

(a) 攻角−4° (b) 攻角0°

(c) 攻角4° (d) 攻角8°

图 5.34 马赫数为 **2.0** 时不同攻角下进气道前端对称面压力云图与流线(后附彩图)

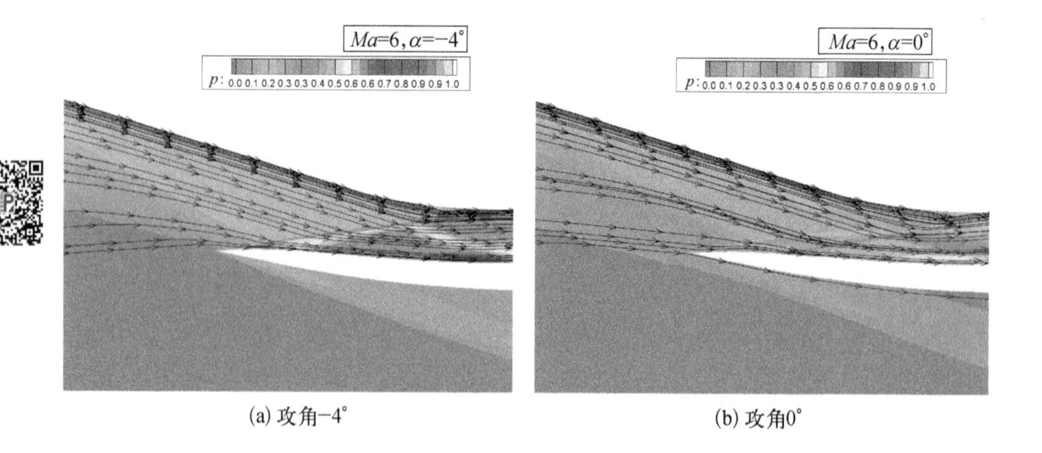

(a) 攻角−4° (b) 攻角0°

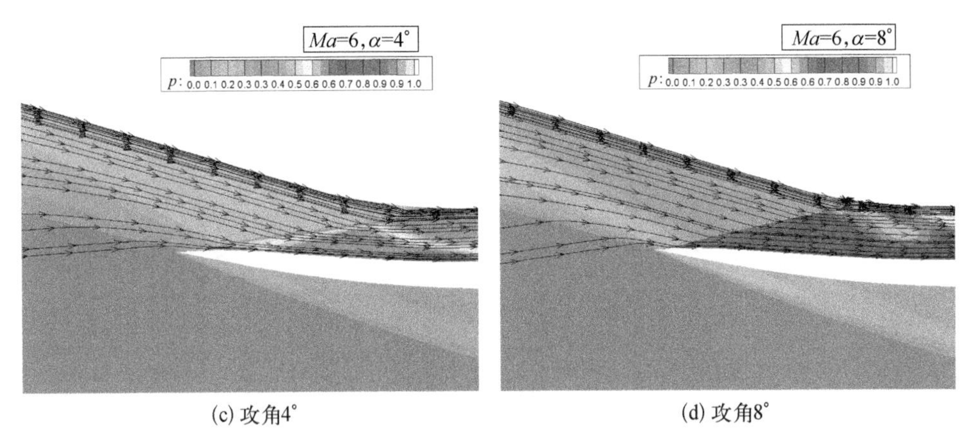

图 5.35　马赫数为 6.0 时不同攻角下进气道前端对称面压力云图与流线

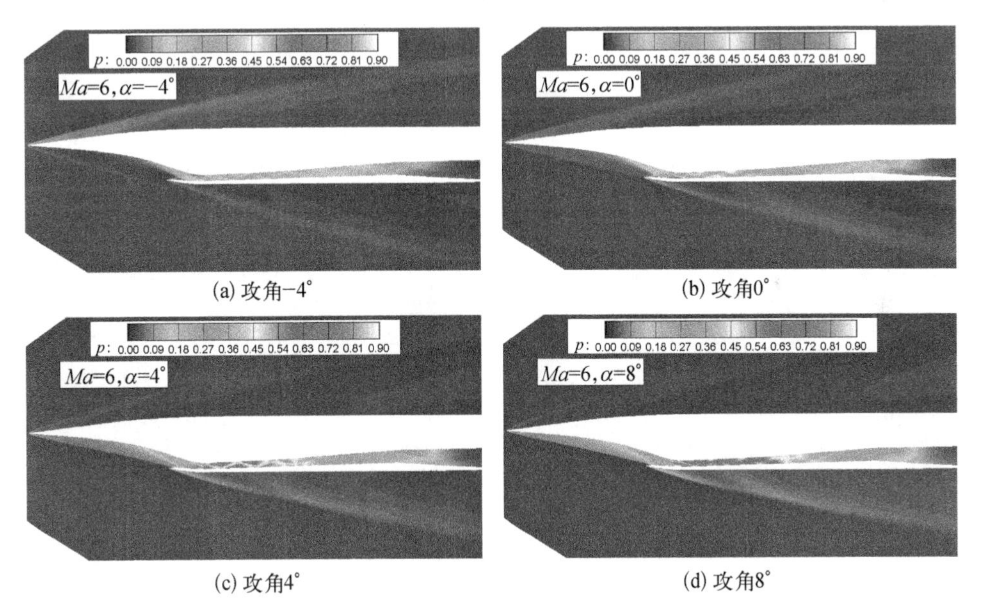

图 5.36　不同攻角时升力体对称面压力云图（Ma=6.0，后附彩图）

5.4.2　气动特性分析

图 5.37 给出了尾支撑升力体气动力特性随攻角和马赫数的变化。随攻角增加，升力增加，阻力先减小后增加，在 0°附近阻力达到最小值；随马赫数增加，阻力减小。图 5.38 给出了流量（M_j）随攻角和马赫数的变化。随攻角增加，流量增大，马赫数越高，流量随攻角增大得越快。

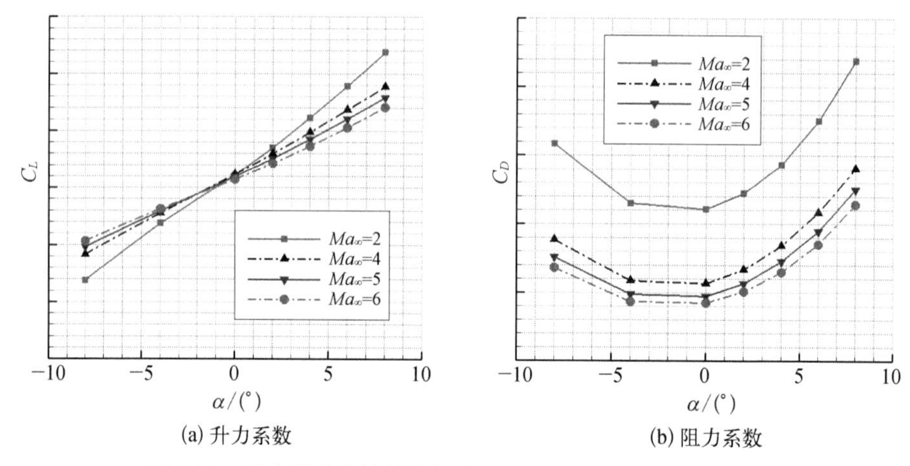

图 5.37 尾支撑升力体整体气动力特性随攻角、马赫数的变化

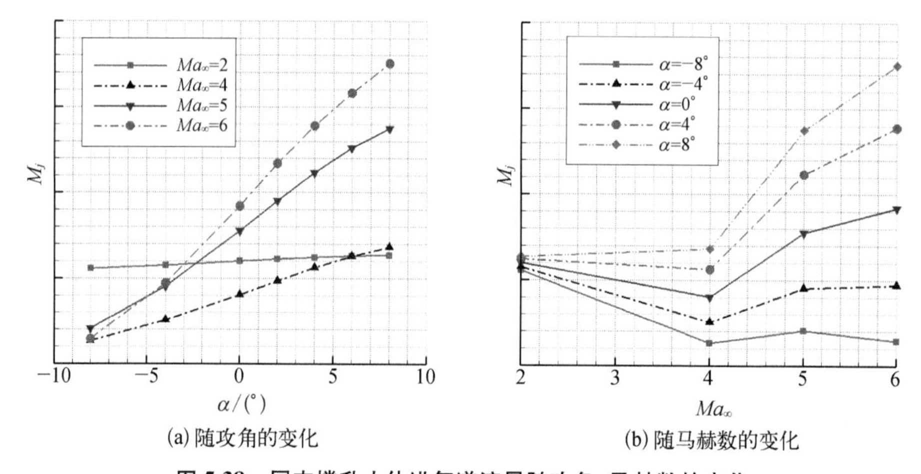

图 5.38 尾支撑升力体进气道流量随攻角、马赫数的变化

图 5.39 给出了尾-背复合支撑(图中 A-2)、背支撑(图中 A-3)升力体整体气动力特性和进气道流量随攻角、马赫数的变化。随攻角增加,升力增加,阻力先减小后增大,在 0°附近阻力达到最小值。俯仰力矩从负到正逐渐增加,从数值上来说先减小后增大,在 0°附近达到最小值。两个模型的气动力变化规律基本相同,但整体气动力有较明显的差异。随攻角增加,流量增大,马赫数越高,攻角的影响越大。两种模型的流量基本相同。

图 5.40 给出了升力体飞行模型整体气动力特性随攻角和马赫数的变化曲线,气动力数值上和尾支撑试验模型有所不同,但是随攻角和马赫数的变化规律

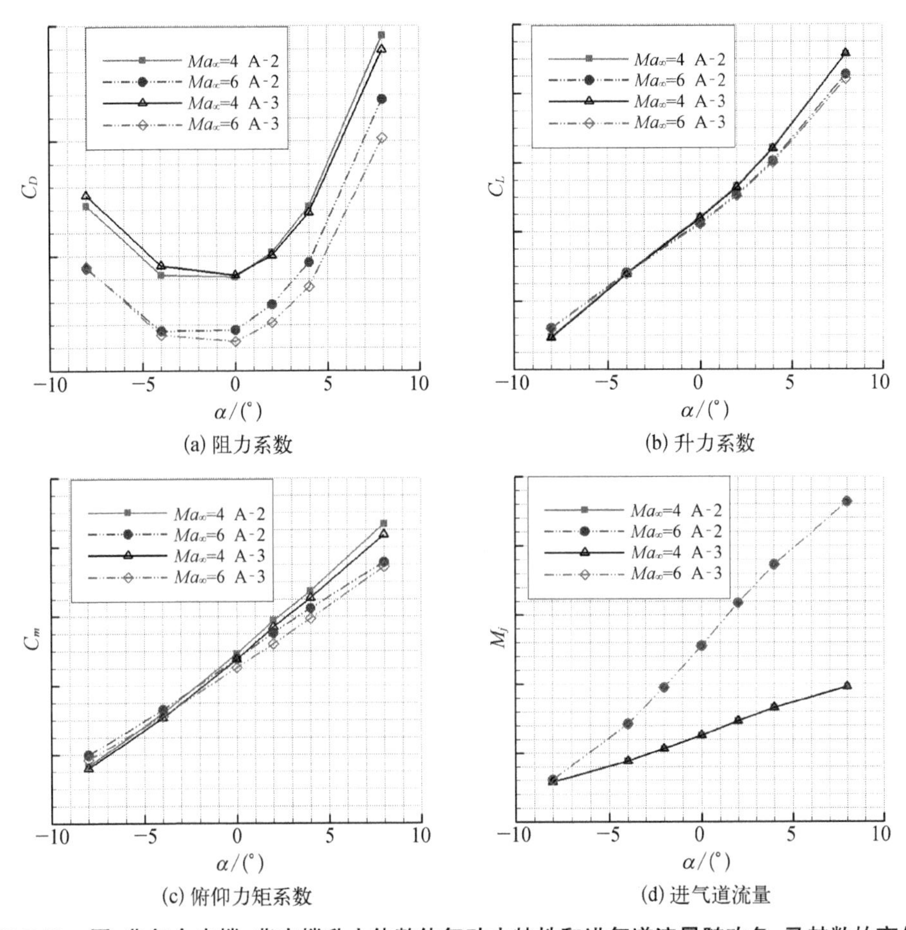

(a) 阻力系数　(b) 升力系数

(c) 俯仰力矩系数　(d) 进气道流量

图 5.39　尾-背复合支撑、背支撑升力体整体气动力特性和进气道流量随攻角、马赫数的变化

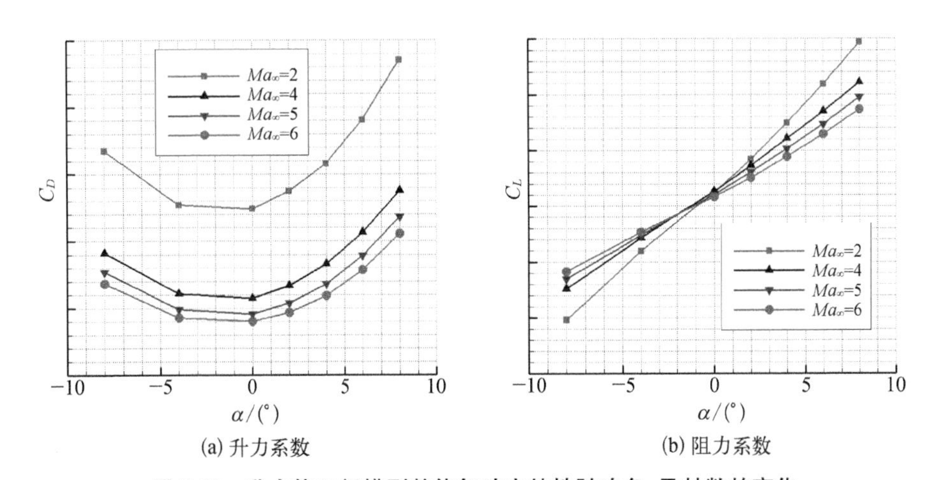

(a) 升力系数　(b) 阻力系数

图 5.40　升力体飞行模型整体气动力特性随攻角、马赫数的变化

相同。图 5.41 给出了进气道内流量随攻角和马赫数的变化,在来流条件相同的情况下,四种模型流道内的流量基本相同。

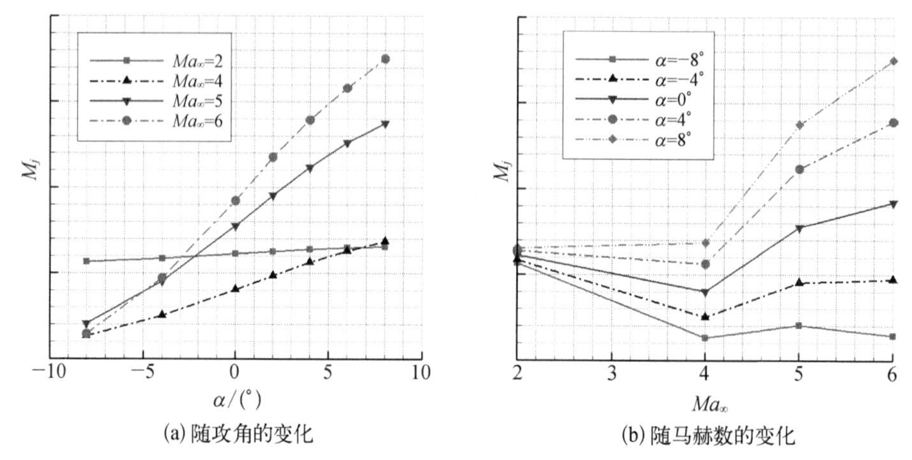

(a) 随攻角的变化　　(b) 随马赫数的变化

图 5.41　升力体飞行模型进气道内流量随攻角、马赫数的变化

5.4.3　支架干扰修正

根据近似分析,可用尾支撑影响修正量(背支撑升力体气动性能减去尾-背复合支撑模型气动性能)来修正尾支撑升力体模型的气动力数据,从而近似得到无支撑升力体的气动性能,如图 5.42 所示。需强调的是,根据此方法近似得到的无支撑升力体的气动性能 CFD 数据结合了三个模型的 CFD 数据,因而其误差是三个模型 CFD 计算误差的累积结果。

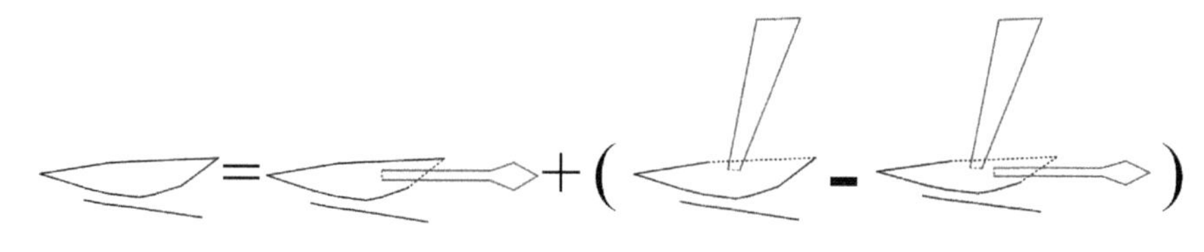

图 5.42　升力体支架干扰修正估算方案

图 5.43 给出了无支撑的升力体数值计算、修正和试验结果的比较。从图中可知,阻力系数和升力系数修正得到的结果和直接数值计算得到的结果偏差很小,俯仰力矩系数有较明显的差异,这主要是由于背支撑主要影响升力体末端的气动力,改变量的力臂较大。整体来看,除俯仰力矩在正攻角时一些小量的差异较大外,直接数值模拟和修正得到的气动力结果差异较小,其误差在工程可接受的范围内,这也说明这样的修正方式在某种程度上是可行的。

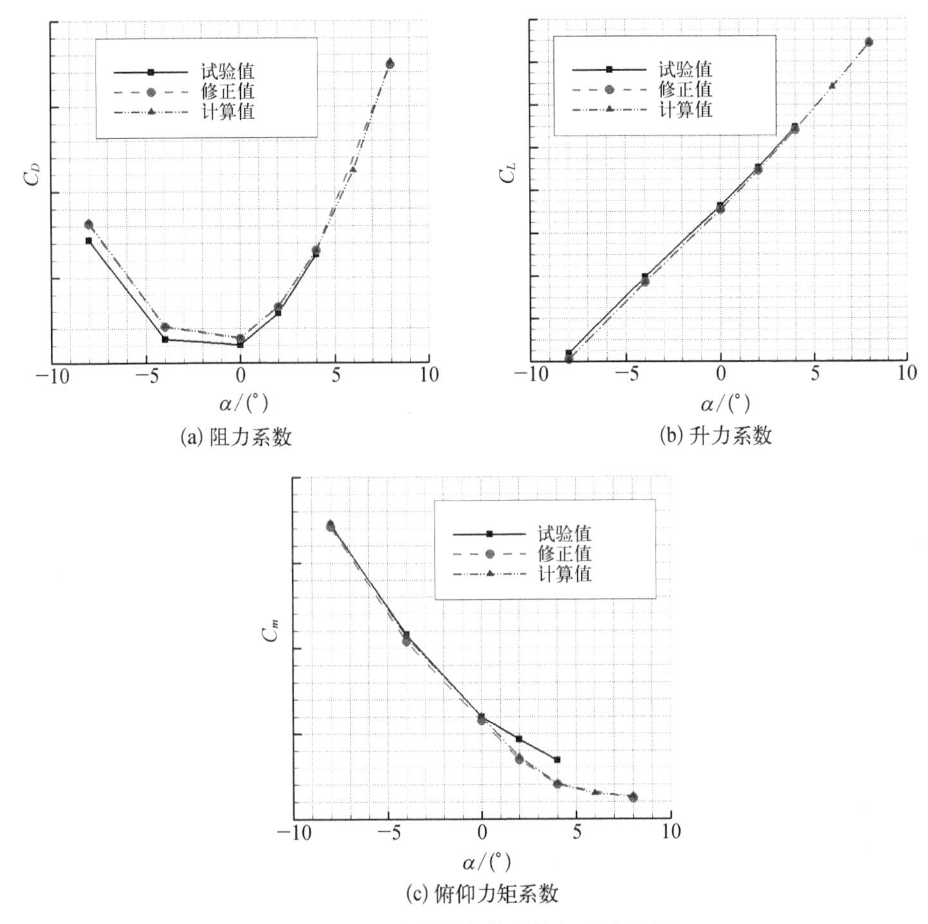

图 5.43　无支撑升力体整体气动力比较

参考文献

[1] 金亮.高超声速飞行器机体/发动机一体化构型设计与性能研究.长沙：国防科学技术大学博士学位论文,2008.

[2] 徐勇勤.高超声速飞行器总体概念研究.西安：西北工业大学硕士学位论文,2005.

[3] Hunter P A. An investigation of the performance of various reaction control devices. NASA MEMO 2-11-59L, 1959.

[4] Vinson P W, Amick J L, Liepman H P. Interaction effects produced by jet exhausting laterally near base of ogive-cylinder model in supersonic main stream. NASA MEMO 12-5-58W, 1959.

[5] 瞿章华,曾明,刘伟,等.高超声速空气动力学.北京：国防科技大学出版社,1999.

[6] 童秉纲,孔祥言,邓国华.气体动力学.北京：高等教育出版社,1989.

[7] Babinsky H, Harvey J K. Shock Wave-Boundary-Layer Interactions. Cambridge: Cambridge University Press, 2011.

[8] 郭勇颜.高超声速飞行器内外流一体化流动数值模拟研究.绵阳: 中国空气动力研究与发展中心博士学位论文,2014.

[9] 毛枚良.高超声速复杂流动数值模拟实用算法研究.绵阳: 中国空气动力研究与发展中心博士学位论文,2006.

[10] Gerolymos G, Sauret E, Vallet I. Oblique-shock-wave/boundary-layer interaction using near-wall Reynolds-stress models. AIAA Journal, 2004, 42(6): 1089 - 1100.

[11] Reda D C, Murphy J D. Shock wave/turbulent boundary-layer interactions in rectangular channels. AIAA Journal, 1973, 11(2): 139 - 140.

[12] Thivet F, Knight D D, Zheltovodov A A, et al. Analysis of observed and computed crossing-shock-wave/turbulent-boundary-layer interactions. Aerospace Science and Technology, 2002, 6(1): 3 - 17.

[13] Zha G C, Knight D. Computation of 3D asymmetric crossing shock wave/turbulent boundary layer interaction using a full Reynolds stress equation turbulence model. 34th Aerospace Sciences Meeting and Exhibit, 1996: 40.

[14] 刘化勇.超声速引射器的数值模拟方法及其引射特性研究.绵阳: 中国空气动力研究与发展中心博士学位论文,2009.

[15] Coleman G T, Stallery J L. Heat Transfer in Hypersonic Turbulent Separated Flow. Imperial College of Science & Technology, 1972.

[16] Settles G S, Dodson L J. Hypersonic shock/boundary-layer interaction database. AIAA 22nd Fluid Dynamics, Plasma Dynamics & Lasers Conference, 1991: 1763.

[17] Kussoy M I, Horstman C C. Documentation of two-and three-dimensional hypersonic shock wave/turbulent boundary layer interaction flows. NASA-TM-101075, 1989.

[18] Roe P L. Approximate Riemann solvers, parameter vectors, and difference schemes. Journal of Computational Physics, 1981, 43(2): 357 - 372.

[19] Steger J L, Warming R F. Flux vector splitting of the inviscid gasdynamic equations with application to finite-difference methods. Journal of Computational Physics, 1981, 40(2): 263 - 293.

[20] van Leer B. Flux-vector splitting for the Euler equations. Lecture Notes in Physics, 1982, 170: 507 - 512.

[21] Kim K H, Kim C, Rho O H. Accurate computations of hypersonic flows using AUSMPW+ scheme and shock-aligned grid technique. 29th AIAA Fluid Dynamics Conference, 1998: 2442.

[22] Kim K H, Kim C, Rho O H. Methods for the accurate computations of hypersonic flows I. AUSMPW+ scheme. Journal of Computational Physics, 2001, 174(1): 38 - 80.

[23] 柳军,曾明,赵慧勇,等.AUSMPW+格式在高超声速热化学非平衡流数值模拟中的应用.国防科技大学学报,2002,24(6): 6 - 10.

[24] 阎超,张智,张立新,等.上风格式的若干性能分析.空气动力学学报,2003,21(3): 336 - 341.

[25] 孙姝,张红英,王成鹏,等.高超声速轴对称流道冷流特征及气动力特性研究.航空动力学报,2007,22(6):967－973.
[26] 杨玉堃.俄罗斯超声速巡航导弹发展现状及趋势.航天制造技术,2010,(2):39－43.
[27] 朱辉玉,王刚,孙泉华,等.典型气动布局高超声速飞行的气动力数值评估.空气动力学学报,2012,30(3):365－372.

第六章

高超声速气动力特性天地相关性

6.1 引言

高超声速飞行器的整个研制过程中，存在诸多需要解决的关键技术，如推进系统、材料、一体化设计及地面试验和数值模拟技术等，其中气动特性研究是极为重要的部分。长期以来，风洞试验在各类飞行器研制中占据重要地位，包括预测飞行包线内的气动力热环境、建立气动数据库、确认数值模拟结果的可靠性以及辅助开展流动机理研究等，然而针对高马赫数、低雷诺数的高超声速流动领域，风洞试验还难以对所有的物理问题进行模拟，如真实气体效应和稀薄气体效应等[1]。高超声速飞行器在再入和滑翔过程中，其飞行马赫数能达到 20 以上，如在临近空间高度范围内作长时间飞行，飞行器周围的空气温度最大可达到 15 000K 左右，将发生复杂的化学反应，氧气和氮气都存在不同程度的离解和电离，导致分子和原子的内能模式有不同程度的激发，出现化学平衡/非平衡效应和热力学平衡/非平衡效应，即所谓的高温真实气体效应。高温真实气体效应不仅对飞行器的气动力/热特性有影响，而且还对飞行器的目标特性、通信信号等有重要影响。另外，高超声速飞行器在飞行高度 60 km 以上的再入范围，就开始存在稀薄气体效应。要提高气动特性预测的精确性和评估能力，就必须解决非平衡与稀薄流耦合的气动力和气动热环境问题。这对目前的风洞试验和数值模拟都提出了非常大的技术挑战。

对于高超声速流动问题，目前的风洞试验能力还无法完全满足飞行器设计的马赫数与雷诺数包线要求，而且在试验段尺寸、有效运行时间、流场品质和测量仪器等方面存在不足。从国外主要大型高超声速风洞可知（表 6.1），马赫数在 8 以上的试验能力存在明显缺口，无法提供马赫数连续变化的气动力数据。

在 Hyper-X 计划[2] 中，美国使用了兰利研究中心（Langley Research Center, LaRC）和阿诺德工程发展中心（Arnold Engineering Development Center, AEDC）的众多高超声速风洞设备，依然无法覆盖气动力数据库中所有的马赫数范围。

表 6.1　国外主要的大型高超声速风洞

国家		设备/风洞	试验段尺寸/m	有效试验时间	*Ma*	总温/K
欧洲	法国	ONERA S4 MA	0.6~1.0	90 s	6,10,12	1 850
		ONERA F4	0.3~0.8	100 ms	7~18	6 000
	德国	DLR HEG	0.8	2 ms	7~8	13 000
	英国	DRA 激波管	0.7	100 ms	5~13	4 000
日本		NAL 高超	0.5/1.27	120 s/60 s	5,7,9,11/10	1 500/—
俄罗斯		TsAGI T-116	1.0	—	5,6,7,9,10	1 075
		TsAGI T-117	1.0	120 s	10,12,14,18,20	2 600
		TsNIIMAS U-306-3	1.2	60 s	4,6,8,10	1 100
美国		AEDC VKF-B	1.3	—	6,8	750
		AEDC VKF-C	1.3	—	4,8,10	1 250
		AMES 3.5 FT	1.1	240 s	5,7,10	1 920
		LaRC 8 FT	2.4	60 s	4~7	2 200

随着马赫数的增大，利用地面风洞正确模拟真实飞行条件下的流动状态变得困难，这导致单纯利用风洞试验获得飞行器气动力数据的可信度越来越低，不确定度也越来越大。图 6.1 是 Buning 等[3]针对 X-43A 将不同 *Re* 数和边界层流态（层流/湍流）下的 CFD（采用 Overflow 软件）计算结果与风洞试验数据（LaRC 的 0.508 m *Ma* 6 风洞）进行比较，从中可知，边界层流态与 *Re* 数的不同将对气动力特性产生影响，包括轴向力系数 C_A与俯仰力矩系数 C_m。对于高超声速风洞试验来说，边界层流态与 *Re* 数模拟在多数情况下需要进行折中，甚至无法正确模拟。Hyper-X[4] 的风洞试验数据相比于第二次飞行试验数据，轴向力系数 C_A偏低 10%~15%，法向力系数 C_N偏高 10%~15%，其中两者的来流条件差异是可能原因之一。一方面，即使在风洞试验模拟能力范围内，风洞试验条件与飞行条件之间也不会完全一致，X-43A 在 CUBRC LEN Ⅰ风洞中试验条件与飞行条件之间就存在 1%~5%的差异；另一方面，对于同一风洞，由于气源、测量仪器等原

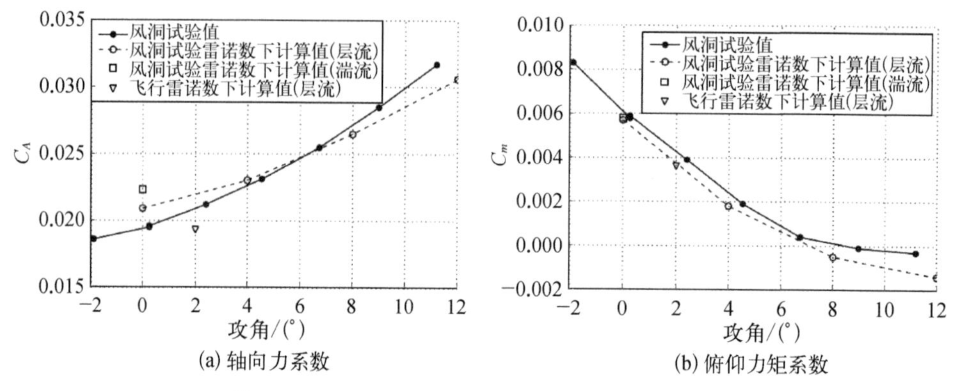

(a) 轴向力系数　　(b) 俯仰力矩系数

图 6.1　X-43A 飞行器风洞试验与 CFD 计算比较

因,不同车次之间来流参数也存在差异,文献[5]表明,LaRC 的 0.508 m *Ma* 6 风洞在对 X-43A 飞行器进行不同车次试验时,雷诺数、来流马赫数、来流总压及波后总压最大变化量分别达到±5%、±2%、±3%和±8%。所以,有必要开展风洞试验数据的修正与外推工作。

在过去、现在和未来很长一段时间内,高超声速飞行领域的地面试验设备受到模拟能力的限制,难以完全模拟实际飞行情况下的流场环境,如高超声速流场的 Re、Ma、总温 T_0、总压 P_0、总温/壁温比 T_0/T_w、流场流态、模型的几何尺寸、凸起物与边界层的相对高度等。即使应用目前世界上最先进的高超声速风洞也只能模拟部分飞行条件,这样获得的地面风洞试验结果往往不能直接应用于飞行器设计和飞行试验规划。例如,美国早期航天飞机的气动试验,由于缺乏高焓流动的模拟设备,其试验结果没有能够充分体现高温真实气体效应的影响,这导致在航天飞机的飞行试验中出现了配平时的舵面偏角高出设计值一倍多的气动异常现象。由此,深入开展地面风洞试验数据和飞行条件数据的相关性研究,发展从地面风洞试验数据向飞行条件的外推方法,提高风洞试验数据的可靠性与可应用性,对于高超声速飞行器发展具有极其重要的意义。

CFD 虽然可以对多种物理流动问题进行数值模拟,但一方面其数据可靠性需要得到对本身数值方法的验证,另一方面对于复杂物理现象下的复杂流动还缺乏试验数据的确认。由此,将 CFD 与风洞试验紧密结合,发展地面风洞试验数据与天上真实飞行数据的关联方法,提高风洞试验数据的可靠性与可用性,深入开展风洞试验、CFD 计算和飞行条件数据之间的相关性研究,将有助于高超声速飞行器研制过程中气动数据库的建立,同时也能更好地为飞行控制律的设计提供支撑,对于高超声速飞行器的发展具有极其重要的意义。以 Hyper-X 计划为例，飞行试验和 CFD 就成了风洞试验的有力补充，填补了如 $Ma=7$、9 等气动力数据的缺口，充分体现出 CFD 和风洞试验相结合所展示的优势。

所谓气动力数据天地相关性研究，就是基于一个或多个关联参数，研究天上飞行的气动力特性与通过综合运用地面风洞、理论研究等各种手段得到的飞行前气动力预测特性之间的关系；通过拟合或修正等数据分析与处理的方式，建立地面预测与真实飞行条件下气动力数据间的联系，最终完成地面风洞试验数据（也包括 CFD 计算数据）向真实飞行数据的修正与外推，并给出相应的误差和不确定度分析。

飞行试验数据可作为地面试验的最终校正结果，寻求两者之间的"一致性"已成为空气动力学稳步发展和高超声速飞行器研制的强大动力和保证。一方面，飞行数据为地面试验的技术改进和结果校正提供了基准数据，为设计和建设具有更高模拟能力的风洞设备提供了持续的技术支撑，由此带来的技术进步为飞行器研制风险的降低创造了条件，使得先进飞行器的性能、经济性和安全性都变得更好。另一方面，用飞行试验来验证地面试验也是空气动力学研究的基本内容，如果地面试验预测值与飞行值一致，则为降低飞行器设计的安全裕度提供了技术支撑；如果预测值偏离了实际飞行值，那么只要飞行器保持完好（或者说能够获取到此时足够的信息），不仅为飞行器以后的安全飞行提供了技术支撑，而且将有助于未知现象的发现或对已知现象的重要性有更进一步的认识。例如，X-15 在飞行中受到显著的破坏是因激波碰撞和干扰加热导致的，而航天飞机在实际飞行中体襟翼配平偏角超过设计值一倍可能是真实气体效应的原因等，这些现象的发生在地面试验过程中都是未知的或不够受重视的。

飞行前预测数据、飞行数据及关联参数是天地相关性研究的三个要素，其中关联参数的确定是研究的核心。然而，根据飞行数据和飞行前预测数据随基本流动相似参数的分布规律，找出普适的关联参数十分困难，因此需要深入开展地面风洞试验和真实飞行之间的相关性研究，发展从地面风洞试验数据向飞行条件的外推方法，这对高超声速飞行器发展具有重要意义。

6.2　国内外研究进展

对于高超声速流动问题，需要特别关注的流动参数与几何参数有：壁面温度 T_w、来流 Re 数、模型尺度缩比、来流 Ma 和总温/壁温比 T_0/T_w 等，将风洞试验与 CFD 进行有效的结合可以显著提高气动力数据的可用性和可信度，从而更好地服务于气动力数据库的建设。针对高超声速气动力天地相关性问题，国内外都开展了大量的研究。

6.2.1 国外高超声速气动力天地相关性的研究情况

早期，美国由于缺乏高焓流动模拟设备，航天飞机的气动力试验结果没能充分体现真实气体效应影响，导致飞行试验时出现配平舵偏角高出设计值一倍之多的“高超声速异常”现象[6,7]。图6.2[8]是航天飞机的天地相关性研究结果，其中图6.2(a)、(c)和(d)是飞行数据与飞行前预测数据的直接比较，可见升阻比

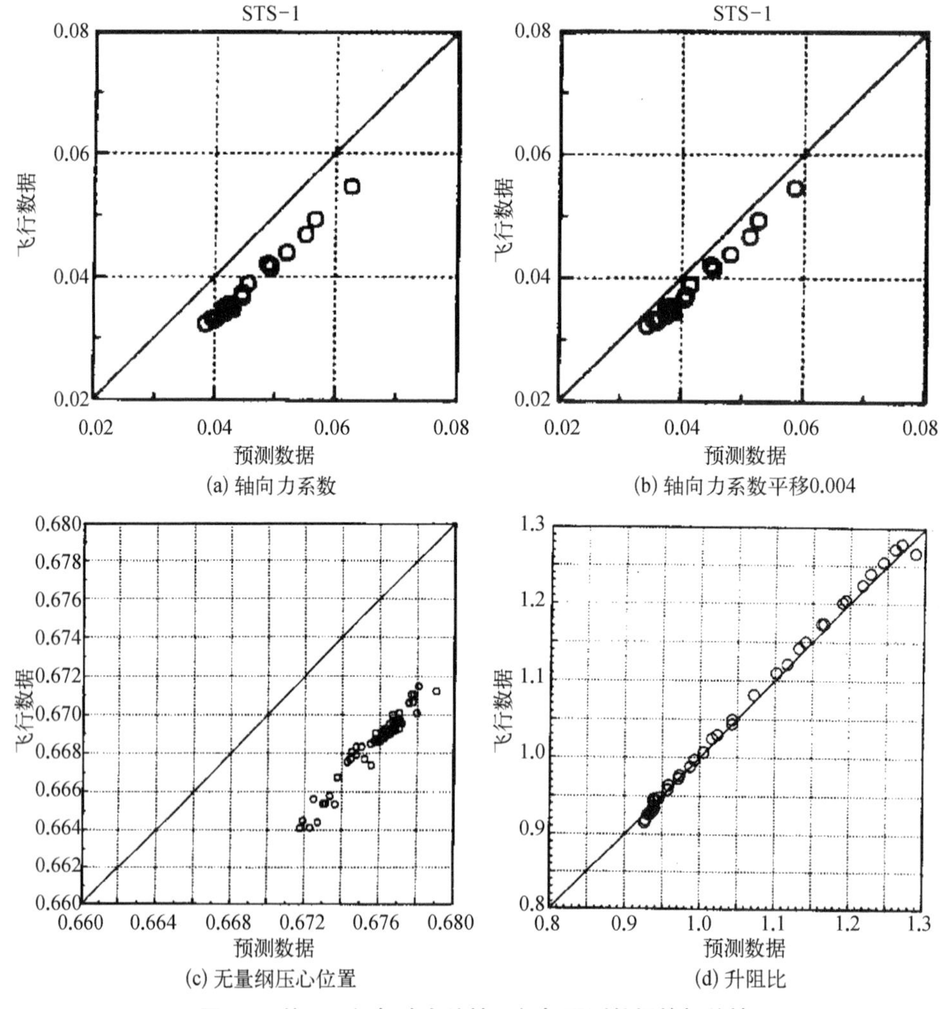

图6.2　航天飞机气动力特性飞行与预测数据的相关性

L/D 具有良好的相关性，但轴向力系数 C_A 和无量纲压心位置 X_{cp}/L_B 与理想的相关性直线存在偏移量，图 6.2(b)是对飞行前 C_A 减去 0.004 后得到的相关性曲线，其结果有明显改善。因此，开展气动力数据的天地相关性研究，需构建合理的关联参数，使其既满足气动力数据曲线的变化规律，又充分反映真实流动的物理特征。基于上述分析，关联参数是由对飞行器气动力特性具有重要影响的流动特性参数组合而成的无量纲量。

在飞行器进行飞行试验之前，为完成真实飞行条件下的气动力特性预测，天地相关性研究的核心工作就是关联参数的构造，如美国航天飞机的关联参数在 $Ma<15$ 和 $Ma>15$ 时分别取 Re 和第三黏性干扰参数 $\bar{V}'_\infty$。对于高超声速飞行器，由于地面设备无法完全模拟高马赫数、低雷诺数的真实飞行状态，所以关联参数的选择尤其困难。早期的航天飞行活动没有对稀薄气体、真实气体及黏性干扰效应等问题给予应有重视，直到 19 世纪 70 年代初，才基于 60 年代的技术基础开始开展关联参数的研究。当时研究人员为将 Ma、Re 和温度比 T_w/T_∞ 与摩擦系数 C_f、边界层转捩、当地压力和传热系数等气动特性关联起来，围绕 $\bar{\chi}$、$\bar{V}$、$\bar{V}_\infty$ 和 $\bar{V}'_\infty$ 等参数开展了大量的研究工作。NASA 和空军通过风洞试验，根据再入外形 L/D 特性的不同将其进行分类，以便将跨越较大 Ma、Re 范围的气动特性相关联起来，作为将地面数据外推到飞行条件的一种方法。Griffith 等[9,10]研究了黏性阻力对钝头细长锥体的影响，利用 Tsien“滑移参数” $\bar{V} \sim M(R)^{-1/2}$，使黏性阻力和气动特性(L/D)关联起来。由于 $\bar{V}$ 与 Lees、Probstein[11] 和 Probstein[12,13] 的高超声速黏性干扰参数($\bar{\chi} \sim Ma^3(R)^{-1/2}$)相似，后来将 $\bar{V}$ 称为高超声速黏性参数。传统的高超声速黏性干扰参数($\bar{\chi}'_\infty = Ma_\infty^3\sqrt{C'_\infty}/\sqrt{R_{\infty,L'}}$)通常用于建立局部量(表面压力、传热和摩擦等)的关联关系，而如果将积分量(如 C_A)表示为 $\bar{\chi}'_\infty$ 的函数，就要确定风洞试验和再入飞行条件的差异。在针对钝锥外形的研究中，早期对较宽试验和飞行条件范围($Ma=8\sim30$、$Re=1\times10^3\sim6.8\times10^7$、$\gamma=1.4$ 和 1.667)内的完全气体的黏性效应和关联参数的研究，使用了 Probstein 的弱干扰理论，将包含多个变量(Ma、Re、T_w 和 γ 等)的非黏性和黏性阻力分开，继而完成了多个钝锥外形的气动力估算，并换算成航天飞机的气动力系数，完成初步研究工作，图 6.3 是 Woods 等[14]给出的典型研究结果。由图可知，除再入飞行条件外，滑移参数 $\bar{V}_\infty = Ma_\infty\sqrt{C_\infty}/\sqrt{R_\infty}$ 和 $Ma_\infty/\sqrt{R_\infty}$ 均可将风洞数据相关联起来，但只有 $\bar{V}_\infty = Ma_\infty\sqrt{C_\infty}/\sqrt{R_\infty}$ 具有将风洞与再入飞行条件下的航天飞机 C_A 关联起来的能力。图 6.4[14]是航天飞机风洞试验气动力数据随

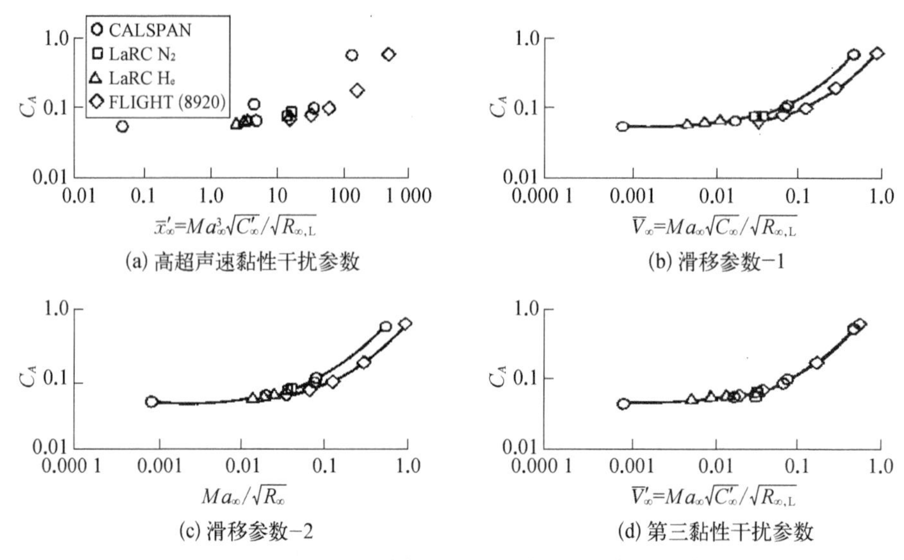

(a) 高超声速黏性干扰参数　(b) 滑移参数-1

(c) 滑移参数-2　(d) 第三黏性干扰参数

图 6.3　航天飞机天地相关性研究中的四个相关性参数

$\bar{V}'_\infty$ 的变化曲线，从图中可知，C_A 随 $\bar{V}'_\infty$ 的变化趋势明确，数据分布带宽约±0.005。当 $\bar{V}'_\infty$ 从 0.005~0.07 变化时，C_A 增大约一倍，反映出黏性干扰效应的影响；对于真实气体效应对气动力特性的影响，改变比热比 γ 是当时唯一可用的试验方法。从图 6.4 可知，γ 的变化（氦气，$\gamma=1.667$；空气和氮气，$\gamma=1.4$；CF_4，$\gamma=1.12$）对 C_A 几乎没有影响，对 C_N 和 C_m 的影响也未超出其数据散布带宽范围。虽然从试验研究可知，在高空高马赫数下，由真实气体效应引起的抬头力矩减小量不会超过由黏性干扰相关性所获数据的容差。但由于当时地面试验条件的限制，研究工

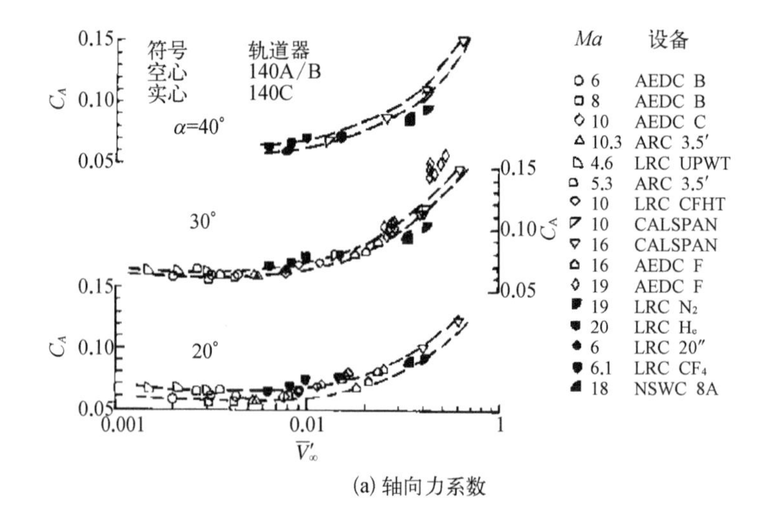

(a) 轴向力系数

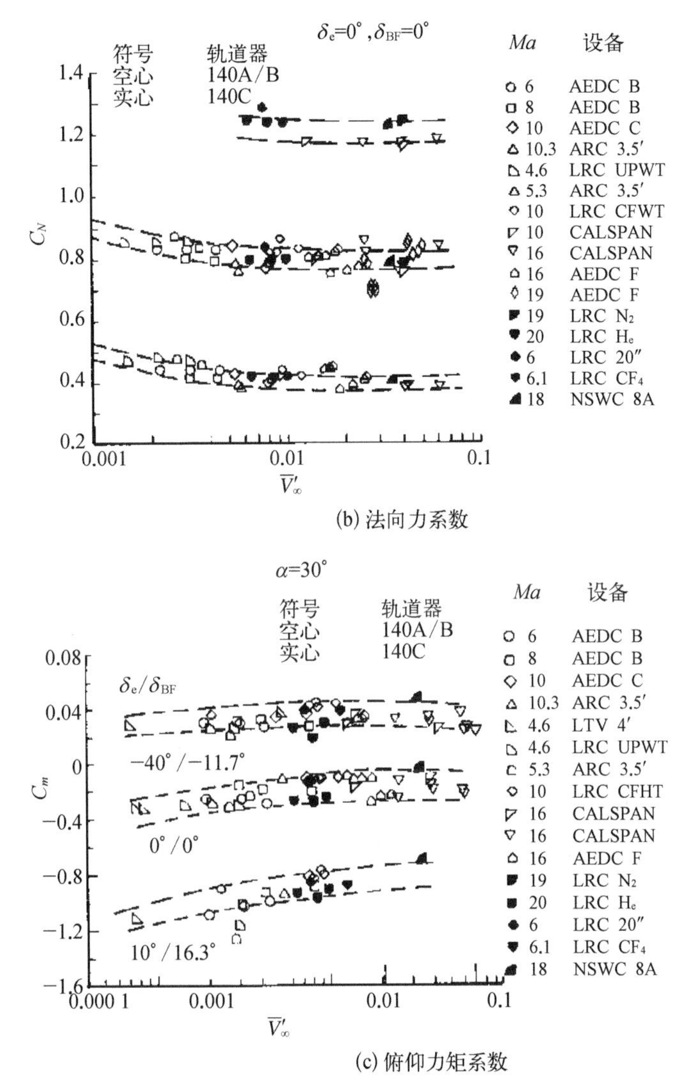

(b) 法向力系数

(c) 俯仰力矩系数

图 6.4　航天飞机风洞试验气动力数据随第三黏性干扰参数变化

作一直难以区分低密度效应和真实气体效应分别对气动特性的影响。后来通过对飞行试验、风洞试验和 CFD(无黏流)结果的综合分析,得出真实气体效应是飞行试验(STS-1)过程中出现"高超声速异常"现象的主要原因。由此,形成将风洞试验、理论分析和 CFD 技术相结合的气动力地面试验数据关联的外推方法。

图 6.5(a)是航天飞机风洞试验数据外推到真实飞行条件的方法框图,图 6.5(b)是飞行轨道上某高度点 C_m 的构成[10],其中马赫数效应和真实气体效应影响由 CFD 得到,黏性干扰效应影响由半理论分析和黏性干扰数值程序得到,

这些效应影响加到 $Ma=8$ 的风洞试验结果上就可得到飞行条件的气动力数据。图 6.6 表明利用这种外推方法获得的气动力数据与飞行数据的吻合度得到明显改善。

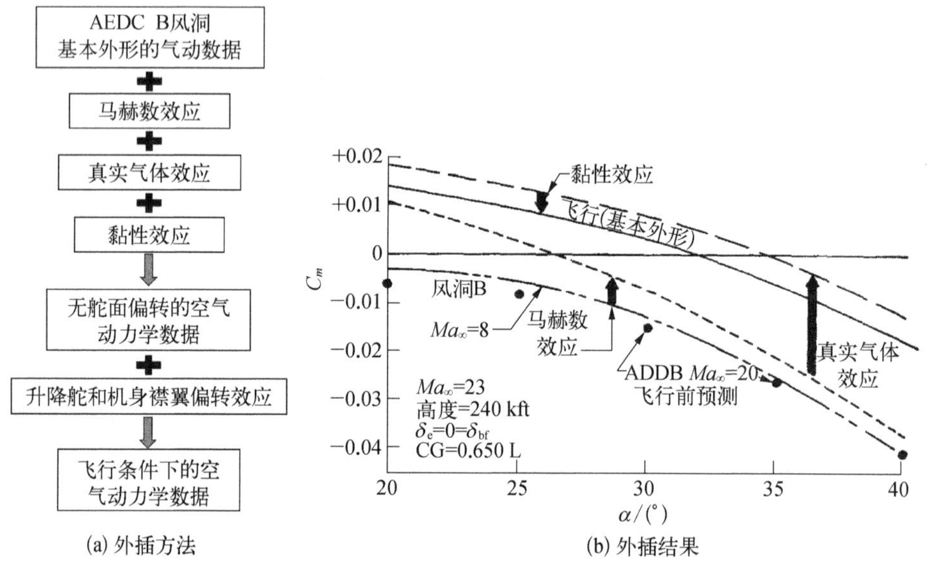

(a) 外插方法　　(b) 外插结果

图 6.5　航天飞机气动力预测外插方法与结果

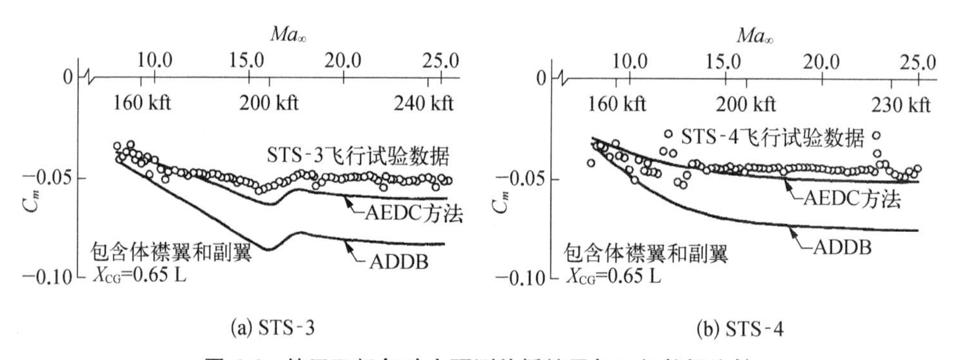

(a) STS-3　　(b) STS-4

图 6.6　航天飞机气动力预测外插结果与飞行数据比较

美国航天飞机的成功经验表明，对于高超声速复杂外形飞行器，综合运用理论分析和 CFD 是完成风洞试验数据外推研究工作的可行方案。然而，建立起地面预测气动力数据与真实飞行数据之间的关联是一项非常复杂而烦琐的工作。例如，航天飞机在建立关联参数 $\bar{V}'_\infty$ 的过程中，考虑了众多影响因素，其中参考温度 T' 对关联结果有重要影响，它又包含了来流 Ma、比热比 γ（考虑真实气体效应）和壁面温度 T_w（经过精细调整）等因素的影响，然而限于当时的研究条件，仍无法将真实气体与稀薄效应的多物理耦合效应影响考虑在内,此外,其中的每个环节都可能不同程度地引入误差和不确定度,这就对天地相关性研究的可信度提出了严苛要求。

Nicolì 等[15]利用 CFD 对欧洲小型运载火箭 VEGA 的风洞试验数据向天上飞行条件进行了外推。以 C_N 为例,利用表达式 $C_N = a[\lg(Re)]^{b(Ma,\ \alpha)}$ 将风洞数据外插获得天上数据,由图 6.7 可知,低 *Ma* 状态下,单纯以 *Re* 数为变量拟合的曲线有很好的线性,CFD 能够填补试验数据的空缺以正确把握气动特性的变化规律。但在高超声速条件下,由于 CFD 结果与试验数据的不一致性(图 6.8)以及表达式中攻角的非线性变化特性,很难单纯依靠 *Re* 数的函数完成地面试验数据外推。

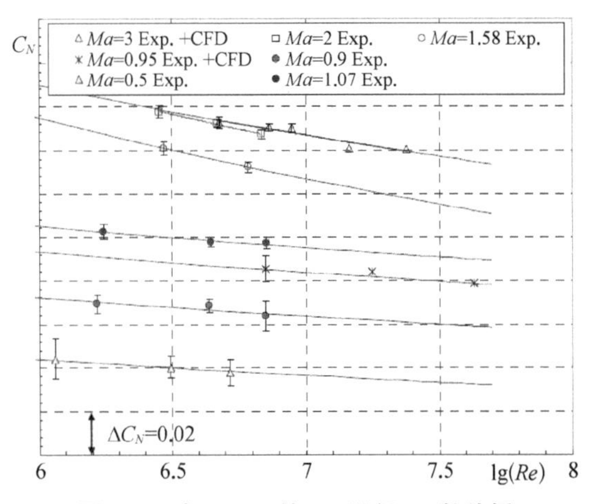

图 6.7　对 VEGA 的 C_N 进行 *Re* 数外插

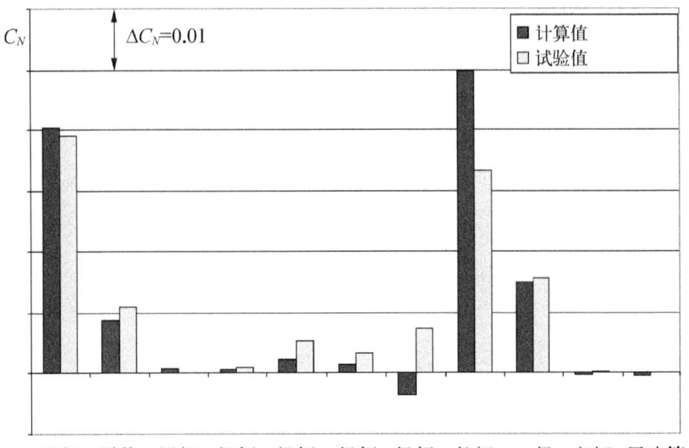

图 6.8　高超声速条件下 CFD 与风洞数据对比

此外,高超声速飞行器气动特性的复杂性要求在气动力数据库建设时,CFD、风洞试验和飞行试验这三种研究手段高度互补。从美国对 X-33、X-34 和 X-43A 的气动力数据库的建立过程来看,CFD 在其中已经扮演了十分重要的角色[16-18]。气动数据库建设是一项庞大的工程,包括广泛的地面试验、飞行前气动力数据库的发展、验证和确认,以及降低风险方面的工作,这其中会遇到大量的气动挑战,只有通过全面的风洞试验、CFD 模拟和分析才能加以解决。其中,CFD 的作用主要是补充计算确定整个飞行包线关联参数点上的气动力,以及对风洞数据的修正以更加符合天上实际飞行条件。图 6.9 是 Murman 等[19]整理的以 *Ma* 与攻角变化的某滑翔飞行器数据库示意图,实际上图中仅仅描绘了整个数据库在侧滑角为 0°时的一个切面。实际飞行包线的参数空间的参数是非常丰富的,包括 *Ma*、*Re*、攻角、侧滑角等流动参数和副翼、升降舵、方向舵偏角等几何参数。例如,考虑更多物理参数或气动效应,如发动机推力装置、真实气体效应等,则所需状态总数将非常庞大,从研究的经费预算、时间节点等角度来说,单纯依靠风洞和飞行试验的手段是远远不够的。而 CFD 具备丰富的物理模型以及高效的批量数据生产能力,在得到试验数据的有效确认之后,可以充分对试验数据进行补充,完备数据库的建设。

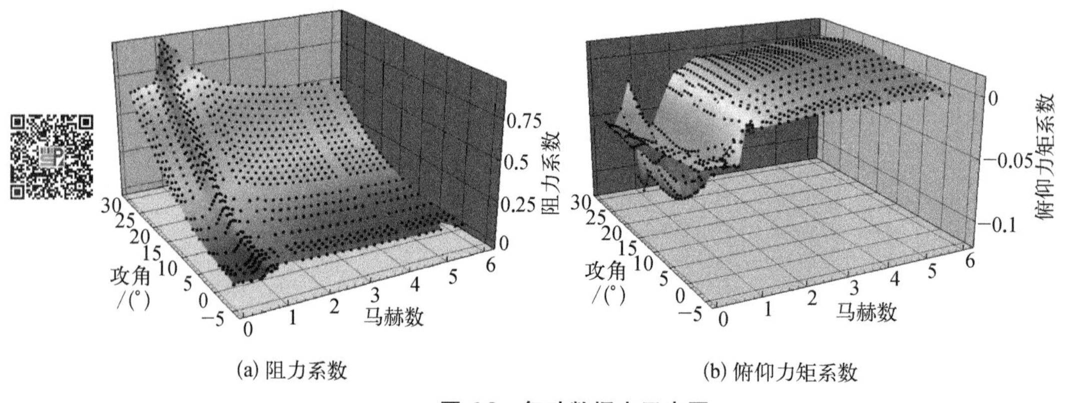

(a) 阻力系数　　(b) 俯仰力矩系数

图 6.9　气动数据库示意图

Hyper-X 计划[20-22]为建立全部飞行包线范围的完整气动力数据库,利用 CFD 对风洞试验(包括 Lockheed-Martin 公司的 Vought 高速风洞,LaRC 的 16 ft 跨声速风洞、20 in 马赫数 6 风洞和 31 in 马赫数 10 风洞等)进行了有力补充。首先,研究人员完成全弹道范围内的压力与热载荷分布 CFD 计算结果与风洞试验结果的确认,见图 6.10(a);其次,在此基础上,利用 CFD 将较低 *Ma* 下的风洞试

验数据外推至较高 Ma 的飞行条件[23-25]。例如,针对进气道封口情况,利用 $Ma=6$的风洞试验和 CFD 计算结果的差量,完成 $Ma=7$ 的 CFD 数据的修正(图 6.10(b))表明 CFD 修正结果与风洞试验数据的一致性较好,并利用同样的处理方式得到其余 Ma 下修正的 CFD 数据,如图 6.11 所示;最后,结合两次飞行试验的大量数据组成 X-43A 的气动力数据库,图 6.12[2,26]是 X-43A 第三次飞行试验数据与数据库预测结果的比较,图中还标注了 95%置信度的不确定度范围。

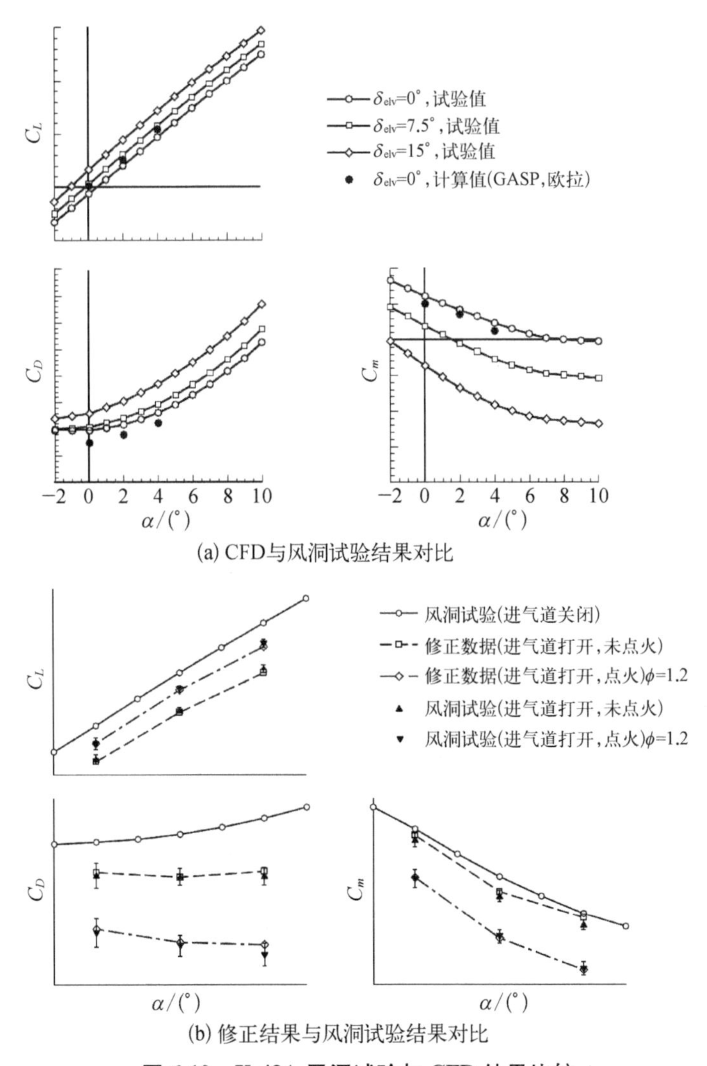

图 6.10　X-43A 风洞试验与 CFD 结果比较

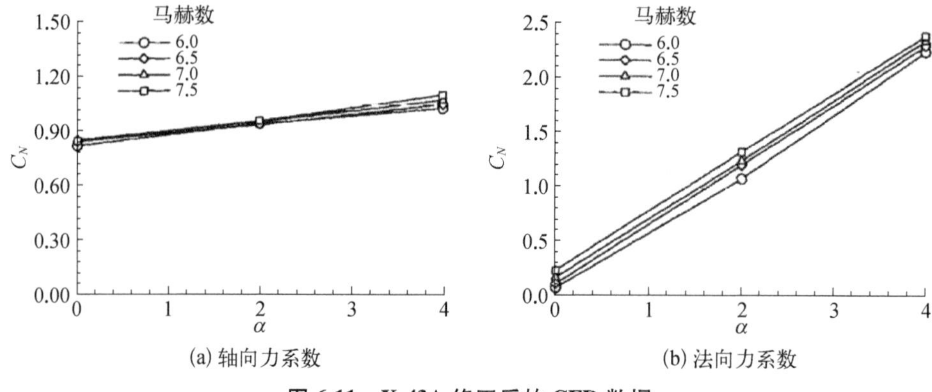

(a) 轴向力系数 (b) 法向力系数

图 6.11 X-43A 修正后的 CFD 数据

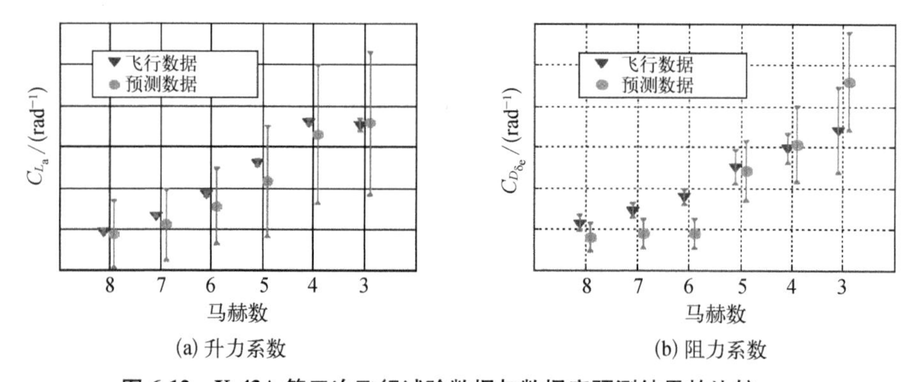

(a) 升力系数 (b) 阻力系数

图 6.12 X-43A 第三次飞行试验数据与数据库预测结果的比较

6.2.2 国内高超声速气动力天地相关性的研究情况

国内以庄逢甘院士为代表的空气动力学研究学者[27-29]也开展了高超声速气动力天地相关性方面的研究，主要针对典型标模和简化航天飞机 OV-102 外形开展了高超声速黏性效应的分析和数值模拟研究。一方面总结了国外基于 OV-102 外形黏性干扰效应的研究成果，另一方面针对典型状态开展了数值模拟研究和理论分析，并提出了高效、正确的计算高超声速飞行器黏性干扰效应的计算方法策略。例如，庄逢甘院士等[28]对细长球锥体的迎风面和背风面的轴向力开展 PNS 和 3DV 计算，PNS 方法计及了无黏/黏性间的强耦合干扰，其数值比 3DV 的高，与试验较为一致，见图 6.13。而对简化航天飞机外形的计算则表明，黏性计算结果减去无黏计算结果获得的黏性干扰增量 ΔC_A 随 $\overline{V}_\infty$ 呈线性增长关系，且与试验结果的一致性较好，见图 6.14。龚安龙等[29]探讨了高超声速黏性干扰效应的相关性理论，采用 CFD 数值模拟方法对轨道器再入阶段的黏性干扰效应进行了研究，以此为基础考察了黏性干扰相关参数 $\overline{V}'_\infty$ 的关联特性，其计算结果表明，$\overline{V}'_\infty$ 能够将轨道器外形气动力的地面风洞试验数据和飞行试验数据进行有效关联，见图 6.15 和图 6.16。中国空气动力研究与发展中心的气动工作者也开展了相关研究[30,31]，具体细节及相关结论将在下面的章节中介绍。

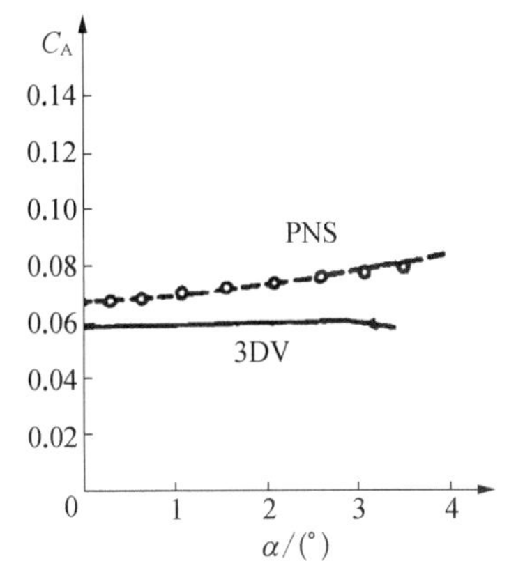

图 6.13　细长钝锥体气动特性 PNS 和 3DV 计算值与试验值比较

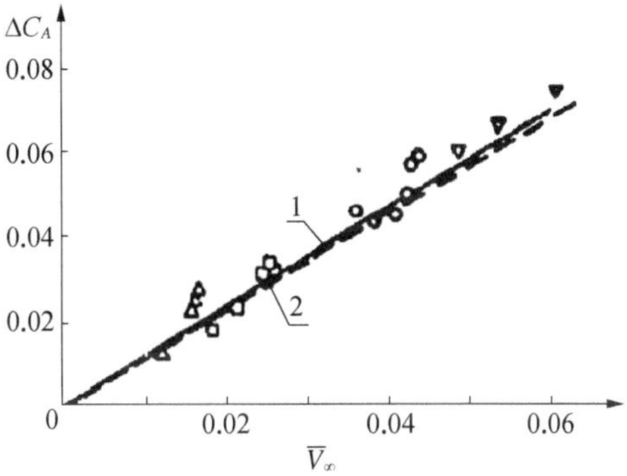

图 6.14　航天飞机简化外形的黏性干扰量计算值与试验值比较

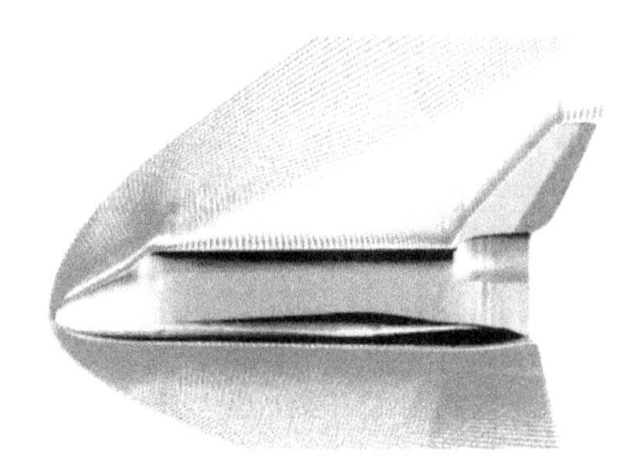

图 6.15　OV-102 外形对称截面上速度矢量图

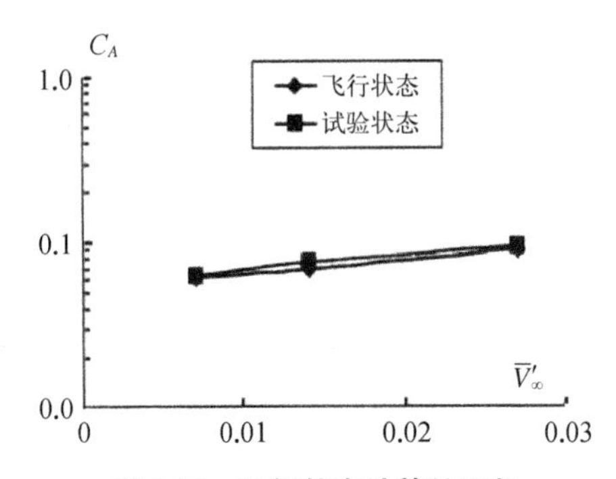

图 6.16　飞行状态计算结果与试验数据的比较

6.3　气动力数据天地关联方法的研究

在天地相关性研究的三个要素中（飞行前预测数据、飞行数据及关联参数），选取合适的关联参数最为关键。而对于具有大升力面的高超声速飞行器，以往的研究经验表明,第三黏性干扰参数是开展气动力相关性研究的最合适的关联参数。以此为基础可以获得黏性干扰模型的表达式,最终建立从地面风洞试验数据向飞行条件的外推方法,这对高超声速飞行器气动力数据库的快速建立具有重要意义。

6.3.1 黏性干扰参数考察研究

如上所述,国内外的大量研究表明,针对航天飞机或具有高升阻比的飞行器,黏性干扰参数是开展气动力相关性研究的合适的关联参数。沿此研究思路,我们对黏性干扰参数进行了考察研究[30]。研究表明,黏性干扰参数与马赫数 Ma_∞、雷诺数 Re 和流体黏性系数 μ 等相关。对于尖锥给出了所谓的第一黏性干扰参数 $\overline{\chi}_c$:

$$\overline{\chi}_c = Ma_c^3\sqrt{\frac{C}{Re_c}}, \quad C = \frac{\mu_w T_e}{\mu_e T_w} \tag{6.1}$$

尖锥的诱导压力增量 $\Delta p/p_c$ 随 $\overline{\chi}_c$ 呈线性增长;对于非尖锥的任意体的压力系数 C_p 采用所谓的第二黏性干扰参数 $\overline{\chi}_\infty$:

$$\overline{\chi}_\infty = Ma_\infty\sqrt{\frac{C_\infty}{Re_\infty}}, \quad C_\infty = \frac{\mu_w T_\infty}{\mu_\infty T_w} \tag{6.2}$$

由美国对航天飞机黏性干扰效应的研究可知,采用第三黏性干扰参数 $\overline{V}'_\infty = Ma\sqrt{C'}/\sqrt{Re_{\infty,L}}$ 更为合适,其中 $Re_{\infty,L}$ 为实际模型特征长度的雷诺数,$C = \mu T_\infty \mu_\infty^{-1} T^{-1}$, $T'/T_\infty = 0.468 + 0.532T_w/T_\infty + 0.195(\gamma - 1)Ma_\infty^2/2$ 为边界层内的参考温度与来流温度之比,T_w 为航天飞机的壁面温度,美国 ADDB 建议 $\gamma = 1.5$, $T_w = 1\,366.5$ K。

黏性系数与温度的关系可采用 Keyes 修正的 Sutherland 公式,对于空气有

$$C' = \frac{\mu' T_\infty}{\mu_\infty T'} = \left(\frac{T'}{T_\infty}\right)^{0.5} \frac{T_\infty + 122.1 \times 10^{-(5/T_\infty)}}{T' + 122.1 \times 10^{-(5/T')}} \tag{6.3}$$

对于一般细长体,根据位移厚度概念,可将物体和边界层用一个无黏流等效外形代替,此外形即在原外形基础上加上一个分布的位移厚度 $\delta^*(s)$。等效外形的物面倾角 θ 与原外形倾角 θ_T 及边界层位移厚度 $\delta^*(s)$ 关系式为

$$\theta = \theta_T + \frac{d\delta^*}{ds} \tag{6.4}$$

根据高超声速边界层理论,位移厚度有如下关系式:

$$\frac{\delta^*}{s} \propto \frac{1}{\sqrt{Re_s^*}} \tag{6.5}$$

其中,边界层内特征量的雷诺数为

$$Re_s^* = \frac{\rho^* V_e s}{\mu^*} \tag{6.6}$$

式中,上标 * 表示边界层中相应量的特征值。

取特征温度 $T^* \propto \frac{p^*}{\rho^*}$ 为恢复温度,可导出

$$\frac{\delta^*}{s} \propto \frac{Ma_\infty^2}{\sqrt{Re_s}}\sqrt{\frac{C}{p_e/p_\infty}} \tag{6.7}$$

式中, $C=\rho_w\mu_w/(\rho_e\mu_e)$ 为常数,它是反映黏性-温度的比例因子。采用切劈法计算物面的压力分布,当来流与物面相互作用的等效锥角或等效劈角 θ_w (为 θ_T 和攻角 α 的函数)不是很小时,高超声速流壁面压力关系式近似表达为[32]

$$\frac{p_w}{p_\infty} \approx 1 + \frac{\gamma}{2}\frac{4(Ma_\infty \sin\theta_w)^2(2.5+8Ma_\infty \sin\theta_w)}{1+16Ma_\infty \sin\theta_w} \tag{6.8}$$

当 $\theta_w \ll 1$ 时,高超声速流壁面压力关系式近似表达为

$$\frac{p_w}{p_\infty} \approx 1 + \frac{\gamma}{4}(\gamma+1)(Ma_\infty\theta_w)^2 + \gamma Ma_\infty\theta_w\sqrt{\left(\frac{\gamma+1}{4}Ma_\infty\theta_w\right)^2+1} \tag{6.9}$$

当考虑边界层的影响时,式(6.8)有

$$\frac{p_e}{p_\infty} \approx 1 + \frac{\gamma}{2}\frac{4[Ma_\infty \sin(\theta_w+\theta_\delta)]^2[2.5+8Ma_\infty \sin(\theta_w+\theta_\delta)]}{1+16Ma_\infty \sin(\theta_w+\theta_\delta)} \tag{6.10}$$

式(6.9)有

$$\frac{p_e}{p_\infty} \approx 1 + \frac{\gamma}{4}(\gamma+1)(Ma_\infty\theta_w+K_\delta)^2 + \gamma(Ma_\infty\theta_w+K_\delta)\sqrt{\left(\frac{\gamma+1}{4}(Ma_\infty\theta_w+K_\delta)\right)^2+1} \tag{6.11}$$

式中，$\theta_\delta = \mathrm{d}\delta^*/\mathrm{d}s$；$K_\delta = Ma_\infty \theta_\delta$。

令 $K_0 = Ma_\infty \theta_w$，$K = K_0 + K_\delta$，定义参数 P，P_0，上式可表示为

$$P = \frac{p_e}{p_\infty} = 1 + \frac{4\gamma}{\gamma + 1}\left[\left(\frac{\gamma + 1}{4}K\right)^2 + \frac{\gamma + 1}{4}K\sqrt{1 + \left(\frac{\gamma + 1}{4}K\right)^2}\right] \tag{6.12}$$

当上式中 $K_\delta = Ma_\infty \theta_\delta = 0$ 时，即为式(6.9)。式(6.9)可表示为

$$P_0 = \frac{p_w}{p_\infty} = 1 + \frac{4\gamma}{\gamma + 1}\left[\left(\frac{\gamma + 1}{4}K_0\right)^2 + \frac{\gamma + 1}{4}K_0\sqrt{1 + \left(\frac{\gamma + 1}{4}K_0\right)^2}\right] \tag{6.13}$$

由相关理论[33]可得 K_δ 的具体表达式为

$$K_\delta = A\frac{\lambda}{\sqrt{P}}$$

$$A = 1 + 0.81\frac{\lambda}{2P}\frac{\mathrm{d}P}{\mathrm{d}\lambda} - 0.19\left(\frac{\lambda}{2P}\frac{\mathrm{d}P}{\mathrm{d}\lambda}\right)^2 \tag{6.14}$$

其中，

$$\lambda = B\overline{\nu}', \quad B = 0.430\,2(\gamma - 1)\left(\frac{T_w}{T_t} + 0.385\,9\right)Ma_\infty^2, \quad \overline{\nu}' = \frac{Ma_\infty\sqrt{C}}{\sqrt{R_{\infty,L}}}$$

由上式可知，对给定的来流条件，可近似认为 λ 是 $\overline{\nu}'$ 的线性函数。将上式代入(6.13)可得函数 P 的隐式表达式，描述为 K_0，λ 的函数形式，即

$$P(K_0, \lambda) = 1 + \frac{4\gamma}{\gamma + 1}\left\{\begin{aligned}&\left[\frac{\gamma + 1}{4}(K_0 + A\lambda/\sqrt{P})\right]^2 + \\ &\frac{\gamma + 1}{4}(K_0 + A\lambda/\sqrt{P})\sqrt{1 + \left[\frac{\gamma + 1}{4}(K_0 + A\lambda/\sqrt{P})\right]^2}\end{aligned}\right\} \tag{6.15}$$

为求解上式从而得到压力系数的改变量，可采用牛顿迭代法。给定 K_0，引入函数 $G(P)$：

$$G(P) = P - 1 - \frac{4\gamma}{\gamma + 1}\left\{\begin{aligned}&\left[\frac{\gamma + 1}{4}(K_0 + A\lambda/\sqrt{P})\right]^2 + \\ &\frac{\gamma + 1}{4}(K_0 + A\lambda/\sqrt{P})\sqrt{1 + \left[\frac{\gamma + 1}{4}(K_0 + A\lambda/\sqrt{P})\right]^2}\end{aligned}\right\} \tag{6.16}$$

牛顿迭代法的基本思想：$G(P_{n+1}) - G(P_n) = \frac{\mathrm{d}G}{\mathrm{d}P}\Big|_{P=P_n}(P_{n+1} - P_n)$，当 $G(P_{n+1}) = 0$ 时，迭代收敛，此时 $P = P_{n+1} = P_n - G(P_n)\Big/\frac{\mathrm{d}G}{\mathrm{d}P}\Big|_{P=P_n}$。迭代过程的导数项由下式给出：

$$
\begin{aligned}
&\frac{\mathrm{d}G}{\mathrm{d}P} = 1 - \frac{\mathrm{d}P}{\mathrm{d}K}\frac{\mathrm{d}K}{\mathrm{d}P} \\
&\frac{\mathrm{d}P}{\mathrm{d}K} = \gamma\left[2\frac{\gamma+1}{4}K + \sqrt{1+\left(\frac{\gamma+1}{4}K\right)^2} + \frac{\left(\frac{\gamma+1}{4}\right)^2 K^2}{\sqrt{1+\left(\frac{\gamma+1}{4}K\right)^2}}\right] \\
&\frac{\mathrm{d}K}{\mathrm{d}P} = \frac{\mathrm{d}K_\delta}{\mathrm{d}P} = -\frac{1}{2P}\frac{A\lambda}{\sqrt{P}} + A\frac{\lambda}{\sqrt{P}}\frac{\mathrm{d}A}{\mathrm{d}P} \\
&\frac{\mathrm{d}A}{\mathrm{d}P} = -0.81\frac{\lambda}{2P^2}\frac{\mathrm{d}P}{\mathrm{d}\lambda} + 0.19\frac{1}{2P^3}\left(\lambda\frac{\mathrm{d}P}{\mathrm{d}\lambda}\right)^2 \\
&\frac{\mathrm{d}P}{\mathrm{d}\lambda}\bigg|_n = 2\frac{P_n - P_{n-1}}{\lambda_n - \lambda_{n-1}} - \frac{\mathrm{d}P}{\mathrm{d}\lambda}\bigg|_{n-1}
\end{aligned}
\tag{6.17}
$$

初始条件为

$$
\begin{cases}
P\big|_{\lambda=0} = P(K_0,\lambda) = 1 + \dfrac{4\gamma}{\gamma+1}\left[\left(\dfrac{\gamma+1}{4}K_0\right)^2 + \dfrac{\gamma+1}{4}K_0\sqrt{1+\left(\dfrac{\gamma+1}{4}K_0\right)^2}\right] \\
\dfrac{\mathrm{d}P}{\mathrm{d}\lambda}\bigg|_{\lambda=0} = \dfrac{\mathrm{d}P}{\mathrm{d}K}\bigg|_{K_0}\dfrac{\mathrm{d}K_\delta}{\mathrm{d}\lambda}\bigg|_{\lambda=0} = \dfrac{\gamma}{\sqrt{P_0}}\left[\sqrt{1+\left(\dfrac{\gamma+1}{4}K_0\right)^2} + 2\left(\dfrac{\gamma+1}{4}K_0\right) + \left(\dfrac{\gamma+1}{4}K_0\right)^2\left[1+\left(\dfrac{\gamma+1}{4}K_0\right)^2\right]^{-1/2}\right]
\end{cases}
\tag{6.18}
$$

图 6.17(a)给出了以 K_0 为参数的压力随 λ 的变化曲线，其具有较好的线性度。图 6.17(b)和(c)分别给出了 $(P - P_0)/\lambda$ 和 $\mathrm{d}P/\mathrm{d}\lambda$ 随 λ 的变化，由于 $P(K_0, \lambda)$ 随 λ 的变化曲线整体上具有较好的线性度，因此这两个量随 λ 的变化曲线大致相同。在 $\lambda \leqslant 0.1$（对应 $Ma_\infty \leqslant 20$，$H \leqslant 70$ km）的范围内，随 λ 增大，$(P - P_0)/\lambda$ 和 $\mathrm{d}P/\mathrm{d}\lambda$ 缓慢增加，且随 K_0 增大，增加的速率趋于零，因此假设 $(p_e - p_w)/p_\infty \approx k_1\lambda = k_2\bar{\nu}'$（$k_1$，$k_2$ 均描述常数），在当地迎角比较大时是一种十

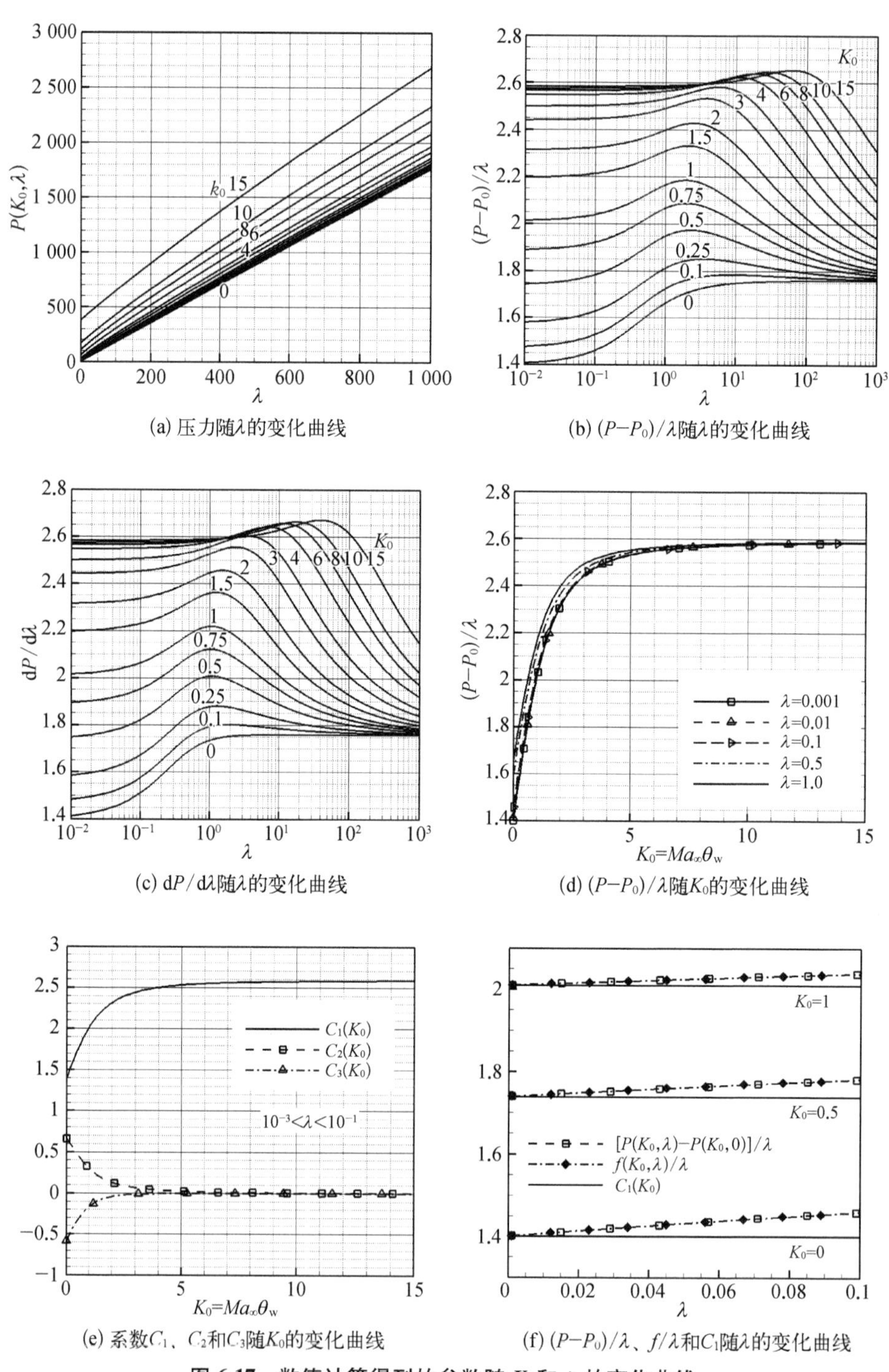

(a) 压力随λ的变化曲线

(b) $(P-P_0)/\lambda$随λ的变化曲线

(c) $dP/d\lambda$随λ的变化曲线

(d) $(P-P_0)/\lambda$随K_0的变化曲线

(e) 系数C_1、C_2和C_3随K_0的变化曲线

(f) $(P-P_0)/\lambda$、f/λ和C_1随λ的变化曲线

图 6.17 数值计算得到的参数随 K_0和 λ 的变化曲线

分精确的表示，即压力改变量 $(p_e - p_w)/p_\infty$ 与第三黏性干扰因子 $\overline{\nu}'$ 表现出良好的线性关系。图 6.17(d)给出了 $(P - P_0)/\lambda$ 随 K_0 的变化曲线，当 K_0 比较小时，$(P - P_0)/\lambda$ 随 K_0 增大而增大，此时假设压力改变量与第三黏性干扰因子参数 $\overline{\nu}'$ 呈线性关系显得不合适，当 K_0 进一步增大，$(P - P_0)/\lambda$ 逼近一个定值，这进一步展示了在当地迎角比较大时，黏性干扰造成的压力改变量 $(p_e - p_w)/p_\infty$ 与 λ 存在良好的线性关系。对于飞行器表面曲率发生突变的区域，K_0 会发生突变，黏性干扰量也将发生突变，这必然会破坏 $(p_e - p_w)/p_\infty$ 与 λ 的线性关系。因此，采用三次多项式：

$$f(\lambda) = P(K_0, \lambda) - P(K_0, 0) = C_1(K_0)\lambda + C_2(K_0)\lambda^2 + C_3(K_0)\lambda^3 \tag{6.19}$$

拟合黏性干扰效应造成的压力改变量，期望能够获得很好的精度。图 6.17(e)给出了系数 C_1、C_2 和 C_3 随参数 K_0 的变化曲线，在 $0.001 \leqslant \lambda \leqslant 0.1$（对应 $M_\infty \leqslant 20$, $H \leqslant 70$ km）的范围内，当攻角较大时（$K_0 \geqslant 2$，对于马赫数为 20，气流当地迎角大约为 6°），函数 $f(\lambda)$ 的二次项 $C_2(K_0)$ 和三次项系数 $C_3(K_0)$ 趋于零，即压力表现为第三黏性干扰因子的线性函数形式：

$$P(K_0, \lambda) \approx P(K_0, 0) + C_1(K_0)\lambda = P(K_0, 0) + k\overline{\nu}'(k\text{ 描述常数}) \tag{6.20}$$

当迎角较小时 $(K_0 < 2)$，函数 $f(\lambda)$ 的二次项系数 $C_2(K_0)$ 和三次项系数 $C_3(K_0)$ 都较大，压力和第三黏性干扰因子 $\overline{\nu}'$ 表现为非线性特征。图 6.17(f)给出了 K_0 取 0、0.5 和 1 三个典型值时 $(P - P_0)/\lambda$、f/λ 和 C_1 随 λ 变化的曲线，$f(\lambda)$ 能够精确地拟合压力关联函数，当小迎角时，$(P - P_0)/\lambda$ 与 C_1 还存在较大的偏差，随着迎角增大，$(P - P_0)/\lambda$ 与 C_1 的偏差减小，说明压力和第三黏性干扰因子 $\overline{\nu}'$ 更趋近线性关系。

由上述分析不难得到，当大攻角范围、压力梯度不是很大时，满足如下关系：

$$\frac{p_e - p_w}{p_\infty} \propto \lambda \tag{6.21}$$

又有 $\lambda = k\overline{\nu}'$（$k$ 描述一常数），则由黏性干扰效应造成的压力系数的改变量满足如下关系：

$$C_{pe} - C_{pw} \propto \overline{\nu}' \tag{6.22}$$

飞行器表面由压力引起的力和力矩分量是通过物面的压力系数 C_p 积分得到的，因此，由上式可以得到 $\bar{\nu}'_\infty$（$\bar{\nu}'$ 的积分形式）与由黏性干扰效应造成的压力改变量导致的气动力分量的改变量成正比。

基于压力关联公式也可以进行类似的分析，可以得到预期相似的结论。

6.3.2 黏性干扰数学模型研究

Maus 等[34]利用半理论分析和试验数据修正对轴向力系数与俯仰力矩系数构造了黏性干扰模型，具体过程如下。

对于飞行器全附着流动，当地摩擦阻力系数与 Stanton 数之间有著名的雷诺比拟关系式：

$$C_{f_\infty} = K_r St_\infty \tag{6.23}$$

式中，K_r 为雷诺比拟因子（对于平板层流情况，有 $K_r = 2\,Pr^{0.5}$）。假设在大攻角情况下，只考虑迎风面黏性力，而不考虑背风面的，可进一步假设在迎风面上平均摩擦阻力系数与平均 Stanton 数成比例关系，这样可以推导出轴向力系数黏性项公式：

$$\Delta C_A = (C_{f_\infty})_{\text{AVG}}\left(\frac{S_{\text{WET}}}{A}\right) = (K_r St_\infty)_{\text{AVG}}\left(\frac{S_{\text{WET}}}{A}\right) \tag{6.24}$$

再引入黏性干扰参数：

$$\bar{V}_\infty = \frac{Ma_\infty\sqrt{C_\infty}}{\sqrt{Re_{\infty,L}}} \tag{6.25}$$

式中，C_∞ 为 Chapman-Rubesin 常数，$C_\infty = (\mu_w/\mu_\infty)\cdot(T_\infty/T_w)$。将式(6.25)代入式(6.24)，有

$$\Delta C_A = (St_\infty)_{\text{AVG}}\sqrt{Re_{\infty,L}}\,\frac{K_r\bar{V}_\infty}{Ma_\infty\sqrt{C_\infty}}\,\frac{S_{\text{WET}}}{A} \tag{6.26}$$

对于美国航天飞机，由美国阿诺德工程中心（AEDC）高超声速风洞 OH-11 试验数据表明，热流、雷诺数与马赫数、攻角之间存在以下关系式：

$$(St_\infty)_{\text{AVG}}\sqrt{Re_{\infty,L}} = Ma_\infty \sin\alpha \tag{6.27}$$

将上式代入式(6.26)得

$$\Delta C_A = \overline{V}_\infty \sin\alpha \frac{K_r S_{\mathrm{WET}}}{\sqrt{C_\infty} A} \tag{6.28}$$

另外，Maus 等[34]对航天飞机通过理论分析（半三维边界层方法）得到雷诺比拟因子在迎风面主要依赖于攻角，有

$$K_r = K(\cos\alpha)^{1.75} \tag{6.29}$$

将上式代入式(6.28)得

$$\Delta C_A = \overline{V}_\infty \sin\alpha(\cos\alpha)^{1.75} \frac{K S_{\mathrm{WET}}}{\sqrt{C_\infty} A} \tag{6.30}$$

进一步，根据风洞试验数据对剩下的几个常数进行了确定：

$$C_\infty = 0.932(\text{tunnel conditions}) \tag{6.31}$$

$$K = 1.99, \quad \frac{S_{\mathrm{WET}}}{A} = 1.695 \tag{6.32}$$

最终，得

$$\Delta C_A = 3.63\overline{V}_\infty \sin\alpha(\cos\alpha)^{1.75} \tag{6.33}$$

由于之前假设黏性力只是作用于迎风面表面，则利用上述表达式也可以得出黏性力在俯仰力矩系数中的贡献。再考虑到气动力力臂长度，可以得出力矩表达式：

$$\Delta C_m = -0.765\overline{V}_\infty \sin\alpha(\cos\alpha)^{1.75} \tag{6.34}$$

文献中还给出了上述两式的适用黏性干扰参数和攻角范围：$\overline{V}_\infty \in (0, 0.06)$，$\alpha \in (20°, 50°)$。对于典型高超声速飞行器，相关的研究工作将在下文详述。

6.3.3　考虑多物理效应的天地相关性研究

对于高超声速飞行器，一般可认为在飞行高度 80 km 以上的再入范围，再入流场的高温气体效应或非平衡效应非常弱，考虑稀薄气体效应是重点；在 80~60 km 再入范围内，再入速度在 7 km/s 左右，高温空气的离解和电离反应从弱到最强，假设高超声速飞行器头部特征长度在 30 mm 左右（高温空气的离解和电离反应主要集中在头部区域），则计算所得 Kn 范围属于滑移流区域，应同时考

虑非平衡与滑移耦合效应。

通过对黏性干扰参数及相关数学模型的调研,研究思路上可充分借鉴航天飞机气动力天地相关性的研究成果,发展高超声速飞行器的外推方法,尤其需重视高空飞行时高马赫数、低雷诺数流动条件下真实气体效应和黏性干扰效应及其耦合效应对气动力特性的影响。具体途径是:充分利用CFD技术发展的研究成果,基于黏性流动的数值求解方法,考察完全气体、平衡气体及化学非平衡气体条件下典型弹道点上的气动力特性;考虑高空稀薄气体效应,综合考察真实气体效应、黏性效应及稀薄气体效应及其耦合效应对气动力特性的影响;考察与流动条件相关的壁面温度 T_w、来流雷诺数、模型尺度缩比、来流马赫数等各个参数对气动力特性的影响,分析气动力特性对流动条件参数的敏感性,并考虑以增量或不确定度等方式引入多物理效应影响,并构造天地相关性关联参数,从而发展典型的高超声速飞行器气动力特性天地相关性方法。具体做法将在下面的章节中进行阐述。

6.4 典型的高超声速飞行器气动力相关性研究

6.4.1 数值计算方法和研究对象

在对气动力数据天地关联方法理论的研究基础上,我们针对多个典型高超声速外形开展了研究工作,发展了一套具有工程实用价值的方法,下面针对某典型高超声速翼身组合体外形进行介绍。外形示意图如图6.18所示,采用中国空气动力研究与发展中心自主研发的高超声速软件平台[35](CARDC Hypersonic Aerodynamics Numerical Tunnel, CHANT)开展数值模拟研究,控制方程为完全气体状态下的NS方程组,对流项采用NND(non-oscillatory, containing no free parameters, and dissipative)格式离散,黏性项采用中心格式离散,隐式离散方程采用LU-SGS方法求解,壁面采用绝热无滑移边界条件。该软件平台已广泛应用于高超声速复杂流动的数值模拟研究,并得到了充分的验证与确认。

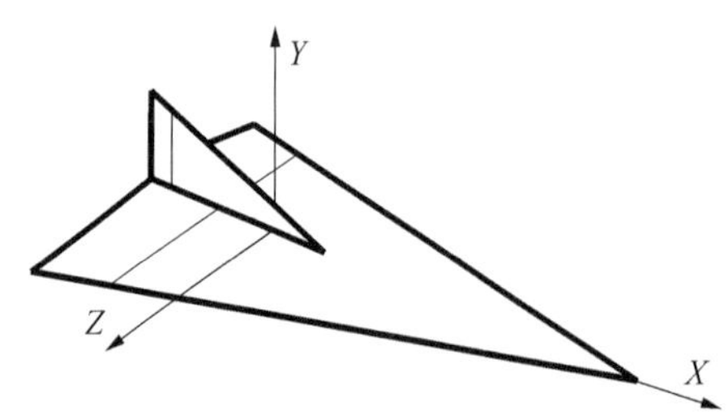

图 6.18 典型高超声速翼身组合体示意图

6.4.2　单物理效应对气动力特性的影响规律

1. 黏性干扰效应

数值模拟黏性干扰效应的计算状态如表 6.2 所示，所求解的控制方程分别为 NS 方程和 Euler 方程，高度 50~85 km，马赫数 15~25，攻角 10°~30°。限于篇幅和避免累赘之嫌，且不失其介绍方法应用的共性，本书只给出了对轴向力系数 C_A 和俯仰力矩系数 C_m 的分析过程[31]。

表 6.2　黏性干扰效应数值模拟计算状态

h/km	Ma	α/(°)	控制方程
85	25	10,15,20,25,30	NS & Euler
80	25		
70	20		
60	20		
50	15		

首先，考察摩擦应力项在轴向力系数中所占的比例，如图 6.19 所示。其中摩擦应力项指在 NS 方程组的计算结果处理时只考虑剪切应力项的积分，而剔除压力项的贡献。由图可知，当攻角越大、高度越高时，黏性项对轴向力系数的影响就越大，在 72 km 以上，其所占比例普遍达到 90% 以上。由此可见，在高空高马赫数的情况下，对于轴向力系数的建模预测，其中的摩擦应力项非常关键。

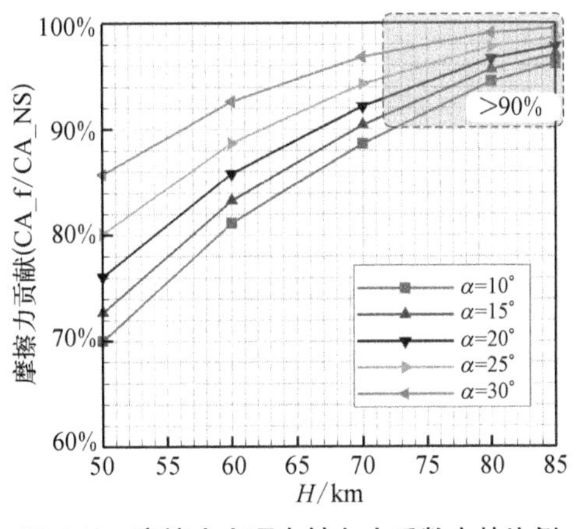

图 6.19　摩擦应力项在轴向力系数中的比例

接着，将由求解 NS 方程组得到的黏性气动力与由求解 Euler 方程组得到的无黏气动力相减，获得轴向力系数和俯仰力矩系数的黏性影响增量(computed_dCA 和 computed_dCm)，如图 6.20 所示。由图可知，在所考察的高度和马赫数范围内，轴向力系数的黏性影响增量随着 $\overline{V}_\infty$ 的变化具有很好的线性关系，不同攻角的气动力曲线的差异主要体现在斜率的不同。结合图 6.19 和图 6.20 的分析可知，对于该高超声速飞行器，随着高度的升高，黏性干扰效应将逐步增强，逐渐对轴向力系数起到主导作用。而俯仰力矩系数的黏性影响增量随 $\overline{V}_\infty$ 的变化并非呈现线性关系，而是在不同攻角下呈现一定变化规律的曲线形式，不过该影响增量相对于其无黏气动力系数是小量。需要特别指出的是，图 6.20(a) 中还给出了 0°攻角($\alpha=0°$)的结果，该结果表明，在 0°攻角情况下，对于该气动外形的轴向力系数，黏性干扰效应仍具有显著影响，这个结论是 Maus 等[34]利用半理论分析和实验数据修正对轴向力系数构造黏性干扰模型公式(6.33)所不能表达的。

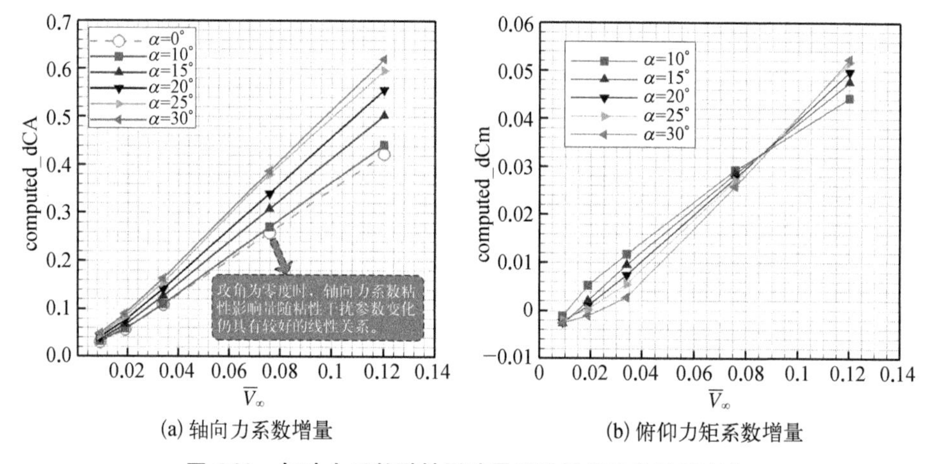

(a) 轴向力系数增量　　(b) 俯仰力矩系数增量

图 6.20　气动力系数黏性影响量随黏性干扰参数的变化

2. 真实气体效应

数值模拟真实气体效应的计算状态如表 6.3 和表 6.4 所示，控制方程分别为 NS 方程和 Euler 方程，高度 50~85 km，马赫数 15~25，攻角 10°~30°。同样，为了说明问题及方法应用的共性，本书只给出了对轴向力系数 C_A 和俯仰力矩系数 C_m 的分析过程[31]。

表 6.3　真实气体效应影响基本计算状态

H/km	Ma	α/(°)	备　注
50	15	10,15	(1) 化学反应模型：5 组分 (2) 热力学非平衡模型：一温度 (3) 壁面条件：FCW, T_w = 1 300 K
60	20	15,20,25	
70	20	20,25,30	

表 6.4　真实气体效应影响增加计算状态

H/km	Ma	α/(°)	备　注
50	15.98	10,15	5 组分 11 反应,等温壁 1 300 K,FCW
60	16.44	15,20,25	
70	17.73	20,25,30	
80	19.57	10,15,20,25,30	
85	19.57	10,15,20,25,30	
90	19.57	10,15,20,25,30	

1）真实气体效应对流场的影响

选取 $H=50$ km，$Ma=15$，$\alpha=20°$典型计算状态的完全气体和 5 组分高温空气化学反应模型计算流场结果进行分析。真实气体效应没有对飞行器外部流场特性产生明显变化（除激波更靠近物体表面外）。图 6.21 给出了典型状态

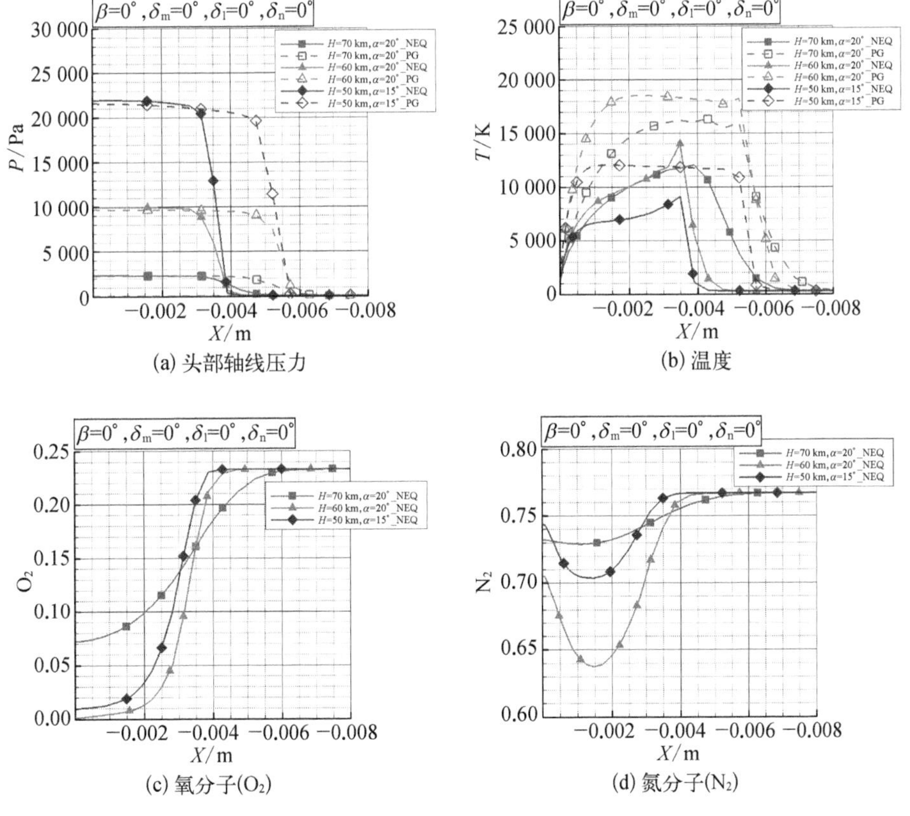

(a) 头部轴线压力　(b) 温度

(c) 氧分子(O_2)　(d) 氮分子(N_2)

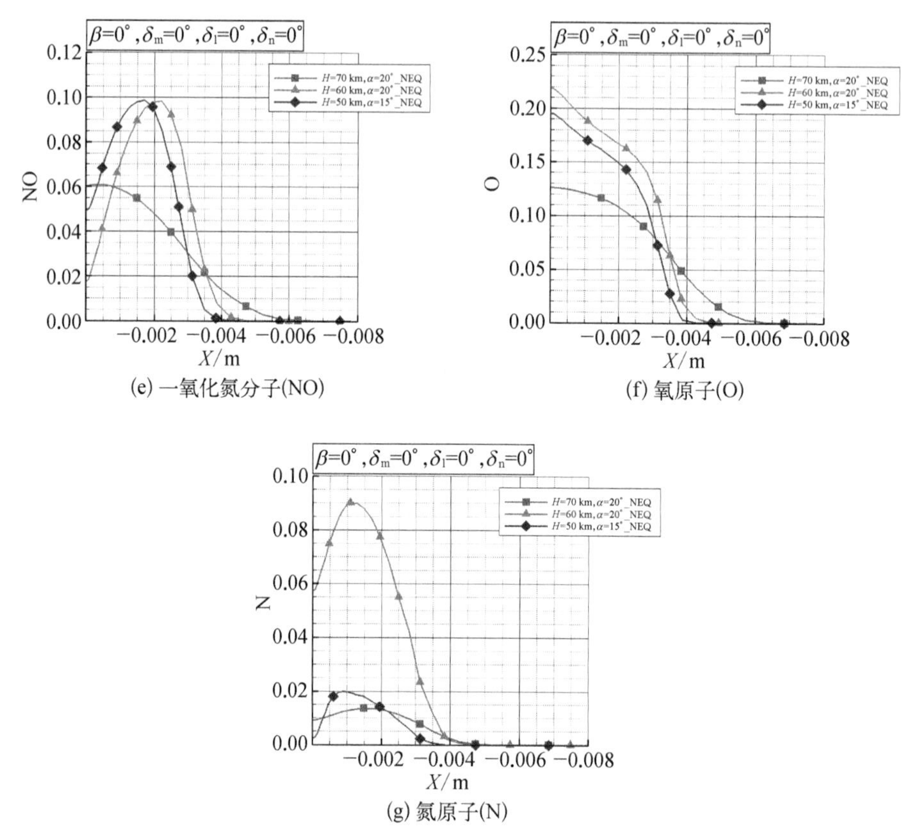

(e) 一氧化氮分子(NO)

(f) 氧原子(O)

(g) 氮原子(N)

图 6.21　典型状态头部轴线压力、温度和组分质量分数分布

($H=70$ km 的 $\alpha=20°$、$H=60$ km 的 $\alpha=20°$、$H=50$ km 的 $\alpha=15°$)头部轴线压力、温度和组分质量分数分布,由图可知: ① 高温气体效应使飞行器头部区域的表面压力略高于完全气体状态,这可能是高温气体效应使轴向力系数明显增加的原因;② 高温气体效应条件下的激波脱体距离小于完全气体的情况;③ 在三个飞行高度中,$H=60$ km 的空气化学反应最强,$H=70$ km 的空气化学反应最弱。

2) 真实气体效应对气动力系数的影响

研究结果表明,利用黏性干扰参数 $\overline{V}_\infty$ 可建立黏性效应影响的模型,为了考察真实气体效应和稀薄气体效应对气动力系数的影响,本节对轴向力系数、法向力系数、俯仰力矩系数、升阻比以及底部阻力系数 $C_{A,\ Base}$ 随 $\overline{V}_\infty$ 的变化进行了分析。

图 6.22 为真实气体效应对气动力系数的影响(图示: Realgas 代表 NS 方程真实气体效应计算结果,Viscous 代表 NS 方程完全气体计算结果),由图可知,在高温气体环境下,考虑空气化学反应的气动力系数分布规律与完全气体条件下

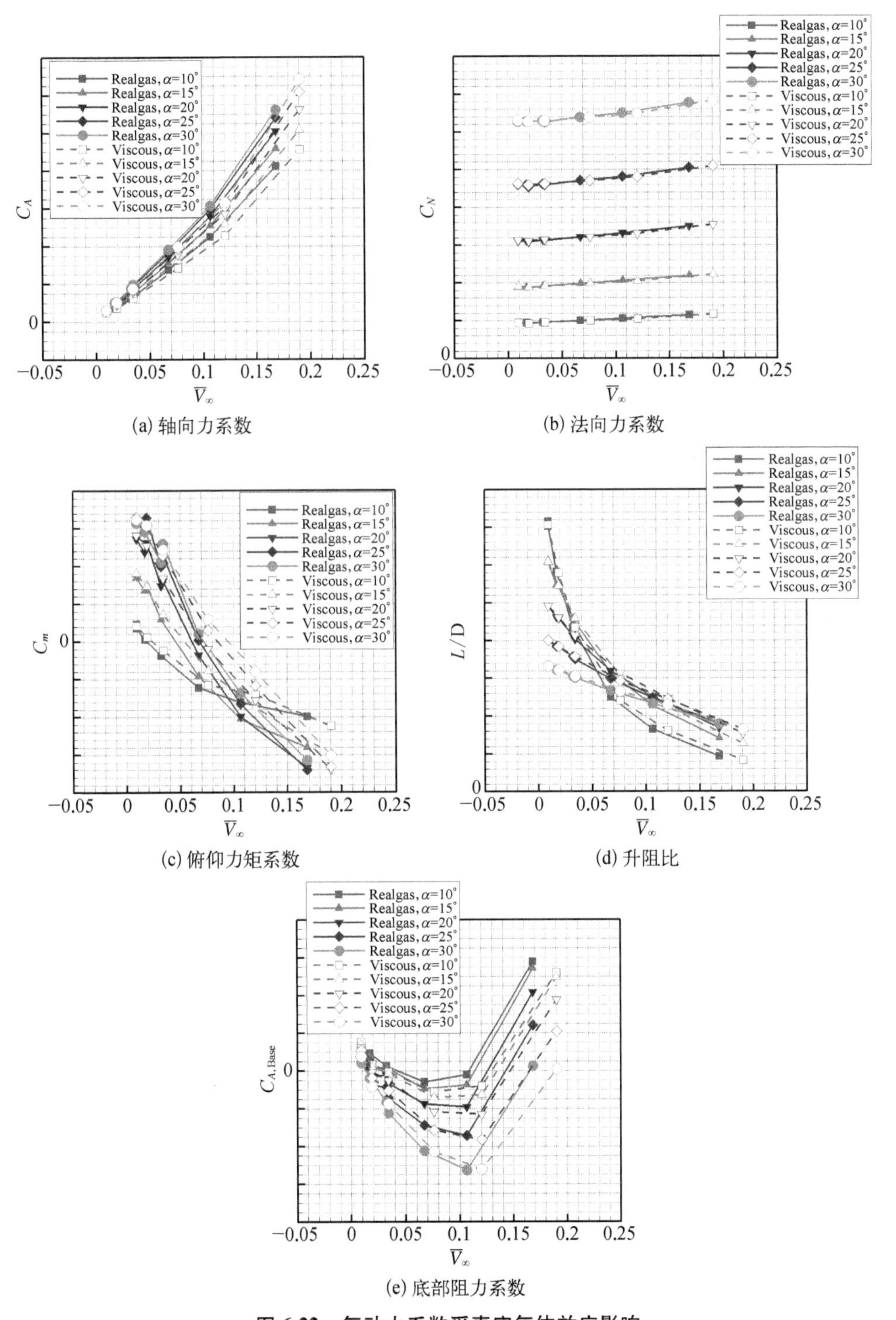

(a) 轴向力系数

(b) 法向力系数

(c) 俯仰力矩系数

(d) 升阻比

(e) 底部阻力系数

图 6.22 气动力系数受真实气体效应影响

的基本一致,其中真实气体效应对轴向力系数产生正增量,对俯仰力矩系数和升阻比产生负增量,对法向力系数的影响较小,而对底部阻力系数在高度较低时产生负增量,在高度较高时产生正增量。从增量绝对值的角度看,随着飞行高度的升高,黏性干扰参数增大,真实气体效应影响程度变大。当攻角在 10°~30°范围变化时,如用一次多项式进行线性回归拟合轴向力、法向力和俯仰力矩系数的数据点,轴向力系数在不同攻角下的拟合曲线和公式的主要差别体现在斜率,法向力系数的差异体现在截距,而俯仰力矩系数的差异则同时体现在斜率和截距上,这一点和力矩本身的特性相关,其量值与力的作用点、大小和方向同时相关,因此也增加了气动力系数建模的难度。升阻比同俯仰力矩系数类似,同样在斜率和截距上体现出差异,不同的是当黏性干扰参数小于 0.1 时,攻角越大,升阻比越小,抬头力矩越大;而当黏性干扰参数大于 0.1 时,攻角越大,升阻比越大,低头力矩越大。对于底部阻力系数则没有上述气动力系数的拟合特性,表现出来的多项式拟合特性更加复杂,但总体上由于其量值相对于整体飞行器轴向力系数较小,故暂不单独考虑。

图 6.23 是各气动力系数的压力和剪切应力分量受真实气体效应的影响(图示:下标 p 代表压力分量,下标 τ 代表剪切应力分量),由图可知,对于轴向力系数,随着飞行高度的增加,黏性干扰效应越来越显著,黏性项在气动力系数中占据绝对比重,这一点在完全气体和真实气体的计算结果中是一致的;对于法向力系数却正好相反,压力项的比重远超过剪切应力项的贡献,其分布规律相似,均受黏性干扰效应的影响较小;而俯仰力矩系数的特性又有不同,当黏性干扰参数较小时,压力项在其中占较大比重,但随着飞行高度的增加,黏性干扰效应增强,黏性项的比重逐渐增大,并其逐渐超过压力项的比重($H\approx 80$ km)。从数据分布

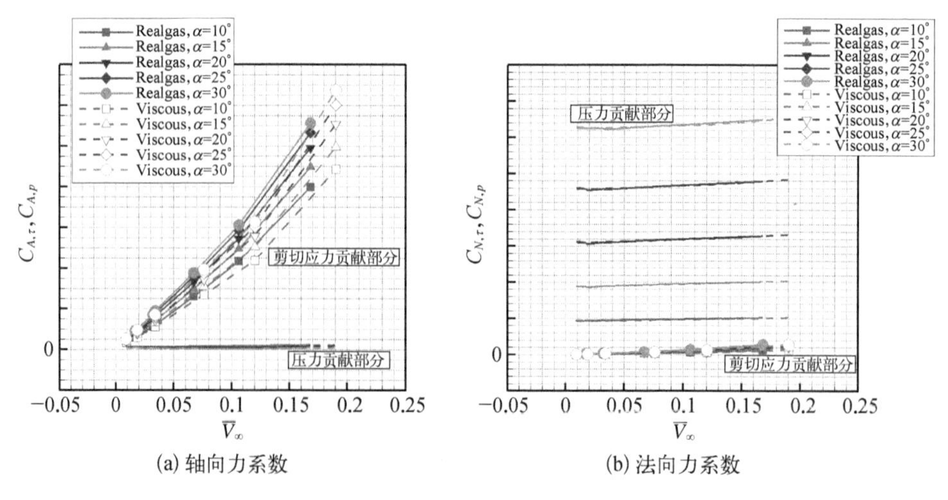

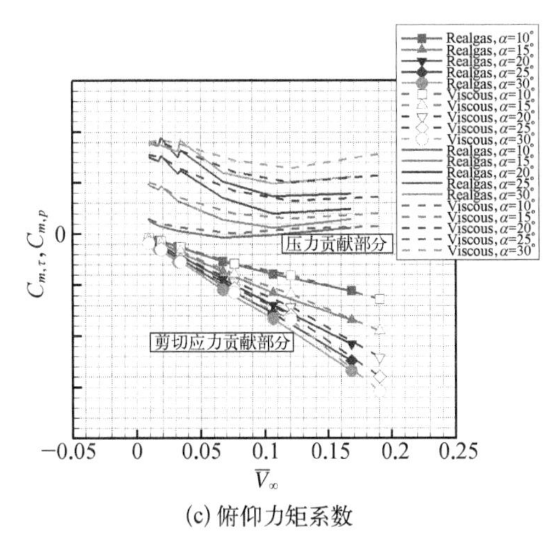

(c) 俯仰力矩系数

图 6.23　气动力系数各分量受真实气体效应影响

规律的角度看,俯仰力矩系数中的剪切应力项随黏性干扰参数的变化近乎线性,这非常有利于建立相应的预测模型,而压力项随黏性干扰参数的变化呈现出二次曲线特性。

3. 稀薄气体效应

根据完全气体计算状态,选取 15 个稀薄气体影响研究的典型计算状态(表 6.5)。

表 6.5　稀薄气体影响基本计算状态

H/km	Ma	α/(°)	备　注
50	15	10,15,20,25,30	绝热壁面滑移条件
60	20		
70	20		

1) 流场影响的研究

选取 $H=50$ km, $Ma=15$, $\alpha=20°$,对绝热壁面典型计算状态的流场结果进行分析。考虑壁面速度滑移之后,飞行器背风面的滑移速度较大,尤其在两翼面边缘区域以及舵缝隙处,迎风面滑移速度相对较小;飞行器迎风面的温度显著大于背风面的温度,最大温度区域出现在头部以及舵缝隙处。

2) 气动力系数影响的研究

图 6.24 为稀薄气体效应对气动力系数的影响(图示: Rarefield 代表考虑滑

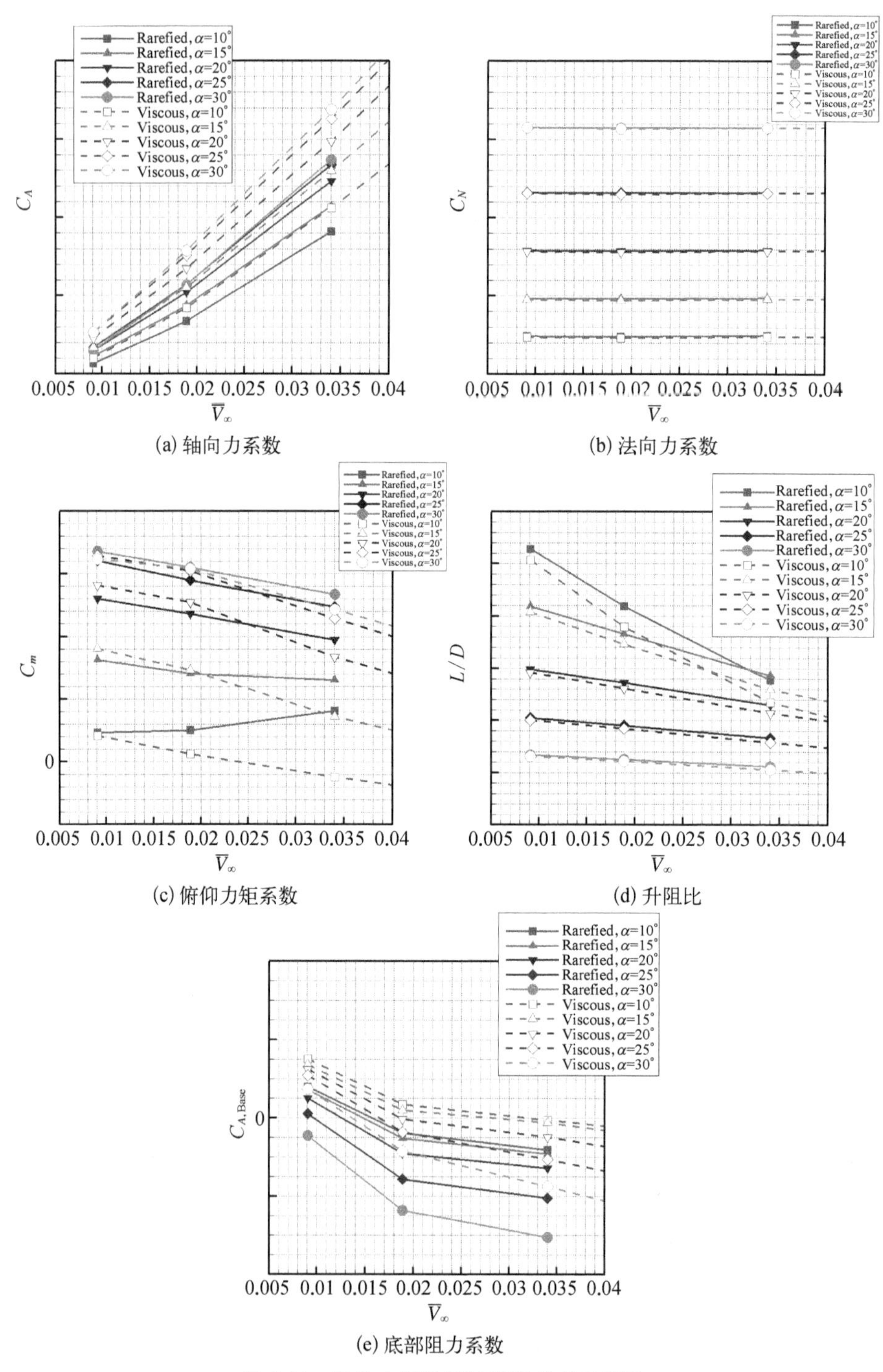

(a) 轴向力系数

(b) 法向力系数

(c) 俯仰力矩系数

(d) 升阻比

(e) 底部阻力系数

图 6.24　气动力系数受稀薄气体效应影响

移边界的 NS 方程计算结果，Viscous 代表基于 NS 方程的完全气体连续流计算结果)，由图可知，在稀薄气体环境下，考虑壁面滑移的气动力系数分布规律与完全气体条件下的基本一致，其中稀薄气体效应对俯仰力矩系数和升阻比都产生正增量，对轴向力系数和底部阻力系数产生负增量，对法向力系数的影响较小。从增量绝对值的角度看，飞行高度越高，即黏性干扰参数越大，稀薄气体效应的影响量就越大。

图 6.25 是各气动力系数的压力和剪切应力分量受稀薄气体效应的影响，与真实气体效应的影响类似(图 6.23)。不管是完全气体还是稀薄气体计算，对于轴向力系数，飞行高度越高，黏性干扰效应就越显著，黏性项在气动力系数中比

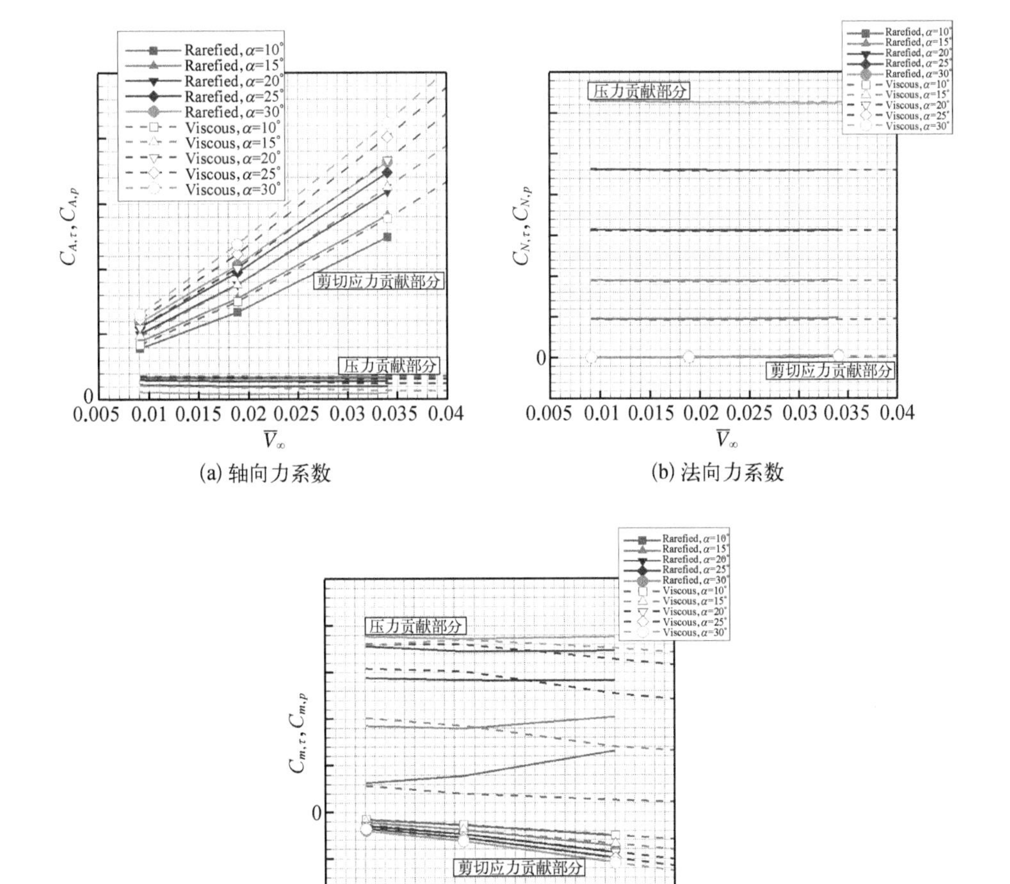

(a) 轴向力系数

(b) 法向力系数

(c) 俯仰力矩系数

图 6.25　气动力系数各分量受稀薄气体效应影响

重也越大,而压力项主要受攻角的影响;对于法向力系数,压力项的比重大大超过剪切应力项的,且几乎不受黏性干扰效应的影响;俯仰力矩系数的特性又有不同,在黏性干扰系数变化考察范围内,剪切应力项随黏性干扰参数的变化近乎线性,但压力项随黏性干扰参数的变化呈现出二次曲线特性,且占气动力系数的比重较大。

6.4.3 多物理耦合效应对气动力特性的影响规律

1. 真实气体与黏性干扰效应耦合的影响

以轴向力系数 C_A 为例,说明高温真实气体与黏性效应的耦合影响量的定义:

$$\Delta C_{A,\text{高温真实气体与黏性效应的耦合影响}} = \Delta C_{A,\text{真实气体(NS)}-\text{完全气体(NS)}} - \Delta C_{A,\text{真实气体(Euler)}-\text{完全气体(Euler)}} \tag{6.35}$$

式中,右端第一项 $\Delta C_{A,\text{真实气体(NS)}-\text{完全气体(NS)}}$ 为黏性流条件下真实气体效应增量,为 NS 方程高温化学反应计算结果与 NS 方程完全气体计算结果之差;第二项 $\Delta C_{A,\text{真实气体(Euler)}-\text{完全气体(Euler)}}$ 为无黏流条件下的真实气体效应增量,为 Euler 方程高温化学反应计算结果与 Euler 方程完全气体计算结果之差,将右边两项相减便可获得高温真实气体与黏性效应的耦合影响量。

针对研究对象,开展了黏性干扰效应与高温真实气体效应的耦合研究。其中,考察无黏流高温真实气体效应影响的计算状态见表 6.6。

表 6.6 无黏流高温真实气体效应影响的计算状态

Ma	*A*/(°)	备　注
15	10,15,20,25,30	(1) 化学反应模型: 5 组分 (2) 热力学非平衡模型: 一温度 (3) 壁面条件: FCW, T_w = 1 300 K
20		

图 6.26 是高温真实气体和黏性效应耦合影响增量(图示: Viscous & Realgas)以及式(6.35)右端第一项(图示: NS_Realgas-NS_Perfect)和第二项(图示: Euler_Realgas-Euler_Perfect)随黏性干扰参数的变化,为将 Euler 方程计算结果绘入图中,其黏性参数取值与对应黏性流计算状态的相同。由图可知,对于轴向力系数,在无黏流条件下,单纯高温真实气体效应的影响量相对较小,而黏性流条件下的影响量对最终的耦合影响增量起主要作用,该耦合影响量随黏性干

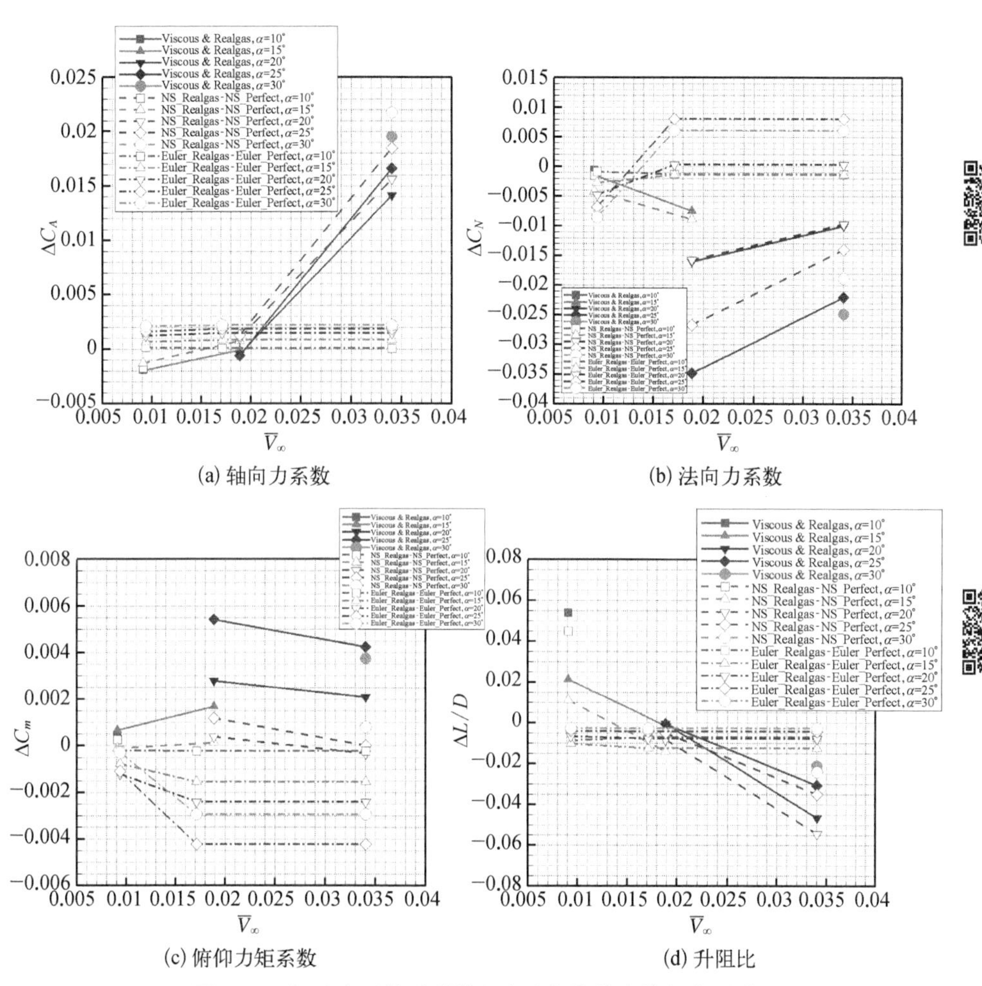

(a) 轴向力系数　(b) 法向力系数　(c) 俯仰力矩系数　(d) 升阻比

图 6.26　气动力系数受黏性和真实气体效应的耦合影响

扰参数的变化在不同攻角下具有较好的规律性，有利于曲线拟合并实现建模。回顾黏性效应影响（图 6.20（a）），将高温真实气体和黏性效应耦合影响增量和单纯黏性影响增量进行对比可知，耦合效应影响量相对于单物理效应影响量是小量；对于法向力系数，同样将耦合的影响增量与黏性效应影响增量进行对比可知，在较大攻角下，耦合影响量与单黏性效应影响量的数值相当，而在较小攻角下，耦合影响量远小于黏性效应的影响量。总体上，高温真实气体效应的影响程度非常依赖于飞行攻角，其影响增量相比于黏性流计算结果（C_N）本身是小量；对于俯仰力矩系数，无黏流下的高温真实气体影响量较大，总体上耦合增量在数值上与黏性效应影响增量相当（图 6.20（b））；对于升阻比，耦合效应的影响量明显小于黏性效应的影响量，其中，无黏流条件下，真实气体效应影响量很小，而黏性流条件下的真实气体效应影响量在耦合效应影响量中起主要作用。整体上，不同攻角下，升阻比的耦合效应影响量随黏性干扰参数的变化具有较好的规律性。

2. 稀薄气体与真实气体效应耦合的影响

以轴向力系数 C_A 为例，说明稀薄气体与黏高温真实气体效应的耦合影响量的定义：

$$\Delta C_{A,\text{稀薄气体与高温真实气体效应的耦合影响}} = \Delta C_{A,\text{真实气体(NS滑移边界)}-\text{完全气体(NS滑移边界)}} - \Delta C_{A,\text{真实气体(NS无滑移)}-\text{完全气体(NS无滑移)}} \tag{6.36}$$

式中，右端第一项 $\Delta C_{A,\text{真实气体(NS滑移边界)}-\text{完全气体(NS滑移边界)}}$ 为滑移边界条件下的真实气体效应增量，为 NS 方程高温化学反应滑移流计算结果与 NS 方程完全气体滑移流计算结果之差；第二项 $\Delta C_{A,\text{真实气体(NS无滑移)}-\text{完全气体(NS无滑移)}}$ 为无滑移边界条件下的真实气体效应增量，为 NS 方程高温化学反应连续流计算结果与 NS 方程完全气体连续流计算结果之差，将右边两项相减便可获得稀薄气体效应与高温真实气体的耦合影响量。

针对研究对象，开展了稀薄气体效应与高温真实气体效应的耦合研究。高温空气反应组分模型为 5 组分的 Dunn-Kang 空气化学反应模型；一温度模型；壁面温度 $T_w = 1\ 300$ K；表面材料催化条件为 NCW，计算状态见表 6.7。

表 6.7　稀薄气体效应与高温真实气体效应耦合计算状态

H/km	Ma	A/(°)	壁面滑移条件
50	15	10	(1) 无滑移(Non Slip) (2) 速度滑移(V-Slip) (3) 速度滑移和温度跳跃(T-V-Slip)
60	20	15	
70	20	20	
75	20	20	

1) 流场影响的研究

通过对不同滑移条件下压力云图分布的比较可知，稀薄气体效应对压力分布影响不明显。而通过对壁面跳跃温度(T_s)分布云图及 $H = 75$ km 壁面滑移速度分布云图的比较可知：① 在锥身两侧、翼前缘附近和翼前缘背风区存在严重的稀薄气体效应,而背风区的稀薄气体效应又比迎风区明显;② 飞行高度越高,稀薄气体效应越明显,滑移速度和温度跳跃值越大,滑移效应越明显;③ 当同时考虑温度跳跃和速度滑移时,其滑移速度比不考虑温度跳跃时要高,原因是在压力相差不大的情况下,气体温度升高,气体密度进一步降低,使局部气体更加稀薄。

2）气动力系数影响的研究

图 6.27 是不同滑移条件下气动力系数分布的比较,由图可知,当高度较低时,稀薄气体效应影响相对较小,高度越高,影响越大。其中,当只考虑速度滑移时,轴向力和法向力系数略微变小,俯仰力矩系数明显增大,压心位置后移,原因是当考虑速度滑移时,壁面黏性作用减小,激波更贴近物面,导致流场结构发生改变;而同时考虑温度跳跃和速度滑移时,其气动力系数反而与无滑移时差距减

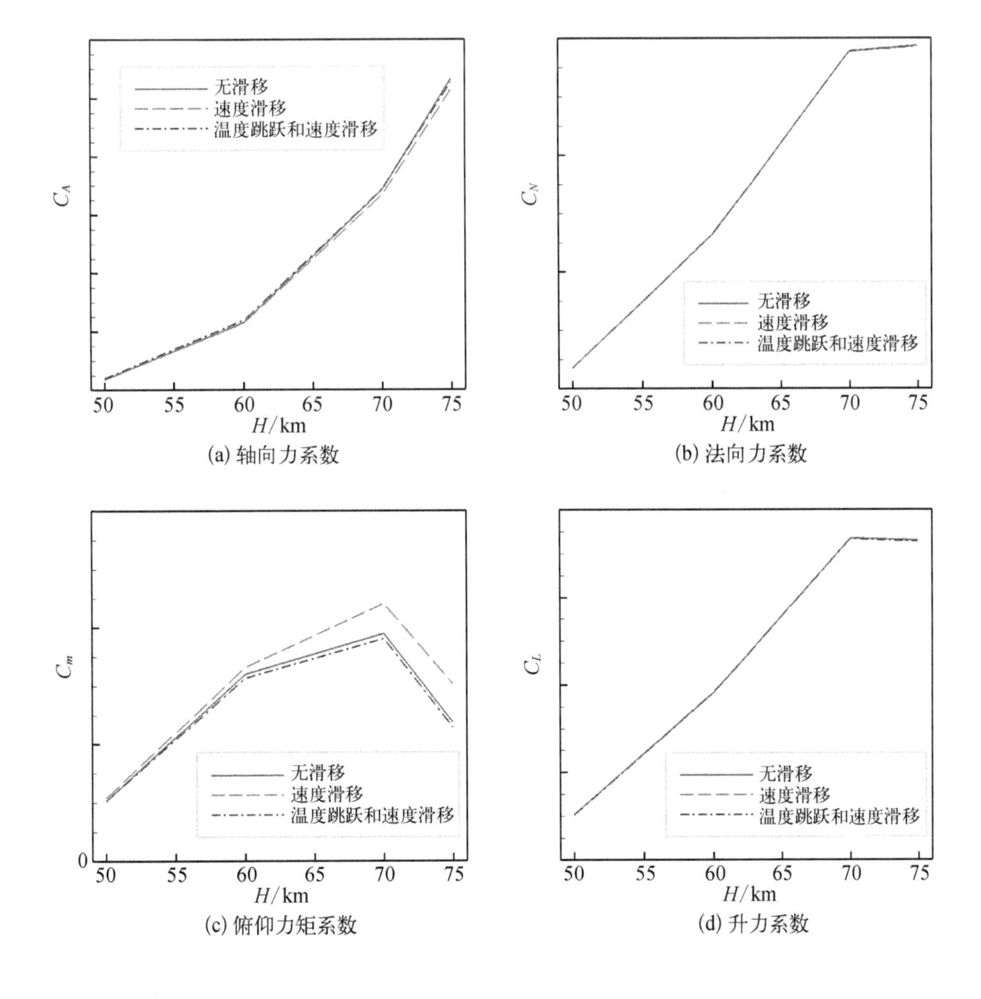

(a) 轴向力系数　(b) 法向力系数

(c) 俯仰力矩系数　(d) 升力系数

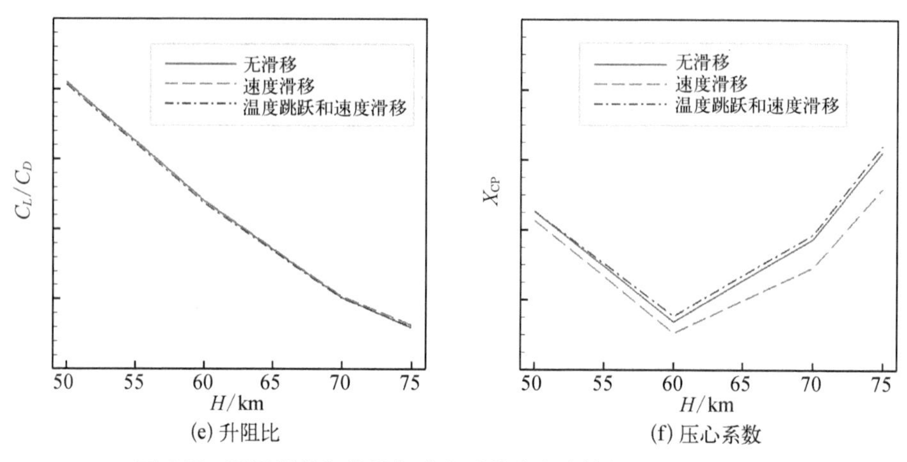

(e) 升阻比　　(f) 压心系数

图 6.27　不同滑移条件的气动力系数分布比较(H=50~75 km)

小,主要原因是当同时考虑温度跳跃和速度滑移时,表面附近气体温度上升,会使轴向力和法向力系数略微变大,俯仰力矩系数减小,压心位置前移,这与由速度滑移造成的影响恰好相反。同时考虑温度跳跃和速度滑移时,壁面气体温度升高,两者对气动力产生的影响相互耦合抵消,其最终结果反而与无滑移的情况差距减小。研究结果表明,在使用壁面滑移修正的方法研究稀薄气体效应时,建议同时考虑速度滑移和温度跳跃。

图 6.28 是稀薄气体效应和高温真实气体耦合影响增量(图示: Rarefied & Realgas)以及式(6.36)右端第一项(图示: Rare_Realgas-Rare_Perpect)和第二项(图示: NS_Realgas-NS_Perfect)随黏性干扰参数的变化。由图可知,真实气体效

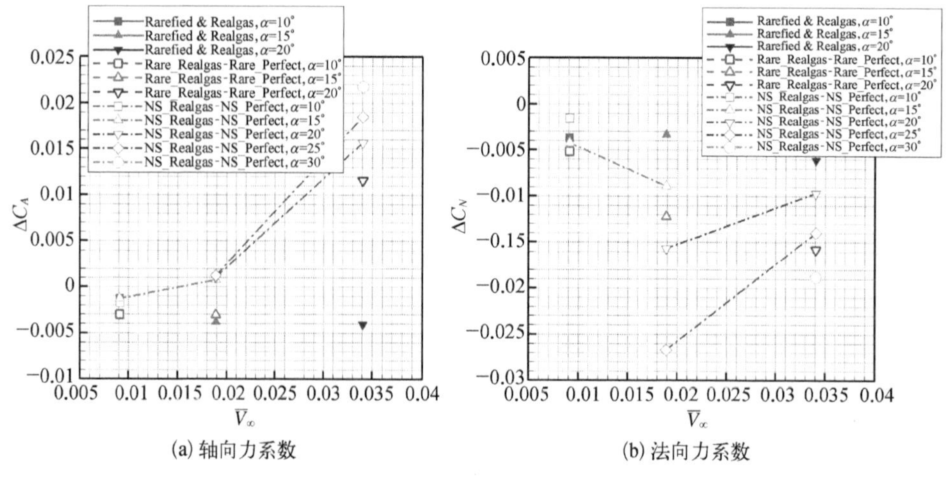

(a) 轴向力系数　　(b) 法向力系数

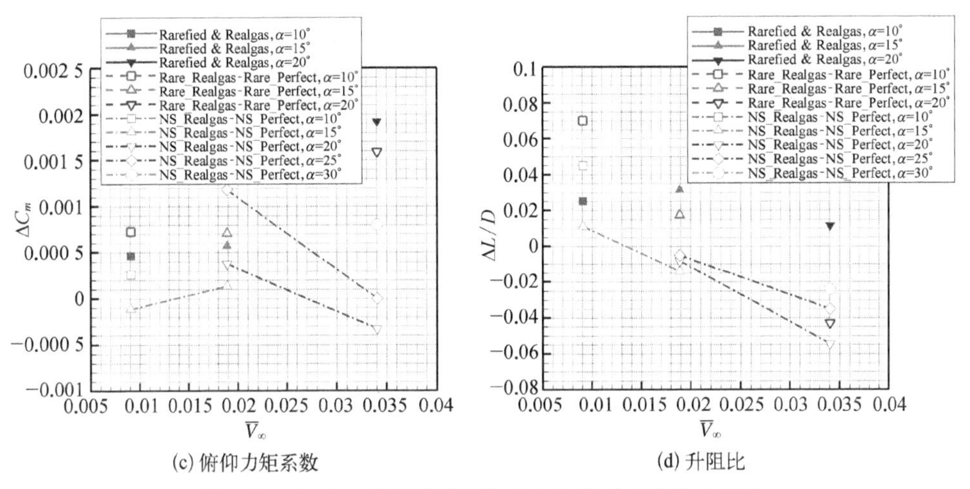

(c) 俯仰力矩系数　　(d) 升阻比

图 6.28　气动力系数受稀薄和真实气体效应的耦合影响

应在连续流和稀薄滑移流计算中，对于轴向力系数，其影响量相当，均随着黏性干扰参数的增大而增大，但两者相减所获得的稀薄气体效应和高温真实气体效应的耦合影响量较小；对于法向力系数，其耦合影响量相对于法向力系数本身(C_N)非常小，相对量不到 1%；对于俯仰力矩系数，整体上耦合影响量随着黏性干扰参数的增加而增加；对于升阻比，其耦合影响量相对于升阻比本身(L/D)不到 1%。

6.4.4　黏性干扰的数学模型研究

对于本节所研究的高超声速翼身组合体，通过分析上文式(6.33)和式(6.34)的推导过程，初步对轴向力系数和俯仰力矩系数给出如下统一待定系数形式的黏性干扰效应数学模型：

$$\Delta C_{A,\,m} = a\overline{V}_\infty \sin\alpha \cos^b \alpha \tag{6.37}$$

然后，以 $\overline{V}_\infty \sin\alpha \cos^b \alpha$ 为横坐标，其中，攻角历遍表 6.2 的所有状态，取 $b=1$、2、4，以轴向力系数黏性影响量为纵坐标作图，如图 6.29 所示。由图可知，不同高度和马赫数组合的数据形成 5 簇数据群，这 5 簇数据群在图中随横坐标的变化规律比较一致；非零攻角时，数据随 $\overline{V}_\infty \sin\alpha \cos^b \alpha$ 变化的曲线特征表明，适当地对 b 进行取值就可以获得线性度较好的曲线形式；当零攻角时，由图 6.20 可知，轴向力系数黏性影响量与 $\overline{V}_\infty$ 仍有非常显著的线性比例关系。根据上述分析最终确定了修正后的轴向力系数黏性干扰模型：

$$\Delta C_A = [a\sin\alpha\cos^b\alpha + c]\overline{V}_\infty \tag{6.38}$$

又由图 6.20 可知，俯仰力矩系数黏性干扰增量随 $\overline{V}_\infty$ 并非呈现线性变化关系，则拟采用 $\overline{V}_\infty$ 的二次多项式作为其黏性干扰模型：

$$\Delta C_m = (d\alpha - e)\cdot\overline{V}_\infty^2 + (f\alpha + g)\cdot\overline{V}_\infty + h \tag{6.39}$$

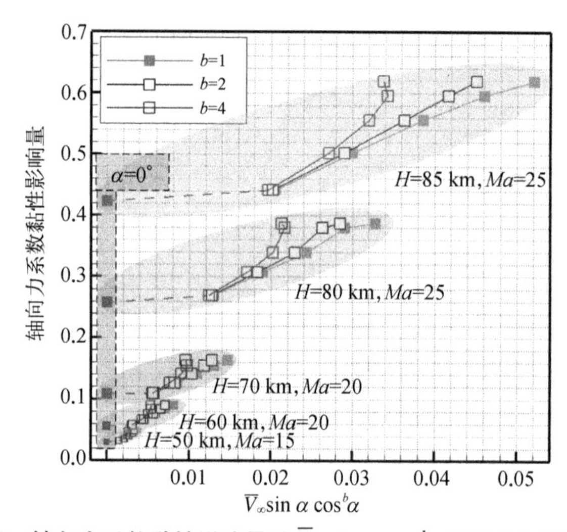

图 6.29 轴向力系数黏性影响量随 $\overline{V}_\infty\sin\alpha\cos^b\alpha$ 的变化(后附彩图)

剩下的工作是利用由数值模拟手段获得的气动力数据，完成该黏性干扰模型的线性回归拟合，确定待定系数 a、b、c、d、e、f、g 和 h 的量值。需要指出的是：① 在工程实用性方面，对于类似的飞行器外形，上述表达式的形式可通用，但各系数的具体量值需依据各自气动力数据确定；② 不同高度、马赫数组合下，黏性干扰参数 $\overline{V}_\infty$ 与第三黏性干扰参数 $\overline{V}'_\infty$ 呈现良好的线性变化关系，即上式中 $\overline{V}_\infty$ 如用 $\overline{V}'_\infty$ 替换，同样可以达到研究目的和效果。

利用上文的研究思路，同样可以给出法向力系数等气动力系数的黏性干扰模型。

针对本节的研究对象，最终得到轴向力系数和俯仰力矩系数的黏性干扰模型：

$$\Delta C_A = (8.369\,2\sin\alpha\cos^{2.623\,4}\alpha + 2.3)\overline{V}_\infty \tag{6.40}$$

$$\Delta C_m = (0.155\,4\alpha - 2.623\,4)\cdot\overline{V}_\infty^2 + (-0.015\,0\alpha + 0.704\,9)\cdot\overline{V}_\infty - 0.006\,3 \tag{6.41}$$

相应的气动力数据相关性曲线如图 6.30 所示，以图 6.30(a)为例，图中横坐标是利用式(6.40)黏性干扰模型预测得到的气动力系数增量，纵坐标是对应状态下(相同攻角、马赫数和高度)的数值模拟结果(NS 方程组与 Euler 方程组求解结果相减)。由图可知，对于轴向力系数和俯仰力矩系数，所有状态数据均分布于 45°斜线(相关线)附近，即不同高度、马赫数和攻角下模型预测获得的结果和 CFD 预测结果的相关性程度很好。

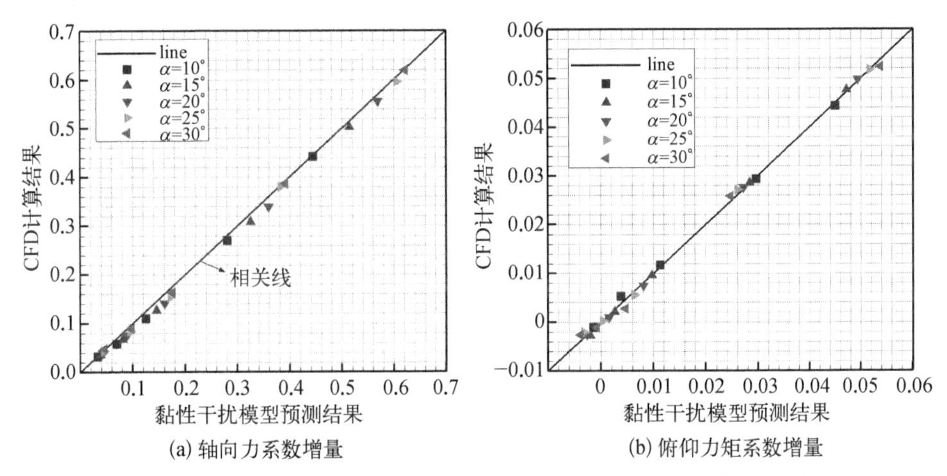

(a) 轴向力系数增量　(b) 俯仰力矩系数增量

图 6.30　气动力系数黏性干扰模型与 CFD 预测结果的相关性(后附彩图)

图 6.31 是将黏性干扰模型预测结果加到 Euler 方程组计算结果之上(Predicted)，再与 NS 方程直接计算获得结果(Computed)比较，由图可知，通过

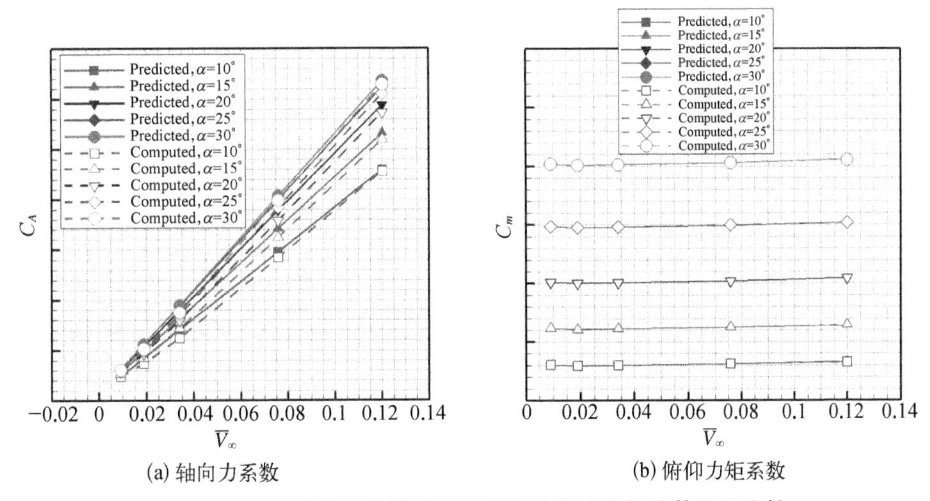

(a) 轴向力系数　(b) 俯仰力矩系数

图 6.31　利用黏性干扰模型预测的气动力系数与计算结果比较

黏性干扰模型和无黏流计算结果叠加得到的气动力数据与 NS 方程计算结果有较好的一致性。

6.4.5 模型预测结果误差分析

针对图 6.30 的相关性曲线,为考察黏性干扰模型的数据拟合精准度,定义相对正交距离 $\mathrm{d}r_i$来表征数据偏离相关性曲线的相对程度,如式(6.42)所示:

$$\mathrm{d}r_i = \frac{d_i}{x_r} = \frac{|x_i - f(x_i)|}{\sqrt{2}x_r} = \frac{2d_i}{x_i + y_i} \tag{6.42}$$

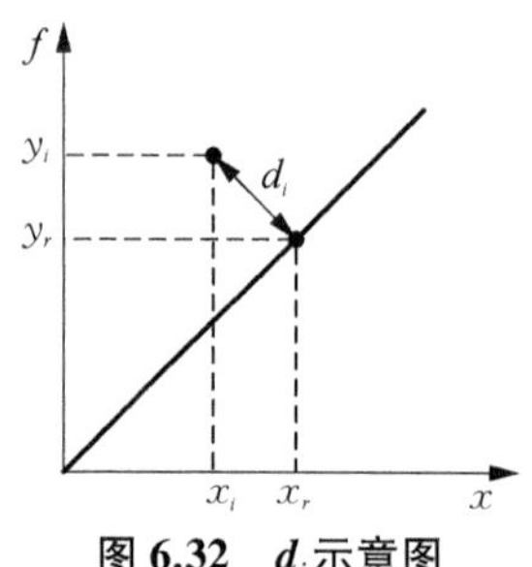

图 6.32 d_i示意图

图 6.32 给出了正交距离 d_i的示意图,该示意图与图 6.30 的相关性曲线相对应,横坐标 x 表示黏性干扰模型预测结果(predicted_dCA),纵坐标 y 表示 CFD 计算结果(computed_dCA)。

$\mathrm{d}r_i$的计算结果如图 6.33 所示。由图 6.33(a)可知,对于轴向力系数,在 70 km 以上时黏性干扰影响量可以达到 90%以上(图 6.19),利用黏性干扰模型拟合的相对偏差在 4%以下;而在 70 km 以下,其相对偏差在 15%以下,考虑到随着高度的降低,黏性干扰影响量在整体气动力系数中的贡献会显著减小,则模型拟合偏差对于整体气动力系数的相对偏差在较低飞行高度时会有所下降,如图中空心符号所示,即式(6.42)中的 x 和 y 取 C_A;由图 6.33(b)可知,对于俯仰力

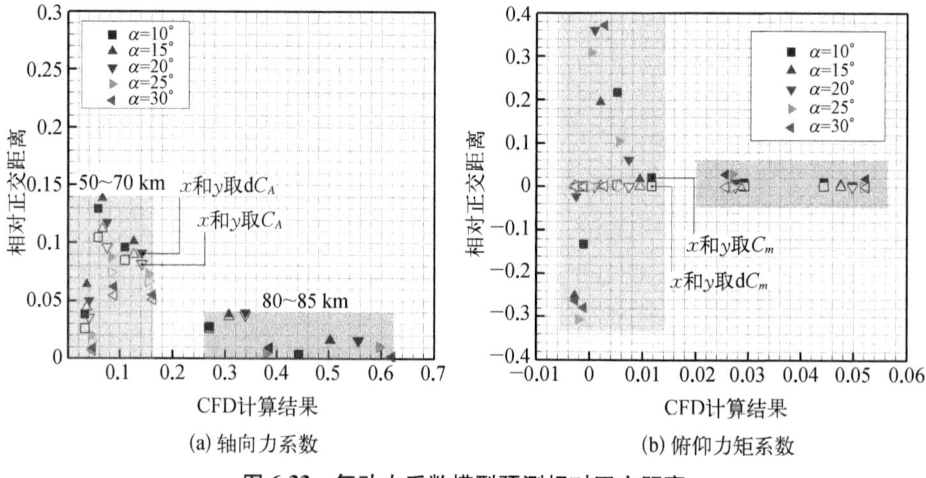

(a) 轴向力系数 (b) 俯仰力矩系数

图 6.33 气动力系数模型预测相对正交距离

矩系数，当式(6.42)中的 x 和 y 取 dC_m 时，在高度 70 km 以下黏性干扰模型拟合的最大相对偏差能达到30%以上，但由于黏性干扰影响量在整体气动力系数中所占比例较小，该黏性影响量的拟合偏差相对于 C_m 本身便很小，不到 1%。

6.4.6 考虑真实气体和稀薄气体效应的影响

在上述研究工作的基础上，进一步开展了同时考虑稀薄气体效应和真实气体效应的流动模拟，对高温真实气体模型下的滑移边界状态进行了补充计算，完善了真实气体和稀薄气体效应耦合影响研究的内容，补充状态见表 6.8。从图 6.34 对真实气体条件下滑移和无滑移边界条件计算结果的对比可知，稀薄气体效应对真实气体条件下的计算结果的影响非常小，均小于 1%。

表 6.8 补充计算状态——真实气体和稀薄气体效应

H/km	Ma	α/(°)	备 注
50	15	10,15	无侧滑、无舵偏、真实气体模型、层流、速度滑移边界
60	20	15,20,25	
70	20	20,25,30	

这样，可以以期望和标准差的形式来考虑真实气体和稀薄气体效应的影响。以真实气体效应对轴向力系数影响为例，不同马赫数、高度和攻角下真实气体效应影响量统一记为

$$\Delta_{\text{真实气体效应}} = \text{真实气体计算结果} - \text{完全气体计算结果} \tag{6.43}$$

并将所有 $\Delta_{\text{真实气体效应}}$ 取期望和标准差，分别记为 μ 和 σ，作为真实气体效应影响量的基本偏差和不确定度估计值。其余考虑稀薄气体效应、同时考虑真实气体和稀薄气体效应对各气动力系数的影响采用同样的处理方法。

图 6.35～图 6.37 分别给出了考虑真实气体效应，考虑稀薄气体效应，以及同时考虑真实气体和稀薄气体效应时的气动力系数预测-计算关联曲线。由图可知，真实气体效应对轴向力系数的影响为正基本偏差，而稀薄气体效应为负基本偏差，但同时考虑的情况下将产生正基本偏差。另外，各气动力系数中，轴向力系数受两种物理效应影响的不确定度最大；真实气体和稀薄气体效应对法向力系数和俯仰力矩系数的基本偏差均较小，不确定度也较小；升阻比虽然受两种物理效应影响的基本偏差较小，但不确定度较大。

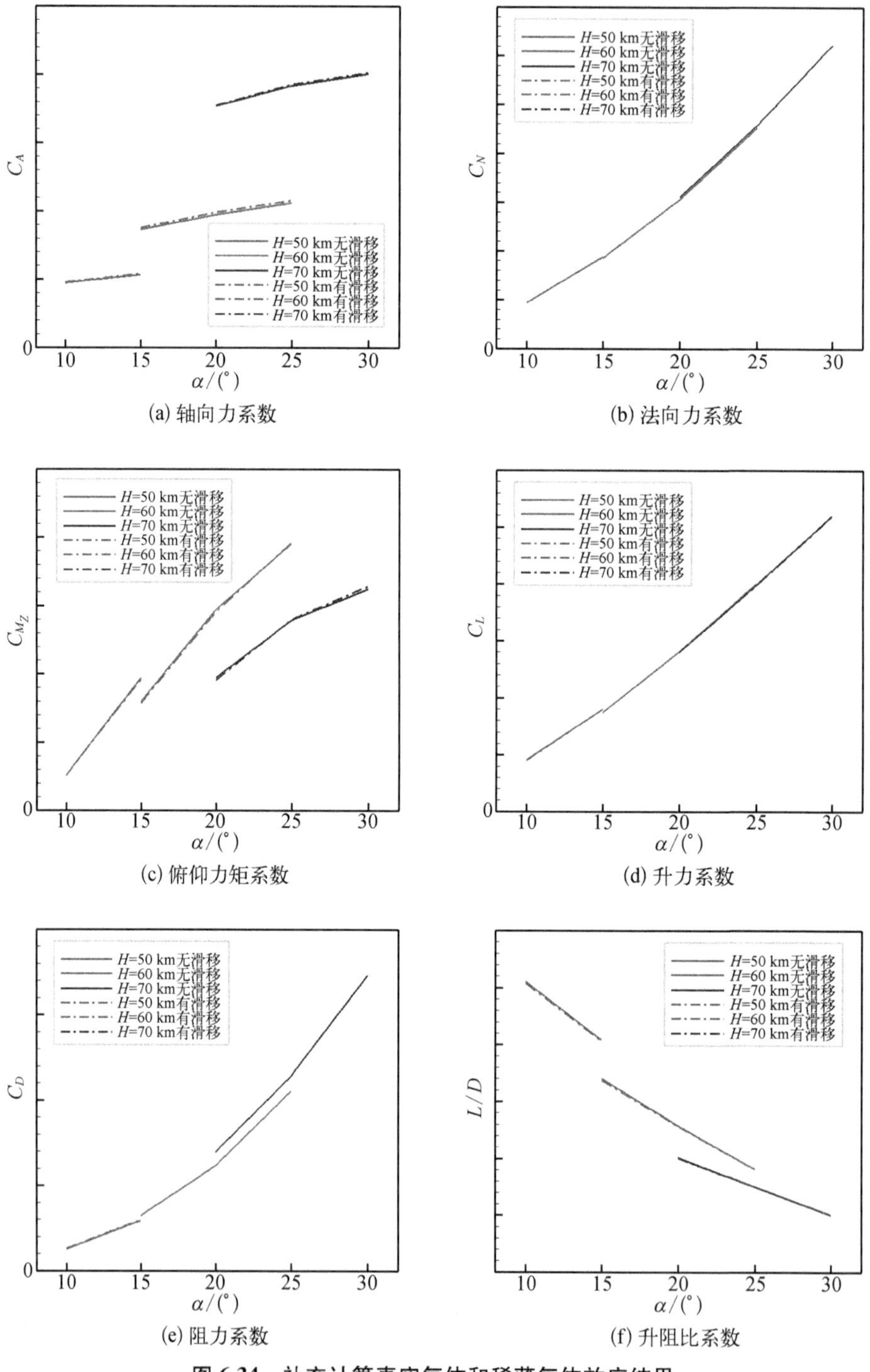

(a) 轴向力系数　(b) 法向力系数

(c) 俯仰力矩系数　(d) 升力系数

(e) 阻力系数　(f) 升阻比系数

图 6.34　补充计算真实气体和稀薄气体效应结果

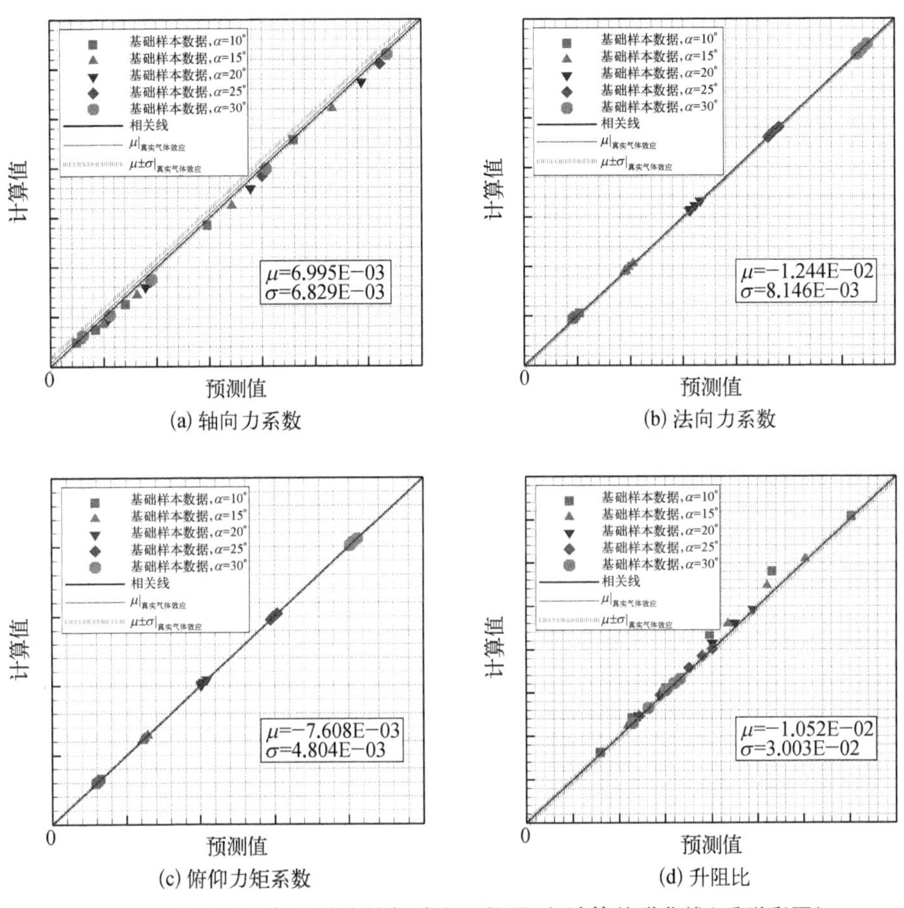

(a) 轴向力系数　(b) 法向力系数

(c) 俯仰力矩系数　(d) 升阻比

图 6.35　考虑真实气体效应的气动力系数预测-计算关联曲线(后附彩图)

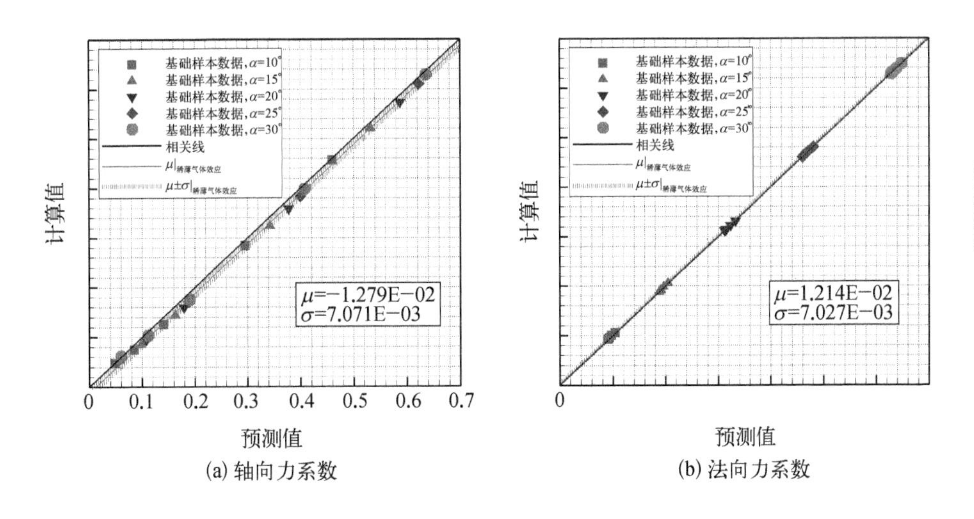

(a) 轴向力系数　(b) 法向力系数

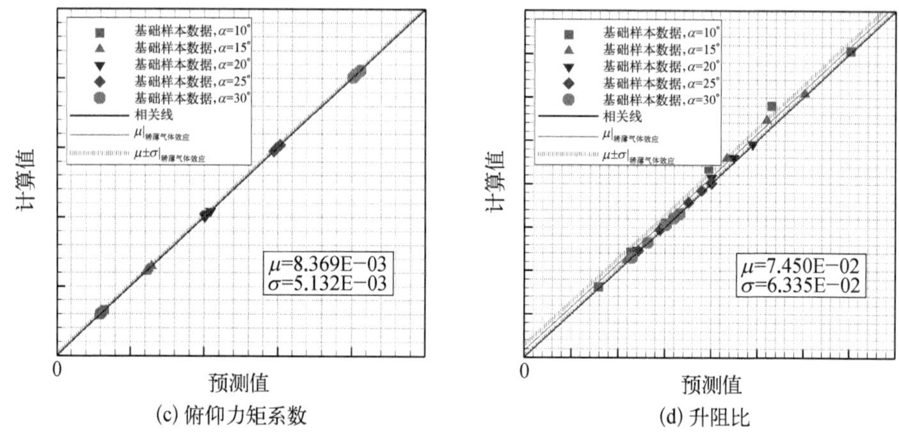

(c) 俯仰力矩系数　　(d) 升阻比

图 6.36　考虑稀薄气体效应的气动力系数预测-计算关联曲线

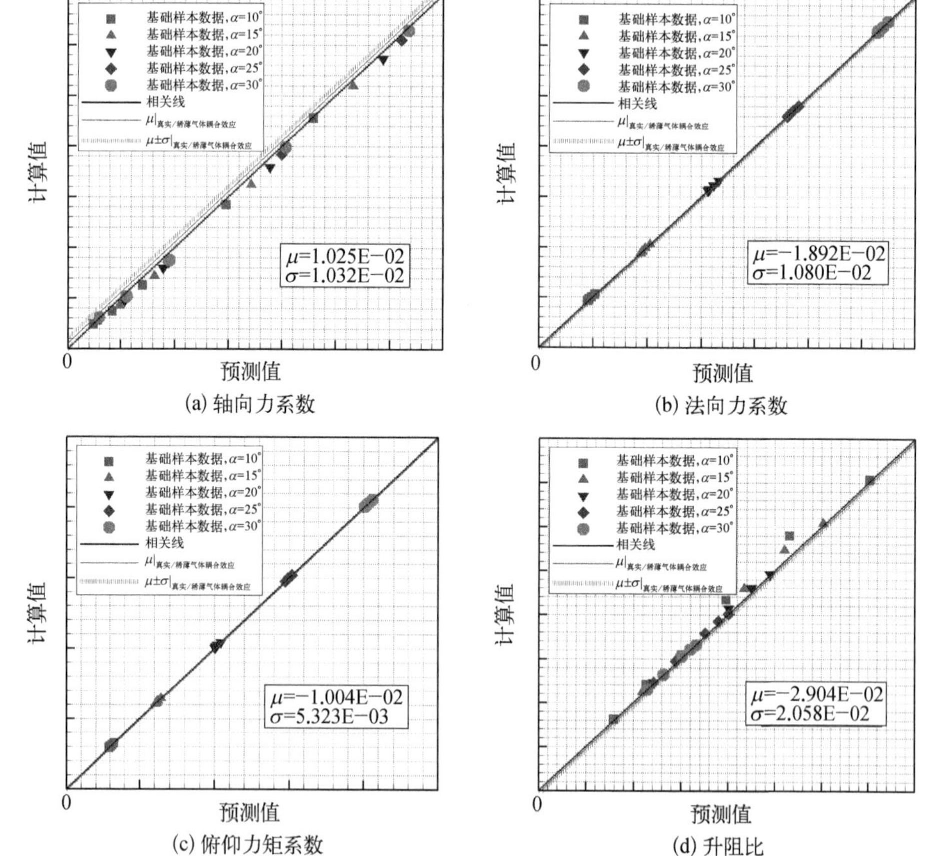

(a) 轴向力系数　　(b) 法向力系数

(c) 俯仰力矩系数　　(d) 升阻比

图 6.37　同时考虑真实气体和稀薄气体效应的气动力系数预测-计算关联曲线

参考文献

[1] 陈坚强,张益荣,张毅锋,等.高超声速气动力数据天地相关性研究综述.空气动力学学报,2014,32(5):587-599.

[2] Mcclinton C R, Holland S D, Rock K E, et al. Hyper-X wind tunnel program. 36th AIAA Aerospace Sciences Meeting and Exhibit, 1998: 553.

[3] Buning P G, Wong T C, Dilley A D, et al. Prediction of hyper-x stage separation aerodynamics using CFD. 18th Applied Aerodynamics Conference, 2000: 4009.

[4] Davis M C, White J T. X-43A flight-test-determined aerodynamic force and moment characteristics at Mach 7.0. Journal of Spacecraft and Rockets, 2008, 45(3): 472-484.

[5] Berry S A, Difulvio M, Kowalkowski M K. Forced boundary-layer transition on X-43 (Hyper-X) in NASA LaRC 31-inch Mach 10 air tunnel. NASA/TM-2000-210316, 2000.

[6] Arrington J P, Jones J J. Shuttle performance lessons learned, NASA-CP-2283-Pt-2. 1984.

[7] Arrington J P, Jones J J. Shuttle performance lessons learned, NASA-CP-2283-Pt-1. 1984.

[8] Romere P O, Whitnah A M. Space shuttle entry longitudinal aerodynamic comparisons of flight 1-4 with preflight predictions. NASA N84-10128, 1984.

[9] Griffith B J, Whitfield J D. Hypersonic viscous drag effects on blunt slender cones. AIAA Journal, 1964, 2(10): 1714-1722.

[10] Griffith B J, Maus J R, Best J T. Explanation of the hypersonic longitudinal stability problem-lessons learned. NASA N84-10130, 1984.

[11] Lees L, Probstein R F. Hypersonic viscous flow over a flat plate. Report No. 195, Aero Engineering Lab, Princeton University, 1952.

[12] Probstein R F. Interacting hypersonic laminar boundary layer flow over a cone. Tech. Report AF 279811, Division of Engineering, Brown University, 1955.

[13] Probstein R F. The transverse curvature effect in compressible axially symmetric laminar boundary-layer flow. Journal of the Aeronautical Sciences, 1956, 23(3): 208-224.

[14] Woods W C, Arrington J P, Hamilton H H. A review of preflight estimates of real-gas effects on space shuttle aerodynamic characteristics. NASA N84-10129, 1984.

[15] Nicolì A, Imperatore B, Marini M, et al. Ground-to-flight extrapolation of the aerodynamic coefficients of the vega launcher. 25th AIAA Aerodynamic Measurement Technology and Ground Testing Conference, 2006: 3829.

[16] Kontinos D A, Wright M J, Prabhu D K, et al. X-33 aerothermal design environment predictions: review of acreage and local computations. 34th AIAA Thermophysics Conference, 2000: 2687.

[17] Parikh P, Engelund W, Armand S, et al. Verification of a CFD procedure for aerodynamic database development using the Hyper-X stack configuration. 22nd Applied Aerodynamics Conference and Exhibit, 2004: 5385.

[18] Bermúdez L M, Gladden R D, S J M, et al. Aerodynamic characterization of the Hyper-X launch vehicle. 12th AIAA International Space Planes and Hypersonic Systems and Technologies, 2003: 7074.

[19] Murman S M, Aftosmis M J, Nemec M. Automated parameter studies using a Cartesian

method. 22nd Applied Aerodynamics Conference and Exhibit, 2004: 5076.

[20] Engelund W C, Holland S D, Cockrell C E, et al. Aerodynamic database development for the Hyper-X airframe-integrated scramjet propulsion experiments. Journal of Spacecraft and Rockets, 2001, 38(6): 803 - 810.

[21] Cockrell C E, Engelund W C, Bittner R D, et al. Integrated aero-propulsive CFD methodology for the Hyper-X flight experiment. 18th Applied Aerodynamics Conference and Exhibit, 2000: 4010.

[22] Holland S D, Woods W C, Engelund W C. Hyper-X research vehicle (HXRV) experimental aerodynamics test program overview. 18th Applied Aerodynamics Conference and Exhibit, 2000: 4011.

[23] Frendi A. On the CFD support for the Hyper-X aerodynamic database. 37th Aerospace Sciences Meeting and Exhibit, 1999: 885.

[24] Huebner L D, Rock K E, Witte D W, et al. Hyper-X engine testing in the NASA Langley 8-foot high temperature tunnel. 36th AIAA/ASME/SAE/ASEE Joint Propulsion Conference, 2000: 3605.

[25] Huebner L D, Rock K E, Ruf E G, et al. Hyper-X Flight Engine Ground Testing for X-43 Flight Risk Reduction. AIAA/NAL-NASDA-ISAS 10th International Space Planes and Hypersonic Systems and Technologies Conference, 2001: 1809.

[26] Morelli E A, Derry S D, Smith M S. Aerodynamic parameter estimation for the X-43A (Hyper-X) from flight data. AIAA Atmospheric Flight Mechanics Conference and Exhibit, 2005: 5921.

[27] 庄逢甘,赵梦熊.航天飞机的空气动力学问题.气动实验与测量控制,1987,(4): 1 - 8.

[28] 庄逢甘,赵梦熊.航天飞机的黏性干扰效应——航天飞机的空气动力学问题之二.气动实验与测量控制,1988,(1): 1 - 11.

[29] 龚安龙,周伟江,纪楚群,等.高超声速黏性干扰效应相关性研究.宇航学报,2008,29(6): 1706 - 1710.

[30] 毛枚良,万钊,陈亮中,等.高超声速流动黏性干扰效应研究.空气动力学学报,2013,31(2): 137 - 143.

[31] 张益荣,张毅锋,解静,等.典型高超声速翼身组合体黏性干扰效应模型研究.空气动力学学报,2017,35(2): 186 - 191.

[32] 黄志澄.高超声速飞行器空气动力学.北京: 国防工业出版社,1995.

[33] Bertram M H. Hypersonic laminar viscous interaction effects on the aerodynamics of two-dimensional wedge and triangular planform wings. NASA TN D-3523, 1966.

[34] Maus J R, Griffith B, Tolbert D G, et al. Understanding space shuttle flight data by use of wind tunnel and CFD results. AIAA/AHS/IES/SETP/SFTE/DGLR 2nd Flight Testing Conference, 1983: 2745.

[35] 毛枚良.高超声速复杂流动数值模拟实用算法研究.绵阳: 中国空气动力研究与发展中心博士学位论文,2006.

彩　　图

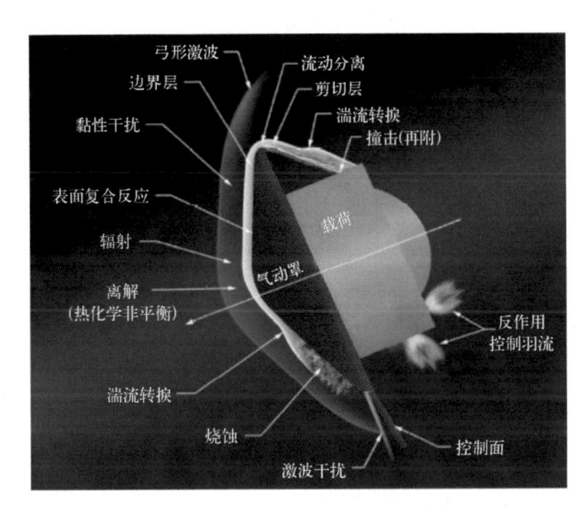

图 1.4　再入飞行器的典型流动特征

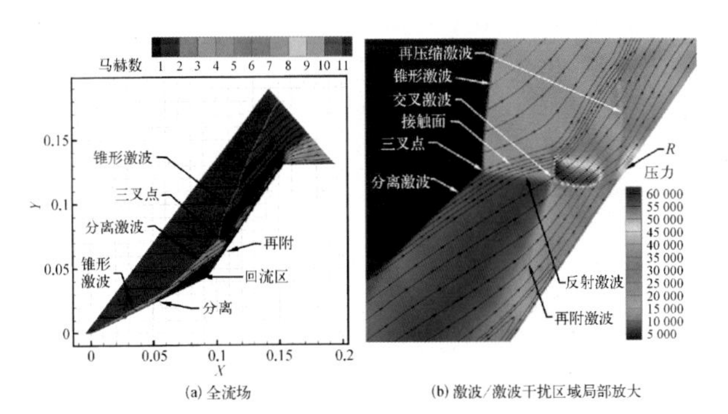

(a) 全流场　　(b) 激波/激波干扰区域局部放大

图 1.10　采用二阶 **Roe** 格式计算得到的双锥流场结构图

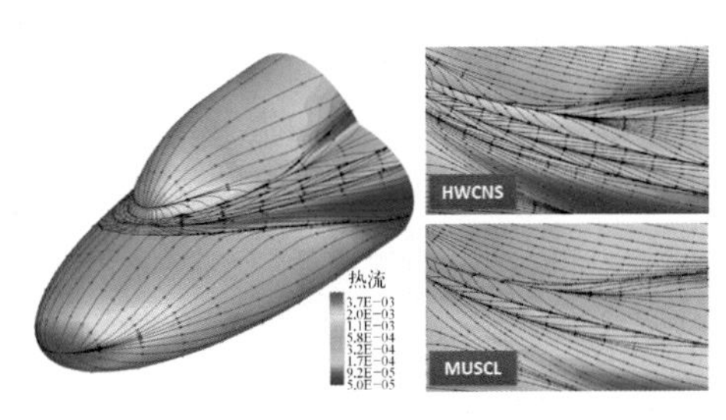

(a) 双椭球，$Ma=8.15$

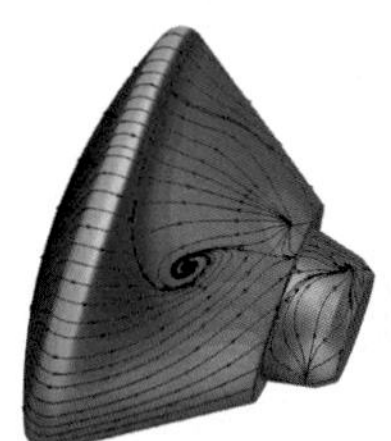

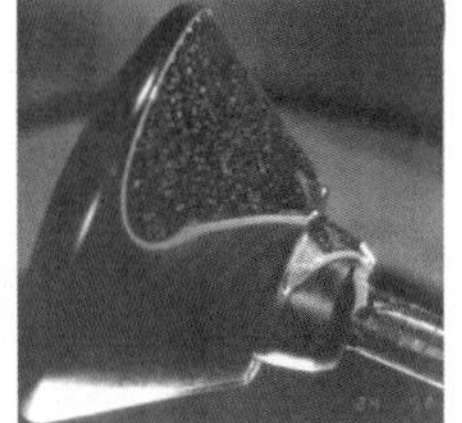

(b) ARD，$Ma=9.72$

图 1.13　**HWCNS** 计算所得流场

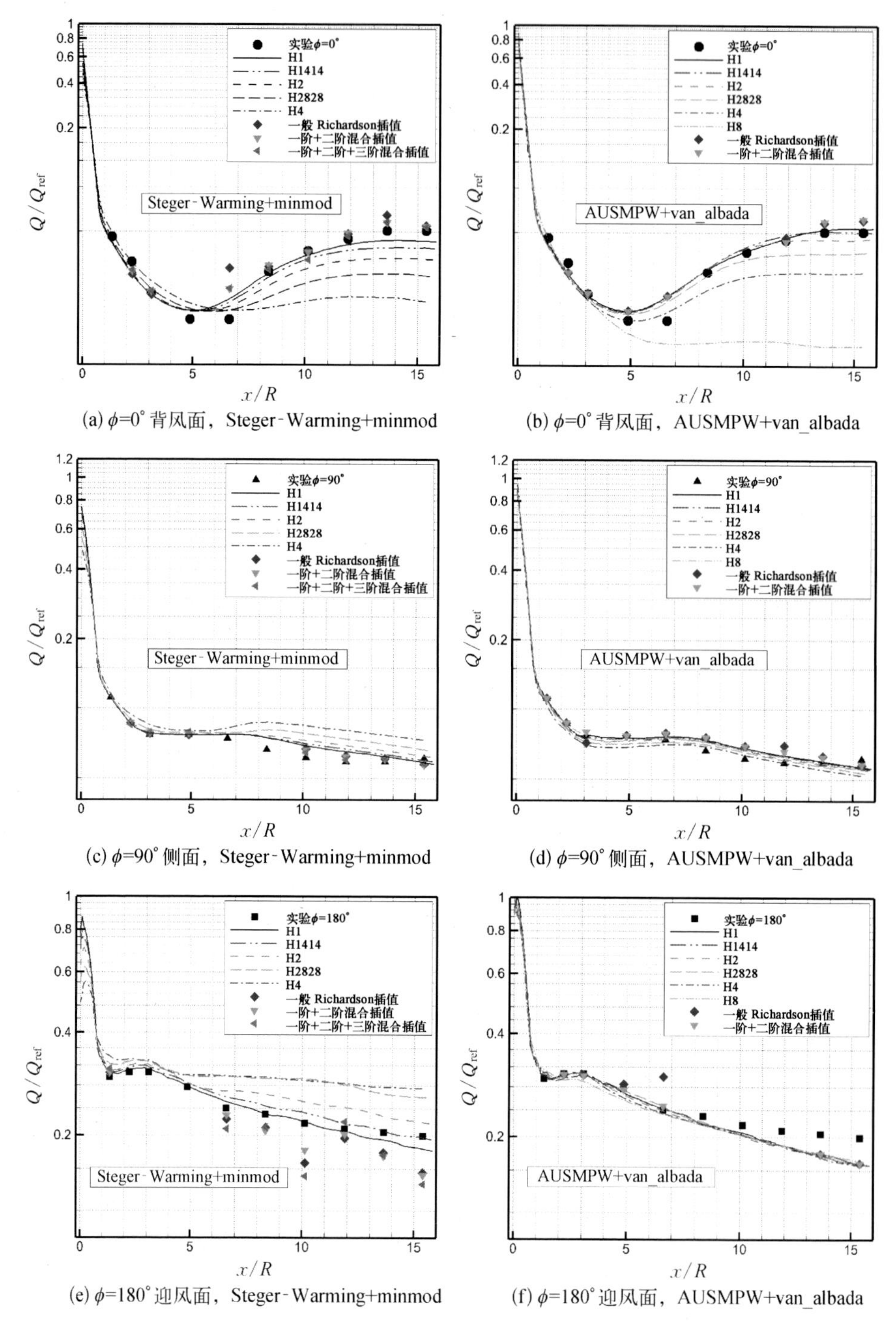

(a) ϕ=0° 背风面，Steger-Warming+minmod

(b) ϕ=0° 背风面，AUSMPW+van_albada

(c) ϕ=90° 侧面，Steger-Warming+minmod

(d) ϕ=90° 侧面，AUSMPW+van_albada

(e) ϕ=180° 迎风面，Steger-Warming+minmod

(f) ϕ=180° 迎风面，AUSMPW+van_albada

图 3.16 钝锥两种数值方法在不同网格下壁面热流随流向的变化曲线与插值解的比较

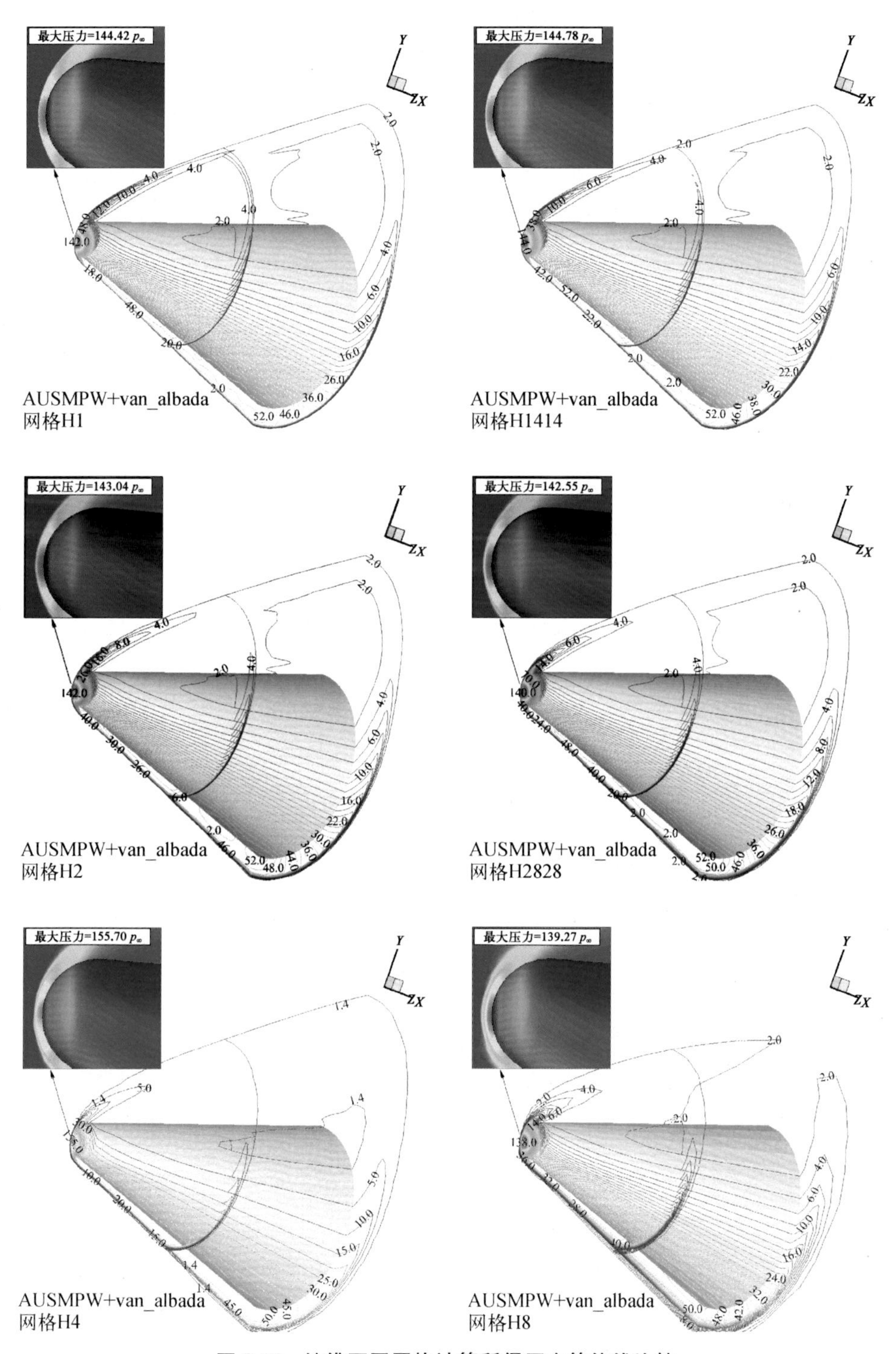

图 3.17　钝锥不同网格计算所得压力等值线比较

图 4.19　飞行高度对穿透高度的影响($Ma=5$，$\alpha=0°$，$H=5$ km、10 km、20 km)

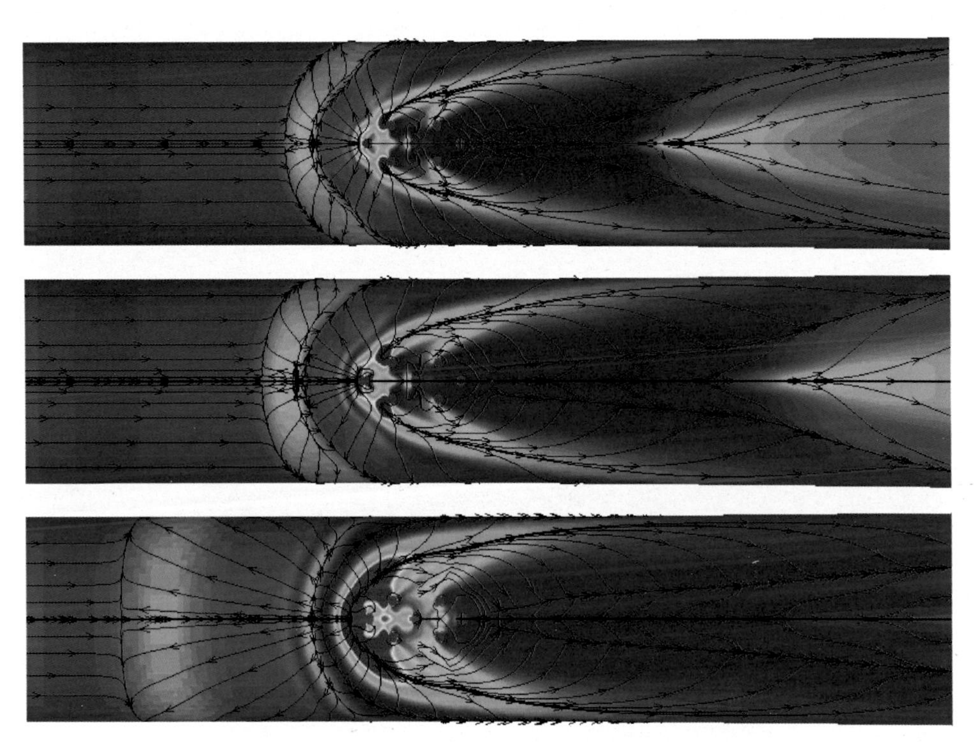

图 4.20　飞行高度对壁面极限流线的影响($Ma=5$，$\alpha=0°$，$H=5$ km、10 km、20 km)

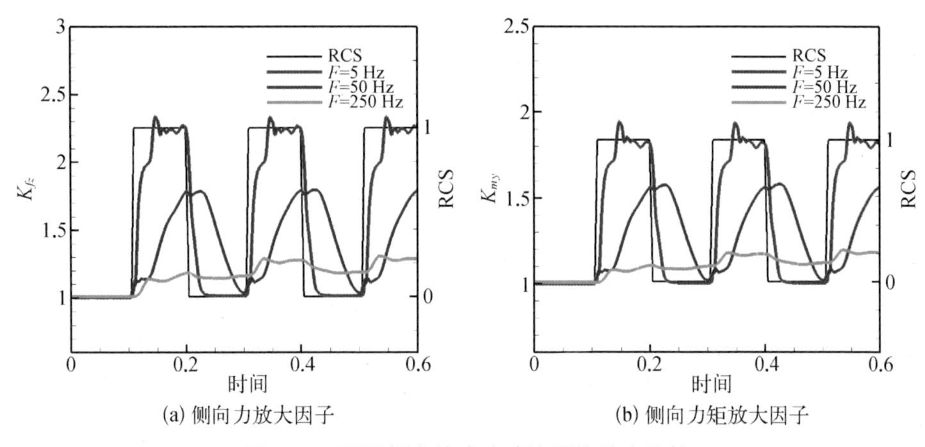

(a) 侧向力放大因子

(b) 侧向力矩放大因子

图 4.39　不同频率的脉冲喷流干扰效应比较

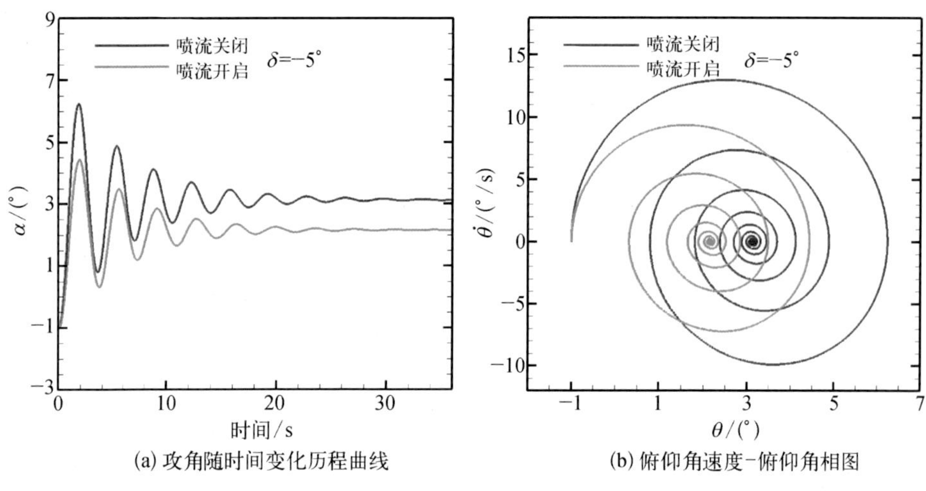

(a) 攻角随时间变化历程曲线　　(b) 俯仰角速度-俯仰角相图

图 4.49　持续干扰模式下飞行器的响应过程(舵偏幅值-5°)

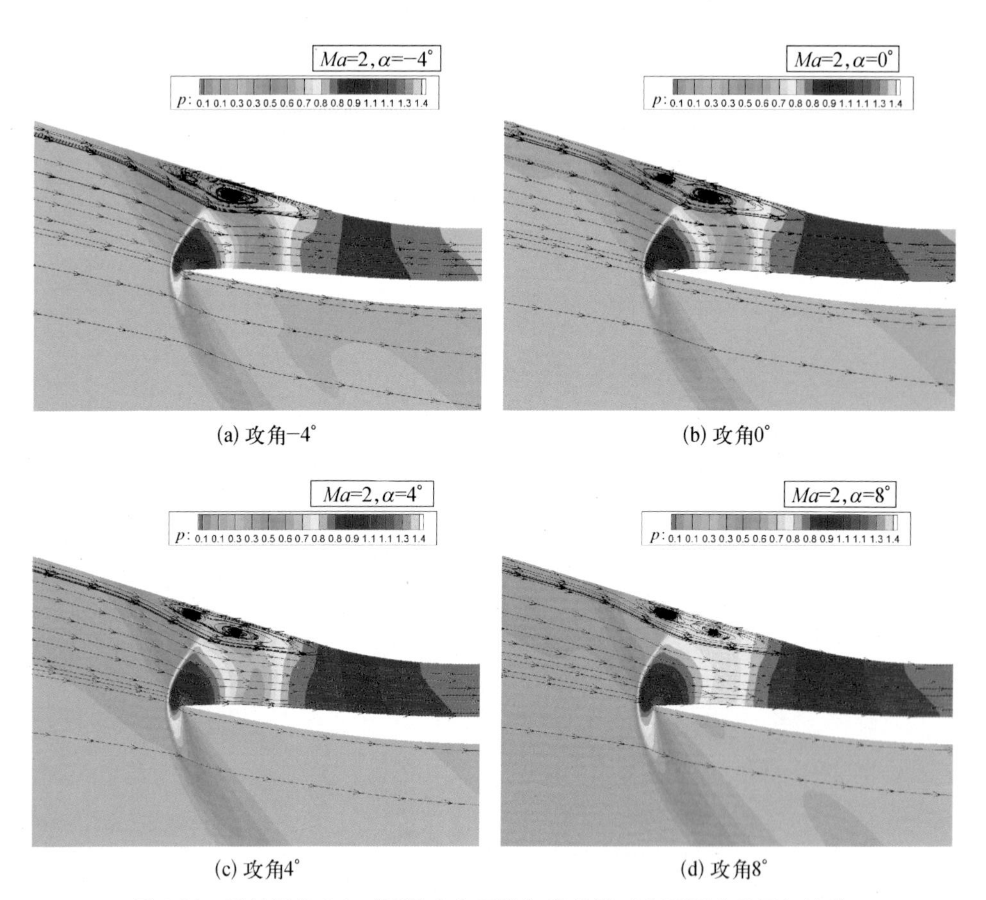

(a) 攻角-4°　　(b) 攻角0°

(c) 攻角4°　　(d) 攻角8°

图 5.34　马赫数为 2.0 时不同攻角下进气道前端对称面压力云图与流线

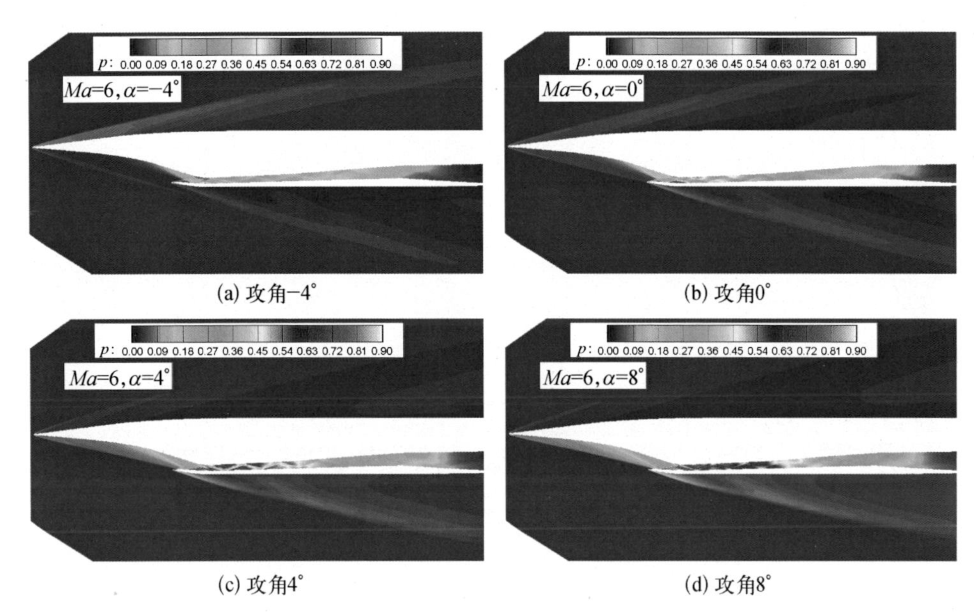

(a) 攻角−4° (b) 攻角0°

(c) 攻角4° (d) 攻角8°

图 5.36 不同攻角时升力体对称面压力云图(Ma = 6.0)

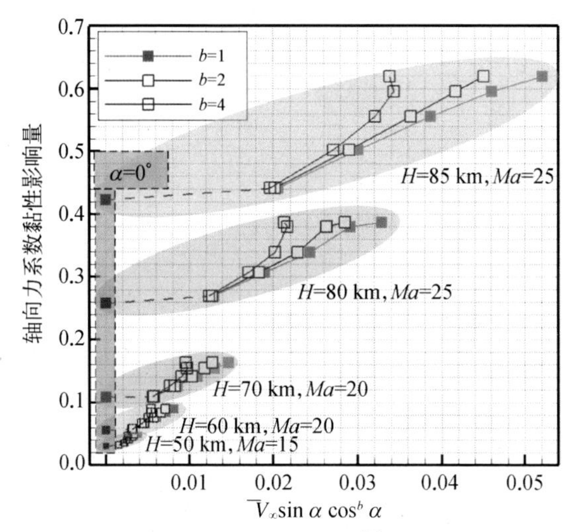

图 6.29 轴向力系数黏性影响量随 $\overline{V}_\infty \sin\alpha\cos^b\alpha$ 的变化

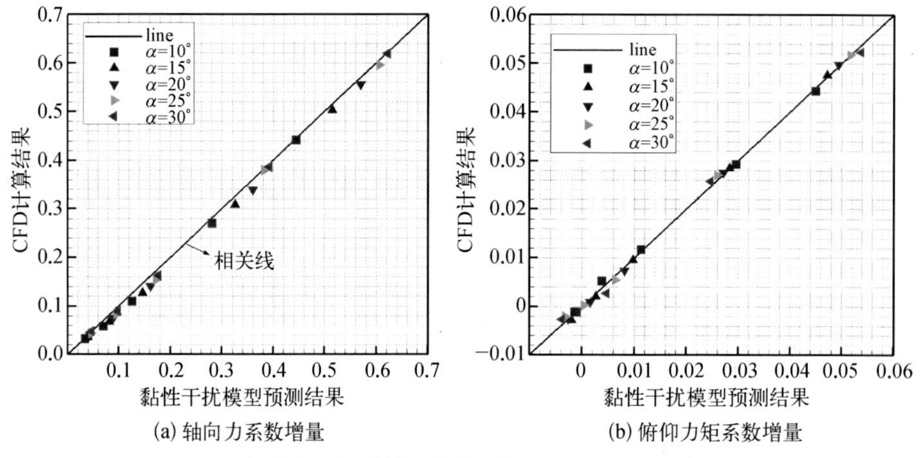

(a) 轴向力系数增量　　(b) 俯仰力矩系数增量

图 6.30　气动力系数黏性干扰模型与 CFD 预测结果的相关性

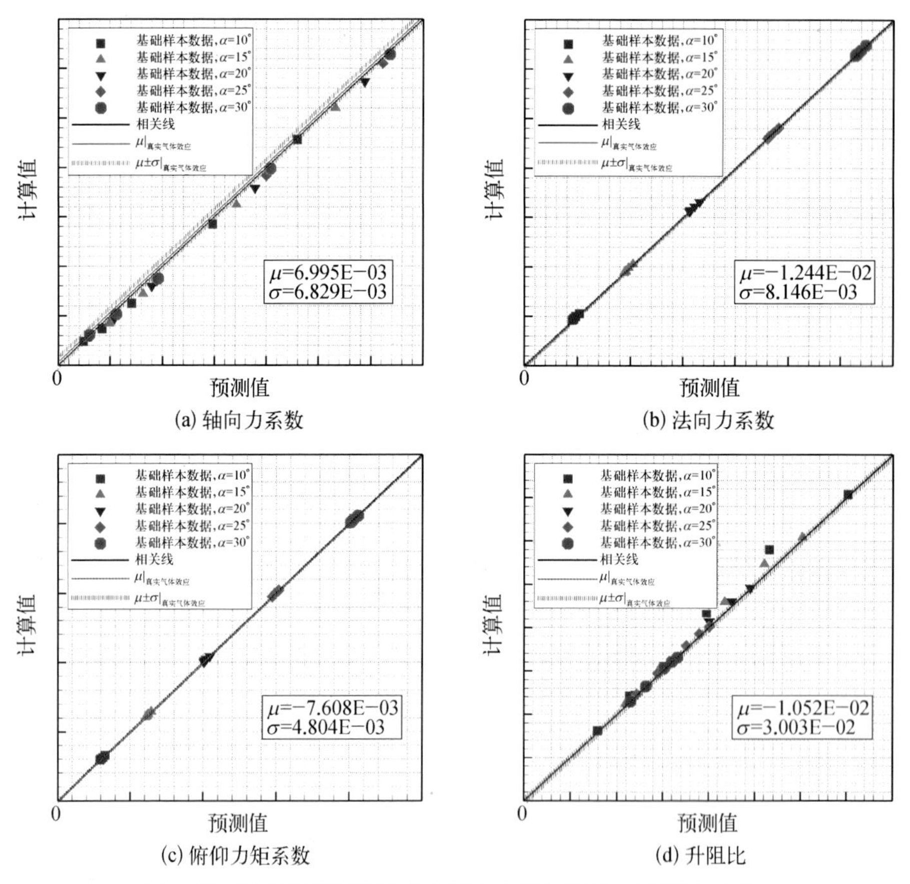

(a) 轴向力系数　　(b) 法向力系数

(c) 俯仰力矩系数　　(d) 升阻比

图 6.35　考虑真实气体效应的气动力系数预测-计算关联曲线